Introduction to
ENERGY SCIENCE

쉽게 배우는

에너지학

| 박종웅 · 김석완 공저 |

도서출판 동화기술

머리말

현대사회에 있어서 에너지는 가장 필수적이고 기본적인 중요한 요소로서 모든 인간 활동의 원동력이며, 또한 국가의 경제규모와 산업발전의 척도가 되기도 한다. 1970년대에 겪었던 1, 2차 석유파동은 장기적으로 에너지공급의 불안정과 고유가에 대한 문제로 이어져 세계 각국은 에너지원에 대한 다변화 정책과 더불어 새로운 에너지원의 개발 및 에너지절약에 대한 대책을 강구하게 되었다.

또한 1972년 유엔인간환경회의(UNCHE)에서 기후변화문제가 환경적 문제로서 처음 제기되었으며, 1992년 리우환경개발회의에서 「기후변화에 관한 국제연합기본협약(UNFCCC)」이 채택되었다. 우리나라는 지구온난화방지를 위한 국제적 노력에 동참하고자 1993년 12월 기후변화협약에 가입하였고, 2002년 10월에는 교토의정서를 비준하였다. 2007년 이후에는 기후변화문제가 UN, G−8, 다보스포럼 등 각종 국제정치 무대에서 주요한 의제로 부각되어 논의되고 있다.

특히 우리나라는 석유소비가 세계 7위이고, 전력소비가 6위인 에너지 다소비 국가이며, CO_2 배출량이 세계 10위이다. 또한 우리나라는 2015년 파리협정 채택 이후 2021년 11월 제26차 유엔기후변화당사국 총회에서 2030년까지 온실가스 감축목표를 2018년 대비 40%를 줄이겠다는 목표를 발표하였다. 2050년 탄소중립을 목표로 온실가스 감축 및 환경과 경제의 조화로운 발전을 해나가야 하는 어려움에 직면해 있다. 이러한 점을 감안하여 에너지 분야를 체계적이고 포괄적으로 이해할 수 있는 쉽게 배우는 에너지학을 출판하게 되었다.

본서의 내용 중 부족하거나 미숙한 부분에 대해서는 지속적으로 자료를 수집 및 보완하여, 보다 더 충실해질 수 있도록 최선을 다해 노력할 것을 약속드린다. 또한 집필하는데 많은 도움을 주신 참고문헌 저자들께 먼저 감사를 드리며, 본서를 흔쾌히 출판해 주시고 성원해 주신 도서출판 동화기술 관계자 여러분께 감사드린다.

저자 일동

차례

01 에너지 자원

학습목차

1.1 에너지의 개념

1.1.1 ▶ 현황

현대사회에 있어서 에너지는 가장 필수적이고 기본적인 중요한 요소로서 모든 인간활동의 원동력이 되며 또한 한나라의 경제규모와 산업발전의 척도가 되기도 한다.

에너지(energy)라는 말의 어원(語源)은 "일"을 의미하는 희랍어의 "에르곤(ener-gon)"에서 유래하는 "에네르게이아(energeia)"이다. 이는 "일을 하는 능력"이라는 의미인데, 19세기에 들어 자연과학이 발달하기 시작하면서 사용되었다. 그 후 에너지는 에네르기(energie)라는 표기로 T. Young(英, 1773~1829)에 의하여 처음 사용되었고 W. J. M. Rankine(英, 1820~1872)에 의하여 보급되기 시작하였다.

에너지의 역사는 인류의 역사와 같이 시작되었다고 해도 과언이 아니며, 그 변천은 인류문명의 발달과 함께 그 시대의 기술적 진보에 따라 또는 산업구조의 변화에 따라 변천되어 왔다.

원시시대 인류 최초의 에너지원은 인력이었으며, 그 후 농경시대와 더불어 가축의 힘을 이용한 축력이 사용되었고, 그 후 불의 발견은 에너지 형태의 새로운 계기가 되었다. 또한 중세에 이르러 수차와 풍차의 사용과 화약의 발명은 자연과 인공에너지의 사용을 가능하게 하였다.

18세기 산업혁명 이전까지의 에너지원은 주로 수력, 풍력과 신탄 그리고 목탄이 사용되었으며, 증기기관의 발명으로 석탄이 새로운 에너지원으로 등장하면서 대폭적인 수요의 증가를 초래하게 되었다.

이후 20세기에 들어와 자동차 보급으로 석유를 새로운 에너지원으로 등장시켰으며 주택 및 상업, 수송, 산업분야에서 열과 동력의 주에너지원으로 그 수요를 증가시켰다.

1960년대에 들어와 새로운 에너지원으로 원자력의 실용화로 원자력 시대를 맞이하였다. 원자력이 방사능에 의한 여러 가지 환경오염문제 등을 유발하는 문제에도 불구하고 세계적으로 이용률이 점점 증가하는 것은 화석연료의 고갈로 인한 에너지자원의 확보 때문이다.

실제로 1970년대에 겪었던 1, 2차 석유파동은 장기적으로 에너지공급의 불안정과 고유가에 대한 문제로 이어져 세계 각국은 에너지원에 대한 다변화 정책과 더불어 새로운 에너지원의 개발 및 에너지절약에 대한 대책을 강구하게 되었다.

국제에너지기구(IEA : International Energy Agency)에 의하면 에너지의 사용에 따라 20세기 전반은 석탄시대, 20세기 후반은 석유시대, 21세기에는 원자력에너지의 증가와 기후변화협약에 따른 온실가스 감축 등으로 신재생에너지 시대가 될 것으로 예측하고 있다.

세계 1차에너지 공급량은 표 1.1에서 보듯이 총에너지공급량 중 재생에너지 비중은 2030년과 2050년 각각 30%, 67%로 가장 중요한 에너지 공급원이 될 것이며, 원자력이 차지하는 비율은 2050년에 11%까지 증가할 것이다. 천연가스, 석유, 석탄이 차지하는 비율은 2020년 23~29%에서 2050년 3~8%로 급격히 감소할 것이다. 특히 화석연료는 이산화탄소가 많이 배출되기 때문에 이산화탄소·포집·저장·활용(CCUS : Carbon Capture Utilization and Storage)설비를 갖추지 않을 경우 거의 사용할 수 없게 될 것이다.

한편 미국의 에너지 소비분포를 살펴보면 그림 1.1과 같이 석탄과 석유는 줄어들고 가스, 수소 및 태양에너지의 증가를 예측하고 있다. 또한 Gustav Grob 연구소에서 장기예측한 전세계 에너지 공급에 대한 결과도 재생불가능에너지(non-renewable energy)에서 재생가능에너지(renewable energy)로 급격한 변화를 예측하고 있다(그림 1.2 참조).

미국에서 알려져 있는 자원과 사용가능한 잠재적 에너지원의 약 92%는 태양, 바람, 유수, 생물질 그리고 지구 내부에서 나오는 재생가능에너지들이다. 그리고 미국 내 잠재적으로 사용가능한 에너지 자원의 나머지 8%는 석탄(5%), 원유(2.5%), 그리고 우라늄(0.5%)이다. 대부분 직·간접적 태양에너지에 근거를 둔 미개발된 재생 가능한 에너지원의 개발은 늦어도 2040년까지 미국에너지 수요량의 50~80%를 충족시킬 수 있을 것으로 예상하고 있다.

표 1.1 세계 1차 에너지 공급량 (단위 : EJ, %)

구분	2020	2030	2050
총 에너지공급량	587(100)	547(100)	543(100)
재생에너지(태양광, 풍력, 수소,지열 등)	69(12)	167(30)	362(67)
바이오매스	25(4)	–	–
원자력	29(5)	41(8)	61(11)
천연가스(no CCUS)	136(23)	116(21)	17(3)
천연가스(with CCUS)	1(–)	13(2)	43(8)
석유	173(29)	137(25)	42(8)
석탄(no CCUS)	154(26)	68(12)	3(–)
석탄(with CCUS)	0(0)	4(1)	14(3)

자료 : IEA, Net Zero by 2050, 2021

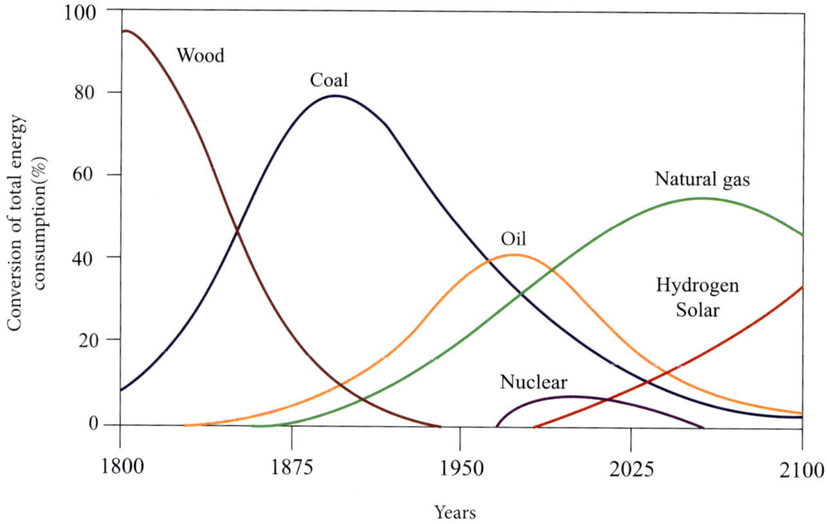

그림 1.1 **연도별 에너지 변화 추이.**
자료 : 미국에너지청

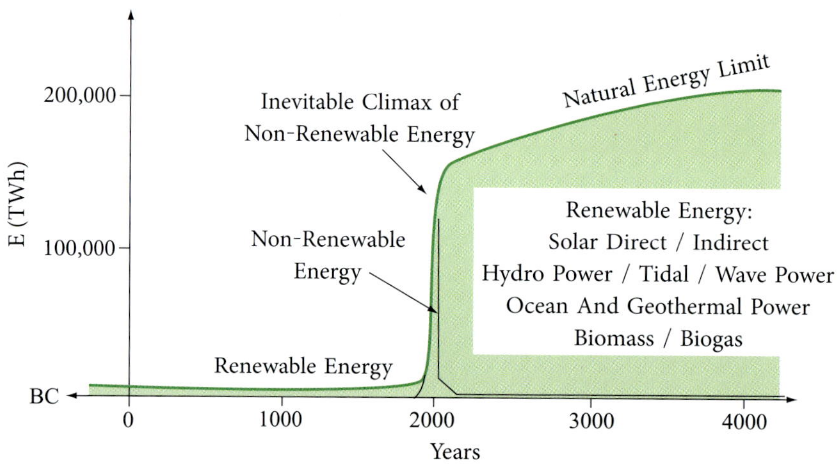

그림 1.2 **전 세계 에너지 공급의 변화추이.**
자료 : G. Grob, 'Transition to the sustainable energy age', European Directory of Renewable Energy Suppliers and Sources, James and James, London, 1994.

1.1.2 ▸ 소비추세

세계 에너지 소비추세(1990~2023년)는 그림 1.3에서 보듯이 매년 일정량씩 증가하고 있으며, 증가율은 국가별 지역별 국민소득 수준에 따라 차이가 크다.

세계 에너지 소비추세는 2023년기준 과거 추세보다 빠르게 증가하였다. 이는 중국이

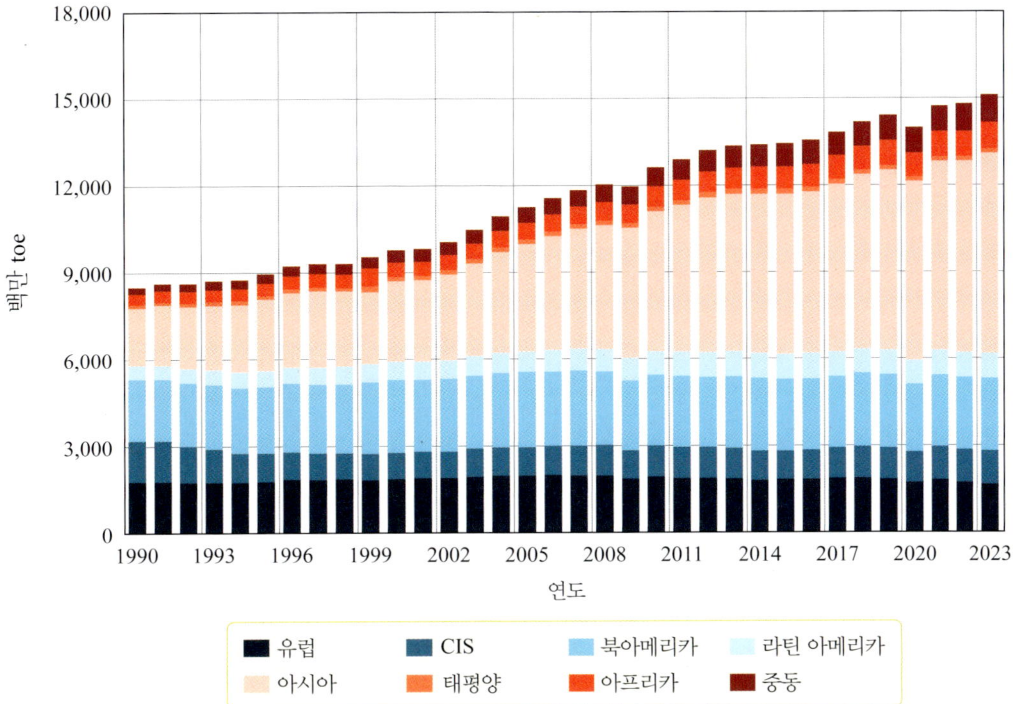

그림 1.3 세계 에너지 소비 추세.
자료 : Enerdata, 세계에너지 소비 통계, 2024

2010~2019년 평균의 두 배 증가하고 인도 역시 과거 평균보다 빠르게 에너지 소비가 증가하여 아시아 지역이 타지역에 비해 급격하게 증가했기 때문이다.

반면 유럽이나 북아메리카 지역 그리고 OECD 회원국에서는 경제 성장이 완만하거나 둔화되고 산업 활동이 위축된 상황에서 에너지 소비가 2년 연속 감소했다. 전 세계 대부분 국가들이 2050 탄소중립실현을 위한 온실가스 감축을 위해 에너지 효율 개선과 재생에너지 확충 등 에너지 합리화를 통한 다각적인 에너지 정책을 추진하고 있다.

한편 우리나라의 연도별 국내총생산(GDP)에 따른 에너지 지표를 살펴보면, 표 1.2에서 보듯이 경제성장에 따라 1차 에너지 연평균 증가율은 2000~2010년 3.3%이었으나 2010~2020년 1.2%로 증가 폭이 다소 둔화되었다. 최종에너지의 경우는 2021년을 정점으로 감소되는 경향을 보였으며, 석유 의존도 역시 1990년 52.8%에서 2023년 37.3%(잠정치)로 점차 감소하였다. 에너지원별 1차 에너지 소비의 경우 석유 사용량이 가장 높고 석탄, LNG, 원자력, 재생에너지 순으로 나타났다(그림 1.4 참조).

2021년 기준 우리나라 에너지 소비위상은 중국(1위), 미국(2위), 인도(3위), 러시아(4위), 일본(5위), 브라질(6위), 이란(7위), 한국(8위), 캐나다(9위), 독일(10위)순으로 한국은 8위이고 석유소비는 7위이며 전력소비는 6위를 차지하고 있다(표 1.3 참조).

표 1.2 주요 에너지 총괄 지표

구분	단위	1990	2000	2010	2015	2020	2021	2022	2023p	연평균 증가율(%)		
										'00~'10	'10~'20	'20~'23p
GDP	조원	454	904	1,427	1,658	1,840	1,919	1,969	1,996	4.7	2.6	2.8
GDP 성장률	%	(9.9)	(9.1)	(6.8)	(2.8)	(△0.7)	(4.3)	(2.7)	(1.4)	–	–	–
1차 에너지 (증가율)	백만toe (%)	89.7 (–)	183.1 (9.4)	254.4 (6.7)	276.8 (2.0)	285.5 (△4.1)	300.5 (△5.3)	304.0 (△1.1)	297.5 (△2.1)	3.3	1.2	1.4
최종 에너지 (증가율)	백만toe (%)	71.1 (–)	141.0 (△4.7)	184.6 (△7.4)	199.3 (1.7)	203.7 (△3.8)	215.7 (5.8)	214.5 (△0.5)	207.6 (△3.2)	2.7	1.0	0.1
에너지 원단위	toe/ 백만원	0.197	0.203	0.178	0.167	0.155	0.157	0.154	0.149	△1.3	△1.4	△0.3
석유 의존도	%	52.8	49.6	39.4	38.4	37.8	38.3	37.7	37.3	–	–	–
원유수입 중동의존도	%	74.3	76.8	81.8	82.3	69.0	59.8	67.4	71.9	–	–	–
에너지 수입의존도	%	94.4	105.0	97.5	102.7	99.8	99.4	99.5	99.6	–	–	–
에너지 수입액 (증가율)	십억$ (%)	8 –	38 (67.2)	120 (33.4)	100 (△41.0)	85 (△31.5)	136 (59.1)	216 (59.2)	171 (△20.8)	12.3	△3.4	26.1
총수입 중 에너지비중	%	11.8	23.4	28.3	23.0	18.3	22.1	29.6	26.7	–	–	–

*'22~'23년도 통계는 잠정치
자료 : 에너지경제연구원, 에너지통계월보, 2024. 3

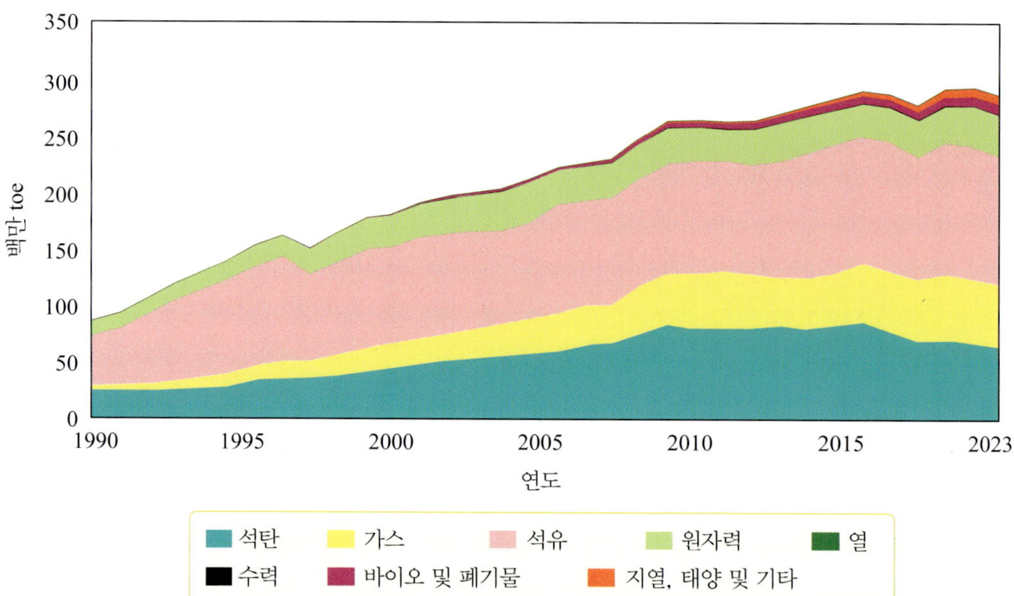

그림 1.4 에너지원별 1차에너지 소비 추이(1990~2023P).
자료 : 에너지경제연구원, 에너지통계월보, 2024. 3

표 1.3 국가별 에너지소비 순위(2021년 기준)

구분		1위	2위	3위	4위	5위	6위	7위	8위	9위	10위
1차 에너지 (백만toe)	국가	중국	미국	인도	러시아	일본	브라질	이란	한국	캐나다	독일
	소비량	3,750.7	2,139.0	944.1	833.2	399.6	299.0	293.6	291.8	290.3	287.9
석유소비 (백만ton)	국가	미국	중국	인도	러시아	사우디	일본	한국	브라질	독일	캐나다
	소비량	807.7	691.6	216.7	157.4	153.8	151.6	122.0	110.7	95.4	94.8
전력소비 (TWh)	국가	중국	미국	인도	러시아	일본	한국	브라질	캐나다	독일	프랑스
	소비량	8,307.2	4,170.0	1,345.3	1,040.3	1,000.9	592.3	570.8	563.7	543.2	471.3

자료 : IEA, World Energy Outlook, 2023. BF, Statistical Review of World Energy, 2023

표 1.4 세계 에너지 소비 및 수요 전망 (단위 : EJ)

구분	에너지 소비		목표수요			비중(%)		연평균 증가율(%)
	2010	2022	2030	2040	2050	2022	2050	'22~'50
최종에너지(연료)	382.7	442.4	482.0	508.9	535.8	100.0	100.0	0.7
전력	64.4	89.0	108.3	134,5	158.7	20.1	29.6	2.1
액체연료	153.5	172.3	185.8	182.8	184.8	39.0	34.5	0.2
기체연료	57.7	70.9	77.8	82.3	84.6	16.0	15.8	0.6
고체연료	94.6	92.7	89.6	86.8	84.0	20.9	15.7	△0.3
열	11.5	14.6	16.0	16.3	16.0	3.3	3.0	0.3
최종에너지(부문)	382.7	442.4	482.0	508.9	535.8	100.0	100.0	0.7
산업부문	143.0	166.6	186.8	200.6	207.3	37.6	38.7	0.8
수송부문	101.7	116.5	127.5	131.2	139.2	26.3	26.0	0.6
건물부문	116.8	132.5	138.5	146.7	158.9	30.0	29.7	0.7
기타	21.2	26.9	29.1	30.4	30.5	6.1	5.7	1.4

자료 : IEA, World Energy Outlook, 2023

한편 세계 에너지 소비 및 수요전망을 살펴보면, 표 1.4에서 보듯이 최종에너지 소비는 2022년 현재 액체연료(오일, 암모니아, 합성오일, 바이오연료 등) 사용량이 39.0%로 가장 높고, 고체연료(바이오매스, 석탄) 20.9%, 전력 20.1%, 기체연료(천연가스, 메탄, 수소 등) 16.0%, 열 3.3% 순이다. 그러나 2050년에는 액체연료와 기체연료 사용량은 둔화되고, 고체연료 사용량은 감소하는 반면, 전력 사용량은 증가될 전망이다. 최종에너지 수요의 경우 2050년 기준 산업부문이 38.7%로 가장 높고 건물부문 29.7%, 수송부문 26.0% 순으로 나타났다.

우리나라 최종에너지 소비 추이를 살펴보면, 표 1.5에서 보듯이 에너지원별 소비는 2023년 기준 석유제품 사용량이 46.6%로 가장 높고, 전기 22.1%, 석탄 14.5% 천연·도시가

표 1.5 우리나라 최종에너지 소비 추이 (단위 : 백만 toe, %)

구분		1990	2000	2010	2015	2020	2021	2022	2023p			연평균 증가율		
										구성비	증가율	'00~'10	'10~'20	'20~'23p
합계		71.1	141.0	184.6	199.3	203.7	215.7	214.5	207.6	100.0	△3.2	2.7	1.0	0.6
에너지원별	석탄	20.5	21.2	30.4	35.6	31.2	32.3	30.6	30.1	14.5	△1.4	3.7	0.3	△1.1
	천연·도시가스	1.0	12.7	23.4	22.4	24.8	25.5	26.1	24.9	12.0	△4.5	6.3	0.6	0.2
	석유제품	41.6	84.4	89.0	94.0	95.9	103.3	101.6	96.7	46.6	△4.8	0.5	0.7	0.3
	수력	–	–	4.9	0.9	0.5	0.6	0.8	0.7	0.3	△12.5	–	△20.4	11.9
	바이오 및 폐기물	0.0	1.1	3.2	4.5	5.8	6.2	6.2	6.5	3.1	5.7	11.3	6.3	3.8
	지열, 태양 및 기타	0.0	0.0	0.1	0.3	0.8	0.9	1.1	0.8	0.4	△28.6	7.5	24.7	△2.1
	전기	8.0	20.3	36.6	40.6	42.7	44.7	46.0	46.0	22.1	△0.1	6.1	1.6	2.5
	열	0.0	1.2	2.0	1.9	2.6	2.7	2.9	2.6	1.3	△10.7	4.9	2.9	0.5
부문별	산업	36.8	81.0	110.0	123.2	124.0	133.0	130.5	126.2	60.8	△3.3	3.1	1.2	0.6
	수송	12.1	25.0	31.0	34.5	34.7	36.6	36.3	35.2	17.0	△2.9	2.2	1.1	0.5
	가정	11.3	16.3	20.7	19.0	22.4	22.9	23.6	21.8	10.5	△7.3	2.4	0.8	△0.8
	상업·공공	10.9	18.7	22.9	22.7	22.6	23.1	24.2	24.4	11.7	0.8	2.0	△0.1	2.5

* 2023년도 통계는 잠정치

자료 : 에너지경제연구원, 에너지통계월보, 2024. 3

스 12.0%, 바이오 및 폐기물 3.1% 순이다. 부문별의 경우는 산업부문이 60.8%로 가장 높고, 수송부문 17.0%, 상업·공공부문 11.7%, 가정 10.5% 순으로 나타났다.

또한 우리나라는 에너지가 국가안보와 탄소중립의 핵심요소로 부상하면서 온실가스 감축을 위한 에너지 관련 정책도 화석연료 감축 및 원전·신재생 에너지 확대 및 조화를 이루는 균형잡힌 전원믹스를 추진하고 있다. 에너지 소비 및 전망에 대한 보다 상세한 내용은 5장 에너지·기후위기 대응에 기술하였다.

1.2 에너지 분류

에너지 자원은 인간이 사용할 수 있는 에너지의 형태로 바뀌기 전의 형태를 가진 모든 자원을 의미한다. 종래에는 석탄, 석유, 천연가스와 같은 에너지 자원과 산림자원 등의 가연성 물질 자원과 인력, 동물의 노동력 등을 에너지 자원으로 한정하였으나 에너지 문제가 심각해지면서 원자력 에너지나 태양 에너지와 같은 대체 에너지 자원도 장래 또는 현재의 에너지 자원이 되고 있다(표 1.6 참조).

에너지는 태양열, 바람, 지열, 수력 그리고 생물체(biomass) 등에서 얻을 수 있는 재생가능에너지(renewable energy)와 석탄, 석유, 천연가스, 원자력 등에서 얻을 수 있는 재생불가능에너지(non-renewable energy)로 구분한다.

대체에너지란 넓은 의미로 석유를 대체할 수 있으며 에너지 자원을 통칭하는 것으로 원자력이나 가스 등까지 포함하는 포괄적 의미로 쓰이기도 하였으나 현재는 협의의 뜻으로 기존에너지를 대체하는 신재생에너지를 의미한다. 국가나 에너지 분류방법에 따라 신재생에너지, 신에너지, 미래에너지, 미활용에너지 등으로 불리며, 일부가 중복 또는 혼용되어 쓰이고 있다.

우리나라는 1987년 '대체에너지 개발촉진법'을 제정, 1997년에 '대체에너지 개발 및 이용·보급 촉진법'으로 확대 개정하고 대체에너지를 석유, 석탄, 원자력, 천연가스가 아닌 에너지로서 태양에너지(태양열과 태양광으로 구분), 바이오에너지, 풍력, 소수력(3,000 kW 이

표 1.6 에너지 자원의 분류

자원	분류	자원의 예
비금속광물자원	화석에너지	석탄, 석유, 천연가스, 타르모래, 혈암
금속광물자원	핵분열에너지	우라늄, 토륨
비광물자원	대체에너지	태양열, 지열, 수력, 조력, 풍력
		신탄, 생물체, 폐기물
재생가능자원	핵융합에너지	중수소
동물자원	일에너지	소, 말, 개
인적자원		에너지소비절약기술, 에너지의 효율적 사용

자료 : 강석호, 21세기의 에너지와 산업사회, 영남대학교출판부, 1998

하의 수력), 연료전지, 석탄액화 · 가스화, 해양에너지, 폐기물에너지 및 기타의 에너지로 정의하고 있다.

이후 2006년 '에너지 기본법' 제정과 2004년에 개정된 '신에너지 및 재생에너지 개발, 이용, 보급 촉진법'에 의하면 신재생에너지라 함은 기존의 화석연료를 변환시켜 이용하거나 햇빛 · 물 · 지열 · 강수 · 생물유기체 등을 포함하는 재생가능한 에너지를 변환시켜 이용하는 에너지로 정의한다. 신재생에너지는 태양광, 태양열, 바이오, 풍력, 수력, 해양, 폐기물, 지열 등 재생에너지 8개 분야와 연료전지, 석탄액화가스화 및 중질잔사유가스화, 수소에너지 등 신에너지 3개 분야로 총 11개 분야로 구분하고 있다.

또한 에너지는 1차 에너지(primary energy)와 최종에너지(final energy)로 구분된다. 1차 에너지는 석유, 석탄, 원자력, 천연가스, 수력, 태양열 등과 같이 가공되지 않은 상태에서 공급되는 에너지를 말한다.

최종에너지는 산업 · 수송 · 가정 · 상업 등 최종 소비부문의 에너지 이용설비에 알맞은 형태로 사용되는 에너지로서, 1차 에너지 중 일정한 전환과정을 거쳐서 다른 형태의 에너지로 전환된 것(전력, 석유제품 등)을 의미한다.

1.3 에너지 단위

에너지 단위는 각각 다른 종류의 에너지원들의 원유 1ton이 발열하는 칼로리(10^7kcal)를 기준으로 표준화한 단위로서 석유환산톤(toe : ton of oil equivalent)이란 국제에너지기구(IEA)에서 정한 단위를 사용한다.

이외에 에너지 관련 단위로는 BTU(British Thermal Unit), cal, J, kWh 등을 사용한다.

- 원유 1톤(1toe) = 7.33배럴 = 1,165.4L = 5.83드럼 = 41,860.5MJ
- 1BTU = 252cal = 1,055J = 2.931×10^{-4}kWh

에너지기본법 시행규칙(2022.11.21)에서 정하고 있는 에너지원별 열량환산기준은 표 7.4와 같다.

표 7.4의 에너지원별 원유환산톤(toe)을 계산하고, 기후변화정부간협의체(IPCC : Intergovernmental Panel on Climate Change)에서 정한 탄소배출계수를 사용하여 산정한다.

02 화석에너지

학습목차

2.1 석탄

화석연료는 지금으로부터 4~5천만년 전에 번성하였던 동·식물이 갑작스런 지각의 변동으로 매몰되어 고온, 고압 하에서 오랜 세월동안 서서히 화학적 물리적 변화를 받아서 생성된 화석에서부터 유래되었다.

이러한 화석에너지의 에너지원별 가채매장량의 분포는 표 2.1에서 보듯이 각 국가별로 다양하다. 화석연료의 가채년수의 경우 사용량과 생산량에 따라 차이가 있지만, 대략적으로 석유의 가채년수가 약 45년, 석탄은 약 120년, 천연가스는 약 60년으로 추정되고 있어 앞으로 약 150년 후면 화석에너지 자원은 고갈될 것이다.

2.1.1 ▸ 석탄의 분포와 매장량

석탄은 화석연료 중 가장 풍부하며 가장 먼저 발견된 에너지 자원으로 12세기경 영국에서 처음으로 발견되어 산업혁명의 계기가 되었고, 석유 발견 이전까지 화석연료의 대명사로 쓰였으나 석유의 사용 이후 서서히 감소하는 추세를 보이고 있다. 석탄의 가채매장 확인량은 표 2.1에서 보듯이 10,741억 톤으로 아시아 태평양에 42.8%, 유럽 및 유라시아와 북미에 각각 17.8%와 23.9% 매장되어 있는 것으로 조사되었다.

우리나라의 석탄 매장량은 2010년 기준 약 13.5억 톤이고, 가채 매장량은 약 5.5억 톤으로 각 탄전별 현황은 표 2.2와 같다.

표 2.2 우리나라 탄전별 석탄 매장량

구분	삼척탄전	정선탄전	충남탄전	문경탄전	강릉탄전	단양탄전	호남탄전	보은탄전	기타탄전	합계
매장량 (천톤)	471,671	450,950	116,293	69,928	63,764	62,067	89,448	24,144	4,336	1,352,601
점유율 (%)	34.9	33.3	8.6	5.2	4.7	4.6	6.6	1.8	0.3	100

자료 : 대한석탄공사 홈페이지

표 2.1 세계 에너지원별 가채매장량(2020년)

구분		원유(10억 bbl)		천연가스(조 m^3)		석탄(10억 톤)	
		매장량	비중(%)	매장량	비중(%)	매장량	비중(%)
북미	미국	68.8	4.0	126	6.7	248.9	23.2
	캐나다	168.1	9.7	2.4	1.3	6.6	0.6
	멕시코	6.1	04	02	0.1	12	0.1
	소계	242.9	14.0	15.2	8.1	256.7	23.9
중남미	베네수엘라	303.8	17.5	6.3	3.3	0.7	0.1
	소계	323.4	18.7	7.9	4.2	13.7	1.3
유럽 및 유라시아	카자흐스탄	30.0	1.7	2.3	1.2	25.6	2.4
	러시아	107.8	6.2	37.4	19.9	162.2	15.1
	소계	1462	8.4	56.6	30.1	190.7	17.8
중동	이란	157.8	9.1	32.1	17.1	–	–
	이라크	145.0	8.4	3.5	1.9	–	–
	쿠웨이트	101.5	5.9	0.6	0.3	–	–
	오만	5.4	0.3	1.7	0.9	–	–
	카타르	25.2	1.5	0.7	0.4	–	–
	사우디아라비아	297.5	17.2	24.7	13.1	–	–
	아랍에미리트	97.8	5.6	6.0	3.2	–	–
	예멘	30	0.2	5.9	32	–	–
	소계	835.9	48.3	75.8	40.3	144	14
아프리카		125.1	7.2	12.9	6.9	–	–
아시아 태평양	호주	2.4	0.1	24	1.3	150.2	14.0
	브루나이	1.1	0.1	0.2	0.1	–	–
	중국	26.0	1.5	8.4	4.5	143.2	13.3
	인도	4.5	0.3	1.3	0.7	–	–
	인도네시아	2.4	0.1	1.3	0.7	34.9	3.2
	말레이시아	2.7	0.2	0.9	0.5	–	–
	베트남	4.4	0.3	0.6	0.3	3.4	0.3
	소계	45.2	2.6	16.6	8.8	459.8	42.8
세계		1732.4	100.0	188.1	100.0	1074.1	100.0

자료 : BF, Statistical Review of World Energy, 2021

2.1.2 ▸ 석탄의 종류

석탄의 일반적인 분류 기준은 석탄 속에 포함되어 있는 탄소성분과 휘발성분량[수분 및 휘발성(유기) 탄화수소화합물의 무게 %] 및 그 총 발열량(kcal/kg석탄)을 기준으로 한다. 대략적으로 석탄을 분류하면 무연탄, 유연탄(역청탄), 갈탄, 니탄(토탄) 등의 4종으로 구분한다.

1 무연탄

무연탄(anthracite)은 식물의 석탄화 작용이 가장 오래 진행된 고체 화석 연료로서 흑색의 금속광택이 나는 단단한 석탄이다. 겉으로 보기에는 흑연과 고급무연탄을 구별하기 어려운데, 무연탄의 탄소 함유량은 보통 90% 이상이며, 휘발분은 8% 이하이고, 총발열량은 10,000kcal/kg 정도로 높다.

무연탄은 연소 시에 불꽃의 길이가 짧고, 유기물성분의 휘발분 함량이 많지 않기 때문에 연소 초기의 낮은 온도에서도 유색의 연기가 거의 보이지 않는다. 또한 유황분 함량이 적고 연소 속도가 느려 주로 난방용으로 사용되고 있다.

2 유연탄

유연탄(bituminous coal)은 무연탄과 달리 연소 시에 노란 유색의 연기가 발생한다. 이 노란 연기는 유연탄 속에 있는 유기물질이 증발, 또는 분해되어 나오는 성분들로서 휘발분 함량의 차이에 따라 다르다. 이를 휘발분의 기준에 따라 반역청탄(15~20%), 코크스용 탄(20~30%), 가스탄(32~40%), 아역청탄(40%) 그리고 갈탄(41% 이상)으로 세분된다.

3 갈탄

갈탄(lignite)은 흑갈색을 띠고 점결성이 없는 탄종으로서 대기 중에 노출되면 수분이 증발되어 작은 조각으로 파쇄된다. 탄소성분은 70~80%, 수분은 15% 정도 함유한 탄종으로 착화는 잘되는 편이나 열량은 4,000kcal/kg 정도로 낮은 편이고 회분 함량도 높다.

4 이탄

이탄(peat)은 탄화과정의 1단계에 속하며, 부분적으로 분해된 식물의 집적체로서 육안으로도 식물질의 구조를 확인할 수 있다. 연료로서 사용은 가능하나 열량이 낮으며, 전체 화학성분 중 탄소성분은 70% 이하, 수분은 20~30% 함유되어 있다. 일본에서는 초탄(草炭)이라고 불리며 가정용 연료로 사용한다.

2.1.3 ▸ 석탄의 이용

석탄이 사용되는 소비분야는 그림 2.1과 같이 에너지용 연료와 화학 연료 및 2차 에너지로 구분된다. 에너지용 연료로는 무연탄과 유연탄이 화력발전소와 가정용 연료로 사용된다. 그러나 가정용 에너지 소비 패턴의 변화로 소비가 급격히 감소하였다.

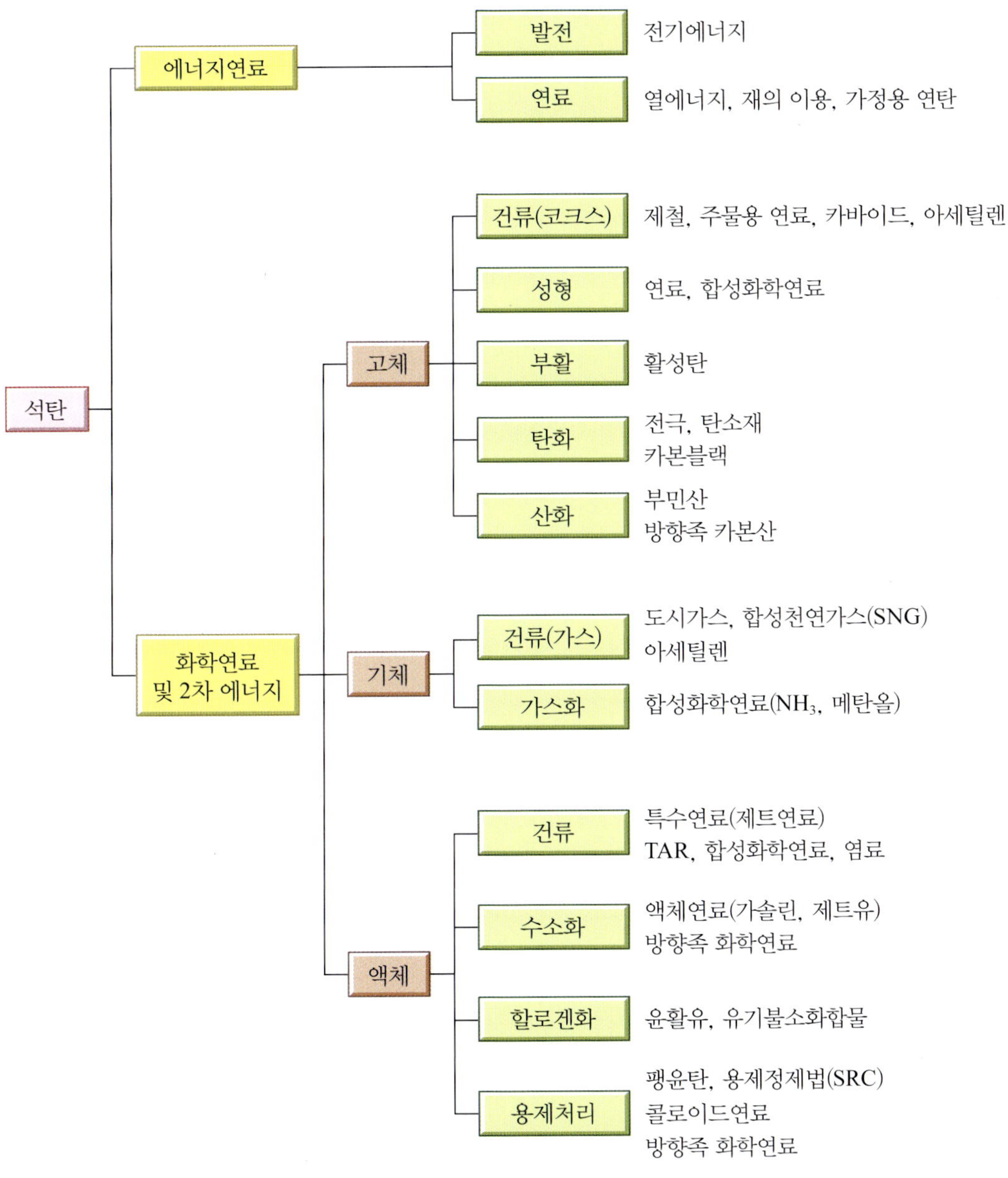

그림 2.1 석탄의 이용분야.
자료 : 강석호, 21세기의 에너지와 산업사회, 영남대학교 출판부, 1998

석탄, 특히 유연탄은 각종 화학공업용 원료로 사용된다. 무연탄은 탄의 연령이 높기 때문에 탄소성분이 고정화되어 있어서 화학반응성이 아주 낮다. 반면에 유연탄은 탄소가 수소, 질소, 산소 등과 같은 복잡한 화합물 상태로 존재하기 때문에 반응성이 높다. 따라서 유연탄에 여러 가지 원리의 화학적 처리를 가하면, 유용한 화학물질을 제조할 수 있는 원료를 얻을 수가 있다.

2.2 석유

2.2.1 ▶ 석유의 분포와 매장량

석유는 1940년대를 시작으로 기름과 천연가스가 주로 석탄보다 용이하게 운반할 수 있으며 좀 더 깨끗하게 연소될 수 있기 때문에, 점증적으로 중요해지고 있다. 1993년에 기름과 천연가스가 미국에서 사용된 에너지의 거의 56%를 차지하였다.

석유의 가채 매장확인량은 표 2.1에서 보듯이 17,324억 배럴로 중동에 48.3%, 유럽 및 유라시아에 8.4%, 아프리카와 중남미 그리고 북미에 각각 7.2%와 18.7%, 14.0% 매장되어 있는 것으로 조사되었다.

2.2.2 ▶ 석유의 종류

석유류에는 원유(crude oil), 천연가스(natural gas), 혈암(oil shale) 및 타르모래(tar sand) 등이 포함되어 있는데, 현재는 원유와 천연가스만이 대량 생산되고 있으며, 오일셰일과 타르모래는 기술적으로 생산이 가능하나, 경제성 때문에 거의 개발되지 않고 있다.

1 원유

채굴된 채로 가공하지 아니한 석유를 원유(crude oil)라고 부른다. 원유는 다수의 탄화수소 화합물들의 혼합물인데 소량의 불순물로 유황, 산소, 질소 등으로 구성되는 유기화합물과 소량의 무기화합물을 함유하고 있다. 그 성분들의 종류는 너무 많고 복잡하기 때문에 각각의 성분을 순수한 화합물로 분리해내는 것은 실제로 어렵고, 연료로 사용할 경우에는 세부적인 분리가 불필요하다. 다만, 석유화학공업용 원료로 쓰일 때는 순수도가 높을수록 분리 정제가 필요하다.

원유는 비점, 즉 끓는 온도가 서로 다른 각종 탄화수소의 혼합물이므로, 사용 목적에 따라 적당한 비점 범위로 구획하여 분리한 후 사용하는 것이 훨씬 편리하다(그림 2.2 참조).

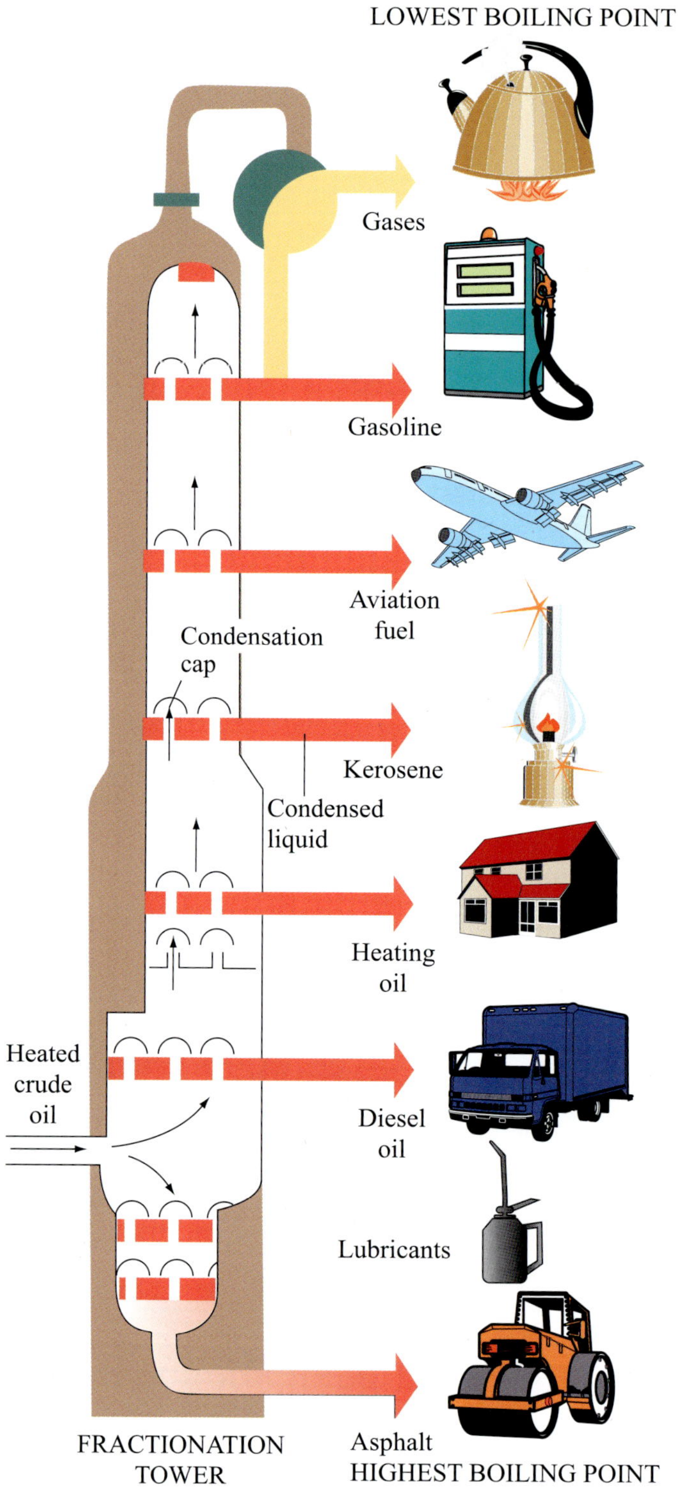

그림 2.2 원유로부터 다양한 제품으로 분리된 석유제품.

자료 : Raven et al., Environment, Saunders college pub., 1997

그림 2.3 혈암과 혈암유.

2 혈암 및 타르모래

혈암(oil shale)은 고체성분과 케로젠(kerogen)이라는 탄화수소계열의 왁스성분으로 구성된 치밀한 조직의 암석이다(그림 2.3 참조). 암석파쇄 후 케로젠 증발 응축시키면 비중이 높고 유동이 느린 암갈색의 혈암유(shale oil)가 형성된다.

또한 진흙, 모래, 물, bitumen(점성질이고, 검은색을 띠는 황을 다량 함유한 중류) 혼합물을 총칭해서 타르모래(tar sand)라고 한다. 이 타르모래를 bitumen이 흘러넘칠 때까지 가열한 후 bitumen 증기를 냉각 응축하여 불순물제거, 수소첨가, 합성원유, 정제과정을 거친다. 그러나 혈암과 타르모래로부터 생산되는 중류는 공히 에너지 수율이 재래식 원유에 비해 낮고 다량의 물이 필요하며, 폐수 및 이산화황 등 발생으로 2차적인 환경오염의 원인이 된다.

2.2.3 ▸ 석유의 이용

원유로부터 그림 2.2와 같이 정제과정을 거쳐서 분리된 최종 석유제품은 연료용 석유가스(petroleum gases), 정유소 가스, 액화석유가스(LPG) 등이다. 연료용 액체 석유제품으로는 휘발유(gasoline), 등유(kerosene), 경유(light oil, 디젤유), 중유(heavy oil, 보일러용, 디젤용과 미분말 석탄을 섞은 혼탄중유)가 있다. 이 외에도 각종 윤활유, 그리스, 아스팔트, 파라핀 등이 있다.

우리나라는 2021년 기준 국내 석유소비가 1,026백만 bbl로서 석유 소비는 세계 7위, 석유 정제능력은 세계 5위를 차지하고 있다. 우리나라 석유제품 수출량은 2022년 기준 원유수입량의 48%인 497백만 bbl이며, 석유제품 수출 세계 6위, 항공유수출 세계 1위이다.

2.3 천연가스

2.3.1 ▶ 천연가스의 분포와 매장량

천연가스는 바다, 호수 등 밑에 퇴적된 유기물들이 오랜 시일에 걸쳐서 분해되어 가스상태로 보존되어 있는 것으로서, 생성과정은 석유와 거의 동일하다고 할 수 있다. 천연가스는 탄화수소로 구성되어 있는 가연성 가스로서 산출상태에 따라 습성가스와 건성가스로 구분된다. 여기서 습성가스는 일반적으로 석유채취 시 함께 수반되어 나오는 석유가스를, 건성가스는 가스만으로 산출되는 가스전을 의미한다.

천연가스는 부피비로 50~90%의 메탄(CH_4)과 이보다 비중이 큰 기체상태의 에탄(C_2H_6), 프로판(C_3H_8), 부탄(C_4H_{10}) 등의 탄화수소가 소량 포함되어 있다. 재래의 천연가스는 유전층 상부에 존재한다.

천연가스의 가채 매장확인량은 표 2.1에서 보듯이 188조 m^3으로 중동에 40.3%, 유럽 및 유라시아에 30.1%, 아시아 태평양과 아프리카 그리고 북미에 각각 8.8%와 6.9%, 8.1% 매장되어 있는 것으로 조사되었다. 또한 천연가스는 유전층이 아닌 곳에서도 발견되며 물과 메탄이 주성분인 얼음형태의 기체수화물 역시 전세계 퇴적층 어디서나 발견된다. 그 한 예로 메탄 하이드레이트(methane hydrate) 덩어리는 얼음 형태이지만 불을 붙이면 활활 타오른다. 얼음이 녹으면서 내부의 순수한 메탄이 타기 때문이다. 세계 각국은 이 불타는 얼음을 녹여 차세대 에너지원인 메탄을 뽑아내고 있다.

1988년 구소련의 크벤볼덴(Kvenvolden)이라는 과학자는 '화학지리학(Chemical Geology)' 저널에 발표한 논문에서 전 세계 메탄 하이드레이트 매장량이 세계에서 사용되는 가스 소비량 기준으로 약 5,000년분에 해당하는 10조 t 규모일 것으로 추정하고 있다. 메탄 하이드레이트는 그림 2.4에서 보듯이 퇴적층에 다양하게 분포되어 있다.

한편 최근에 각광을 받고 있는 셰일가스(shale gas)는 오랜 모래와 진흙이 단단하게 굳어진 퇴적암의 일종인 혈암 안에 갇혀 있는 가스이다. 셰일가스의 존재는 1800년대부터 알려졌으나, 채굴의 어려움 때문에 1970년대 들어서 기업차원에서 개발이 시작되었다. 1980년대 이후 신기술 도입으로 70% 이상의 시추 비용 절감과 고유가 시대를 맞으면서 2000년대 중반 본격적인 개발이 시작됐다. 셰일가스는 전 세계적으로 매장량이 187.5조 m^3로 전 세계가 59년간 가스 사용이 가능한 규모이다. 미국 에너지정보국에 의하면 셰일가스는 중국

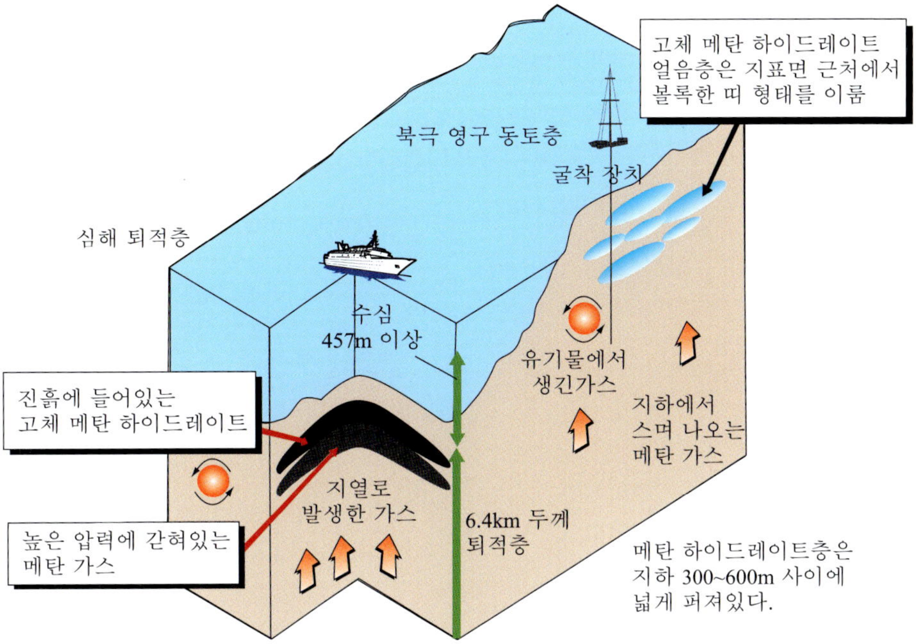

그림 2.4 메탄 하이드레이트 퇴적층.

이 36.1조 m^3 매장량을 보유해 전 세계에서 가장 큰 매장량을 갖고 있으며, 미국이 세계에서 두 번째로 많은 24.4조 m^3의 셰일가스 매장량을 보유하고 있고, 중남미 지역에도 아르헨티나와 멕시코가 각각 21.9조 m^3와 19.3조 m^3의 매장량을 갖고 있다.

2.3.2 ▸ 천연가스의 종류

천연가스는 액화석유가스(LPG : liquefied petroleum gas)와 액화천연가스(LNG : liquefied natural gas) 그리고 메탄 하이드레이트(methane hydrate), 셰일가스(shale gas) 등으로 구분할 수 있다.

1 액화석유가스

액화석유가스(LPG)는 유전에서 원유를 채취하거나 원유정제 시에 나오는 탄화수소를 비교적 낮은 압력을 가하여 냉각·액화시킨 것이다. 기체가 액체로 되면 그 부피가 약 1/250로 줄어들어 저장과 운송에 편리하다. LPG의 주성분은 프로판(C_3H_8), 부탄(C_4H_{10})이고, 소량의 프로필렌, 부틸렌 등이 포함되어 있다.

LPG에는 아황산가스 같은 유독 성분이 거의 없으며 발열량이 20,000~30,000 kcal/m^3로 다른 연료에 비해 열량이 높다. 순수한 LPG는 아무런 냄새나 색깔이 없으나 공업용을 제외한 가정이나 영업소에서 사용하는 LPG에는 누출될 때 쉽게 감지하여 사고를 예방할 수 있도록 불쾌한 냄새가 나는 부취제를 섞어서 공급한다. 가스의 비중은 보통 0°C, 1기압(표준상태)인 공기의 무게에 대한 같은 부피의 기체의 무게비를 나타낸다.

공기에 대한 비중은 프로판 1.52, 부탄 2이기 때문에 둘 다 공기보다 무거워 누출 시 모두 바닥의 낮은 곳에 체류하는 경향이 있다.

2 액화천연가스

액화천연가스(LNG)는 생산지별로 구성성분 물질의 조성에 따라 차이는 있으나 메탄(CH_4)이 주성분이며 기타 에탄(C_2H_6), 프로판(C_3H_8), 부탄(C_4H_{10}) 등의 탄화수소화합물로 구성되어 있다.

LNG는 상압에서 −162°C로 온도를 낮춤으로써 쉽게 액화시킬 수 있으며, 액화상태의 LNG는 정상부피의 1/60이므로 압력용기를 이용하여 많은 양을 수송 또는 저장할 수 있다는 장점을 가지고 있다. LNG는 생산지역에 따라 발열량에 약간의 차이는 있으나 대략 8,000~11,000 kcal/m^3 수준이며, 공기의 비중보다 무거운 경우는 없다.

3 메탄 하이드레이트

메탄 하이드레이트(methane hydrate)는 물분자 중심에 가스분자가 들어있다고 해서 '가스 하이드레이트' 라고도 불리지만, 통상 중심에 있는 가스가 메탄이어서 '메탄 하이드레이트'로 통용된다. 메탄 하이드레이트는 농축 비율이 높아 적은 양으로도 많은 메탄가스를 얻을 수 있다. 메탄 하이드레이트 1 cm^3가 녹으면 0.8 cm^3의 물과 170 cm^3의 메탄가스가 발생한다. 이는 무려 170배의 농축 비율이다.

4 셰일가스

셰일이란 입자 크기가 작은, 진흙이 뭉쳐져서 형성된 퇴적암의 일종인 혈암(頁岩)에서 추출되는 가스이다. 셰일가스(shale gas)는 특정한 지질 구조에 유전이나 가스전 형태로 한 곳에 모여 있는 전통적인 가스전과는 달리, 모래와 진흙이 쌓여 단단하게 굳은 암석의 미세한 틈새에 널리 분포해 있는 비전통 천연가스이다. 비전통 가스(unconventional gas)로는 혈암 층에 존재하는 셰일가스, 사암층과 석탄층에 갇혀있는 치밀가스(tight gas), 석탄층가스(CBM)가 있다. 이 가운데 셰일가스의 비중이 70%를 차지하고 있다. 셰일가스는 난방·발전용으로 쓰이는 메탄 70~90%, 석유화학 원료인 에탄 5%, LPG제조에 쓰이는 콘덴세이트 5~25%로 구성되어 있다. 화학적 성질은 기존 천연가스와 같지만 분포 위치와 채굴 방법이 다르다. 종전에는 기술~경제적 이유로 등한시되었지만 최근에는 채굴기술의 발달로 경제성을 확보하게 되었다.

2.3.3 ▸ 천연가스의 이용

천연가스는 다른 재생불가능한 자원들에 비해 많은 장점을 가지고 있다. 천연가스는 표 2.1에서 보듯이 현재 소비 속도를 기준으로 볼 때 향후 약 60여년 동안 사용이 가능하다. 기존의 재래 천연가스와 메탄 하이드레이트, 셰일가스 등 비재래 천연가스를 모두 합치면 200년 이상 사용할 수 있는 양이다.

천연가스는 수송관을 통해 각 지역으로 운송이 용이하고 순에너지 수율이 높은 편이며, 다른 화석연료에 비해 열량이 높고 오염물질 방출도 적다. 천연가스의 이산화탄소 방출량은 석탄에 비해 40%, 석유에 비해 30% 가량 적게 방출한다.

1 LPG, LNG

우리나라는 석유 원유의 정유공장에서 얻어지는 LPG를 1970년대부터 기체연료로 가정용으로 사용하였다. LNG는 1985년 인도네시아로부터 150만 톤을 국내에 처음 수입하여 도시가스와 발전소용 연료로 사용하고 있다. LNG의 소비량은 원유소비량에 비하여 아직 적은 양에 불과하지만 대도시의 도시가스를 LNG로 공급할 계획이 확대되고 있어 LNG 사용량은 계속 증가할 예정이다.

LNG는 1987년 천연가스 공급 이래 연평균 16.0% 성장률을 보였으며, 전국 주배관망이 건설된 2000년 이후 2010년까지 연평균 5.6% 증가되었으나, 2021년을 정점으로 서서히 감소되고 있다(표 2.3 참조). 그러나 LNG는 석유의존도 감소, 에너지 대체, 도시 연료의 전환, 도시환경 개선, 에너지의 장기 안정적 공급, 관련 산업의 육성 등으로 꾸준히 증가되어 왔으나, 향후에는 신재생에너지의 확충과 탈탄소화 정책으로 서서히 감소될 것으로 전망된다

표 2.3 연도별 LNG 소비량

구분	1990	2000	2010	2020	2021	2023p
발전용	1,741	2,575	9,462	14,650	17.338	15,133
열병합발전 전용	0	1,954	5,127	5,329	5,910	6,452
가스제조	572	9,528	17,354	18,045	19,118	18,129
에너지산업자체소비	0	337	271	1,842	1,809	2,021
산업	4	160	766	1,623	1,632	2,144
합계	2,317	14,554	32,984	41,489	45,809	43,879

* 2023년도 통계는 잠정치

2 메탄 하이드레이트

메탄 하이드레이트의 경우는 생성되는 조건이 특별하기 때문에 시추 기술 확보가 핵심이다. 메탄 하이드레이트는 0°C일 때 26기압(지상의 26배 기압)이거나, 10°C일 때 76기압 이상의 저온 고압의 상태에서 빈 구멍이 많은 퇴적층 내에 생성되는데, 0~4°C의 심(深)해저 또는 북극에 가까운 알래스카나 러시아의 동토지대 지하가 이 같은 조건을 만족한다.

심해저 메탄 하이드레이트층은 해저면에서 500m에서 최대 1,000m의 깊이에 존재하기 때문에 정확한 위치를 탐사해서 시추하고 지상으로 뽑아내는 과정이 필요하다. 이 과정은 기존 화석 연료의 시추 방법과 비슷해 보이지만 훨씬 더 복잡하다.

석유나 천연가스는 압력이 높은 해저에서 액체 상태로 존재한다. 따라서 유전에 파이프를 고정시킨 후 물을 채우면서 다른 한 쪽으로 석유나 천연가스를 밀어내며 뽑아내면 된다. 반면 메탄 하이드레이트는 고체이고 진흙에 섞여 흩어져 있기 때문에 한 곳에 모아 뽑아내는 고난도의 시추 기술이 필요하다. 또한 고체 연료를 뽑아내는 추출 기술 역시 아직 상업적 생산단계에는 도달하지 못하였다.

메탄 하이드레이트층에서 순수 메탄가스를 추출하는 방식은 크게 세 가지이다. 첫째로 뜨거운 물을 주입하는 열수(熱水) 처리법이 있고, 둘째로 압력을 낮추는 감압(減壓)법이 있다. 저온 고압 조건에서만 존재하는 메탄 하이드레이트에서 온도를 높이거나 압력을 낮추는 방법으로 얼음을 녹이는 것이다. 셋째로는 메탄에 불순물인 촉매를 넣어 고체를 기체 상태로 바꿔주는 해리제 주입법이 있다.

현재 상업 생산기술 경쟁에서 가장 앞선 나라는 일본이다. 일본은 1980년대 말 자국 해역에서 메탄 하이드레이트 부존 가능성을 확인한 이후, 1995년부터 매년 100억 엔 이상을 투입해 상업 생산 기술을 확보한다는 계획이다. 1998년과 2002년에는 각각 미국 · 캐나다 · 독일 · 인도와 공동으로 메탄 하이드레인트 시험 생산 말릭(Mallik) 프로젝트를 진행했다.

미국 에너지성(DOE)도 포스트 오일시대의 자원 경쟁에서 밀리지 않기 위해 2007년 4월부터 예산을 9,000만 달러에서 1억 달러로 늘려 지속적인 기술개발을 추진하고 있다. 또한 캐나다 · 인도 · 중국 등도 메탄 하이드레이트 개발을 국가 지원 사업으로 선정하여 기술 확보에 경쟁을 벌이고 있다.

우리나라의 경우도 2007년 11월 동해 시추선 레메티브(Remetive)호에 의해 국내 최초, 세계 5번째로 확인된 자료에 의하면 한반도 인근 동해에 메탄 하이드레이트가 약 6억 t이 매장돼 있는 것으로 추정되고 있다. 우리나라 천연가스 소비량의 30년 분, 150조 원의 가치가 있는 것으로 조사되었다.

3 셰일가스

기존의 전통가스는 가스전에 시추관을 뚫어 바로 시추하나 셰일가스(shale gas)는 모래와 진흙이 단단하게 굳어진 암석 안에 갇혀 있는 가스를 채굴해야 하는 어려움이 있다. 그러나 최근에는 수평정시추(horizontal directional well drilling)와 수압파쇄법(hydraulic fracturing) 등 기술적 혁신으로 활발한 개발과 생산이 진행되는 등 각광을 받고 있다. 수평정시추기술은 수직방향으로 암석층을 뚫은 뒤 다시 수평으로 가스 저장층에 진입하여 저장층과 수평을 유지하며 파이프를 연장해 시추하는 기술이다. 수압파쇄법은 수직으로 뚫은 작은 시추공(18 cm 지름)에 다량의 물과 모래, 화학물질을 섞은 액체를 고압으로 주입해 가스가 내재된 암석층에 균열을 일으켜 가스를 뽑아내는 기술이다.

셰일가스 채굴과정을 살펴보면 다음과 같다. 첫째, 물, 모래, 화학약품 혼합액을 2~4 km 시추관을 통해 500~1,000기압으로 분사한다(수압파쇄법). 둘째, 수평으로 1.5 km 시추관을 삽입한다(수평정시추법). 셋째, 암석에 균열이 생겨 틈사이로 모래가 들어가며 가스를 시추관으로 모은다. 넷째, 탱크에서 발전소·산업용 기체 가스와 화학 원료용 액체가스로 분리한다. 다섯째, 가스를 제외한 모래 등을 재처리한다. 그러나 위와 같이 수압파쇄에 의한 굴착과정에서 물과 모래, 화학약품을 섞은 혼합액에 의한 토양과 지하수 오염 그리고 메탄가스 방출에 의한 지구온난화 등이 문제점으로 지적되고 있다(그림 2.5 참조).

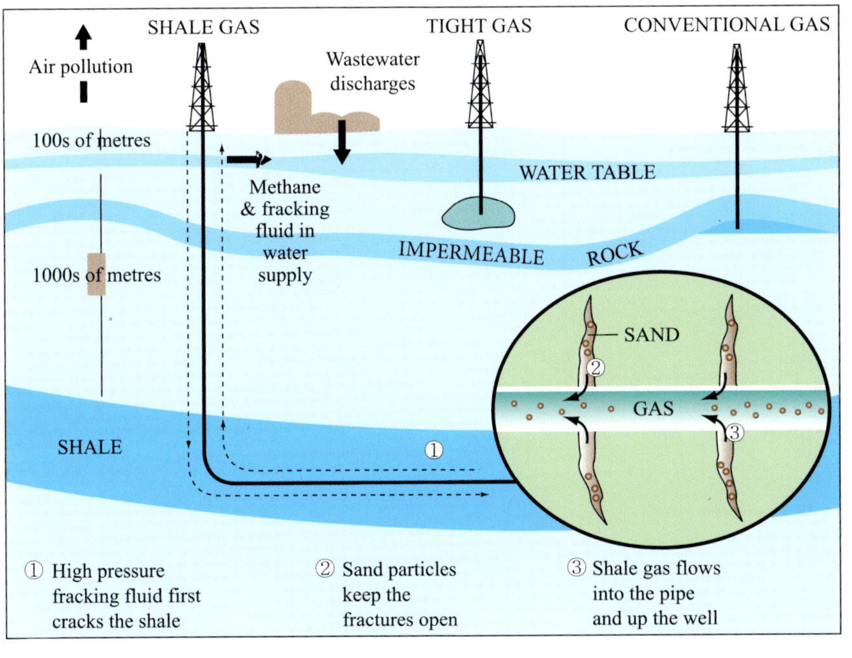

그림 2.5 셰일가스 채굴과정.
자료 : U.S. Energy Information Administration

03 원자력에너지

학습목차

3.1 원자력에너지의 개요

3.1.1 ▶ 원자와 방사능

지구상에 존재하는 생물 및 무생물을 포함한 모든 물질은 원자라고 하는 아주 작은 알맹이 입자가 모여 형성되어 있다. 또한 모든 물질을 구성하는 원자는 양성자(양전기, 원자번호와 같은 개수의 양성자)와 중성자(원자량에서 원자번호를 뺀 만큼의 개수)로 구성된 원자핵(반지름 10^{-13}~10^{-12}cm)과 그 주위를 돌고 있는 전자(음전기, 전자의 총 개수는 양성자수와 같음)로 구성되어 있으며, 원자핵으로부터 최외곽 전자까지의 반지름은 대략 10^{-8}cm이다.

자연적으로 존재하는 원자의 종류로는 92가지이며, 원자번호가 1인 수소 원자로부터 원자번호가 92인 우라늄 원자까지 92종류의 원자가 여러 가지 모양으로 결합하여 지구상의 온갖 물건이나 물질을 만들고 있다. 이외에 플루토늄과 같이 핵반응에 의해 인공적으로 만들어진 것도 십여 가지 원자가 있다.

한편 원소를 구분하기 위해서는 원자번호(Atomic Number ; 양성자수 ; Z)와 질량수(Atomic Mass Number ; 양성자수와 중성자수의 합 ; A)를 사용한다. 원자번호가 같고 질량수가 다른 원소들을 동위원소(Isotope)라고 하며 이들은 화학적 성질은 같으나 핵적 성질은 서로 다르다. 대표적인 핵연료 물질인 우라늄은 원자번호가 92이며, 3종류의 동위원소(^{238}U, ^{235}U, ^{234}U)가 자연계에 존재하고 있는데, 인공적으로 더 만들 수도 있다.

원자를 구성하는 양성자, 중성자, 전자가 균형을 이루지 못할 때 방사선을 낼 수 있는 능력(방사능)을 갖게 되는데, 이러한 물질을 방사성물질이라고 하며 여기에서 나오는 일종의 에너지를 방사선이라고 한다. 이 방사선은 불안정한 원소가 안정된 원소로 되면서 방출하는 전자파로서 물질을 투과할 수 있는 힘을 가진 광선과 같다. 이러한 방사선에는 엑스(X)선, 알파(α)선, 베타(β)선, 감마(γ)선 등이 있으며, 종류에 따라 투과력이 다르다.

- 알파선은 베타선에 비해 수천 배나 무겁고 크기도 훨씬 작아 종이 한 장으로도 막을 수 있으며, 공기 중에서 몇 cm 정도 밖에 날아가지 못한다.
- 베타선은 빛의 속도에 가깝게 빠르지만 투과력이 강하지 못해 얇은 금속판으로 막을 수 있다.

표 3.1 방사선 단위

구분	국제단위	이전단위	이전 단위와의 관계
방사능	Bq(베크렐)	Ci(큐리)	$1\,Ci = 3.7 \cdot 10^{10}\,Bq$
조사선량	C · kg	R(렌트겐)	$1\,R = 2.58 \cdot 10^{-4}\,C \cdot kg^{-1}$
흡수선량	Gy(그레이)	red(라드)	1 Gy = 100 red
등가선량	Sv(시버트)	rem(렘)	1 Sv = 100 rem
유효선량			

- 감마선은 X선이나 빛과 같은 전자로서 X선보다 파장이 더 짧아 물질의 투과 능력이 X선보다 훨씬 강해 납이나 콘크리트로 막을 수 있다.

핵반응에서 방출되는 알파선, 베타선, 중성자선 등의 입자선과 엑스선, 감마선 등의 전자기파의 총칭이다.

방사선이란 '에너지가 높아 불안정한 물질이 안정한 상태를 찾기 위해 방출하는 입자 또는 에너지의 흐름'으로 방사선에는 원자핵반응이나 원자핵의 붕괴에 의해 발생하는 것, 원자의 에너지준위 변화에 의해 발생하는 것 등이 있으며, 직접 또는 간접적으로 물질 중의 원자나 분자를 전리시키며, 물질에 따라서는 형광작용이나 화학변화를 일으키기도 한다. 방사선의 단위는 방사능량과 방사선량으로 구분한다(표 3.1 참조).

1 방사능량 단위

방사능은 어떤 물질 중의 방사성핵종이 단위시간 내에 몇 번 붕괴를 일으키는가를 나타내는 것이다. 이는 물질 가운데 함유된 방사성핵종의 양과 반감기에 의해 결정된다. 방사능량의 단위는 예전에는 Ci(퀴리)가 사용되어 왔으나 국제도량형총회의 결의에 따라 Bq(베크렐)을 사용한다.

■ Bq(베크렐)

주목되는 핵종의 방사능을 단위시간 당 붕괴하는 원자수로 표시한다. 국제단위로는 방사능의 발견자로 알려진 베크렐(Antoine Henri Bequerel, 프랑스, 1852~1908)의 이름을 따 베크렐(Bq)로 하고, 매초 1개의 붕괴수(DPS : Disintegration Per Second)를 1 Bq로 한다.

■ Ci(퀴리)

라듐을 발견한 여성물리학자 마리 퀴리(Marie Curie, 1867~1934)의 이름을 따서 명명했다. 현재 보조단위로 사용되고 있으며, 1 Ci는 1초간에 3.7×10^{10}개의 원자를 붕괴할 수 있는 양을 기준으로 한다.

2 방사선량 단위

방사선에 의한 물질의 단위질량(kg) 당 흡수되는 에너지 또는 생성되는 전하에 관한 양이다. 방사선의 양은 조사선량(röntgen : R), 물질이나 인체에 흡수된 흡수선량(gray : Gy 또는 rad) 그리고 등가 및 유효선량(sievert : Sv 또는 rem) 등 세 가지 단위로 표시한다.

■ 조사신량

방사선의 통과에 의해 발생한 전하량을 기준으로, 1 R(뢴트겐)은 공기 중에서 2.58×10^{-4} 쿠롱(coulomb)/kg의 이온화를 유발하는 X-선 또는 감마선의 양이다.

■ 흡수선량

어떤 장소에서 어떤 물질이 흡수된 방사선 에너지량이다. 1 rad는 1 kg의 물질에 1 joule의 에너지가 흡수될 때 해당하는 방사선량으로서 1 J/kg 혹은 100 rad (1 Gy)이다.

■ 등가 및 유효선량

등가선량은 방사선 종류에 따라 인체의 장기별 피해를 고려한 단위이다. 유효선량은 인체조직 전체에서의 피해를 고려한 단위로서 장기별 등가선량을 모두 합하여 위험도를 한 사람의 개체수준에서 고려한 값이다.

신체의 일부 또는 장기에 그 부위가 받게 되는 흡수선량에 방사선의 종류와 에너지를 고려해 결정한 선질계수 QF를 곱한 양을 선량당량이라 한다. 단위는 rem(렘, 구단위계)과 Sv(시버트, 신단위계, 1 Sv = 100 rem, 1 J/kg)를 사용한다.

3.1.2 ▸▸ 핵분열

모든 물질은 분자로 구성되어 있으며, 분자는 112가지의 원소가 적당히 화학 결합되어 있는 물질이다. 이 원소의 각 종류를 원자라고 하며, 앞서 언급한 바와 같이 궤도 중심부의 원자핵과 그 주위를 돌고 있는 전자로 구성되어 있다. 이 원자 속의 핵이 중성자 충돌과 같은 강력한 에너지를 받으면 원자핵이 쪼개지게 되는데 이를 핵분열이라 한다. 원자핵이 분열되면서 2~3개의 중성자와 많은 에너지가 방출된다. 이 중성자가 다른 원자핵과 부딪히면 또 다시 핵분열이 일어난다.

핵분열반응은 U-235의 핵에 중성자(neutro ; n)가 반응하여 약 30여종의 방사능 핵분열

물질을 생성하는 동시에 중성자를 더 만들어내고 열과 방사에너지를 방출하는 핵화학 반응이다.

$$U^{235} + n : 30\text{여 종의 핵분열 생성물} + \text{에너지} + 2.43n \qquad (3.1)$$

$$Pu^{239} + n : \text{핵분열 생성물} + 2.88n \qquad (3.2)$$

이 핵분열반응의 생성물 중에는 2.43개의 중성자가 발생하는데, 그 중의 1개는 연쇄반응을 일으키는데 소모되고, 나머지 한 개 또는 반개(0.43개)는 핵반응 장치 내에서 다른 원소에 흡수되어 그 동위원소를 만들거나 반응계 밖으로 빠져나간다.

만일 핵분열이 가능한 U-235 또는 Pu-239의 양이 최소한의 임계질량(critical mass) 이상이 되면 위의 핵반응은 새로이 생긴 중성자 때문에 연쇄 핵분열 반응(chain reaction)에 의해 분열되는 우라늄 핵의 숫자는 지수함수적으로 증가하고 해당하는 막대한 열이 발생한다.

핵분열로 에너지를 얻는 것은 아인슈타인의 상대성이론에 근거한다. 질량감소량에 따른 에너지발생량은 다음식과 같이 표기된다.

$$\Delta E = (\Delta m)c^2 \quad (\text{단, } c = \text{태양광의 속도} = 3 \times 10^{10}\,\text{cm/s}) \qquad (3.3)$$

예를 들면, 우라늄 235의 1g이 핵분열 반응을 100% 일으켜서 없어지면 9×10^{20}erg의 에너지가 발생하는데, 이는 석유 9드럼, 석탄 3톤을 태울 때 나오는 에너지양과 같다. 여기서 질량 1g의 물체가 가속도 $\alpha = 1\,\text{cm/sec}^2$으로 1cm만큼 이동하였을 때 일에너지를 1erg라고 정의한다(10^7 erg = 1 J, 1 Mev = 1.6022×10^{-13} J임).

3.1.3 ▸ 핵융합

핵융합반응은 가벼운 원자의 두 핵이 높은 온도에서 결합하여 헬륨 같은 더 무거운 원소로 바뀔 때 많은 열을 발생시킨다.

핵융합반응에서는 핵분열반응 때보다 3~5배 더 많은 에너지가 나오는데 이를 핵융합에너지라 하며, 핵융합반응을 일으키는 장치가 바로 핵융합 원자로이다. 따라서 핵융합에너지도 원자력이다. 핵분열을 이용하는 원자로와는 달리 핵융합에서는 바닷물 속에 무진장 들어있는 중수소($_1H^2$)나 삼중수소($_1D^3$)를 연료로 사용하므로 인류의 에너지를 영원히 해결해줄 꿈의 에너지원이라고 한다. 예를 들면, 중수소와 삼중수소를 1억도 이상의 높은 온도에서 플라즈마(이온화한 기체)상태로 충돌시키면 헬륨과 같은 보다 질량이 큰 원소로 바뀌면서 반응 당 17.58 MeV의 에너지가 발생한다(그림 3.1 참조). 핵융합은 바닷속에 무한으로 존재하

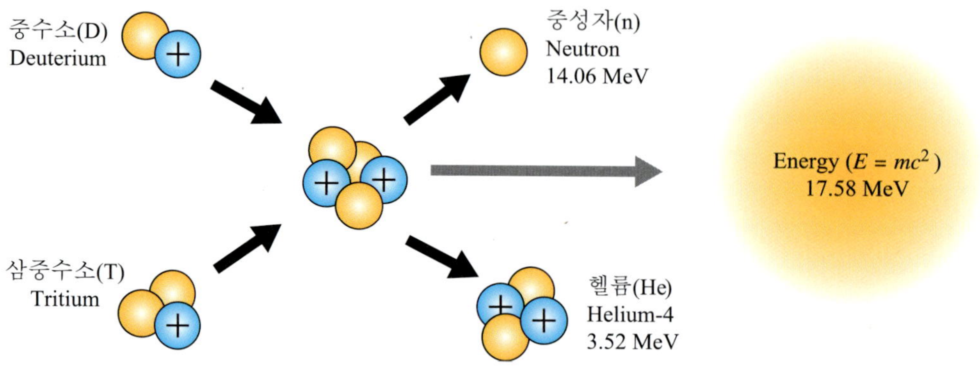

그림 3.1 핵융합 반응.

는 중수소를 이용하기 때문에 자원 고갈의 위험성이 없으며, 사용 후 핵연료와 같은 고준위 방사성폐기물 생성에 대한 우려가 거의 없다. 실제로 핵융합반응은 수소폭탄에서는 실현하였으나 핵융합발전에서는 성공하지 못하고 있다.

핵융합 연구를 위해서는 기본적으로 제4의 물질이라는 플라즈마를 생성시키는 장치가 필요하다. 또한 이온과 전자가 동시에 존재하는 플라즈마를 밀폐, 가열시키기 위해 거대 초전도자석기술, 대형초고진공기술 및 대출력 고주파 가열기술등 첨단 극한기술도 요구된다. 핵융합연구는 현재 미국, 일본, 러시아, 유럽연합 등 4개국과 인도, 중국, 한국이 새로 가입하여 7개국 회원이 공동 참여하는 "국제열핵융합실험로" 개발계획이 진행되고 있다. 이 프로젝트(ITER)는 화석연료 고갈 위험과 환경문제를 대비하여 핵융합에너지의 상용화 가능성을 최종 증명하기 위해 국제핵융합 실험로를 공동으로 건설하는 초대형 국제협력연구개발 프로젝트이다. 우리나라는 1995년 기초과학기지연구소에 플라즈마 발생장치인 "한빛"을 설치 운영하는 등 한국형 핵융합 원자로 개발 프로그램인 K-Star계획을 추진 중에 있다.

3.2 원자로

3.2.1 ▸ 구조

원자로는 우라늄 원료가 핵분열을 일으키는 곳으로서 냉각매체의 종류에 따라 물(보통 물 H_2O를 이용하는 경수로와 중수 D_2O를 이용하는 중수로)을 사용하는 경우와 가스(He 또는 CO_2 가스)를 사용하는 경우로 나눌 수 있다. 이 외에 원자로 용기 내 나트륨(Na) 냉각재를 넣는 액체금속로의 사용계획과 고속증식로 원자로의 개발 완성 단계에 있다.

원자로의 로심 부분은 연료봉, 중성자 감속재, 중성자 흡수재 등으로 구성되며, 로심을 둘러싸는 원자로 벽은 고에너지의 중성자가 감마선 등의 형태로 방사선을 누출하는 것을 완전 차단하고 고온, 고압에도 견딜 수 있도록 2중, 3중 구조로 설치한다.

3.2.2 ▸ 종류

원자로는 표 3.2와 같이 경수로, 가스냉각로, 중수로, 고속증식로로 구분되며, 로의 형태에 따라 연료, 감속재, 냉각재와 압력 및 출구온도 등의 운전조건이 다르다.

1 경수로

경수로(LWR : light water reactor)는 미국에서 개발되었으며 우리나라 고리, 영광, 울진 원자력 발전소들이 가압경수로 형식이다. 경수로는 로의 특징에 따라 가압경수로(PWR : pressurized water reactor)와 비등경수로(BWR : boiling water reactor)로 구분된다.

가압경수로(PWR)는 세계 원천의 69% 정도를 차지하고 있으며 냉각재와 감속재로 일반 물인 경수(H_2O)를 사용하고, 연료로는 핵분열이 가능한 U-235가 2~5% 들어있는 저농축우라늄을 사용한다.

일반적으로 PWR은 그림 3.2에서와 같이 3개의 독립적인 냉각계통으로 구성되어 있으며, 각각의 냉각계통은 서로 완전히 분리되어 있다. 따라서, 각 냉각계통을 순환하는 물은 서로 섞일 수 없으며, 1차 계통(원자로냉각재계통)의 냉각재(물)에 존재할 수 있는 방사성 물질이 2차 계통의 터빈이나 복수기로 이동되지 않는다. 또한, 방사성 물질이 포함되어 있을

표 3.2 원자로의 종류와 특징

항목 / 로형		구성			1차계 압력 (kg/cm^3)	냉각재 출구 온도 (°C)	동력 밀도	비동력 (kW/kgU^{235})	비고
		연료	감속재	냉각재					
경수로	PWR	저농축 UO_2	경수	경수	157	322	70	20	미국 WH에서 개발 우리나라 원자로 주력기종 고리, 울진, 영광
	BWR	저농축 UO_2	경수	경수	70	286	50~60	13.0	미국 GE에서 개발 일본 후크시마 사고기종
가스 냉각로	MAGNOX	천연 우라늄 금속	흑연	CO_2	20~40	~400	0.5	3.0	주로 영국에서 개발
	AGR	저농축 UO_2	흑연	CO_2	30~40	~575	2~4	–	주로 영국에서 개발
	HTGR	고농축 UO_2	흑연	He	50	750~800	8	80.0	미국에서 개발
중수로	중수 냉각형	천연 UO_2	중수	중수	112	~299	11	32	주로 캐나다에서 개발 한국, 월성
	비등경수 냉각형	저농축 UO_2	중수	경수	60	270	7	–	영국, 일본에서 개발
고속 증식로	LMFBR	UO_2/PuO_2	없음	Na	1.3	500~530	300~500	900	주로 프랑스, 일본에서 개발
	GCFBR	UO_2/PuO_2	없음	CO_2, He	80~100	540	250~300	–	미국에서 개발

자료 : 한국화학공학회 편, 에너지공학, 교보문고, 1996
강석호, 21세기의 에너지와 산업사회, 영남대학교 출판부, 1998

가능성이 높은 1차 계통의 냉각재가 누출되는 경우에도 환경으로 방사성 물질이 유출되지 않도록 1차 계통을 격납건물 내에 위치시켜 환경으로의 유출을 차단한다.

냉각재는 증기 발생기 전열관을 통과하면서 증기발생기 2차측의 급수에 열을 전달하고, 원자로 냉각재 펌프를 통해 다시 원자로 압력용기로 공급한다.

이와 같이 냉각재에 높은 압력을 가해 고온에서도 액체상태를 유지하도록 하며, 이것이 열교환을 통해 2차 계통의 물을 증기로 만든다. 핵연료는 보통 12~18개월마다 발전소를 정지하고, 전체 연료의 3분의 1씩을 교체한다.

비등경수로(BWR)는 전체 원전의 14% 정도를 차지하는 원자로로 냉각재와 감속재로 경수를 사용한다. 연료로는 U-235가 2% 들어있는 저농축우라늄을 사용해 가압경수로와 유사하다. 그러나 BWR은 원자로 압력용기에서 냉각재의 비등이 발생하는 것이 PWR과 크게 다른 점이다. 따라서 BWR은 PWR의 증기 발생기의 같은 설비가 필요하지 않으므로 그

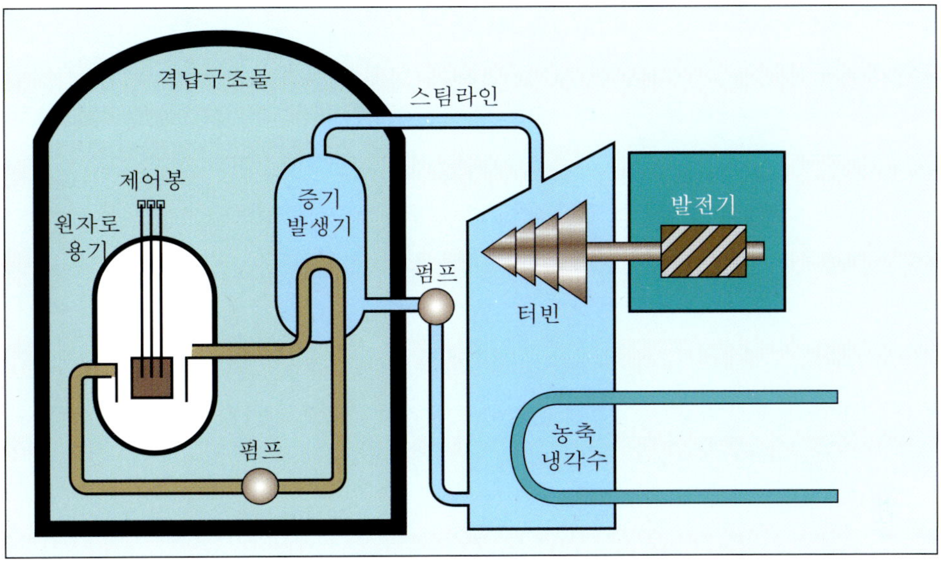

그림 3.2 가압경수로 구조.

림 3.3에서와 같이 2개의 독립적인 냉각계통으로 구성된다. 냉각재(물) 및 증기에는 방사성 물질이 포함되어 있을 가능성이 높기 때문에 원자로 압력용기 뿐만 아니라 터빈과 복수기도 격납건물 내에 위치시켜야 한다. 원자로 압력용기 내 냉각재(물)는 핵연료집합체 아래에

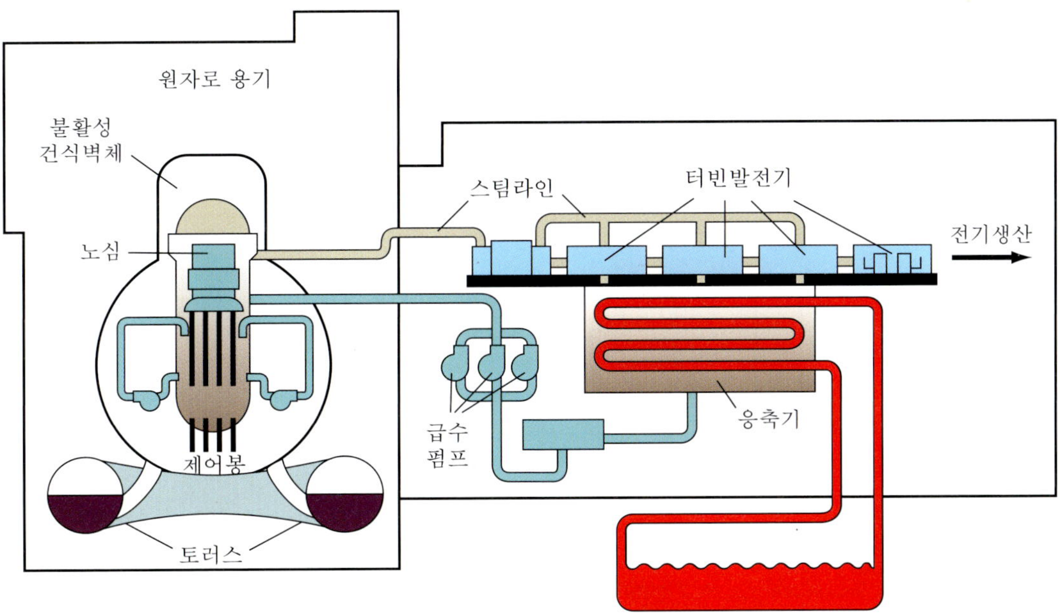

그림 3.3 비등경수로 구조.

서부터 위쪽으로 통과하면서 가열되어 증기로 변환되고, 증기는 원자로 상부의 증기분리기(steam separators)에서 증기와 물로 분리된다. 분리된 증기는 직접 고압 및 저압 터빈을 돌려 전기를 생산하며, 나머지는 냉각재(물)와 혼합하여 다시 원자로 노심으로 공급된다. 그러나 냉각재가 직접 비등해 증기가 되므로 높은 압력을 유지하는 것이 불필요하고, 원자로계통과 터빈계통이 완전 분리되지 않아서 방사선 차폐가 어렵다는 단점이 있다.

2 가스냉각로

가스냉각로(GCR : gas cooled reactor)는 로의 특징에 따라 MAGNOX, 개량형 가스냉각원자로(AGR : advanced gas cooled reactor), 고온가스냉각로(HTGR : high temperature gas cooled reactor)로 구분한다.

감속재로는 흑연봉(graphite rods)을 사용하고, 냉각재로는 취급이 쉽고 방사선에 안정한 이산화탄소나 헬륨을 사용하며, 특히 열중성자를 흡수할 확률이 적기 때문에 천연 우라늄을 핵연료로 사용할 수 있다. 또한, 기체 냉각재는 저압에서도 고온상태의 냉각재를 유지할 수 있어 열전달계통을 고압용기로 제작할 필요가 없다. 그러나 기체는 열전달 특성이 좋지 않기 때문에 원자로 용기 및 열교환기가 크고 기체펌프의 용량도 커야 하는 단점이 있다. 가스냉각로 중 대표적인 MAGNOX는 그림 3.4와 같이 1955년 영국에서 개발한 것으로서 금속의 천연 우라늄을 마그네슘합금으로 피복한 핵연료봉을 흑연감속재 사이에 장전하였다.

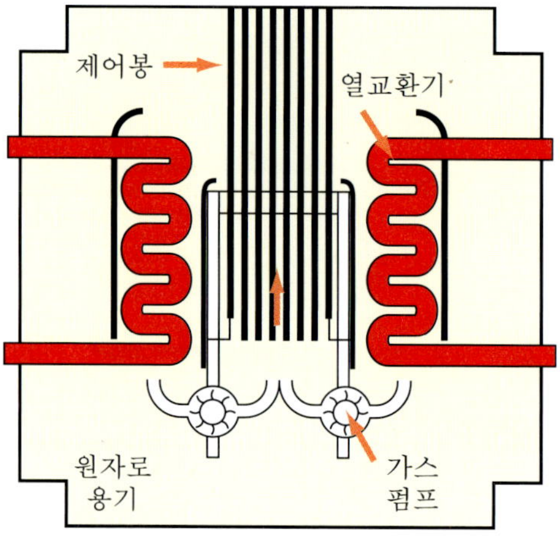

그림 3.4 가스 냉각로 구조(MAGNOX).

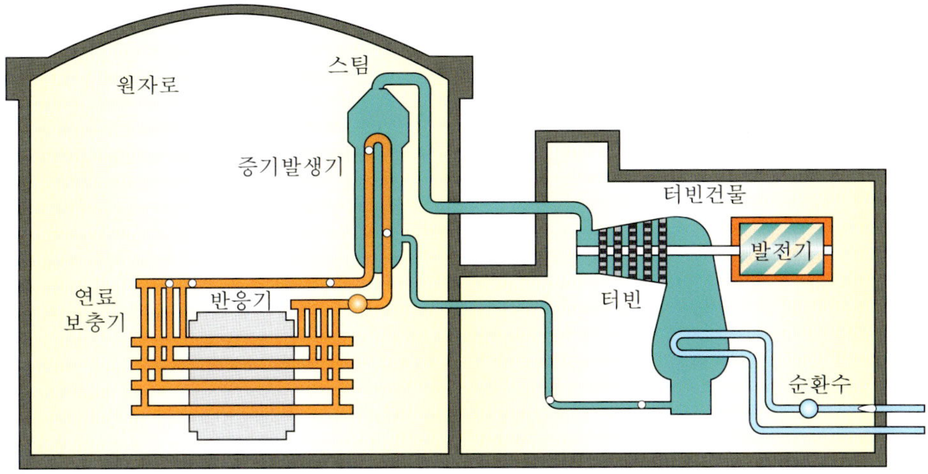

그림 3.5 중수로 구조.

3 중수로

중수로(HWR : heavy water reactor)는 물(H_2O) 대신 중성자 속도를 낮추는 효과가 더 큰 중수(D_2O)를 감속재와 냉각재로 사용하는 것이 특징이다. 대표적인 예로 캐나다에서 개발한 CANDU형(canadian deuterium uranium reactor)과 영국에서 개발한 SGHWR형(steam generating heavy water reactor)이다. CANDU는 중수를 원자로의 감속재와 냉각수로 동시에 사용하고, SGHWR은 중수를 감속재로, 경수를 냉각수로 사용하는 것이 차이점이다. 특히 가압 중수로인 CANDU는 우리나라 월성 원자력 발전에 설치되어 있으며, 연료를 운전정지 없이 매일 일정량씩 교체하기 때문에 경수로보다 이용률이 높다. 대표적인 중수로의 구조를 그림 3.5에 나타내었다.

4 고속증식로

고속증식로(FBR : fast breeder reactor)는 고속중성자(fast highly energetic neutrons)를 이용하여 핵분열반응을 일으켜 에너지를 생산함과 동시에 비핵분열성 물질인 우라늄238을 핵분열성 물질인 플루토늄239로 변환시킨다.

고속증식로는 액체금속고속증식로(LMFBR : liquid metal fast breeder reactor)와 기체냉각식고속증식로(GCFBR : gas cooled fast breeder reactor)로 구분한다.

우라늄광은 대부분이 U-238로서 분열할 수 없으므로 재래식 핵분열의 폐기산물이다. 그러나 증식핵분열(breeder nuclear fission)에서 U-238은 Pu-239로 변형된다. 증식원자로에서는 U-235, Pu-239 또는 Th(토륨)-232를 연료로 사용할 수 있다.

기존 경수로에서도 U-238이 Pu-239로 변환되지만 그 비율이 높지 않다. 이에 비해 LMFBR에서는 핵분열에 의해 발생하는 중성자의 수가 많고, 또한 냉각제에 의한 중성자 흡수가 적어 U-238이 Pu-239로 변환되는 비율이 훨씬 높기 때문에 소비한 연료보다 많은 새로운 연료를 만들어낼 수 있다.

세계의 우라늄 자원은 1,000~2,000만 톤 정도로 국제원자력기구(IAEA)의 우라늄 예상 수요와 연간 우라늄 매장량을 분석한 결과, 전 세계의 우라늄을 약 175년간 사용할 수 있을 것으로 예측하고 있다. 현재 사용 후 핵연료 폐기 방침에 의존한 대규모 원자력 발전을 가동할 경우 우라늄자원이 60년 후에는 고갈될 것으로 예상되어 기존의 원자력 발전은 비교적 한정된 기간의 에너지원으로 인식되었다. 그러나 액체금속로는 고속 중성자로를 이용하는 까닭에, 경수로에는 거의 사용되지 않는 U-238과 Th-232를 유용한 핵분열 물질인 Pu-239와 U-235로 효율적으로 변환시킬 수 있어서 핵연료 재처리와 순환 핵연료 주기를 통하여 핵분열 물질인 U-235 뿐만 아니라 U-238과 Th-232도 사용할 수 있다. 기존 원자력 발전소에서는 주된 핵연료로 사용할 수 없는 U-238은 천연 우라늄의 대부분을 차지하고 있다. 이를 핵연료화 할 수 있는 LMFBR이 실용화될 경우 기존 경수로에서 우라늄이용효율 0.5~0.75%를 60%로 높일 수 있을 것으로 기대된다.

5 소형모듈원자로

소형모듈원자로(SMR : small modular reactor)는 크기와 출력을 획기적으로 축소하여 기존에 원자력 발전의 단점을 보완한 기술로서 출력조절과 원자로의 냉각이 용이하다. 이 장치의 특징은 기존에 다른 장치로 독립되어 있던 핵심 장비들이 모두 원자로 안에 통합되어 있다는 점이다.

SMR은 크기가 작아 핵분열 물질의 양 자체가 적어 붕괴열 발생이 적고 용량이나 부피 대비 표면적, 즉 열 방사 면적이 넓어서 자연적 공기 대류나 표면의 열 방사 방법으로 붕괴열을 냉각시킬 수 있다. 따라서 냉각방식의 경우도 자연 대류만으로 노심을 냉각할 수 있도록 설계되므로 강제 대류용 대형 펌프가 필요 없고, 초대형 노심을 냉각하기 위해 사용하는 기존 초고압수나 대형 가압기가 필요가 없다. 원자력 발전소 중대사고 시 냉각수 배관이 원자로 압력용기 내부에서만 순환하기 때문에 냉각수 고갈 문제도 적고, 크기가 작아 바닷가 해안 지역이 아닌 도서 산간지역에도 쉽게 설치할 수 있다.

이렇듯 기존 대형 원전 대비 크기가 작아 출력 조절이 용이하다는 장점이 있지만, 출력 대비 효율성이 낮다는 경제성에 대한 문제도 있다. 대부분의 SMR 건설비용이나 용량 당 건설비는 일반 경수로나 석유, 가스 등 비싼 화석연료 발전보다 훨씬 높다. 또 다른 문제는 국민이나 주민들의 수용성이다. SMR의 장점 가운데 한 가지는 도시나 공장 등 수요지와 가까운 곳에 건설할 수 있고, 면적도 작아 송전비용이 적어 부지확보가 쉽다는 점이다. 그러나 아무리 SMR이 안전하다고 해도 화력발전소 건설도 꺼리는 지역에서 원자력발전소 건설은 지역 갈등문제가 될 수 있으므로 이에 대한 안전성 확보 문제가 선행되어야 한다.

3.3 원전연료

3.3.1 ▸ 우라늄자원

우라늄 광물자원도 다른 에너지자원이나 금속 지하자원과 마찬가지로 지구상의 각 지역에 편재되어 있다. 주로 캐나다, 미국, 호주, 남아프리카 및 중앙아프리카에 많이 매장되어 있으며, 우리나라는 평균 품위가 약 0.04%(U_3O_8)인 우라늄 광물 약 1,100톤이 매장되어 있다. 우라늄 농축물(U_3O_8) 171톤으로 1백만 kW 경수로 원자력 발전소를 1년간 운전할 수 있는데, 전 세계가 현재 사용 후 핵연료 폐기 방침에 준하여 대규모 원자력 발전시설을 가동할 경우 60년 후에는 우라늄자원이 고갈될 것으로 예상된다.

이와 같이 우라늄자원도 화석 연료자원과 마찬가지로 유한한 에너지 자원이다. 앞으로 유한한 에너지 자원의 대처방안의 일환으로 경수로 대신 고속증식로와 같은 원자력 발전기술 개발과 원자력 융합발전기술로 전환시켜 우라늄 이용효율을 높여 나가야 할 것이다.

3.3.2 ▸ 원전연료주기

우라늄 광물은 산화우라늄(UO_3, uraninite), 규산화우란염(coffinite) 등으로 채광된다. 우라늄 광석에 포함된 우라늄 원소는 광물 1톤당 1~2.5 kg이고, 그 중에서 핵분열이 가능한 U-235가 약 0.7%이며, 나머지 99.3%는 핵분열이 일어나지 않는 U-238이다.

우라늄을 원자력발전소의 연료로 사용하기 위해서는 U-235의 비율을 2~5%로 농축하여야 한다. 농축공장에서 만들어진 농축우라늄을 담배필터 모양으로 만들어서 고온처리를 하면 원전연료 소자(펠렛)가 된다. 그 다음 펠렛을 특수합금으로 만든 가느다란 튜브에 수백 개씩 집어넣어 원전 연료봉을 만들고, 이것을 여러 개씩 묶어 하나의 다발로 만든다. 원자로에 들어가는 연료의 최종 형태는 바로 이러한 다발형태의 원전연료집합체인데, 이렇게 원전연료를 만드는 작업을 원전연료 가공이라고 한다.

경수로용 핵연료 성형가공은 농축공장에서 가져오는 UF_6(6불화 우라늄)를 UO_2(이산화 우라늄)분말로 만드는 재변환 공정, UO_2분말로 소결체 공정, 소결체를 지르칼로이 피복관에 장입하는 연료봉 공정, 그리고 골격체에 연료봉을 장입하는 집합체 제조공정으로 이루어

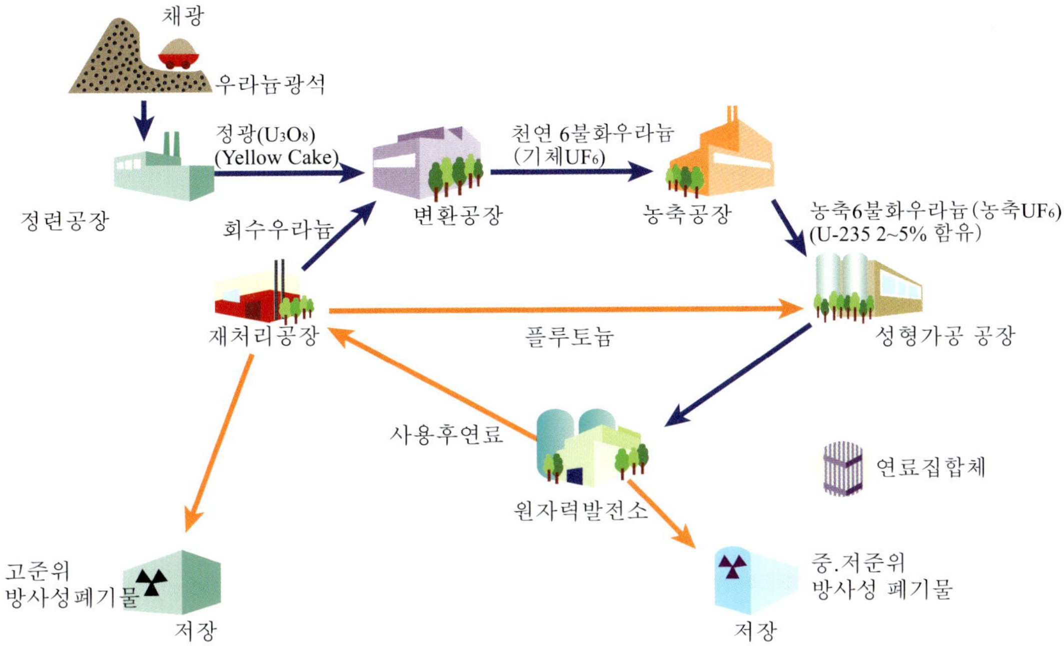

그림 3.6 **원전원료의 주기 흐름도.**
자료 : 한국 원자력 문화재단(http://www.knef.or.kr)

져 있다.

한편 중수로용 핵연료 성형가공은 천연우라늄 분말을 소결체로 만드는 소결체 공정, 연료봉간격체와 지지체를 가공하여 피복관에 부착하는 구조품제조공정, 그리고 피복관에 소결체를 장입하고, 양단에 봉단접합판을 용접하는 연료봉 및 집합체 제조공정으로 이루어져 있다. 이렇게 제조된 원전연료는 발전연료로 사용되며 사용 후 연료에 남아 있는 U-235와 Pu-239는 재처리 공장에서 회수한 후 고준위 방사성 폐기물로 저장된다.

이와 같이 땅속에 묻혀 있던 우라늄을 원전연료로 만들어 전기를 만드는데 사용하고, 사용한 연료를 재처리하여 다시 원전연료로 활용하는 우라늄의 일생을 원전원료주기라 한다(그림 3.6 참조).

3.4 원자력 발전시설

3.4.1 ▶ 세계 원전 현황

1 운영 현황

1956년 세계 최초의 상업용 원자력발전소인 영국의 콜더홀발전소가 운전을 시작한 이래 세계 각국은 원자력발전의 개발 및 이용을 꾸준히 추진해왔다. 세계원자력기구(IAEA)에서 최근 발표한 국가별 원전 운영 · 건설 · 폐쇄 현황은 표 3.3과 같다. 표 3.3에서 보듯이 2022년 현재 33개국 국가에서 441기의 원자력발전소가 운영 중에 있으며, 총 설비용량은 393.5GW이다. 지역별로는 북미 112기, 극동아시아 114기, 서유럽 100기, 중앙&동유럽 74기, 중동 및 남아시아 32기, 남미 7기, 아프리카 2기가 운영 중이다.

노형별로는 가압경수로(PWR)가 약 69%인 306기로 가장 많고, 비등경수로(BWR) 61기, 중수로(HWR) 48기, 가스로(GCR) 10기, 경수냉각 흑연감속로(LWGR) 12기, 고속증식로(FBR) 3기가 설치되어 있다.

2000년 이후 원전 설비용량과 원자로 수의 추이를 살펴보면, 2018년까지 꾸준히 증가하였으나 이후 원전 설비용량과 원자로 수 모두 소폭 감소하였다. 그러나 2022년 4월 기준 원전 설비용량과 원자로 수 모두 소폭 증가하고 있으며, 최근에도 중국, 러시아 등에서 신규건설이 꾸준히 진행되고 있다.

국가별로는 1위 미국이 93기(95.5GW)로 가장 많으며, 2위 프랑스 56기(61.4GW), 3위 중국 54기(51.1GW), 4위 일본 33기(31.7GW), 5위 러시아 38기(28.6GW), 6위 한국 24기(23.1GW) 순이다.

전체 원전의 평균 가동년수는 31.4년으로 전반적으로 노후화가 진행 중이다. IAEA 자료에 의하면 2022년 기준 가동년수가 10년 미만인 원자로는 62기, 10년 이상 20년 미만인 원자로가 33기, 20년이상 30년 미만인 원자로가 50기, 30년 이상 40년 미만인 원자로가 163기, 40년 이상 50년 미만인 원자로가 113기, 50년 이상인 원자로가 20기로, 30년 이상된 원자로가 전체의 67%를 차지하고 있다(그림 3.7 참조).

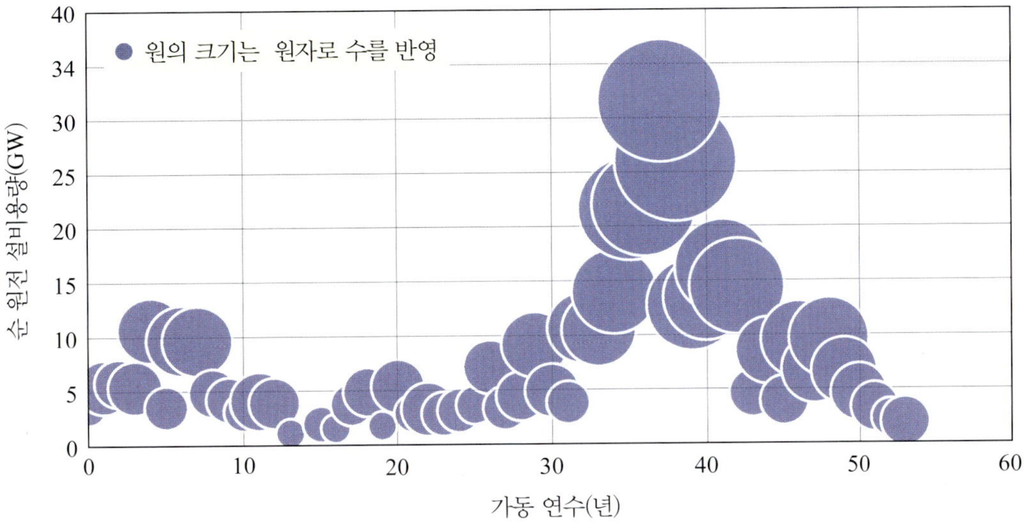

그림 3.7 **세계 원전 가동년수 분포.**
자료 : paris.iaea.org. World Nuclear Power Market Insight(KEEI), 2022

2 건설 현황

IAEA 자료에 의하면 2022년 4월 기준 전 세계 17개 국가에서 52기의 원자로가 건설 중에 있으며, 건설 중인 원자로의 총 설비용량은 약 53.7 GW이다. 이중 중국이 16기의 원자로를 건설 중이고, 인도가 6기, 한국이 4기, 러시아가 4기, 터키가 3기의 원자로를 건설 중이다(표 3.3 참조).

표 3.3 **IAEA 국가별 원전 운영 · 건설 · 폐쇄 현황** (2022.4 기준, 출력단위 : MW)

구분	국가	운영 중		건설 중		폐쇄	
		원자로	설비용량	원자로	설비용량	원자로	설비용량
원전 운영국가	미국	93	95,523	2	2,234	40	19,171
	프랑스	56	61,370	1	1,630	14	5,549
	중국	54	51,109	16	16,063		
	러시아	38	28,578	4	3,759	9	3,032
	일본	33	31,679	2	2,653	27	17,119
	한국	24	23,091	4	5,360	2	1,237
	인도	23	6,885	6	4,194		
	캐나다	19	13,624			6	2,143

(계속)

표 3.3 IAEA 국가별 원전 운영 · 건설 · 폐쇄 현황 *(계속)*

구분	국가	운영 중		건설 중		폐쇄	
		원자로	설비용량	원자로	설비용량	원자로	설비용량
원전 운영국가	우크라이나	15	13,107	2	2,070	4	3,515
	영국	11	6,848	2	3,260	34	6,790
	스페인	7	7,121			3	1,067
	벨기에	7	5,942			1	10
	독일	3	4,055			30	22,180
	스웨덴	6	6,882			7	4,054
	체코	6	3,934				
	파키스탄	6	3,256			1	90
	스위스	4	2,960			2	379
	핀란드	5	4,394				
	헝가리	4	1,914				
	슬로바키아	4	1,868	2	880	3	909
	대만	3	2,859			3	2,193
	아르헨티나	3	1,641	1	25		
	UAE	2	2,690	2	2,690		
	불가리아	2	2,006			4	1,632
	브라질	2	1,884	1	1,340		
	남아공	2	1,860				
	멕시코	2	1,552				
	루마니아	2	1,300				
	벨라루스	1	1,110	1	1,110		
	이란	1	915	1	974		
	슬로베니아	1	688				
	네덜란드	1	482			1	55
	아르메니아	1	415			1	376
신규 원전 건설국가	터키			3	3,342		
	방글라데시			2	2,160		
원전 폐쇄 국가	이탈리아					4	1,423
	리투아니아				2	2,370	
	카자흐스탄				1	52	
합계		441	393,542	52	53,744	199	95,346

주 : 한국의 경우 2024.7 기준 운영 중 26기, 건설 중 2기, 폐쇄 2기임.
자료 : pris.iaea.org. World Nuclear Power Market Insight, 2022

3 폐쇄 현황

표 3.3에서 보듯이 2022년 4월 기준 전 세계 22개국에서 199기, 총 95.3GW의 원자로가 폐쇄되었다.

국가별로는 미국이 40기의 원자로를 가장 많이 폐쇄하였고, 영국이 34기, 독일이 30기, 일본이 27기, 프랑스가 14기의 원자로를 폐쇄하였다. 이어 러시아가 9기, 스웨덴이 7기, 캐나다가 6기의 원자로를 폐쇄하였으며, 이탈리아(4기), 리투아니아(2기), 카자흐스탄(1기)은 현재 운영하였던 모든 원전을 폐쇄하여 운영 중인 원전이 없다.

3.4.2 ▸ 각국의 주요 원전 정책

1 미국

미국은 2022년 4월 현재 93기의 원자로(95,523MW)를 가동 중에 있고, 40기의 원자로(19,171MW)가 영구 정지되었으며, 2기의 신규 원전(2,234MW)을 건설 중이다.

2021년 11월 원전 개발·차세대 원자로 등을 포함한 에너지 발전 법안을 통과시켰고, 2022년 2월에는 미 에너지부(DOE)에서 원자력 포함한 에너지 안보 전략 및 정책을 발표하였다. 또한 미국 일부 주에서는 SMR 포함한 신규 원전 도입 움직임이 있고, 정부 주도의 SMR 및 대형원전 국제 협력 등을 진행하고 있다.

2 캐나다

캐나다는 표 3.3에서 보듯이 19기의 원자로(13,624MW)를 가동 중이며, 6기의 원자로(2,143MW)가 영구 정지되었다. 2020년 캐나다의 총 발전량은 640.6TWh이며, 수력 60%, 원자력 15%, 가스 11%, 풍력·태양광·지열 6%, 석탄 5%, 바이오매스 2% 등이다.

2022년 캐나다 4개 주정부 연합, SMR 개발 및 실증 지원안을 발표하였고, 캐나다 정부는 SMR 인프라 강화와 일자리 창출 등을 위해 Westinghouse가 개발 중인 SMR eVinci에 전략적 혁신 펀드 출연과 세계 최초 원전 설비 개선 비용 조달 위한 녹색채권을 발행하였다.

3 일본

일본은 2022년 4월 기준 운영 중인 원자로는 33기(31,679MW)이고, 2기(2,653MW)를 건설 중이며, 33기 중 25기가 신규제 기준 적합성 심사를 신청해 10기가 가동을 재개하였다. 일본에서 원전은 원칙적으로 가동 개시일에서 40년 동안 가동할 수 있으며, 1회에 한해 20년간 가동기간 연장이 가능하다. 후쿠시마 원전 사고 직전 운영 중인 원자로는 54기였지만 원전 사고 후 현재까지 27기(17,119MW)가 영구 정지되었다.

2020년 총 발전량은 1,037TWh로 이 중 원자력이 37%, 가스 38.4%, 석탄 30.4%, 수력 8.5%, 태양광 7.7%를 차지하고 있다. 일본 정부는 2021년 10월 22일 발표한 제6차 에너지 기본계획(이하, '에기본')에서 2050년 탄소중립을 목표로 3E+S 원칙에 따라 2030년 발전량 중에서 재생에너지 비중을 36~38%, 원자력 20~22%, 화력은 41%(LNG 20%, 석탄 19%, 석유 등 2%)로 설정하였다. 또한 일본은 재생에너지를 주력 전원으로 삼아 최우선하여 확대하고, 원자력을 중요한 기저 전원으로 활용할 계획이다,

4 중국

중국은 표 3.3에서 보듯이 54기의 원자로(51,109MW)를 가동 중이며, 현재 16기의 원자로(16,063MW)를 건설 중이다. Country Energy Report China에 의하면 2020년 중국의 발전원별 비중은 석탄 64%, 수력 17%, 재생에너지(풍력, 태양광, 지열) 9%, 원자력 5%, 가스 3%, 바이오매스 2%이다.

노후화된 석탄화력발전소 의존도가 높은 중국은 심각한 대기오염에 직면해 있으며, 원전과 같은 비화석연료 발전원의 비중을 높여 대기오염 문제를 해결할 계획이다. 또한 2030년을 정점으로 탄소 배출량을 감소세로 전환하고, 2060년까지 탄소 중립 달성할 계획으로 원전 확대를 추진 중이다.

5 인도

인도는 23기의 원자로(6,885MW)가 가동 중이며, 6기(4,194MW)의 원자로를 건설 중이다. 건설 중인 원자로는 인도가 자체개발한 가압중수로 3기와 고속증식로 1기 그리고 러시아의 경수로 2기이다. 인도의 발전원별 비중은 석탄 73%, 수력 11%, 재생에너지(풍력, 태양광, 지열) 7%, 가스 4%, 원자력 3%, 바이오매스 2%이다.

인도 정부는 2032년까지 원전 설비용량을 22.5GW로 확대할 계획이며, 목표 달성을 위해 21기 신규 원전을 추가로 건설할 계획이다.

6 영국

영국은 11기의 원자로(6,848MW)를 가동 중이며, 신규 원전 2기(3,260MW)를 건설 중이고, 현재 영구 정지된 원자로는 34기(6,790MW)이다(표 3.3 참조). 2020년 영국의 총 발전량은 313.4TWh이며, 발전원별 비중은 가스 36%, 재생에너지(풍력, 태양광, 지열) 28%, 바이오매스 15%, 수력 3%, 원자력 16%, 석탄 2%이다.

2020년 11월 영국 정부는 2050년 탄소 중립 목표 달성을 위한 '녹색산업 혁명을 위한

10대 중점계획'을 발표하였다. 그리고 2050년까지 탄소 배출 제로 달성을 위한 이행 방안을 제시한 넷-제로 전략(Net Zero Strategy)의 일환으로, 대형 원전 1기에 대한 투자결정, SMR 설계와 AMR 실증로 구축, 핵융합 프로젝트 추진을 계획하고 있다.

7 프랑스

프랑스는 표 3.3에서 보듯이 56기의 원자로(61.370 MW)를 운영 중이고, 원자로 1기(1,630 MW)를 건설 중이며, 영구 정지된 원자로는 14기(5,549 MW)이다. 추가적으로 신규 EPR2 6기를 건설 계획 중이다. Country Energy Report France에 의하면 2020년 프랑스의 총 발전량은 532.5 TWh이며, 발전원별 비중은 원자력 66%, 수력 13%, 재생에너지(풍력, 태양광, 지열) 10%, 가스 7%, 바이오매스 2%, 석탄 1%, 석유 1%이다.

프랑스 정부는 2050년 전력수요 충족과 탄소중립 달성을 위한 재생발전설비의 대폭 확대를 전제로 하고, 기존 원전의 50년 이상 계속 운전 시행 및 최대 14기의 EPR2 신규 원전 건설(6기 건설 및 추가 8기 증설 검토) 계획을 발표하였다.

8 러시아

러시아는 2022년 4월 기준 38기의 원자로(28,578 MW)를 가동하고 있으며, 3기의 신규 원자로(3,759 MW)를 건설하고 있다. 2020년 러시아의 총 발전량은 1086.6 TWh 이며, 발전원별 비중은 가스 44%, 원자력 20%, 수력 20%, 석탄 15%, 석유 1%이다.

1986년 체르노빌 사고 이후 주춤했던 러시아의 원전 정책은 1990년대 연방정부의 원전 프로그램의 근거로 2000년부터 본격 추진되어 원전 건설이 재개되었다. 2020년 4월 원자력 종합 프로그램은 순환 핵연료 주기에 기반한 원자력 기술 개발, 핵융합과 플라즈마 기술개발, 소규모 원전을 포함한 참조형(reference) 원전의 설계 및 건설을 포함하고 있다.

또한 1970년대에 건설된 기존 원전을 2035년까지 신규 원자로 15기(각 1200 MW)로 교체한다는 계획을 발표하였다. 2021년 10월 6일 러시아 정부는 2060년까지 탄소 중립 목표 달성을 위한 신규 탈탄소화 전략 계획을 수립하였다. 이행방안으로 기존의 석탄발전 위주의 발전원을 원자력, 수력, 재생에너지, 가스로 전환하여 2050년까지 2019년 대비 탄소배출량 60%를 감축목표로 제시하였다.

9 우크라이나

우크라이나는 2022년 4월 현재 원자로 15기(13,107 MW)를 운영 중이고, 2기(2,070 MW)가 건설 중이며, 1986년 폭발 사고로 가동이 중단된 체르노빌 원자로 4기가 폐쇄되었다. 2020년 우크라이나의 총 발전량은 142.9 TWh이며, 이 중 원자력 54%, 석탄 30%, 가스

7%, 수력 5%, 재생에너지(풍력, 태양광, 지열) 3%, 석유 1%를 차지하고 있다.

2006년에 발생한 러시아 천연가스 공급중단 사건을 계기로 에너지 안보와 원자력 발전의 역할이 새롭게 부각되어, 2030년까지 원자로 11기 신규 건설을 통해 16,500MW의 설비용량을 추가로 확보할 계획을 수립한 바 있다. 이후 2017년 8월 우크라이나 에너지 · 석탄산업부(MECI)의 에너지 전략에 의하면, 2035년까지 원전 비중을 약 50%로 유지할 예정이며, 재생에너지와 수력 비중을 각각 25%와 13%로 확대하고, 나머지는 석탄화력으로 공급할 계획이다. 러시아 침공이후 우크라이나는 러시아의 체르노빌(Chernobyl) 원전 점령, 유럽 최대 원전인 Zaporozhye 원전의 러시아군 공격으로 인한 화재 발생 등 원전에 내한 안정성 문제로 많은 어려움을 겪고 있다.

10 한국

우리나라는 2022년 4월 기준 24기의 원자로(23,091MW)가 가동 중이며, 신규 원전 4기(5,360MW)를 건설 중이고, 영구 정지된 원자로는 2기(1,237MW)이다. 이후 2기(신한울 1, 2호기)가 준공되어 2024년 7월 현재 6개의 원자력발전소에서 26기의 원자로가 가동 중이다. 발전소별 현황을 살펴보면 고리원자력발전소 5기, 새울원자력발전소 2기, 월성원자력발전소 3기, 신월성원자력발전소 2기, 한빛원자력발전소 6기, 한울원자력발전소 8기가 있으며, 새울원자력발전소에 2기(새울 3,4호기)가 건설 중이다.

우리나라의 2022년 기준 총발전량은 594,400GWh이고, 이중 석탄 32.5%, 원자력 29.6%, 가스 27.5%, 신재생 8.9%, 석유 0.3%, 양수 0.7%, 기타 0.5%를 차지하고 있다(KHNP 홈페이지 참조). 우리나라는 탄소중립 녹색성장 정책의 일환으로 석탄발전 감축, 재생에너지 확대를 추진하고, 안정적인 전원공급 기반 확보와 온실가스 감축을 위해 원자력 발전용량을 지속적으로 확보해 나갈 계획이다.

또한 우리나라는 100만 kW급 가압경수로형인 한국표준형(KSNP : Korea Standard Nuclear Power Plant) 원전기술 개발을 토대로, 2009년 12월에 각각 140만 kW급 한국형 원전 4기 총 560만 kW를 아랍에미리트(UAE)로부터 일괄 수주하였다. 이를 계기로 2024년 7월 체코 2기에 대한 우선 협상대상자로 선정이 되어 K-원전의 경쟁력을 확보하였다.

3.5 원자력의 안전과 대책

3.5.1 ▸ 안전사고

2022년 4월 현재 33개 국가에서 441기의 원자력발전소가 운전 중에 있는데, 원자력발전소는 원자폭탄처럼 폭발하지는 않지만 방사능 오염으로 인한 인간의 재앙을 가져올 수 있다.

원자력발전소에서 사건이 발생할 경우, 해당 국가의 규제기관은 이에 대한 안전성 평가 및 원인 파악과 재발방지대책을 수립하기 위해 사건 조사를 수행하고, 사건의 등급을 평가한다. 그 기준이 되는 것이 IAEA에서 수립 · 운영 중인 국제원자력사고 · 고장등급(INES : International Nuclear Event Scale)이다.

표 3.4에 국제원자력기구(IAEA)와 OECD-NEA가 제안한 국제원자력사고 · 고장 등급 분류체계(INES) 및 대표사례를 제시하였다.

INES는 원자력 관계시설에서 발생한 사건의 안전성 중요도에 따라 7가지로 등급을 분류하고 있으며, 1~3등급의 사건을 고장(incident), 4등급 이상의 사건을 사고(accident)로 정의하고 있다. 일반적으로 원자력 관계시설에서 발생하는 사고와 고장의 분류기준은 사건의 발생이 결과적으로 종사자 및 주변주민에게 방사선 영향을 미치는 지의 여부이며, 영향을 미치지 않는 사건을 고장으로 분류한다. INES는 또한 안전에 중요하지 않은 사건에 대해서는 등급 이하(0등급/below scale)라 하여 경미한 고장(deviation)으로 분류하고 있으며, 안전과 무관한 사건은 등급 외 사건(out of scale)으로 규정하고 있다.

또한 INES는 등급평가 결과가 2등급 이상 또는 1등급 이하이더라도 일반대중의 관점에서 중요한 사건일 경우 24시간 이내에 IAEA에 통보하여 참여국이 정보를 공유할 수 있도록 하고 있다.

한편 INES 회원국이 2013년 6월 현재까지 IAEA에 보고한 원전사건등급평가를 등급별로 분류한 결과는 표 3.5와 같이 0등급(222건), 1등급(189건), 2등급(140건), 3등급(17건), 5등급(3건), 7등급(1건) 등 총 611건으로 나타났다.

우리나라는 1993년부터 국내 원자력발전소에서 발생하는 사고 · 고장에 대해 INES를 적용하여 등급을 평가하고, 그 결과를 공개하고 있다. 등급 평가는 '원전사건등급 평가위원회'에서 수행한다. 표 3.5에서 보듯이 우리나라에서 발생한 사건현황은 2013년 6월 기준 0등급

표 3.4 국제원자력사고 · 고장 분류체계 및 대표사례

등급	기준 또는 안전성 기여 인자			대표사례
	소외영향	소내영향	심층방어기능 저하	
7 (대형사고)	중대한 방사능 누출(1-131 등가선량으로 수만 TBq 이상)로 인한 광범위한 보건 및 환경영향 초래하는 경우			구소련 체르노빌원전사고(1986) 일본 후쿠시마원전사고(2012)
6 (심각한 사고)	심각한 방사능 누출(1-131 등가선량으로 수천 TBq 이상)로 모든 방재대책의 이행이 요구되는 경우			
5 (소외위험 사고)	제한적인 방사능 누출(1-131 등가선량으로 수백 TBq 이상)로 부분적인 방재대책의 이행이 요구되는 경우	시설 내에 다량의 방사능을 누출시킬 수 있는 노심손상, 대형임계, 화재 또는 폭발사고 등		영국 윈드스케일 원자로사고(1957) 미국 드리마일 아일랜드 원전노심용융사고(1979)
4 (소내위험 사고)	결정집단이 수백 μSv 이상 피폭을 유발하는 방사성 물질의 소외 누출	노심의 부분적인 용융과 같은 시설의 중대한 손상 또는 조기사망 발생가능성이 높은 작업자 과피폭을 유발한 경우 등		프랑스 생로랑 원전사고(1980) 일본 JCO핵임계사고(1999)
3 (심각한 고장)		소내에서 회수 가능한 수천 TBq 정도의 방사능 누출과 같이 종사자에게 명백한 건강상의 영향이 우려되는 오염	안전계통의 고장으로 사고 방지가 어려운 상태	스페인 반델로스 원전화재사고(1989)
2 (고장)		설계상 예측되지 않은 지역에 심각한 양의 방사성 물질 존재 등으로 인해 연간피폭선량제한치를 초과하는 종사자 피폭이 발생하는 경우 등	추가적인 고장을 방지하는 심층방어기능은 존재하나 안전기능이 저하된 경우 등	
1 (단순고장)			심층방어기능은 충분하나 운전제한 영역을 비정상적으로 벗어난 경우 등	
0 (경미한 고장)	안전성에 영향이 없는 적절한 절차서에 의해 제어될 수 있는 운전제한조건 내의 단순한 이탈 등			

자료 : 원전안전운영정보시스템(http://opis.kins.re.kr)

표 3.5 각국의 등급별 원자력발전 사건 현황 (2013.6)

국가명/등급	운전호기	등급외	0	1	2	3	4	5	6	7	총건수
USA	100	9	15	6	6	1					37
FRANCE	58		1	2	40						43
JAPAN	50	10	6	3	3	5		3		1	31
RUSSIA	33		11	12	8	4					35
KOREA	23		44	2	3						49
GERMANY	9		3	2	5						10
UNITED KINGDOM	16		1	1	10						12
CANADA	19		3	7	6						16
INDIA	20		45	28	4	1					78
UKRAINE	15	5	12	13	14	3					47
CHINA	18	1	4	1							6
SWEDEN	10	2	11	31	7						51
SPAIN	8		2	7	3						12
BELGIUM	7		2		5						7
CZECH REPUBLIC	6	5	5	8	1						19
TAIWAN	6										0
SLOVAKIA	4		2	9	1	1					13
SWITZERLAND	5		3	4	3						10
FINLAND	4			4	2						6
HUNGRAY	4		2	10	3	1					16
ARGENTINA	2	1	6	2	2						11
MEXICO	2		2	7	3						12
PAKISTAN	3	2	3	1							6
BRAZIL	2	1	1	2	1						5
BULGARIA	2		3	18	2						23
ROMANIA	2	1		1							2
SOUTH AFRICA	2				3						3
ARMENIA	1		2		2						4
LITHUANIA	0		12	6	2	1					21
SLOVENIA	1	1	18	2							21
NETHERLANDS	1				1						1
IRAN	1	1									1
KAZAKHSTAN	0		3								3
ITALY	0										0
Total	434	39	222	189	140	17		3		1	611

자료 : 원전운영정보시스템(OPIS : http://opis.kins.re.kr)

* 체르노빌 원전사고는 7등급 사고에 해당되지만 INSE 출범 전인 1986년도에 발생하였기에 본 통계에 포함되어 있지 않음.

(44건), 1등급(2건), 2등급(3건)으로 총 49건이다. 이후 2013년 7월부터 2024년 7월 현재까지 0등급(77건), 1등급(16건), 2등급(2건)으로 총 95건 이외의 다른 사고는 없었다.

기타 상세한 원자력 발전 사건현황은 원전운영정보시스템에서 볼 수 있다.

3.5.2 ▶ 영향과 대책

1 폐열

원자력발전소의 폐열은 발전기를 돌리는 증기터빈에서 나오는 사용된 수증기를 액체상태의 물로 냉각 응축하는 과정에서 약 10°C 정도 높은 냉각수를 배출한다. 냉각수로 사용되는 바닷물은 초당 약 50~60톤(100만 kW급 원전 1기 기준) 정도가 사용된다. 배출된 냉각수의 폐열은 인근 수원의 수온을 상승시켜 더 많은 안개의 발생뿐만 아니라 생태계에도 영향을 미친다.

특히 경수로 원자력발전소에서는 화력발전소와 달리 굴뚝으로 나가는 열이 없는 대신 열효율을 높게 유지하기 위해서 원자로에서 발생하는 에너지의 2/3 정도를 냉각열로 제거해야 한다. 우리나라의 원자력발전소는 대부분 바닷가에 입지하여 바닷물을 냉각수로 이용한다. 냉각수에서 배출되는 온배수는 큰 어류에 대해서는 직접적인 장해가 되는 일은 없으나 어장의 교란문제가 발생될 수 있다. 직접장해가 염려되는 것은 해조류나 해저생물 등 생태계에 영향을 줄 수 있다는 점이다.

2 방사선오염

(1) 인체에 미치는 영향

세상에 살고 있는 모든 사람은 누구든지 일정 수준의 자연방사선량에 노출된 채로 살아간다. 그런데도 아무런 문제가 없는 것은 우리 주위에 있는 방사선의 양이 우리 몸에 피해를 주지 않는, 즉 우리 몸이 이미 익숙해져 적응을 마친 정도의 적은 양이기 때문이다. 일상생활 속에서 우리가 받게 되는 평균 자연방사선량은 총 3밀리시버트 정도인데, 이 정도의 방사선량은 우리 몸에 영향을 주지 않는다.

그러나 일시에 너무 많은 방사선을 받게 되면 여러 가지 신체적 장애가 나타난다. 예를 들어, X선 가슴 촬영을 1회 했다면 약 0.1밀리시버트의 방사선량을 받게 되지만, 사람이 10,000밀리시버트의 방사선을 한꺼번에 전신에 받으면 몇 주 안에 사망하게 된다(그림 3.8 참조).

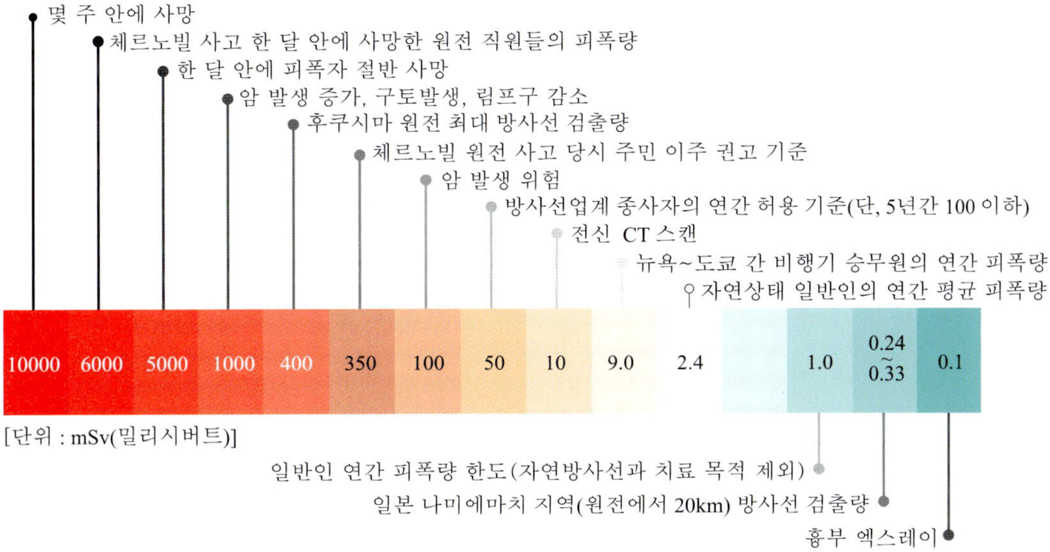

그림 3.8 **피복위험도.**

자료 : 세계보건기구, 세계원자력협회, 한국원자력문화재단

방사선 피폭이란 인체가 방사선원에 노출되는 것으로서 방사선원의 위치에 따라 방사선 피폭은 외부피폭으로 구분된다. 신체 외부에 존재하는 방사선원에 노출되었을 경우를 외부 피폭이라 하는데, 주로 투과율이 높은 감마선이나 엑스선에 의해 일어난다. 그리고 흡입, 섭취, 피부 등을 통하여 신체 내부로 들어온 방사성물질에 의해 피폭되는 경우를 내부피폭이라 한다. 방사선 피폭으로부터 사람들을 보호하기 위해 개인이 받을 수 있는 피폭방사선량의 한계값을 정하고 있는데, 이를 '선량한도'라 한다.

정상적인 생물체가 허용량 이상의 방사선에 노출되면 조직세포가 손실을 받게 되는데 이를 방사선 장해라고 한다. 방사선 장해를 구별하면, 장해 상태가 일정한 정도 이하로 약할 때 회복될 수 있는 체세포상에 나타나는 생체효과(somatic effect)와 생식세포에 발생하는 돌연변이이므로 회복되지 못하는 유전효과(genetic effect)를 들 수 있다. 특히 생체효과와 달리 유전효과는 역치선량(threshold dose)이 없으므로 장해 방지를 하기 위해서는 방사선에 쪼이지 않는 방법 밖에는 없다는 점이 곧 방사선 장해의 문젯거리가 되는 것이다.

인체에 대한 방사선 장해는 방사선에 피폭된 지 수 주일 이내에 증상을 나타내는 조기효과와 수년 내지 수십 년이 지나서야 증상이 나타나는 만발효과를 생각할 수 있다.

① 조기효과

X선이나 γ선 등의 전자파를 허용량 이상으로 일시에 조사하였을 때 중추신경 장해, 장관 장해, 조혈 장해, 피부 장해 및 생식기 장해 등의 급성 조기장해가 발생하며 이것이 더 심

할 때에는 사망한다.

② **만발효과**

방사선 이용 초기에 발생했던 방사선 피부염이 피부암으로 발전하게 되고, 백혈병이나 방사선 백내장을 비롯하여 불임증과 태아의 장해를 볼 수 있다. 그리고 방사선에 의한 유전적 영향이 중요시 되는데, 이것은 조사된 방사선의 총 선량에 관계된다.

(2) 방사선 감시

지구를 포함한 우주공간에는 방사선이 항상 존재하고 있으며 우리 인간은 태초부터 방사선과 함께 살아왔다. 방사선은 암치료 등 유용하게 활용되고 있는 분야가 있는가 하면 핵무기 등과 같은 공포의 대상이 되기도 한다. 환경방사선 감시는 이와 같은 우리 일상생활 환경의 공간 방사선과 방사선피폭의 원인이 되는 방사성 물질에 관한 감시를 한다.

국가환경방사선자동감시망은 우리나라 전 국토에 대한 환경방사선을 효율적으로 감시하기 위하여 운영하는 무인자동의 방사선 감시망으로서, 전국의 공간감마선량을 연중 실시간으로 측정 및 관리하는 시스템이다.

이 시스템은 현재 대도시 지역 및 도서지역을 포함한 전국 37여개 지역에 설치된 환경방사선감시기(environmental radiation monitor)가 측정하는 감시정보를 전용통신망을 통하여 수집 · 관리하고, 이를 인터넷으로 실시간 공개하고 있다.

(3) 방사능 방재대책

원자력발전소는 심층방어 및 다중방벽의 안전개념 아래 매우 높은 수준의 안전성을 유지하도록 설계, 건설, 운전, 보수, 안전규제가 이루어지고 있다. 그러나 1979년 미국의 쓰리마일 아일랜드(Three Mile Island) 원전에서 발생한 방사성물질의 환경누출 사고나 1986년 구소련 체르노빌(Chernobyl) 원전의 대량 방사성물질 환경누출 사고와 같은 것이 혹시 우리나라 인근에서 발생한다고 하더라도, 전문적 기술에 의한 사고파악, 사고진행예측, 사고진정, 주민대피, 오염음식물 섭취제한 등을 통하여 국민의 건강과 환경을 방사선 피해로부터 보호하기 위한 방사선비상대책을 세워야 한다.

모든 기계가 그렇듯이 원자력발전소 또한 아무리 완벽하게 설계해서 건설하고 운영하더라도 고장이나 사고를 완전히 배제할 수 없으므로 사고발생 시 그 피해가 확대되지 않도록 철저히 대비하는 것이 매우 중요하다.

이를 위해 우리나라 원자력발전소는 방사선을 완벽하게 가둘 수 있도록 그림 3.9와 같이 5중 방호벽을 세우고 있다.

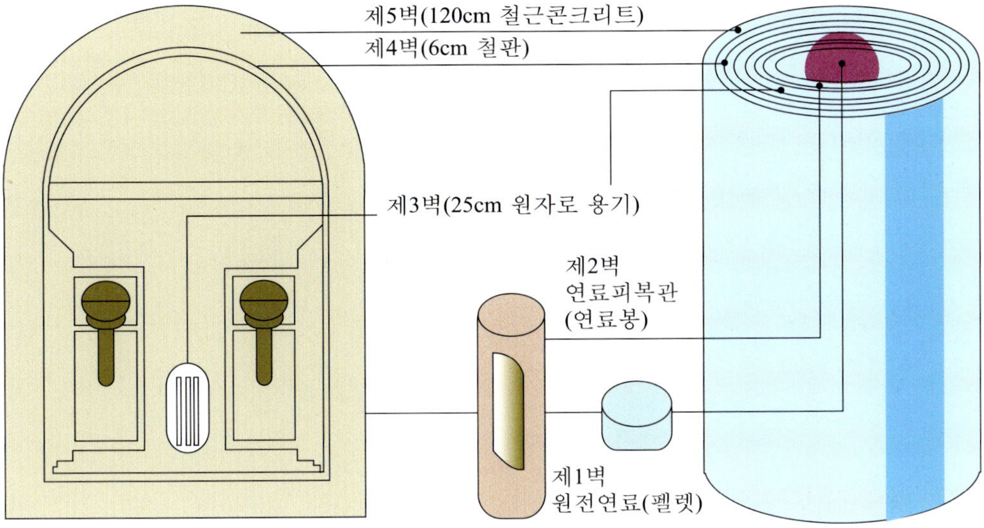

그림 3.9 **다중방호설비.**
자료 : 한국원자력문화재단(http://www.knef.or.kr)

3 방사성폐기물

(1) 발생

우라늄 235가 4% 정도 농축된 펠렛 1개(5g)가 내는 열에너지는 석유 450L, 석탄 700kg을 태울 때 나오는 에너지와 같다.

또한 국제원자력기구(IAEA) 자료에 의하면 에너지원별 채광부터 발전소건설, 운전까지 전 기간 중에서 온실가스 배출량을 비교한 결과, 그림 3.10과 같이 화력발전이 원자력발전보다 40~100배 정도 더 많은 온실가스를 배출하는 것으로 알려졌다.

원자력발전소에서는 크게 두 가지 폐기물이 발생된다. 하나는 작업복, 공구, 필터, 이온교환수지와 같이 방사능 준위가 낮고 포함하고 있는 방사성물질의 반감기가 짧은 중·저준위 방사성폐기물(low level radioactive wastes)이고, 다른 하나는 방사능 준위가 높고 플루토늄 등 반감기가 긴 동위원소를 포함하고 있는 사용 후 연료로 고준위 방사성폐기물(high level radioactive wastes)이다.

(2) 저장과 처리·처분

저장은 처분시설로 가기 전에 임시로 보관하는 과정이고, 처분은 다시 꺼내지 않고 인간 생활로부터 완전히 격리하는 것을 뜻한다.

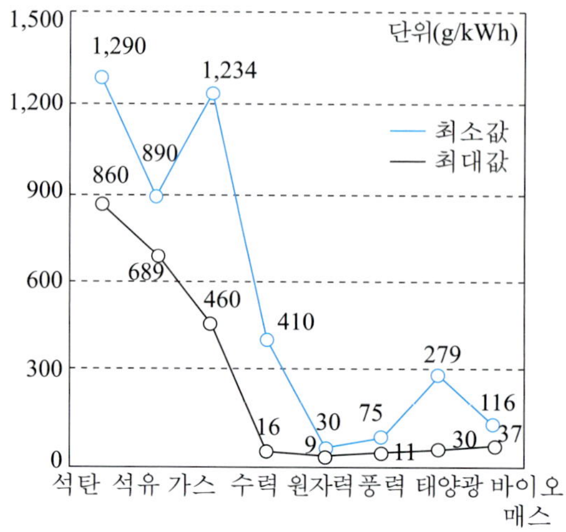

그림 3.10 **발전원별 이산화탄소 배출량.**
자료 : 국제원자력기구(IAEA)

① 중 · 저준위 방사성폐기물의 처분 방법

중 · 저분위 방사성폐기물의 처분 방법은 크게 천층처분과 동굴처분으로 구분할 수 있다.

천층처분은 지표면 또는 지하 수십 미터 깊이에 방사성폐기물을 처분하는 방식으로, 처분 용기나 저장고에 따라 단순 천층처분과 공학적 천층처분으로 구분할 수 있다.

동굴처분은 폐광이나 지하에 동굴을 파고, 동굴 내부 또는 동굴 내에 건설된 콘크리트 구조물에 방사성폐기물을 처분하는 방식이다.

② 고준위 방사성폐기물의 처분 방법

고준위 방사성폐기물은 다량의 이온화 방사선을 1차적으로 배출하는 형태에 따라 기체, 액체 및 고체로 나눌 수 있다.

핵분열 중에 산출되는 고준위방사성폐기물의 실 예는 원자로금속(연료봉과 조합), 냉각 유동체 및 원자로 속에 발견된 공기 또는 기타 기체를 포함한다.

- 기체폐기물은 일단 밀폐탱크에 저장한 후 방사능이 기준치 이하로 떨어지면 고성능 필터를 거쳐 대기로 내보낸다.
- 액체폐기물은 저장조에 모았다가 증발장치를 이용해 깨끗한 물과 찌꺼기로 분류한 후 물은 재사용하고, 찌꺼기는 안정된 고화체로 만들어 철제드럼에 넣어 밀봉해 저장한다.
- 고체폐기물은 압축해 철제드럼에 넣어 밀봉상태에서 발전소 내 저장고에 보관한다.

고준위 방사성폐기물은 심층처분 방법으로 처분된다. 심층처분은 지하 수백 미터 깊이의 지층에 구조물을 조성하여 방사성폐기물을 처분하는 방식이다. 사용 후 핵연료와 같은 고준위 방사성 폐기물이나, 수명이 긴 방사성핵종을 함유한 폐기물 처분되고 있다.

원자로에서 3~5년간 핵분열을 하며 연소한 연료를 교체하는데 이를 사용 후 연료라고 한다. 사용 후 연료에는 핵분열물질인 U-235와 Pu-239가 천연 우라늄 속에 포함된 0.72%보다 많은 약 1% 가량 들어 있다. 이렇게 사용 후 핵연료에 포함된 우라늄과 플루토늄을 이용하기 위한 재처리 기술은 농축기술과 함께 군사적으로 매우 민감한 기술로서, 일부 선진국에서만 독점하고 있다.

현재 사용 후 핵연료의 재처리가 실용화되고 있는 습식 Purex법의 주요공정은 수령, 저장 → 절단, 녹임 → 분리 → 분해 → 정제 → 탈질 → 저장과 같다.

사용 후 핵연료는 고준위 방사능을 갖고 있기 때문에 무거운 차폐용기(cask)에 넣어 수송한 후 재처리 공장의 저장 pool로 운반하여 일정기간 냉각 저장한다.

Zircaloy 피복의 산화우라늄 연료는 먼저 기계처리 공정으로 옮기고 절단기에 넣어 작은 조각으로 절단한다. 절단된 연료는 용해조에서 질산으로 연료부분만 화학적으로 침출 용해하여 피복재와 분리된다. 남은 피복편은 고준위 고체폐기물 저장소로 보내고, 연료 용해액은 제1cycle과 제2cycle을 거쳐 우라늄 용액과 플루토늄 용액으로 분리된다. 각각의 분리된 용액은 용매추출법에 의하여 정제되며, 정제된 우라늄 용액은 증기 농축 후 질산탑에 공급되어 고온의 공기와 접촉하여 이산화 우라늄 분말로 전환된다.

이와 같이 재처리 공정은 순환된 우라늄 생성물, 순수한 형태 또는 우라늄과의 혼합 형태인 플루토늄 생성물, 핵분열생성물의 폐기물 등 3가지 유형의 생산물을 만들어낸다. 재처리는 영구처분의 방법으로 처분되어야 할 폐기물의 방사능과 부피를 줄이는 역할도 한다.

(3) 안전관리

방사성폐기물 안전관련정보의 체계적 관리와 정확한 정보의 공개는 원자력에너지와 방사선 이용을 위한 전제조건이라 할 수 있다.

또한 국제원자력기구(IAEA)는 2001년 6월 18일 발효된 방사성폐기물안전협약을 통하여 각국의 방사성폐기물 안전관리 정보의 제공을 의무화하고 있으며, 특히 NEWMDB(Net Enabled Waste Management Data Base), DIRATA(Database on the Discharges of Radionuclides to the Atmosphere and Aquatic Environment) 등 자체 방사성폐기물 DB를 구축하여 회원국에 관련 정보의 제출을 요구하고 있다.

이와 관련하여 우리나라 정부는 2001년 7월에 공포된 제2차 원자력진흥종합계획에서 안전규제의 효과 및 효율성을 제고하기 위한 추진계획의 하나로 방사성폐기물 사용 후 핵연료에 대한 안전관리 통합정보시스템을 우선적으로 구축하여 폐기물의 안전관리내용을 공개하기로 하였다.

WACID(Waste Comprehensive Information Database)는 방사성폐기물 및 사용 후 핵연료 등에 대한 안전관리 정보를 종합적으로 관리하기 위해 개발된 방사성폐기물 안전관리 통합정보시스템이다. WACID는 방사성폐기물 및 사용 후 핵연료의 안전관리에 필수적인 정보를 종합적으로 관리함으로써 객관적이고 정확한 정보를 신속하게 제공하여 방사성폐기물 안전관리효율화를 달성하기 위한 것이다.

이러한 정보체계는 발생·저장 중인 폐기물의 이력을 체계적으로 추적·관리할 수 있을 뿐만 아니라 기간별/기관별 발생추이 분석 및 향후 누적 예상량 등에 대한 추이분석결과를 제공함으로써 방사성폐기물 관리정책 수립, 안전규제의 체계화 및 품질제고 등 방사성폐기물의 체계적이고 투명한 안전관리시스템을 위한 중요한 정보를 제공할 수 있다.

4 지진

원자력발전소는 지진에 대비해 내진설계와 주변에 활성단층이 없는 부지를 선정한다.

미국 원자력안전위원회는 원자로 반경 8km 이내에 길이 300m 이상이나 반경 32km 이내에 1.6km 이상의 단층이 존재하고 이 단층이 과거 35,000년 이내 1회 또는 과거 50만년 이내 2회 이상 지각변동의 흔적이 있는 '활성가능 단층'으로 밝혀질 경우 예상되는 최대 지진율 평가, 원전 설계 등에 반영하도록 하고 있다.

우리나라 원자력발전소는 부지 선정·설계·건설·운영의 각 단계마다 지진에 대비하여 엄격한 규제기준을 따르고 있다. 원자력발전소를 설계할 때에는 원자로 반경 32km 지역의 지진 및 지질특성 평가와 반경 8 km 지역의 정밀 지질조사를 통해 원전부지에서 발생 가능한 최대 잠재지진을 고려하여야 한다.

또한 가동 중이거나 건설 중인 원자력발전소의 내진 설계값은 중력가속도의 20%인 0.2g으로 규모 6.5 정도(진도 8)의 강진에 해당되나 실제로는 안전율을 적용하여 더 큰 설계지진값을 적용하고 있다. 또한 구조물 이외에 각종 기기와 배관 역시 내진구조로 설계해야 한다.

1995년에 일어난 일본 고베지진은 리히터 규모 7.2로서 고속도로가 파괴되는 등 도시 전체가 폐허가 됐지만, 인근 11개 원전에는 전혀 피해가 없었던 점이 원자력발전소의 내진성을 입증해준 좋은 사례이다.

참고적으로 진도계급은 나라마다 실정에 맞는 척도를 채택하고 있는데, 일본에서는 기상청진도계급(JMA), 미국에서는 수정 메르칼리진도계급(MM)을 쓰고 있다. JMA는 진도를 8단계로, MM은 진도를 12단계로 구분한다(표 3.6 참조).

표 3.6 각국의 등급별 원자력발전 사건 현황

JMA 상태	JMA 명칭	MMI	지반 가속도(g)	리히터 규모(M)	비 고
지진계에만 기록됨.	0 (무감)	I	—0.0008	1 —2	
서 있는 사람이나 민감한 사람만 느낌.	I (미감)	II III	—0.001		
창문과 전등이 흔들림.	II (경진)	IV	—0.0025 —0.008	—3	
집이 흔들리고 그릇의 물이 쏟아짐.	III (약진)	V	—0.01	—4	국내 원전 지진 경보 발생(0.01 g) M:4.0 • 부안 지진(2024.6.12) M:4.8
집이 몹시 흔들리고 그릇의 물이 쏟아짐.	IV (중진)	VI	—0.025	—5	• 홍성 지진(1978.10.7) M:5.0 • 포항 지진(2017.11.15) M:5.4
벽에 금이 가고 비석이 쓰러짐.	V (강진) 약, 강	VII VIII	—0.080 —0.1 —0.25	—6	국내원전 가동정지(0.1 g) M:5.6 • 경주 지진(2018.9.12) M:5.8 국내원전 내진 설계치 M:6.5
가옥 30% 정도 파손 산사태 발생	VI (열진) 약, 강	IX	—0.41	—7	• 일본 고비 지진(1995.1.17) M:7.2 • 대만 지진(1999.9.21) M:7.6
가옥 30% 이상 파손 땅이 갈라짐. 산사태 발생	VII (격진)	X XI XII	—0.75	—8 —9	• 중국 당산 지진(1997.7.28) M:8.0 • 일본 관동 지진(1923.9.1) M:8.3 하마오까원전(0.6 g)

자료 : 한국원자력통제기술원(http://www.kinac.re.kr), 기상청(http://www.weather.go.kr)

04

에너지와 지구환경문제

학습목차

4.1 화석에너지와 환경오염

4.1.1 ▸ 화석연료의 채광 및 생산과 운송

1 석탄

석탄의 채광은 표면채광(surface mining)과 표면하부채광(subsurface mining)의 2가지 기본 형태로 구분한다.

표면채광은 개방형 채광 또는 노천채광이라고도 칭하며 탄층을 덮고 있는 땅을 제거하기 위하여 불도저, 굴착기 등을 사용하여 채광한다. 반면 표면하부채광은 석탄이 땅속 깊은 곳에 있거나 또는 노출된 곳에서 산허리 위로 땅속 깊이 뻗쳐있는 등 지하에서 채광되고 있다. 표면하부채광과 비교할 때 표면채광이 더 저렴하고, 채광자에게 좀 더 안전하다. 그러나 표면채광은 표면하부 채광보다 훨씬 더 광범위하게 토지를 파괴하고 있으며 몇 가지의 심각한 환경문제를 가져오는 잠재성을 갖고 있다.

2 기름과 천연가스

기름과 천연가스 생산의 관심사는 파이프선이나 해양유조선에 의한 장거리에 걸친 운송 중에 생길 수 있는 환경피해이다. 운송로를 따라 생기는 심각한 기름유출, 특히 기름 수면유막은 이동할 수 있는 수중 생태계에서 환경위기를 초래하고 있다.

(1) 알래스카 기름 유출

1989년 3월 24일에 초대형 유조선 엑손발데즈호(Exxon Valdez)가 브라이리프에 부딪혀서 알래스카연안 밖에 있는 프린스윌리암 해협 속으로 260,000배럴의 원유를 분출시킨, 미국 역사상 최대의 기름 유출사고이다. 분출된 원유는 수천 평방킬로미터의 바다를 덮었으며 수백 킬로미터의 해안선을 오염시켰다. 알래스카주 환경보존부에 따르면 이 기름 유출 사고로 인해 30,000여 마리의 새(바다오리, 아비, 가마우지, 대머리 독수리 및 기타 종)와 3,500~5,500마리의 해달이 사망한 것으로 조사되었다.

(2) 프레스티지호 기름 유출

2002년 11월 스페인 북서부 갈리시아 지역 앞바다 200km 지점에서 유조선 '프레스티지호'가 침몰했다. 이 사고로 벙커C유 6만 7,000톤이 유출되면서 인근 대서양의 1,000km가 넘는 해안이 기름에 오염되었다.

(3) 태안 앞바다 기름 유출

2007년 12월 7일 충남 태안 앞바다에서 발생한 유조선인 허베이스피리트호와 삼성중공업 해상크레인선과 충돌사고로 263,000kL 중 12,547kL의 원유가 유출되었다. 이는 지난 1995년 전남 여수에서 발생한 씨프린스호 원유유출 사고 때의 5,035kL에 비해 2.5배이다.

다른 기름유출 사고에 비해 태안 기름 유출 사고의 문제점은 삼면이 막힌 폐쇄적인 환경, 높은 조석간만의 차이, 바닷물의 느린 자정작용, 방대한 규모의 갯벌 손상, 바다 밑바닥에 사는 다양한 생물종 피해, 겨울철 북서풍이었다.

특히 이 지역은 500여 곳에 이르는 수산양식장이 분포하고 있을 뿐 아니라, 안면도를 비롯하여 연간 수천만 명이 찾는 유명 해수욕장과 관광위락시설이 있는 국내 대표적인 해안관광산업의 중심지였다.

4.1.2 ▶ 화석연료의 연소

1 가스상 오염물질

(1) 황산화물(SO_x : sulfur oxides)

석탄, 석유, 천연가스 등의 화석연료 속에는 유기물 또는 무기물 그리고 유리유황 성분이 원래부터 포함되어 있다.

황산화물은 각종 연료, 특히 석탄을 태울 때 많이 생기며 아황산가스(SO_2), 3산화황(SO_3), 아황산(H_2SO_3), 황산(H_2SO_4) 등의 황산염을 포함한다. 황산화물 중 가장 대표적인 가스는 아황산가스(SO_2)로서 이 물질은 색이 없고 자극성이 강하여 대기오염에서 중요하게 다루어지고 있다.

황산화물의 배출원은 크게 자연적인 것과 인위적인 것으로 분류할 수 있으며, 석탄이나 석유를 연료로 사용하는 화력발전소, 자동차, 각종 난방시설 이외에 정유공장, 용광로, 코크스 공장, 황산 제조 공장 등이 주된 인위적 배출원이다. 또한 총 배출량의 약 80%는 화석연료 연소과정에서 대기로 배출되고 있다.

(2) 질소산화물(NO_x : nitrogen oxides)

먼지나 SO_x와 마찬가지로 질소산화물도 주로 연료의 연소과정에서 배출되는 중요한 대기오염물질 중의 하나이다. 기체상태의 질소산화물에는 N_2O, NO, N_2O_3, NO_2, N_2O_4 그리고 N_2O_5 등이 있으나 이들 중에서 NO, NO_2가 대기오염을 일으키는 주요 대상물질이다. 지금까지 알려진 인위적인 질소산화물의 90% 이상은 각종 연료의 연소과정에 의하여 생성된다. NO_x의 반은 고정오염원에 의한 것이고, 나머지 반은 이동오염원에 의해서 배출된다.

2 입자상 오염물질

(1) 분진(particulate)

고체, 액체, 기체 연료의 어떤 연료를 연소시키더라도 입자상 물질의 분진이 배출된다. 연소과정에서 생성되는 분진은 연료 속에 들어있는 무기화합물이 연소과정에서 미세입자로 분리되어 연소가스와 함께 배출되거나 탄화수소와 같이 엔진의 실린더 내에서 연소되지 않는 연료가 분해되어 배출되기도 한다.

4.2 산성비

4.2.1 ▸ 원인물질

이상적인 상태에서 CO_2 등으로 포화되어 있는 천연 우수의 pH는 25°C에서 pH 5.6인 상태이다.

공기 중에는 원래 약 200~400 ppm의 탄산가스가 존재하며, 이것은 공기 중의 물방울과 반응하면 약산성인 탄산이 되는데 반응은 다음과 같다.

$$CO_2 + H_2O \rightarrow H_2CO_3 \quad (3\text{-}1)$$

$$H_2CO_3 \rightleftarrows HCO_3^- + H^+ \quad (3\text{-}2)$$

$$HCO_3^+ \rightleftarrows CO_3^{2-} + H^+ \quad (3\text{-}3)$$

그러나 대기 중의 다른 오염물질에 의해 빗물이 더욱 산성화되어 pH가 5.6 이하가 될 때 이 비를 산성비라 한다.

화석연료에 들어있는 황분은 연소시킬 때 대부분 대기 중에서 산화되어 이산화황이 된다. 이산화황은 대기 중에서 자외선이나 광화학반응에 의해 수분과 반응하여 황산으로 된다.

$$SO_2 + H_2O \rightarrow H_2SO_3 \quad (3\text{-}4)$$

$$SO_3 + H_2O \rightarrow H_2SO \quad (3\text{-}5)$$

질소산화물의 경우도 주로 석유, 석탄 등 연료의 연소에 의해 생기며 대기 중의 수증기가 존재 시 반응하여 질산으로 변한다.

4.2.2 ▸ 산성비가 생태계에 미치는 영향

하천이나 호수의 물이 산성으로 변화하면 식물성 및 동물성 플랑크톤, 부착조류, 수생식물의 종 조성이 바뀌어 감소 또는 단순화되며 어떤 종은 멸종하기도 한다. 또한 토양이 산성화되면 영양소의 용탈(leaching), 중금속의 방출, 토양식생에의 변화 등을 들 수 있다. 산성토양에서는 K, Mg, Ca과 같은 염기가 먼저 유실되고, 음이온에서는 NO_3^-, Cl^- 등이 가장 쉽게 유실된다.

산성비에 의한 식물의 피해는 가장 예민한 수종인 전나무의 피해가 가장 크고, 가문비나무, 소나무 및 너도밤나무와 단풍나무 등의 활엽수에도 피해가 나타나고 있다.

4.2.3 ▸ 산성비 원인물질에 대한 대책

1 아황산가스(SO_2)

대기로 방출되는 황산화물의 대부분은 석탄이나 석유 등의 연료를 태울 때 생기므로 아황산가스를 저감하기 위하여 연료의 유황 함량을 감소시키든지, 아니면 배기가스로부터 아황산가스를 제거하여야 한다. 이러한 아황산가스를 줄이기 위한 감소방법은 다음과 같은 것들이 있다.

(1) 황함량이 낮은 연료를 사용하는 방법

저황 원유(low sulfur crude oil)를 도입하여 정제 공급하는 방법 또는 액화 천연가스(liquified natural gas), 도시가스 등 연료를 공급하거나 대체하는 방법이다.

(2) 석탄 및 석유의 탈황법

석탄 내의 황은 유기성 및 무기성으로 존재하는데, 황철광 같은 무기화합물은 입자로 존재하기 때문에 중력세척에 의한 물리적 제거가 가능하다.

석탄탈황은 기계적 세척(mechanical cleaning)과 화학적 세척(chemical cleaning)의 두 가지 방법이 있으며, 석탄 내의 유황성분은 황철광(pyrite) 형태로 존재하는 무기황(mineral sulfur)과 화학적으로 결속되어 있는 유기황(organic sulfur)이 있다. 현재 국내탄의 대부분을 차지하고 있는 무기황은 석탄의 파쇄, 세척 및 침전 등의 기계적 세척 공정에 의해 효과적으로 제거되며, 총 유황분의 40～90% 제거효율을 기대할 수 있는데, 이는 무기황의 입자 크기와 함량비에 좌우된다. 미국의 경우 석탄수요의 50% 정도를 기계적 세척공정에 의해 석탄 내의 무기황(mineral sulfur)을 제거하고 있으며, 약 500개의 공장이 가동 중에 있다.

(3) 배기가스의 탈황

배출시설의 굴뚝마다 매연 탈황시설(fuel gas desulfurization)을 설치하는 방법으로 시설비가 막대하고 장치의 부식에 따른 비용증가, 2차 오염물질 생성에 따른 처리문제가 있다. 배기가스로부터 탈황하는 방법은 다음과 같은 것들이 있다.

① 건식 석회 주입법
② 석회 세정법
③ 산화마그네슘 세정법
④ 촉매산화법
⑤ 재생 알칼리 세정법

2 질소산화물

질소산화물은 주로 연소과정 중에 생성되거나 탄화수소 연료 내에 화학적으로 결합되어 있는 질소, 즉 연료질소(fuel nitrogen)에 의해서 생성된다. 질소산화물은 연소를 통제하여 감소시키거나 배기가스 내의 질소산화물을 제거함으로써 통제할 수 있다.

연소 과정을 통제하여 배기가스 내의 질소산화물을 감소시키는 방법에는 다음과 같은 것들이 있다.

① 저과잉 공기 연소법
② 연소공기 예열통제법
③ 연소구역 냉각법
④ 2단 연소법
⑤ 배기가스 재순환법
⑥ 연소기계 변형법
⑦ 유동상 연소법

연소과정을 통제하여도 질소산화물 배출기준을 달성할 수 없는 경우에는 배기가스가 방출되기 전에 배기가스의 질소산화물을 제거하는 방법이 채택되어야 할 것이다. 배기가스 내의 질소산화물을 제거하는 방법은 다음과 같다.

① 촉매분해법
② 촉매환원법
③ 흡수법
④ 흡착법

4.3 광화학 스모그

4.3.1 원인물질

자동차가 밀집되어 있는 도시에서 배출되는 배기가스에 포함되어 있는 NO_x는 대기 중에 배출되는 탄화수소 성분과 태양광선의 조사를 받아 광화학 스모그를 형성한다. 이러한 로스앤젤레스 스모그현상은 자동차 배기가스가 그 주요 발생원이 되며, 질소산화물과 불포화탄화수소인 올레핀계 탄화수소의 광화학반응(photochemical reaction)에 의해 생성된 오존과 같은 산화성물질, 알데하이드, 케톤, 유기산 등이 주체이다.

그러나 런던형 스모그는 석탄 연소에 의한 매연, 아황산가스, 일산화탄소 등이 안개와 혼합된 형태이며, 그 성분은 환원성 물질이 주체이다.

광화학반응에서 발생되는 주 생성물은 알데하이드, 케톤, 유기성 질산염, 오존, NO_2, peroxyacetyl형 질산화합물(PAN, PBN), 다른 형태의 유기성 peroxy 및 hydroperoxide 화합물 그리고 과산화수소(H_2O_2) 등이 있다. 이러한 많은 종류의 생성물질 중에서도 오존 · 유기과산화물 · 알데하이드류 등이 비교적 지속성 유해 성분으로 특히 문제시되고 있다. 오존과 유기과산화물은 극히 산화성이 강한 것으로 산화제(옥시던트)라고 총칭된다.

4.3.2 광화학 스모그의 영향

광화학 스모그가 인체에 미치는 영향으로서는 눈, 코, 목의 자극증상을 일으키게 한다. 특히 인후의 통증, 숨막힘, 또는 가슴 답답함 등 호흡기 자극 증상은 오존미스트 등 광화학 옥시던트 때문이다.

또한 광화학 옥시던트는 잎 위에 점각(stippling) 및 반점(flecking) 등으로 식물세포 대사를 방해하거나 페인트, 탄성체(고무 등), 직물섬유, 염료 등을 쉽게 산화한다.

4.3.3 ▸ 광화학 스모그 대책

광화학 스모그 대책을 수립하기 위해서는 기본적으로 오염발생에 관여하는 여러 인자의 변동에 따라 오염발생을 예측할 수 있는 모델이 개발되어야 한다. 특히 광화학 옥시던트 농도의 환경기준과 대표적인 원인물질로서 질소산화물(NO_x), 탄화수소(HC)에 대한 환경기준을 설정하여야 한다. 국지적으로는 탄화수소의 종류별 규제 또는 NO_x/HC 비율의 설정 등에 관한 목표치를 정하는 것이 바람직하다.

① 광화학 스모그의 모델화 및 대책 기구의 조직

② 각종 오염원인 물질별 개별 대책

- NO_x 대책 → 고정발생원에 대한 배출규제의 실시(총량규제),
  이동발생원(주로 자동차 배기가스) 대책
- HC 대책 → 고정발생원에 대한 탄화수소류 배출억제 대책,
  자동차의 탄화수소류 배출방지 대책(증발가스, blow by 가스 등)

③ 오염원에 대한 대책

오염물질 배출억제를 위한 기술적 대책, 자동차의 정비점검 및 교통규제 수단의 실시

4.4 지구온난화와 기후변화

4.4.1 ▶ 대기의 온실효과와 지구온난화

1 지구온난화 추세

지구는 태양으로부터 짧은 파장범위(0~4μm)의 복사에너지를 받는다. 그 일부는 대기와 지표에 의하여 반사(30% 알베도)되고 일부는 적외선으로 방출되어, 이른바 지구대기 복사에너지 온실효과의 복사에너지 평형이 지구대기 기후의 거동을 좌우하고 있다(그림 4.1 참조). 그러나 태양으로부터 들어오는 복사에너지(0~4μm)와 지구로부터 나가는 적외선 파장(4~100μm)의 투과 특성이 다르기 때문에 대기 중의 성분기체 온실가스는 파장이 짧은 태양으로부터 광을 잘 통과시키지만 파장이 긴 적외선 복사에너지를 강하게 흡수하는 특성이 있다. 온실효과 가스가 증가하면 우주로 나가는 복사에너지가 대기에 흡수되고 흡수된 에너지는 복사강제력을 일으켜 결국 기온을 상승시키게 되어 기후의 변동을 일으킨다.

지구온난화 온실효과를 발생시키는 주 기체는 수증기, 이산화탄소, 메탄, 일산화이질소,

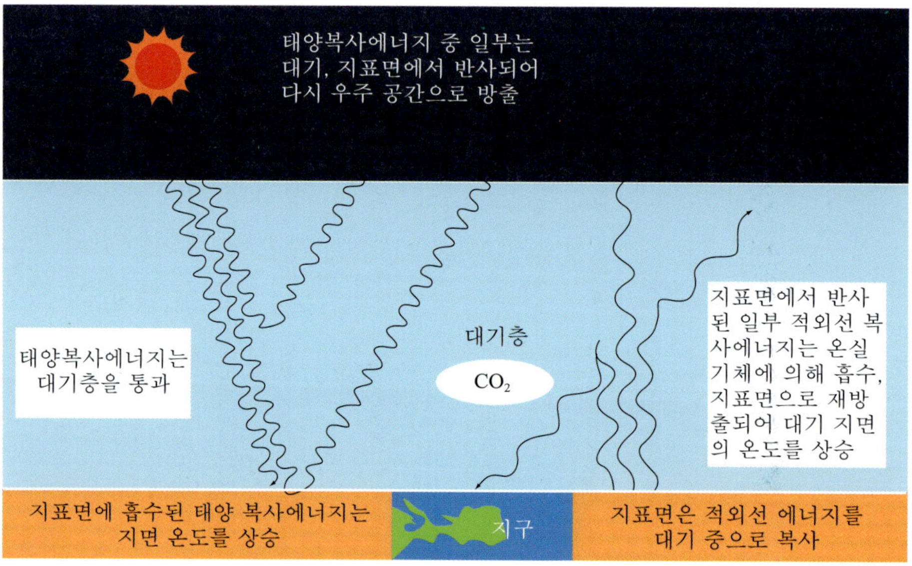

그림 4.1 **지구대기의 온실효과와 복사에너지 수지.**
자료 : 기후변화 대응 신국가 전략, 2007

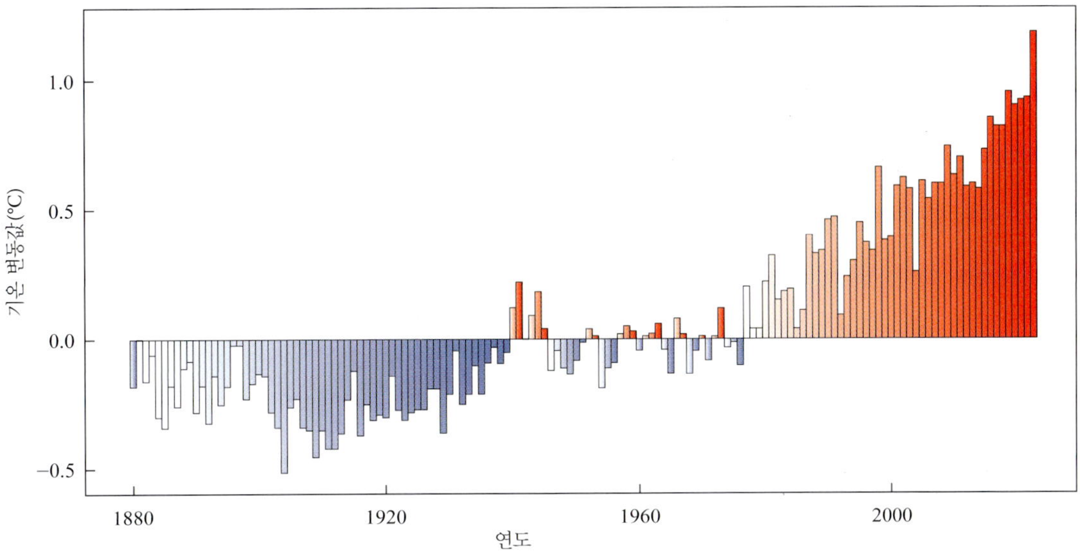

그림 4.2 지구의 연평균 기온변화 변동값(1880~2023).
자료 : 미국항공우주국(NASA), 2023

하로카-본류 등 있다. 이들 중 제일 중요한 역할을 하고 있는 것은 수증기이다. 수증기는 현재의 「온실효과」의 약 3분의 2를 담당하고 있고, 나머지 3분의 1은 이산화탄소가 90% 정도 차지하고 있다. 이들의 온실효과 가스에 의하여 현재 지구의 평균기온이 15°C를 유지하고 있다. 대기에 온실가스가 없을 경우 기온은 현재보다도 33°C나 낮은 −18°C 정도가 된다. 수증기는 전 지구 차원에서 대기 내 그 양이 일정하기 때문에 전 지구적 기온 증가에는 영향이 없다고 본다. 이산화탄소는 산업의 발달과 인간의 활동으로 그 양이 매년 증가하고 있어 대기의 복사에너지를 흡수하여 복사강제력을 증가시키므로 지구의 온난화와 크게 연관이 있다.

미국항공우주국(NASA)에서 기후 관측을 시작한 1880년부터 2023년까지 측정한 지구의 연평균 기온을 그림 4.2에 나타내었다. 지구의 연평균 기온이 그림 4.2와 같이 19세기 후반부터 지금까지 0.6°C 상승하였으며, 1900년 이후부터 증가폭이 점점 높아지고 있는 것으로 나타났다.

지구온난화에 대한 기후변동의 전망은 현재 널리 이용되고 있는 IPCC 제6차 평가보고서(2021) 자료를 참고하였다. 전지구의 지표면 평균 온도가 산업화(1850~1900년) 이전 대비 2011~2020년에 1.09°C 상승하였다. 지구 표면온도는 온실가스 배출이 향후 수십 년 동안 크게 감소하지 않는 한 21세기 안에 1.5°C 및 2°C를 초과할 것이다.

표 4.1은 1850~1900년과 비교하여 20년 간격으로 2100년까지 5가지 시나리오별 지표면 평균온도의 최적 추정치와 범위를 제시하였고, 그림 4.3에 시나리오별 지구표면 평균온도 상승 곡선을 나타내었다.

표 4.1 **시나리오별 지구표면 평균온도의 변화**

Scenario	Near term, 2021~2040		Mid-term, 2041~2060		Long term, 2081~2100	
	Best estimate (°C)	*Very likely* range (°C)	Best estimate (°C)	*Very likely* range (°C)	Best estimate (°C)	*Very likely* range (°C)
SSP1-1.9	1.5	1.2 to 1.7	1.6	1.2 to 2.0	1.4	1.0 to 1.8
SSP1-2.6	1.5	1.2 to 1.8	1.7	1.3 to 2.2	1.8	1.3 to 2.4
SSP2-4.5	1.5	1.2 to 1.8	2.0	1.6 to 2.5	2.7	2.1 to 3.5
SSP3-7.0	1.5	1.2 to 1.8	2.1	1.7 to 2.6	3.6	2.8 to 4.6
SSPS-8.5	1.6	1.3 to 1.9	2.4	1.9 to 3.0	4.4	3.3 to 5.7

자료 : IPCC, AR6 Climate Change, 2021

IPCC 제6차 평가보고서에서는 1850~1900년과 비교하여 2081~2100년의 지표면 평균온도를 다음과 같이 추정하였다.

- **SSP1-1.9** : 21세기 중반에 산업화 이전 시기 대비 기온상승폭이 1.6°C로 1.5°C를 약간 벗어나고, 이후에 1.5도 이하로 억제되는 온실가스 넷-제로 배출을 달성하는 시나리오
- **SSP1-2.6** : 21세기 하반기에 온실가스 넷-제로 배출을 달성하고, 기온상승 폭이 1.8°C로 2°C이하를 유지하는 시나리오
- **SSP2-4.5** : 온실가스 감축을 중간 정도 이행으로 21세기 말에 기온상승 폭이 2.7°C (2.1~3.5°C)까지 도달하는 시나리오
- **SSP3-7.0** : 온실가스 감축을 잘 이행하지 못하여 기온상승 폭이 3.6°C (2.8~4.6°C)로 높은 시나리오

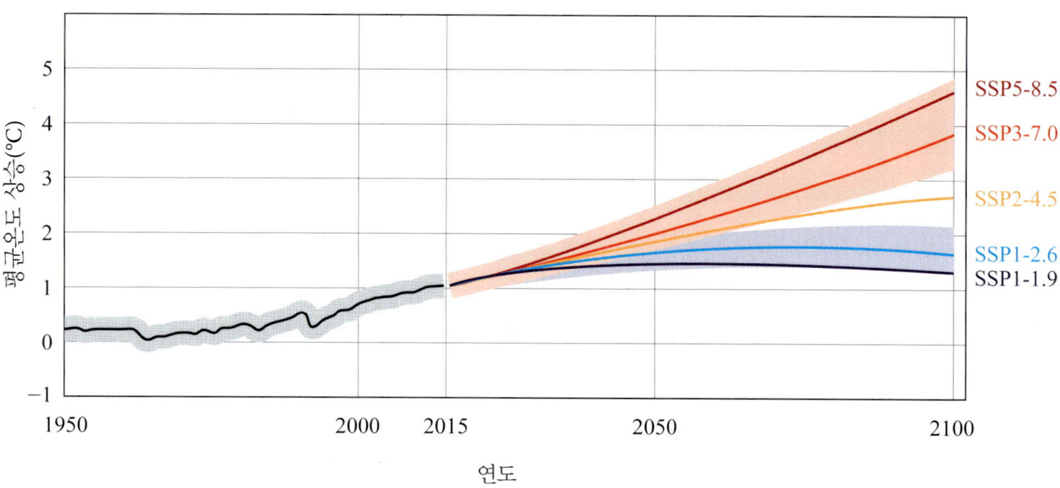

그림 4.3 **시나리오별 지구표면 평균온도 상승 곡선.**

자료 : IPCC, AR6 Climate Change, 2021

• **SSP5-8.5** : 기후 정책이 없으며 기온상승 폭이 4.4°C (3.3~5.7°C)로 가장 높은 시나리오

여기서 공통사회경제경로(SSP : Shared Socioeconomic Pathways)는 온실가스 감축수준 및 기후변화 적응대책에 대한 수행 여부 등에 따라 미래의 사회경제를 고려한 온실가스 저감 경로를 의미한다. 그리고 시나리오 이름 뒤의 숫자 1.9, 2.6, 4.5, 7.0, 8.5는 복사강제력을 나타낸다. 복사강제력(radiative forcing)은 어떤 인자가 대기시스템에 영향을 주어 에너지 평형을 변화시키는 영향력의 척도로서 평방 미터당 온실가스가 흡수하는 에너지량(W/m^2)이다.

산업화 이전 대비 전지구 지표 평균 온도 1.5°C 상승은 기후변화 분야에서 많은 상징성을 가지는 온도이다. 1.5°C 이상 상승하게 되면 지구 전 지역 및 전 부문에서 기후변화의 다양한 부정적인 영향이 나타날 것으로 예상된다.

그래서 IPCC는 2018년 「지구온난화 1.5°C」 특별보고서를 발간한 바 있으며, 파리협정이 발효되면서 지구 평균온도 상승폭을 산업화 이전 대비 2°C 이하로 유지하고, 더 나아가 온도 상승 폭을 1.5°C 이하로 제한하고 이를 달성하기 위해 함께 노력하고 있다.

IPCC 제6차 평가보고서에서 시나리오별 지구 평균 해수면 상승 곡선(GMSL : Global Mean Sea Level)을 그림 4.4에 나타내었다. 그림 4.4에서 보듯이 5가지 시나리오별 GMSL 예측을 나타내었고, 굵은 선은 중간 신뢰도 과정만 포함한 모델 예측의 중간값을 의미하며, 색으로 구분된 영역은 동일한 모델에 대해 가능성 있는 범위(likely range. 66%)에 대한 예측이다. 오른쪽의 막대 그래프는 중간 신뢰도와 낮은 신뢰도의 프로세스를 포함한 모델 예측의 중간값과 가능성 있는 범위(likely range. 66%)를 나타낸 것이다.

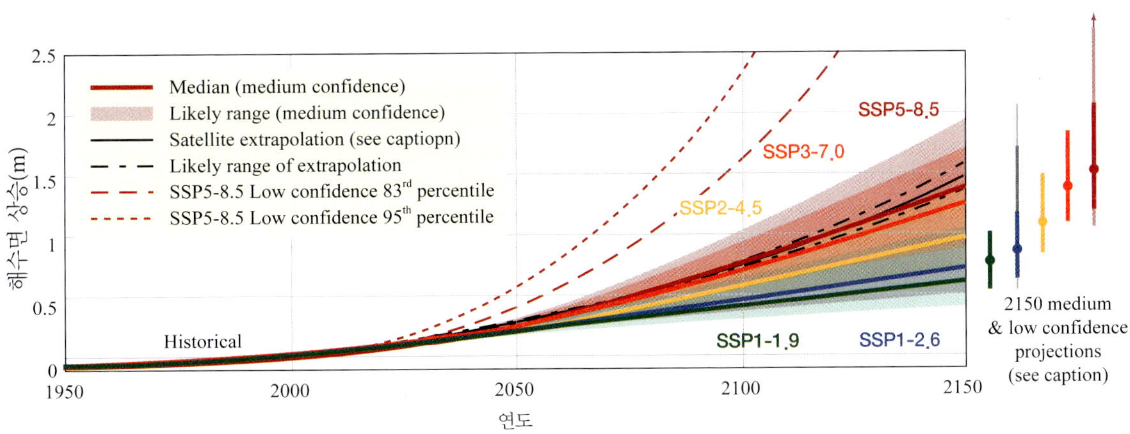

그림 4.4 **시나리오별 지구 평균 해수면 상승 곡선.**
자료 : IPCC, AR6 Climate Change, 2021

1901년 이후, 지구 평균 해수면 높이(GMSL)는 약 0.20 m 상승했으며, 상승 속도가 빨라지고 있다. IPCC 제6차 평가보고서에 의하면 20세기 동안 GMSL 상승 속도는 지난 3천 년 동안 다른 어느 세기보다 빠르게 증가했다. 평균 상승 속도는 20세기 초 이후 매년 1.73 mm였지만, 1971~2006년 평균 속도는 매년 1.87 mm였으며, 2006~2018년 동안에는 매년 3.69 mm였다. 2100이 되면 GMSL은 1995~2014년 해수면 높이 대비, SSP1-1.9 시나리오 하에서는 0.38 m(0.28~0.55 m, likely range; 66~100%) 상승할 것이며, SSP5-8.5 시나리오 하에서는 0.77 m(0.63~1.01 m) 상승할 것이다(그림 4.4 참조).

2 온실가스의 증가

지구대기의 온난화 강도는 대기의 온실기체 농도 증가에 따라 크게 달라진다. 온실가스는 이산화탄소(CO_2), 메탄(CH_4), 아산화질소(N_2O), 수소불화탄소(HFCs), 과불화탄소(PFCs), 육불화황(SF_6) 등으로 적외선 복사열을 흡수하거나 재방출하여 온실효과를 유발하는 대기 중의 가스상태의 물질을 말한다. 표 4.2에 온실가스별 지구온난화지수(GWP)를 나타내었다.

온실가스별 배출추이는 1990년 대비 2021년에 131.6%로 연평균 4.2% 증가했고, 탄소배출량 감축 기준년도인 2018년 총배출량이 725백만 tCO_2로서 가장 높았으며, 이후에는 감소추세를 보였으나 2021년의 경우 전년 대비 다소 증가하였다. 2021년 CO_2 국가 배출량(LULUCF 제외)은 676.6 백만톤 CO_2eq.으로 총배출량의 91.3%를 차지하였다. 총배출량에서 차지하는 non-CO_2 온실가스의 비중은 CH_4 4.0%, N_2O 2.2%, HFCs 1.2%, SF_6 0.8%, PFCs 0.5% 순으로 나타났다(표 4.3 참조).

(1) 이산화탄소(CO_2)

이산화탄소는 대기 중에서 적외선을 흡수하는 가장 중요한 인위적 배출가스의 하나로서 대기의 온실가스 총 복사강제력의 62%를 담당하고 있다. 또 최근 10년간의 온난화 온실가스 복사강제력의 급속한 증가의 90% 이상을 차지하고 있다.

산업혁명 이전 약 1만년 동안 대기 중 이산화탄소 농도는 약 280 ppm으로 거의 일정했으나 1700년대 후반 이후 35.4% 증가했다. 이것은 주로 화석연료 연소에 의한 배출(탄소 환산으로 약 7 Gt/년)과 삼림 파괴(탄소 환산으로 0.6~2.5 Gt/년)에 의한 것이다. 1958년에 시작한 대기 중 이산화탄소의 고정밀 관측에 의하면 대기 중 이산화탄소의 평균적인 증가량은 화석연료의 연소에 의해 배출된 이산화탄소량의 약 55%에 해당한다. 나머지 다른 화석연료에 기인한 이산화탄소는 해양이나 육상생물에 의해 대기에서 제거되고 있다.

1995년 UN의 정부 간 기후변화 협의체(IPCC) 보고에 따르면 대기 중 CO_2의 농도는

표 4.2 온실가스별 지구온난화지수(GWP)

온실가스	화학식	지구온난화지수(GWP)
이산화탄소	CO_2	1
메탄	CH_4	21
아산화질소	N_2O	310
수소불화탄소(HFCs)	–	140~11,700
HFC-23	CHF_3	11,700
HFC-32	CH_2F_2	650
HFC-41	CH_3F	150
HFC-43-10mee	$C_5H_2F_{10}$	1,300
HFC-125	C_2HF_5	2,800
HFC-134	$C_2H_2F_4(CHF_2CHF_2)$	1,000
HFC-134a	$C_2H_2F_4(CH_2FCF_3)$	1,300
HFC-152a	$C_2H_4F_2(CH_3CHF_2)$	140
HFC-143	$C_2H_3F_3(CHF_2CH_2F)$	300
HFC-143a	$C_2H_3F_3(CF_3CH_3)$	3,800
HFC-227ea	C_3HF_7	2,900
HFC-236fa	$C_3H_2F_6$	6,300
HFC-245ca	$C_3H_3F_5$	560
과불화탄소(PFCs)	–	6,500~9,200
PFC-14	CF_4	6,500
PFC-116	C_2F_6	9,200
PFC-218	C_3F_8	7,000
PFC-31-10	C_4F_{10}	7,000
PFC-318	$c\text{-}C_4F_8$	8,700
PFC-41-12	C_5F_{12}	7,500
PFC-51-14	C_6F_{14}	7,400
육불화황(SF_6)	SF_6	23,900

주 : GWP : 일정기간동안 1 kg의 온실가스가 야기하는 장파장 흡수능력(가열효과)과 이산화탄소 1 kg의 영향에 대한 비율로 측정됨.

자료 : IPCC 제2차 평가보고서(AR2), 1995

산업 혁명 이전 시대의 280 ppm에서 1994년에는 356 ppm까지 증가하였다. 그림 4.5에서 보듯이 미국 기상청 소속 하와이 마우나로아 지구대기 감시소의 관측에 의하면 1976년에는 CO_2 농도가 335 ppm이었으나 2000년에는 369.6 ppm으로 지속적인 증가를 보였으며, 이후 2013년 6월에 400.03 ppm을 기록하면서 인류 역사상 처음으로 대기 중 CO_2 농도가 400 ppm을 넘어섰다. 세계온실가스자료센터(WDCGG)에 의하면 2022년 전 세계 CO_2 농

표 4.3 온실가스별 배출추이

(단위 : 백만 tCO_2eq, %)

부문	1990	2000	2010	2015	2018	2019	2020	2021	증가율 '90대비	증가율 '20대비
총배출량 (LULUCF 제외)	292.1	502.7	655.1	691.3	725.0	699.2	654.4	676.6	131.6	3.4
CO_2 (이산화탄소)	252.0 (86.3)	443.7 (88.3)	594.4 (90.7)	633.0 (91.6)	663.0 (91.4)	641.8 (91.8)	598.0 (91.4)	617.8 (91.3)	145.2	3.3
CH_4 (메탄)	30.2 (10.3)	27.9 (5.6)	27.8 (4.2)	27.3 (3.9)	28.0 (3.9)	27.2 (3.9)	27.0 (4.1)	27.3 (4.0)	△9.6	1.1
N_2O (아산화질소)	8.7 (3.0)	17.6 (3.5)	12.5 (1.9)	13.0 (1.9)	14.3 (2.0)	14.2 (2.0)	14.3 (2.2)	14.8 (2.2)	70.1	3.5
HFCs (수소불화탄소)	1.0 (0.3)	8.4 (1.7)	8.1 (1.2)	7.9 (1.1)	9.3 (1.3)	6.9 (1.0)	6.7 (1.0)	7.9 (1.2)	690.0	17.9
PFCs (과불화탄소)	– –	2.3 (0.5)	2.3 (0.4)	1.5 (0.2)	3.2 (0.4)	3.0 (0.4)	3.4 (0.5)	3.6 (0.5)	–	5.9
SF_6 (육불화황)	0.2 (0.1)	2.8 (0.6)	10.1 (1.5)	8.5 (1.2)	7.2 (1.0)	6.1 (0.9)	5.1 (0.8)	5.2 (0.8)	2,500.0	2.0

*(　)는 구성비, PFCs는 1992년(276 $tCO_2eq.$)을 기준으로 증가율 계산
자료 : 온실가스종합정보센터, 2023 국가 온실가스 인벤토리 보고서, 2023

도는 417.9 ppm이다.

IPCC는 세계 각국이 온실가스를 현재 추세 대로 배출할 경우 대기 중 CO_2 농도가 수십 년 안에 450 ppm을 돌파한 뒤 금세기 말에는 540~940 ppm까지 증가될 것으로 예상하고 있다. 또한 IPCC는 온실가스 배출량을 줄여 CO_2 농도를 450 ppm 이하로 막지 않으면 지구가 기후변화로 사실상 파국을 맞게 될 것이라고 경고해왔다. 대기 중에 CO_2 농도 상승의 주원인은 석유 및 석탄과 같은 화석연료의 사용과 산림의 파괴에 의한 것으로 밝혀지고 있다.

한편, 우리나라 한반도에서 관측된 이산화탄소 농도의 계절적 특징은 여름철에 일변화 폭이 크고 겨울철 일변화 폭이 작음을 보였다. 또한 우리나라 지역에 배출된 이산화탄소는 좁은 지역에 충분히 혼합되지 못한 상태로 존재하고 특히 중국으로부터의 영향이 있는 것으로 조사되었다. 현재 우리나라는 그림 4.5에서 보듯이 안면도(AMY), 고산(JGS), 울릉도(ULD), 독도(DOK) 지점에서 측정하고 있으며, 우리나라의 이산화탄소(CO_2)농도는 매년 증가하고 있다. 안면도 관측소에서 측정한 자료를 살펴보면 2000년에는 CO_2 농도가 371.8 ppm이었으나 2023년에는 427.1 ppm을 기록하고 있다(그림 4.6 참조).

(2) 메탄(CH_4)

메탄은 이산화탄소에 비하여 대기 중 2.0 ppm을 차지할 정도로 극소량이지만 이산화탄

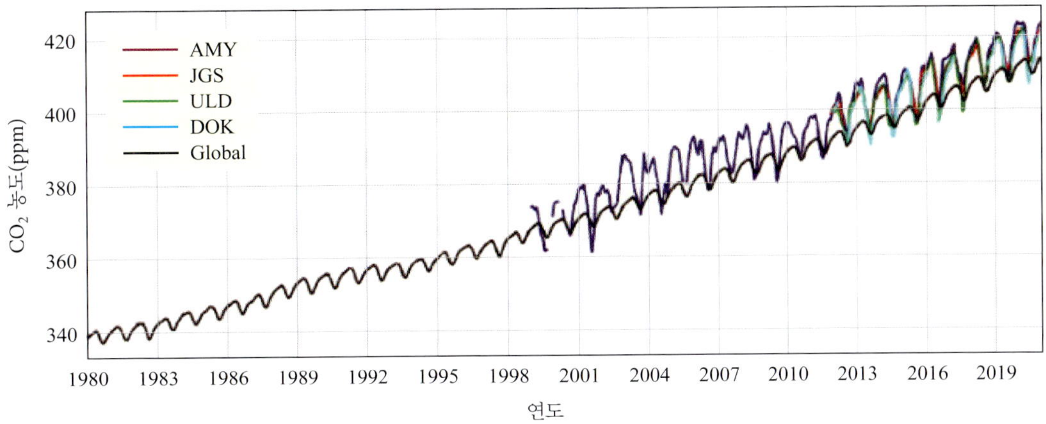

주 : 범례 중 안면도(AMY), 고산(JGS), 울릉도(ULD), 독도(DOK), 전 지구(Global) 의미함.

그림 4.5 우리나라와 전지구 이산화탄소(CO_2)농도 연도별 추이.
자료 : 국립기상과학원, 국가기성위상센터, 2023

소보다 온실효과가 21배 정도 더 높은데, 대기 중 농도가 산업혁명 이후 두 배 이상 증가하였다. 메탄은 늪, 소택지, 습지, 초식 가축의 분뇨더미 등 산소가 적은 습지에서 혐기성 박테리아의 활동에 의해 발생되며 벼를 재배하는 논 등 물을 가둬놓는 농지에서 많이 발생한다. 특히 메탄은 인간 활동에 의해 영향을 받는 기체로서 대기의 온난화 온실가스에 의한 복사강제력 중 약 20%를 차지하고 있다.

메탄은 대류권 오존 혹은 성층권 수증기와 화학적 반응을 통해 간접적으로 기후에 영향을 준다. 메탄은 자연 과정(~40%. 예를 들면 습지나 흰 개미)이나 인위적인 배출원[~60%. 예를 들면 화석연료 개발, 농업용 퇴비더미, 되새김 동물, 바이오매스(biomass) 연소, 매립에 의한 폐기물 처리]에 의해 대기로 배출된다. 반면에 수산기[Hydroxy1 radical(OH)] 반응에 의해 대기로부터 제거된다. 대기 중에 잔류하는 기간(수명)은 약 9년이다. 산업시대 이전 대기 중 농도는 약 700 ppb이었다. 인위적인 배출원에 의한 배출량 증가가 메탄 농도를 2.5배 증가시킨 원인이다. 그러나 메탄 순환은 매우 복잡해서, 대기 중 농도 관리는 배출량의 파악과 배출원과 흡수원의 수지에 대한 이해가 필요하다.

전지구 평균 메탄농도는 2000년에 1783 ppb이 었고 2022년에 1922.9 ppb로 지속적으로 증가하였다. 우리나라의 경우도 평균 메탄농도는 2000년에 1840 ppb이 었으며 2023년에 2013.8 ppb로 전 지구와 동일한 경향을 보였다(그림 4.6 참조).

(3) 아산화질소(N_2O)

이산화탄소와 메탄 이외에도 대기의 온난화에 기여하는 기체들은 아산화질소(N_2O)와 HFCs, PFCs, SF_6 등이 있다. 이들 기체가 미치는 지구의 온실효과는 이산화탄소 못지않다.

N_2O는 온실가스에 의한 총 복사강제력의 6%에 기여하고 있으며, 산업화 이전 대기 중 농도는 270ppb이었다. 아산화질소는 해양, 토양, 연료의 연소, 바이오매스(biomass) 연소, 비료 사용과 다양한 산업과정을 포함한 자연적 혹은 인위적 배출원으로부터 배출되며, 총 배출의 3분의 1은 인위적 배출원에 의한 것이다. 대기에서는 성층권의 광화학적 반응에 의해 제거된다.

세계온실가스자료센터(WDCGG)에 의하면 전 지구 평균 N_2O농도는 2000년에 315.7ppb이었고, 2023년에 336.7ppb로 지속적으로 증가하였다. 우리나라의 경우도 평균 N_2O농도는 2000년에 315.9ppb이었으며, 2023년에 338.7ppb로 전지구와 마찬가지로 지속적으로 증가하였다(그림 4.6 참조).

(4) 수소불화탄소(HFCs), 과불화탄소(PFCs)

① 수소불화탄소(HFCs : hydrofluorocarbons)

HFCs는 몬트리올 의정서에 의해 사용이 규제된 CFCs(염화불화탄소)와 HCFCs(수소화염화불화탄소)의 대체물질로 개발되었으며, 표 4.2에서 보듯이 HFC-23을 비롯한 13종류가 있다.

HFC는 대기권 내에서의 수명이 짧고 염소를 포함하지 않으므로 성층권에서의 오존 손실을 막을 수 있는 최선의 대체물질로 여겨지고 있다. 이물질은 불연성 무독성 가스로 취급이 용이하고 화학적으로 안전하며 냉장고 및 에어컨의 냉매, 발포, 세정, 반도체 에칭가스 등으로 다양하게 사용되고 있다.

국내에서 소비되는 HFCs의 99%는 냉매인 HFC-134a이다. HFCs는 인공적으로 만들어지는 것이며, 주로 산업공정의 부산물로서 방출되거나 대량 생산체제에 쓰인다. 오존층에 직접적인 영향을 주지는 않지만 GWP는 140(HFC-152a)~11,700(HFC-23)으로 이산화탄소에 비해 종류에 따라 140~11,700배 지구온난화를 일으키는 주요 온실가스에 해당한다.

② 과불화탄소(PFCs : perfluorocarbons)

PFCs는 탄소와 불소만 이루어져 있는 인공화합물로 주로 HFCs와 함께 오존 파괴물질의 대체물질로 쓰이며 PFC-14를 비롯한 7종류가 있다. 이들 물질은 전량 반도체공장에 사용되며, 2021년 기준 국내 온실가스 총배출량의 0.5%를 차지하고 있다. 이물질의 GWP는 6,500(PFC-14)~9,200(PFC-116)으로 이산화탄소에 비해 종류에 따라 6,500~9,200배 지구온난화를 일으키는 주요 온실가스에 해당한다.

(5) 육불화황(SF_6 : sulphurhexafluoride)

SF_6는 플루오린과 황의 화합물로, 황 원자를 중심으로 플루오린 원자가 정팔면체 구조

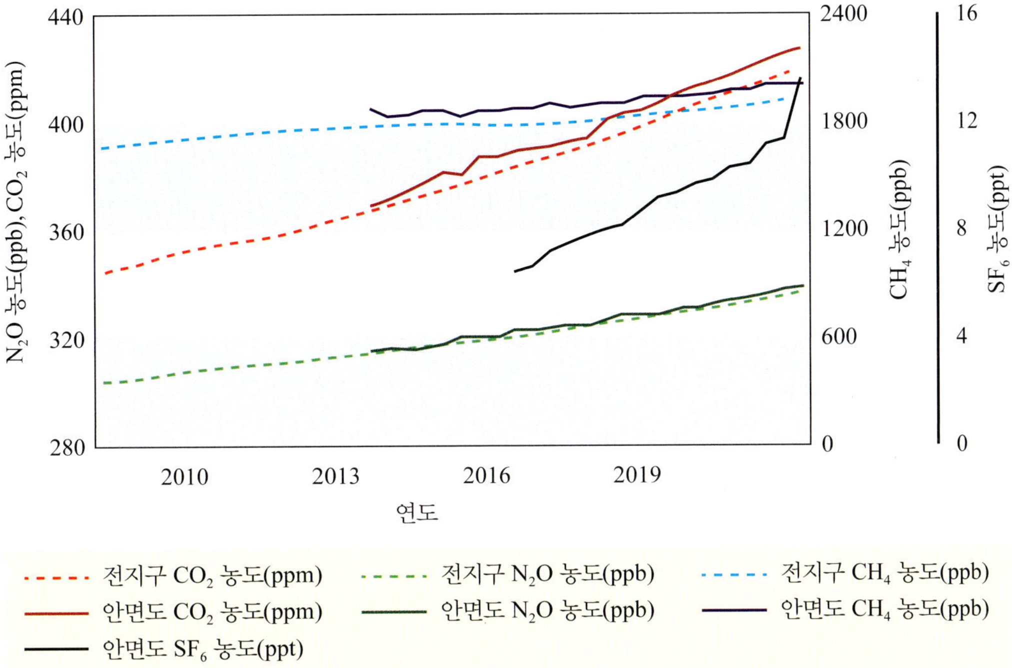

그림 4.6 **전지구와 우리나라(안면도) 온실가스(CO_2, CH_4, N_2O, SF_6) 연평균농도.**
자료 : 기상청 기후정보포털

를 취하고 있다. 이물질은 높은 절연 특성이 있어 반도체 생산공정과 가스 절연변압기 또는 배전반 등의 절연체로 주로 사용되며 LCD 공정에서도 많이 사용되고 있다. SF_6는 CO_2보다 23,900배 강력한 온난화 물질로서 이산화탄소에 비하여 극미량의 가스이지만, 일단 배출되면 거의 영구적으로 존재하는 인위적인 온실가스라는 점에서 각별한 관심이 요구되는 물질이다.

우리나라 기상청 기후변화센터에서 2007년부터 SF_6를 관측한 결과, 2000년 기준으로 평균농도는 10.7ppt이 었고, 2022년에는 11.4ppt로 구준히 증가하고 있으며, 전 지구 평균농도보다 높은 것으로 조사되었다(그림 4.6 참조).

(6) 기타 염화불화탄소(CFCs)

염화불화탄소(CFCs : chlorofluorocarbon)인 프레온가스는 냉장고의 냉매(refrigerant)로 널리 알려진 화학물질로서, 1931년 Dupont 및 GM사와 협력해서 Freon-12 (CCl_2F_2) 및 211(CCl_3F) 상품으로 생산 · 판매하기 시작한 이래 전자제품의 세정제, 차량 · 선박 · 냉장고 · 건물용 냉매, 단열재 · 포장재 · 의류용의 발포제, 화장품 · 의료용의 에어로솔(aerosol) 등으로 널리 사용되는 인간이 만든 가장 유용한 물질이었다. 그러나 이 물질이 성층권 오존층 파괴의 주범 온실 기체로서 알려지면서 그 사용을 줄이기 위해 노력하는 중이다.

이와 같이 오존을 파괴하는 염화불화탄소(CFCs)는 대기의 복사강제력에도 기여하고 있다. 대기 중 CFCs는 현재 완만하게 감소하고 있지만, 몇몇 CFCs는 아직도 온실효과에 막대한 영향을 미치고 있다. 강한 적외선 흡수체인 수소염화불화탄소(HCFCs : hydrochlorofluoro carbon)와 같은 종류는 비록 그 양이 적기는 하지만 급속히 증하고 있는 것도 있다. 대류권에 있는 오존은 수명이 길지 않지만, CFCs는 대기 중 수명이 50~200년 동안 상당한 기간 계속된다.

CFCs는 염소, 불소, 탄소의 결합형태에 따라 CFC-11, CFC-12, CFC-22, CFC-113, CFC-115로 나뉜다. 이중 CFC-11과 CFC-12는 대기 중의 한 분자가 10,000분자의 CO_2에 해당하는 온실효과를 보인다. 그림 4.7에서 보듯이 CFCs 연평균농도는 매년 꾸준히 감소하고 있다. 2022년 전 지구 CFC-11와 CFC-12는 각각 219.5 ppt와 489.8 ppt로 전년대비 2.2 ppt, 3.5 ppt 감소하였고, 우리나라도 역시 전년대비 각각 3.7 ppt, 4.1 ppt 감소하였다[그림 4.7(a),(b) 참조].

한편 CFC-113의 경우도 2022년 전 지구와 우리나라 연평균농도는 각각 67.8 ppt, 68.6 ppt로 전년대비 0.6 ppt와 0.4 ppt 감소하였다(그림 4.7(c) 참조). 대기 중에서 이들 물질이 감소되는 현상은 CFCs가 2010년부터 전면적으로 사용이 금지되었기 때문이다.

4.4.2 ▸ 지구온난화의 영향과 기후변화

1 탄소순환의 변화

기후변화협약(FCCC : Framework Convention on Climate Change)에서 각 국가들은 CO_2의 흡원과 발원으로서 CO_2가 쌓이는 것을 조절하는 과정을 평가하기 위하여 대기의 탄소순환을 밝혀야 한다고 평가하고 있다. 과거에 탄소순환에 대한 우리의 이해는 특히 지표면 교환에 대한 메커니즘의 정량화와 확인 그리고 되먹임의 예비적인 정량화에서 향상되었다. 탄소순환에 대한 간략한 개관이 그림 4.8에 나타나 있다.

IPCC(1994)(Schimel et al., 1995)는 지구대기의 탄소수지에서 다음 4가지 영역을 발표했다.

① 과거와 현재 대기 중의 CO_2 수준
② 지구 탄소수지의 대기와 해양 그리고 지면 구성성분
③ 탄소순환에 대한 되먹임
④ 미래의 배출량과 대기 농도사이의 관계에 대한 모델에 근거한 실험결과

대기 CO_2 증가의 주범은 화석연료 사용에서 배출된 CO_2와 토지사용 변화로 인해 식물

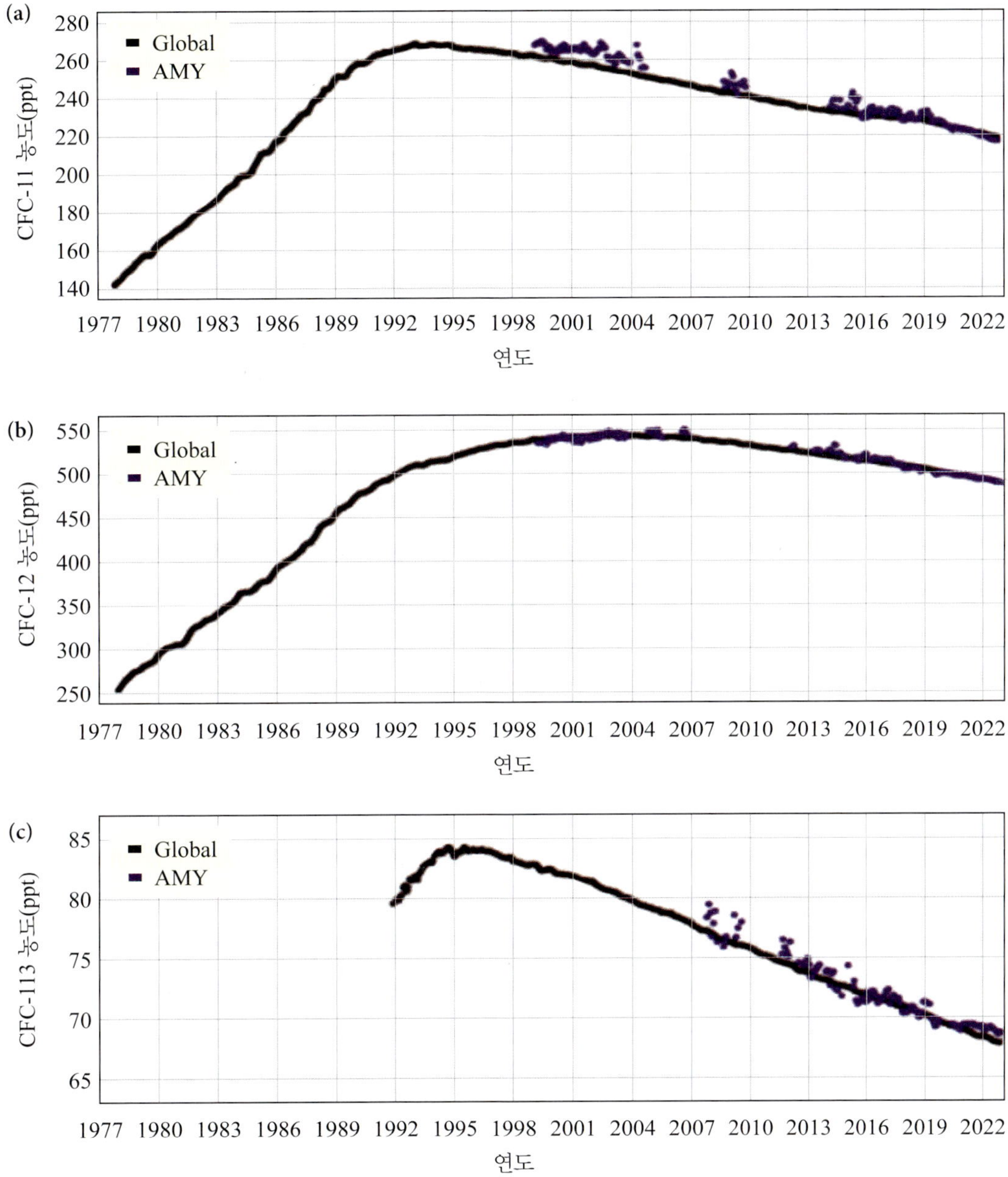

그림 4.7 전 지구와 우리나라(안면도 : AMY)의 (a) CFC-11, (b) CFC-12, (c) CFC-113의 연평균농도.
자료 : 국립기상과학원, 2022 지구대기감시 보고서, 2023

과 토양 탄소에서 배출된 CO_2이다. 1750년 이후 인위적 CO_2 배출량의 약 2/3는 화석연료 연소에서 나왔고 약 1/3은 토지사용 변화에서 비롯된 것으로 추정된다. 이 CO_2의 약 45%는 대기에 잔류하였으나 약 30%는 해양에 흡수되었고 그 나머지는 육지 생물권에 의해 흡수되었다. 대기에 배출된 CO_2의 약 절반은 30년에 걸쳐 제거되고 몇 세기에 걸쳐 추가로 30%

그림 4.8 **전지구 탄소순환.**
자료 : Cunningham, W. P., and Cunningham, M. A., Principles of Environmental Science, 9th Ed., McGrawHill, 2020

가 제거된다. 나머지 20%는 일반적으로 수천 년 동안 대기에 잔존한다.

IPCC(2007) 자료에 의하면 화석연료 사용으로 인한 지구전체 연간 CO_2 배출량은 1990년대에 평균 6.4±0.4 GtC/yr에서 2000~2005년에는 7.2±0.3 GtC/yr로 증가했다. 토지사용 변화로 인한 CO_2 배출량의 추정치는 1990년대에 평균 0.5~2.7 GtC/yr, 중심값 1.6 GtC/yr였다. 표 4.4는 최근 몇 십 년 동안의 CO_2 공급량 추정치를 보여준다.

1980년대 이후 CO_2는 자연적 흡수과정에 의해 육지 생물권(표 4.4에서 토지에 의한 설명미상의 제거량)과 해양에서 인위적 배출량의 약 50%가 제거되었다(표 4.4에서 화석연료 사용으로 인한 CO_2 배출량과 토지사용 변화로 인한 플럭스). 이 제거과정은 대기 CO_2농도와 기후변화의 영향을 받는다. 해양과 육지생물권에 의한 흡수의 규모는 서로 비슷하지만 육지생물권에 의한 흡수가 좀 더 가변적이다. 육지생물권에 의한 흡수는 1980년대보다 1990년대에 약 1 GtC/yr 높았다. 관측 자료를 보면 표층 해양의 용존 CO_2 농도는 거의 모든 곳에서 점점 증가하였고 대체로 대기 중 CO_2 증가 양상을 보였으나 지역적, 시간적으로 차이가 크게 나타났다.

IPCC 제6차 평가보고서(2021) 자료에 의하면 1850년부터 2019년까지 전 지구의 CO_2

표 4.4 전 지구의 탄소수지

	1980년대	1990년대	2000~2005년
대기 중 CO_2 증가량	3.3±0.1	3.2±0.1	4.1±0.1
화석연료 사용으로 인한 배출량	5.4±0.3	6.4±0.4	7.2±0.3
해양-대기 간 순 플럭스	−1.8±0.8	−2.2±0.4	−2.2±0.5
토지-대기 간 순 플럭스	−0.3±0.9	−1.0±0.6	−0.9±0.6
토지사용 변화로 인한 플럭스	1.4 (0.4~2.3)	1.6 (0.5~2.7)	NA
토지에 의한 설명미상의 제거량	−1.7 (−3.4~−0.2)	−2.6 (−4.3~−0.9)	NA

주 : 양의 값은 대기에 유입된 CO_2 플럭스(GtC/yr), 음의 값은 대기에 의한 흡수량(즉, CO_2 제거량(CO_2 sink)을 나타냄. 2004~2005년의 화석연료 사용으로 인한 CO_2 배출량은 잠정 추정치임.

- 화석연료 사용으로 인한 CO_2 배출량에는 화석연료의 생산, 분해, 소비와 시멘트 생산으로부터의 배출이 포함된다. 1 GtC의 배출량은 3.67 $GtCO_2$에 해당됨.
- 토지사용 변화에 따른 배출량의 불확실성 범위와 그로 인한 총 탄소순환 수지의 불확실성 범위는 65% 신뢰구간임.
- NA는 이용 가능한 데이터가 없다는 의미임.

자료 : 기후변화정부간협의체(IPCC), 2007

표 4.5 전 지구의 이산화탄소 누적 배출량

1850~1900년 기간과 2010~2019년 기간 사이의 지구온난화(C)	1850~2019년까지 CO_2, 누적 배출량($GtCO_2$)
1.07(0.8~1.3. 가능성 높은 범위)	2390(±240, 가능성 높은 범위)

자료 : IPCC, 제6차 평가보고서(AR6), 2021

누적배출량은 2,390 $GtCO_2$인 것으로 조사되었다(표 4.5 참조). 대기 중에 잔여 탄소배출량은 지속적인 지구 표면의 온도상승과 기후 및 기상변화에 많은 영향을 미치게 될 것이다. 인위적인 CO_2제거를 통해 CO_2 넷 제로 혹은 온실가스 넷 제로로 배출에 도달하면 지구 표면 온도는 낮아질 수 있다.

이러한 CO_2 제거가 전 지구적으로 추진되어 탄소중립이 시행된다면, 지구 표면의 온도 상승 억제와 해양의 산성화 등 지구온난화로 인한 각종 재앙을 막을 수 있을 것이다.

2 기후와 기상변화

(1) 극지방 고온현상

이산화탄소 등 온실 기체 증가에 의한 지구기온 상승은 지역에 따라 다르게 나타난다. 북극과 남극 지역에서의 기온 상승은 열대지역과 같은 저위도에서보다 2~3배 더 높다(그림

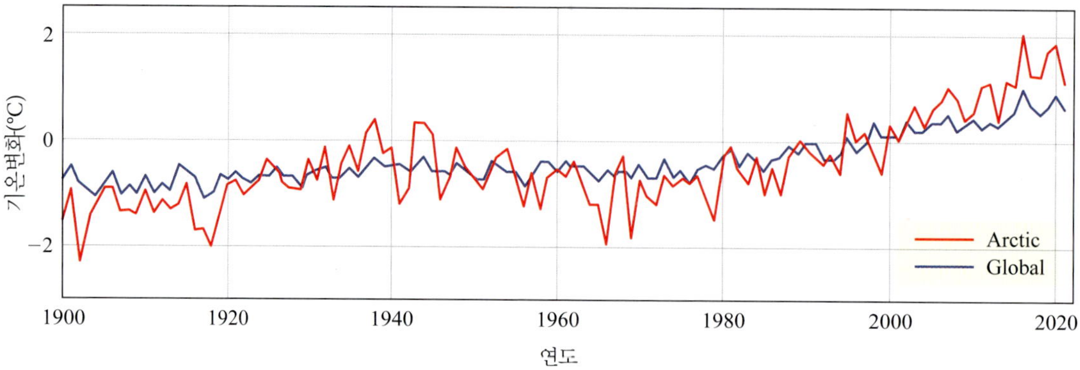

그림 4.9 **북극과 전 지구의 연평균 기온변화.**
자료 : 미국 국립해양대기청(NOAA)

4.9 참조). 그 이유는 고위도 지역은 대기의 하층이 차가워서 대기의 수직적 혼합이 약하기 때문에 대기 에너지의 수직적 교환이 적어 대기의 하층에서 기온이 증가하더라도 상층으로 전달되지 않기 때문이다. 극 지역에서 기온이 더 높게 상승하는 또 다른 이유는 기온 상승으로 극지방에서의 설면이나 해빙(sea-ice)이 녹아 지표반사도인 알베도가 감소하게 되어 지면에 도달하는 태양에너지의 양이 더욱 흡수되어 이로 말미암아 기온 상승이 가속화되기 때문이다.

(2) 강수

기후변화는 기온뿐만 아니라 기후시스템의 물 순환을 변화시키고, 물 순환의 변화는 자연계에 영향을 주며, 결과적으로 인류사회에 영향을 미친다. 지난 수십 년간 관측된 온난화는 지구상의 물 순환 변화와 밀접한 관련이 있다. 대기 중의 수증기의 증가, 강수량 패턴 및 강도와 극한의 변화, 적설면적의 감소 및 빙하의 광범위한 융해, 토양수문과 유출량의 변화 등이 나타나고 있다. 호우 사례는 대부분의 지방에서 증가하였으며, 북반구의 적설 및 방하는 감소하였다. 빙하와 눈의 유출의 양과 시기는 변화하고, 강과 호수의 결빙기간은 단축되었다.

세계의 강수량은 1960년대를 경계 시점으로 동북아에서는 월 평균 강수의 감소 경향을 나타내 가뭄에 의한 수자원 부족현상이 나타나고 있다. 지구온난화에 의한 강수는 전 지구적으로 100년에 2% 정도 상승경향이 있다고 기후예측모형(GCM)의 예측 결과가 있지만 지역에 따라 현격한 차이가 있다. 유럽이나 남미에서는 이상 다우가 증가하는 반면 아프리카 지역에서는 가뭄이 증가하고 있다.

기온이 높아지면 대기는 더 많은 수증기를 함유할 수 있게 되므로 전 지구적으로 강수량이 증가할 수 있지만, 많은 수증기를 함유한 구름이 갑자기 강한 비를 내리게 할 수 있어 국지적 집중호우의 확률이 매우 높다. 2001년부터 증가한 한반도 지역의 강수량과 집중호우가 대표적 예이다.

국립기상과학원 한반도 100년의 기후변화 보고서(2018)에 의하면 우리나라 연 강수량은 과거 30년(1912~1941)간 평균 1181.4 mm이었고, 최근 30년(1988~2017)간 평균 1305.5 mm로 124.1 mm 증가하였으며, 강우강도의 변동성이 큰 것으로 조사되었다. 또한 우리나라 연 강수량은 지난 106년간 변동 폭이 매우 크고 대체적으로 증가 추세인 것으로 보고하였다. 2023년 우리나라 연평균 강수량은 1,746 mm로 평년(1991~2020)대비 131% 증가하였다.

따라서 지구온난화는 강우 패턴이 바뀌고, 지역에 따라 국지적 집중호우의 발생 빈도가 높아지며 대기 불안정으로 인해 지역에 따라 홍수와 가뭄이 극심해진다.

(3) 기온상승

우리나라의 최근 30년(1991~2020년) 연평균 기온은 13.7°C였고, 과거 30년(1912~1940년) 연평균 기온은 12.1°C로 과거에 비해 1.6°C 상승하였다. 반면 동일 기간에 전 지구 연평균기온은 13.7°C에서 14.5°C로 0.8°C 상승한 것과 비교해 볼 때, 우리나라의 전 지구 연평균기온 상승이 2배 높음을 알 수 있다(그림 4.10 참조).

이외에도 최고기온 1.1°C, 최저기온 1.9°C 상승하였고, 열대야일수가 8.4일 증가하였으며, 결빙일수의 경우는 7.7일 감소하였다. 계절 길이에도 뚜렷한 변화가 나타나 여름은 20(98 → 118)일 길어지고, 겨울은 22(109 → 87)일 짧아졌으며, 봄과 여름 시작일이 각각

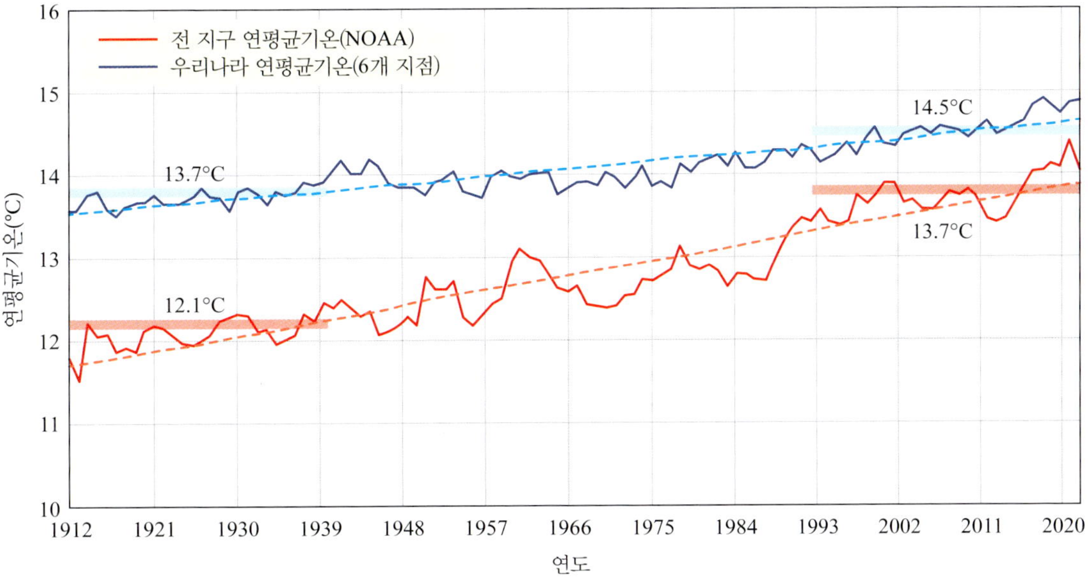

그림 4.10 **전 지구와 우리나라 연평균기온.**
자료 : 기상청, 2021

17일, 11일 단축되었다. 최근 30년 여름은 118일(약 4개월)로 가장 긴 계절이고, 가을은 69일로 가장 짧은 계절이다.

또한 기상청 발표자료(2021)에 의하면 서울, 인천, 대구, 부산, 목포, 강릉 6곳에서 109년간(1912~2020) 관측된 자료를 바탕으로 분석한 결과, 109년간 연평균 기온은 10년마다 0.2°C씩 상승하였다. 특히 계절별로는 봄 0.26°C, 겨울 0.24°C, 가을 0.17°C, 여름 0.12°C로, 봄과 겨울의 온도 상승 경향이 뚜렷한 차이를 보였다. 그리고 지점별로는 대구 0.26°C, 서울 0.24°C, 부산 0.18°C, 목포 0.1°C로 대도시와 내륙에서 높게 나타났다.

(4) 태풍

적도 부근이 극지방보다 태양열을 더 많이 받기 때문에 생기는 열적 불균형을 없애기 위해, 저위도 지방의 따뜻한 공기가 바다로부터 수증기를 공급받으면서 강한 바람과 많은 비를 동반하며 고위도로 이동하는 기상 현상을 태풍이라고 한다. 발생 해역에 따라 북서태평양은 태풍(Typhoon), 북중미는 허리케인(Hurricane), 인도양은 사이클론(Cyclone), 남태평양은 윌리윌리(Willy-Willy)라고 한다.

세계기상기구(WMO)는 열대저기압 중에서 중심 부근의 최대풍속이 33 m/s 이상인 것을 태풍(TY), 25~32 m/s인 것을 강한 열대폭풍(STS), 17~24 m/s인 것을 열대폭풍(TS), 그리고 17 m/s 미만인 것을 열대저압부(TD)로 구분하고 있다. 우리나라와 일본은 일반적으로 최대풍속이 17 m/s 이상인 열대저기압 모두를 태풍이라고 부른다. 국내에서는 태풍의 중심으로부터 15 m/s의 바람이 부는 강풍반경에 따라 소형, 중형, 대형, 초대형으로 크기를 분류하고, 중심최대풍속을 기준으로 약, 중, 강, 매우강의 강도로 분류한다(표 4.6 참조).

일반적으로 태풍의 발생초기에는 약한 열대저기압으로 적도 부근의 동풍에 의해 서쪽으로 진행하다가 점차 북상하며 열대폭풍, 태풍 순으로 발달하여 말기에는 북동쪽으로 진행한다. 특히 북태평양 고기압의 영향을 많이 받기 때문에 월별로 다른 경로로 이동하는 경향이 있으며, 국내에 영향을 미치는 태풍은 주로 7~9월에 발생하였다.

표 4.6 태풍의 강도와 크기 분류

태풍의 강도분류		태풍의 크기분류	
구분	최대 풍속	구분	풍속 1.5 m/s 이상의 반경
약	17~25 m/s	소형	300 km 미만
중	25~33 m/s	중형	300~500 km
강	33~44 m/s	대형	500~800 km
매우강	44 m/s 이상	초대형	800 km 이상

자료 : 기상청

과거 2000년 이후 우리나라를 지나거나 동북아지역에 발생된 태풍의 빈도는 다소 증가하였고 강도 역시 강하게 나타났다. 지구온난화의 영향은 해수표면 온도를 상승시켜 태풍의 발생을 촉진시키고 있다는 주장이 매우 유력하다. 기상학자들은 지구 온난화가 지속되면 지구의 날씨 형태가 바뀔 것이라 예상하고 있다. 예상 가능한 변화의 예들을 살펴보면 다음과 같다.

- 해양의 온도가 높아지기 때문에 태풍이나 폭풍이 자주 발생하며 그 강도도 강할 것이다.
- 태풍과 저기압의 이동 경로가 변경될 것이며, 이에 따라 고위도 지역 강수의 분포가 바뀔 것이다.

3 지구 사막화와 생태계 변화

(1) 사막화

지구 온난화에 의한 사막화는 인간의 활동에 의해 사막 주변 지역이 급격히 황폐화되면서 사막이 확장해 나가는 과정이다. 사막의 인근 지역이 농경지인 경우 농지를 확장하는 과정에서 자연 녹지를 파괴하고 가뭄 기간에 농작물의 경작이 실패하게 되면, 토양은 황폐한 상태로 노출되어 토양의 수분 함유 능력이 저하되면서 적은 비에도 홍수가 발생하고 토양을 침식하게 된다.

반면에 지표반사도인 알베도의 증가는 토양의 복사효과를 감소시켜 지면온도의 하강을 가져와 이 지역에 대규모 하강기류를 발생시킨다. 이에 따라 구름과 강수의 생성이 더욱 어려워지고 가뭄이 확산되어 사막화가 급진하게 된다.

현재 사막화는 100개국 이상에서 진행되고 있으며 지난 1981년 이후 지구 전체 토지 면적의 24%가 이미 사막화되었다. 최근에는 중앙아시아, 아프리카 지역뿐만 아니라 미국과 스페인까지 사막화가 해마다 약 600만 ha에 달하고 있다. 세계에서 네 번째로 큰 대형호수였던 중앙아시아의 아랄해는 과거 면적이 6만 8,000 km^2에 이르는 등 우리나라 면적의 2/3 크기였으나 지금은 거의 대부분 말라버렸다. 미국도 전 국토의 30%가 사막화가 진행되고 있으며, 스페인도 이미 사막으로 변해버린 지역이 전 국토의 20%에 달한다.

중국 지역의 사막화는 우리나라에도 직접적인 영향을 끼치고 있다. 2021년도 통계자료에 의하면 중국 국토의 27.3%가 사막화되었고, 한 해에 서울시 면적의 6배나 되는 3500에 km^2 만큼의 토지가 사막화되고 있다. 네이멍구(內蒙古) 등 북방 지역뿐만 아니라 장시(江西), 푸젠(福建), 쓰촨(四川), 충칭(重慶) 등 중국 남방의 12개 성 · 자치구 · 직할시, 260개 현 · 시에서 사막화 현상이 가속화되고 있다.

지구온난화 이외에 사막화가 급속히 진행되는 원인 중에는 목축업을 주 생계 수단으로 하는 인구의 급속한 증가로 인해 가축수가 증가했기 때문이다. 목축과 관련하여 과도한 방목과 벌목의 계속적 반복이 이어지는 목초지 관리도 큰 문제가 된다. 사막화의 또 하나의 원인으로는 도시의 확장과 개발을 들 수 있다. 도시화의 경우 우리나라의 사례만 보더라도 최근 30년 동안 각 계절의 기온 평년 차를 보면 도시지역에서 계속적인 고온현상이 나타나고 있다. 이와 같은 현상은 앞서 기온상승에서 언급했듯이 도시화가 진행된 지역에서 특히 현저하게 나타나고 있다.

(2) 생태계의 변화

인간 활동의 결과 나타난 대기 중의 온실가스의 증가와 관련한 기후변화는 육상 자연생태계에 중대한 위협이 되고 있다. 우선 지구온난화는 산림의 쇠태를 가져오며, 온대와 아한대지역의 산림이 극지방 또는 고위도 지역으로 옮겨가 많은 지역을 초지와 관목지역으로 변모시킨다. 식물의 종은 동물과 달라서 용이하게 이동할 수 없으므로 많은 식물이 온실화 과정에서 절멸하게 된다.

IPCC 보고서(2007)에 의하면 21세기에는 전체 산림형태가 변화될 것이며, 열대우림의 절반이 사라지게 될 것으로 예측하고 있다. 또한 한국정책평가연구원의 기후변화로 인한 우리나라의 생태계 변화에 의한 시뮬레이션 자료(2002)에 의하면 2100년경의 산림분포는 다음과 같이 변화할 것으로 예측하고 있다.

중부지역의 난온대림은 고도가 높은 산맥의 일부를 제외하고는 북위 40도 지역까지 북상하게 되고, 남한에서 냉온대습윤림은 지리산 일원과 태백산 등 일부 산악지역에만 분포하게 되며, 남해안 지역에는 아열대림의 기후대가 형성될 것이다. 개마고원에 위치한 아한대강우림은 거의 사라지게 될 것이며, 아한대습윤림은 존재하게 되나 그 규모가 많이 축소될 것이다. 따라서 중부 이북지역의 산림기후대의 주된 변화양상은 냉온대습윤림이 난온대림으로 변화하는 경우와 아한대습윤림으로 변화할 것으로 예측하고 있다.

지구의 대기기온이 상승되면, 필연적으로 생태계의 변화를 수반한다. 모든 동·식물의 분포와 서식형태는 온도와 습도에 의해 정해지기 때문에 약 1°C 정도만 기온이 상승해도 생태계에는 큰 영향을 미친다. 기온이 상승하면 나무에서 잎과 꽃이 나오는 시기가 앞당겨진다. 국립산림과학원의 연구결과에 의하면 평균기온이 1°C 상승하면 개화시기가 약 5~7일 정도 빨라지고 있는 것으로 나타났다. 만약 기온이 6°C 증가할 경우 100년 후 기존의 산림생물들은 고사, 고립, 멸종 위기에 직면할 것이며, 앞서 언급한 바와 같이 현재의 난대림 지대는 아열대 기후대로 바뀔 것으로 예측된다.

또한 수온이 상승하면서 바다 생태계도 급격한 변화에 직면해 있다. 한반도 주변 해역에서의 명태 어획량은 1980년 연간 어획량이 16만 톤이었으나 이후 급격히 줄어들어 2008년 이후에는 잡히지 않고 있다. 현재 식탁에 오르고 있는 명태의 대부분은 원양어업이나 러시아로부터 수입에 의한 것인 반면, 같은 기간 난대성 어종인 오징어와 멸치, 고등어의 어획량은 가파르게 상승하고 있다.

1980년대 한대해역으로 분류됐던 동해에는 최근 아열대 부근에 서식하는 초대형 노랑가오리가 잡히기도 하고, 역시 아열대 어종인 보라문어와 학새치 등도 자주 잡히는 실정이다.

또한 제주도 부근의 특산품이었던 자리돔은 독도 부근에서 이미 터를 잡고 살아가고 있는 것으로 확인되고 있기도 하며, 최근 여름철에 대량으로 출현해 골칫거리였던 대형 해파리 역시 수온상승과 관련이 있다는 분석이다. 이는 주로 남중국해나 동중국해 해역에서 대량으로 출현하는 아열대성 대형 해파리인 노무라입깃해파리가 남해에 떼를 이뤄 나타나고 있는 것으로 해조류의 피해도 가시화 되고 있어 바다 사막화로 불리고 있는 '갯녹음' 현상도 갈수록 심각해지고 있다.

1990년대 제주 남부 지역에서 처음 발견된 갯녹음 현상은 10여년 만에 제주 전 지역으로 확산됐으며 또 그동안 갯녹음이 발견되지 않았던 남해안 지역인 여수 지역에서도 수백 ha가 피해를 입은 것으로 집계되고 있다. 수온이 갈수록 올라가면서 해조류의 변화도 많아져 전남 연안에서 대규모로 양식되고 있는 김은 이미 서해안에서도 양식되고 있으며 자연산 김의 생산량은 갈수록 줄어들고 있다. 이 상태가 지속된다면 남해안에서의 김 양식이 불가능해질 것이라는 의견도 조심스럽게 제기되고 있는 상황이다. 사정이 이렇지만 바다생태계에 대한 관심은 육지에 비해 낮다. 각종 변화가 눈에 띄지 않는데다 축적된 자료의 부족도 관심이 멀어지게 하는 한 원인으로 바다생태계의 변화는 육지보다 막기가 힘들다. 수온 변화를 따라 이동하는 어류들을 막을 방법이 없기 때문에 이미 환경이 변해버린 한반도 주변 바다에 대한 정확한 조명은 더욱 중요하다.

4 해수면의 상승

해수면 상승원인은 기온이 상승하면 대기와 접해 있는 해수면의 온도가 증가하여 해양의 상층부가 가열되고 이에 따라 해수가 열적으로 팽창한다. 해수의 부피가 팽창하면 해수면은 자연적으로 상승된다. 해수면을 상승시키는 또 다른 온난화 영향은 남극과 북극 그리고 높은 산에 있는 빙산과 설면이 녹음으로써 수면을 상승시키게 되는데 해수의 열적 팽창 효과 보다는 적다.

지구 전체 얼음의 부피는 2,860만km^{3}이고 남극에 2,540만km^{3}이 그린란드에 290만km^{3}가 있다. 빙하에 의한 해수면 상승은 바다로 이루어진 북극의 빙하보다 대륙인 그린란드와 남극의 빙하가 녹는 것이 크게 작용한다. 해상에 떠 있는 빙산이나 유빙은 잠겨 있는 부분이 이미 부피를 차지하고 있기 때문에 녹아도 해수면 상승에 영향을 주지 않는다.

전 지구의 해수면 온도는 1901~2020년 사이에 0.91°C 상승하였으며, 최근에 수온 증가 속도는 매우 빠르게 나타고 있다. 반면 해수면 높이는 1901~2018년 사이 0.2m 상승하였고, 1900년대 대비 2000년대 상승 속도는 약 2.5배 이상 증가하였다.

지난 54년간(1968~2021년) 한반도 주변 수온은 연평균 0.025°C 상승하여 같은 기간 전 지구 연평균 상승 추세 0.01°C보다 2.5배 빠르다. 최근 54년간 우리나라 해역의 연평균 표층수온은 1.35°C 상승하여 전 지구 연평균 표층수온 0.52°C상승보다 2.6배 높았다. 해역별 상승률은 동해 1.75°C, 서해 1.24°C, 남해 1.07°C로서 동해가 가장 높은 상승률을 보였다.

국립해양조사원(2022) 자료에 의하면 우리나라 순평균 해수면은 지난 33년(1989~2021) 동안 매년 3.01mm씩 상승하여 총 9.9cm 상승하였고 최근에 해수면 상승 속도가 빠르게 나타났다. 한편 해역별 연상승률은 동해안 3.53mm, 서해안 3.08mm, 남해안 2.55mm이었다. 특히 제주 부근의 경우 30년간 평균 해수면 상승률은 4.20mm이었며, 최근 10년간 평균 해수면 상승률은 5.69mm로 지난 30년보다 최근 10년간이 더 높게 상승하였다.

탄소중립 녹색성장 국가전략 및 1차 국가 기본계획 자료(2023)에 의하면 우리나라 주변 해역 해수면 온도는 현재 추세로 온실가스가 배출될 경우(SSP5-8.5), 2100년까지 약 5.6°C(4.4~6.2°C) 수온 상승이 될 것이며, 저탄소 시나리오의 경우(SSP1-2.6), 2100년까지 약 1.7°C(1.4~2.7°C) 수온 상승이 전망된다. 우리나라 주변해역 해수면은 온실가스가 현재 추세로 배출는 시나리오(SSP5-8.5)에서 2100년까지 0.82m(0.79~0.86m) 상승될 것이며, 저탄소 시나리오의 경우(SSP1-2.6) 약 0.45m(0.43~0.51m) 가량 상승될 전망이다.

해수면 상승은 연안의 침수 및 침식 등으로 인한 국토감소로 이어지며 곧 국민의 생명과 재산을 위협하는 요인으로 작용된다. 또한, 해수 범람과 너울 등으로 인한 인명과 재산의 피해가 발생하고 있으며 앞으로 더욱 증가할 것으로 예상된다. 이러한 해수면 상승은 수치적으로는 큰 값이 아니나 기울기가 완만한 우리나라 서해안과 같은 해안에서는 심각한 침식과 상습적인 하천의 범람을 일으킬 수 있다.

해수면 상승이 태풍과 해일 그리고 조석간만 차 등과 같은 이변과 겹칠 때 높은 상승효과를 초래한다. 세계 여러 해안의 침식에 대한 최근의 보고는 해수면 상승이 예상보다 빠르게 나타나고 있다는 것이다.

5 농업에 미치는 영향

지구온난화에 대한 농업의 영향은 작물의 작부체계의 변화와 식물의 생장에 영향을 미치게 된다. 그 사례로서 일교차가 크고 서늘한 지역에서 재배되어야 하는 우리나라 사과 재

표 4.7 국가별 곡물생산과 기후위기(2022~2023)

국가명	주요내용
유럽연합	매년 폭염과 가뭄으로 곡물 생산량 감소
미국	극심한 가뭄으로 밀생산량 23% 감소
중국	세계 밀생산국 1위, 홍수로 생산량 3% 감소
인도	세계 밀생산국 2위, 폭염으로 생산량 감소
호주	극심한 가뭄으로 밀수출량 29% 감소
태국	가뭄으로 쌀 생산량 감소, 수출가격 24% 상승
베트남	가뭄으로 쌀 가격 10년 만에 최고 상승
아르헨티나	폭염과 가뭄으로 콩 · 옥수수 생산량 급감

배지역이 불과 30년 사이에 북위 36도 이북 고산지역으로 북상하고, 남부지역에서는 구아바, 참다래, 망고, 파파야, 바나나와 같은 아열대 과일 재배가 가능하다.

온실기체 증가에 의한 온난화 현상이 반드시 농업에 부정적 영향만 미친다고 볼 수는 없다. 저온으로 농업생산에 어려움을 겪고 있는 고위도 지역을 작물의 생육이 가능하도록 변화시킬 수 있다. 그러나 강수와 토양이 기온의 증가에 부응하지 못하고 농업 기술이 개발되지 못하면 생산의 감소를 초래한다.

반면에 지구 온난화로 지구 평균기온이 1°C 올라가면 곡물 수확량은 10%씩 감소하는 것으로 알려져 있다. 제5차 미국 기후평가보고서(2022)에 의하면 미국은 기후위기로 인한 환경변화로 인해 2050년 밀 36%, 쌀 61%, 콩 19%, 옥수수 5.5%의 생산량이 감소할 것으로 예측하고 있다. 표 4.7에 최근 2022년부터 2023년까지 발생한 각 국가별 곡물생산량과 기후위기의 주요 내용을 나타내었다. 표 4.7에서 보듯이 폭염과 극심한 가뭄 및 홍수 등 이상기후 발생으로 곡물생산량의 급격히 감소하였다. 한편 기후위기와 식량부족 문제를 살펴보면 기후위기로 인한 사막화와 토양 황폐화가 되면서 경작지가 감소하고, 기온상승으로 병충해가 증가하여 식량생산량이 감소하게 된다. 식량생산량의 감소는 곡물가격의 상승으로 이어지며 식량난에 직면하게 된다(그림 4.11 참조).

6 수자원과 자연재해에 미치는 영향

(1) 수자원

지구온난화에 따른 대표적 영향은 강수이다. 21세기 기후모델에 의하면 고위도와 적도에서 강수량이 증가하고, 아열대 고기압이 확장하는 지역에서는 감소할 것으로 전망하고 있다. 다른 지역에서는 미래의 강수량 변화에 대한 불확실성이 크다. 21세기 중반에 하천유출량과 수

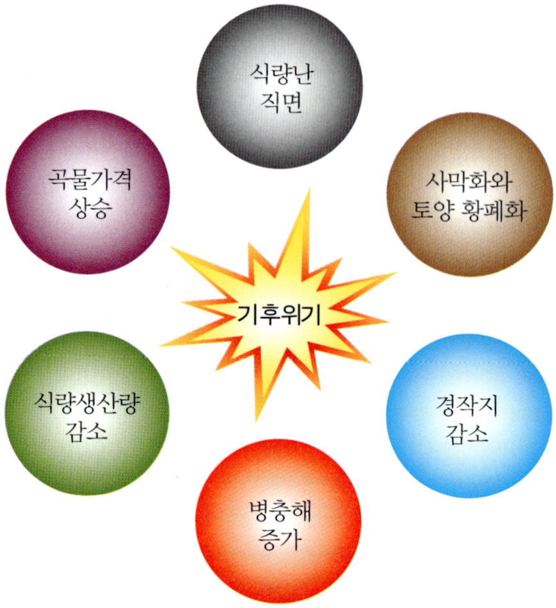

그림 4.11 기후위기와 식량문제.

자원의 양은 고위도서 증가하나 열대와 아열대의 건조지역에서는 감소할 것으로 예상된다.

기온 상승에 따른 강수의 변화는 세계 수자원의 분포를 변화시켜 자연 생태계뿐만 아니라 농업 생산성을 바꿔 놓고 있다. 현재에 많은 강들이 관개농업의 근간이기 때문에 이러한 지역에서의 강수의 감소는 하천수의 감소와 수자원의 감소로 이어지는 중대한 결과를 초래하게 된다. 또한 강수의 증가는 빈번한 홍수를 발생하게 하여 많은 손실을 안겨줄 수 있다. 강수의 변화가 관개농업이 아닌 전천후 농업에 미치는 영향은 정확히 평가하기 힘들다. 왜냐하면 어느 지역에서의 강수의 감소나 증발의 증가에 의한 농산물의 감소는 또 다른 지역에서의 강수의 증가로 인한 농업 생산성의 증대로 이어지기 때문이다.

강수량은 21세기 말에 15~20% 증가할 것으로 전망되나, 강수량의 변동성이 크기 때문에 홍수와 가뭄이 빈발할 가능성 또한 높을 것으로 판단된다. 전반적으로 21세기에는 호우 빈도가 증가할 것으로 예상된다. 시간당 강수량의 증가로 돌발홍수, 산사태, 도시홍수 등도 증가할 것이다. 지역에 따라서는 기온의 상승으로 증발량이 증가하여 가뭄이 빈발할 가능성도 크다. 또한 한반도의 수자원은 강수에 의한 공급 구조로써 경사가 가파르고 하천의 길이가 짧은 산지지형의 속성 때문에 수자원의 원수 공급 구역이 뚜렷이 구별되나 호우 및 홍수와 가뭄과 같은 극단기상현상(extream events of meteorological phenomena)에 대하여 매우 취약하다.

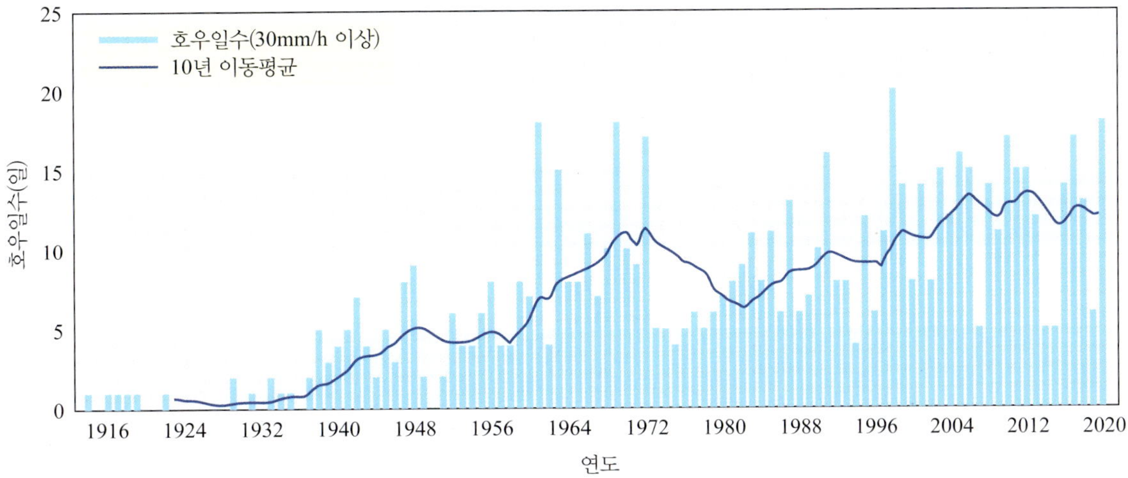

그림 4.12 **우리나라 호우일수 변화(1912~2020년).**
자료 : 기상청, 기후정보포털 종합 기후변화감시정보, 2020

최근 문제가 대두되고 있는 집중호우(localized rainfall)는 국지적으로 단시간에 많은 양의 강한 비가 내리는 현상으로서, 일반적으로 1시간에 30mm 이상이나 하루에 80mm 이상, 연 강수량의 10% 정도의 비가 내릴 때를 기준으로 한다. 기상청은 3시간 동안 60mm 이상, 또는 12시간 동안 110mm 이상 비가 내릴 것으로 예상되는 때에 호우주의보를 발효한다. 그리고 3시간 동안 90mm 이상, 또는 12시간 동안 180mm 이상 비가 내릴 것으로 예상되는 때 호우경보를 발효한다. 또한 1시간 누적 강수량이 50mm 이상이면서 동시에 3시간 누적 강수량이 90mm 이상이거나, 혹은 1시간 누적 강수량이 72mm 이상인 때에는 극한호우로 규정하고 긴급재난문자를 발송한다.

우리나라 호우일수 변화(1912~2020년)를 그림 4.12에 나타내었다. 그림 4.12에서 보듯이 1910년대에는 0.7일이었고, 1970년대에는 6.9일이었으며, 2010년대에는 12.0일로 증가하는 경향을 보였다.

최근 우리나라의 이상기후 발생으로 2020년 중부지역에 54일간 최장기간 장마가 발생하였고, 2022년에 초강력 대형 태풍 힌남노로 2조 5천억의 재산피해와 약 2,700명의 이재민이 발생하였다. 또한 2022년 8월 중부지역에 100~300mm 이상의 집중호우가 내렸다. 특히 서울 동작구에 시간당 141.5mm의 집중호우가 내려 서울의 1시간 강우량 최고 기록이었던 1942년 118.6mm를 80년만에 넘어섰다. 같은 지점에서 24시간동안 381.5mm가 내려 1920년 서울의 일 최고 강수량 354.7mm를 102년 만에 갱신하였다. 서울을 비롯한 중부지역에 내린 집중호우로 인해 막대한 인명피해(15명 사망, 5명 실종)와 재산피해 뿐만아니라 문화재 피해도 48건 발생하였다.

표 4.8 태풍으로 인한 인명피해 및 재산피해(1904~2017)

순위	인명피해			재산피해		
	발생년월	태풍명	사망/실종(명)	발생년월	태풍명	재산피해(억원)
1	1936.8	3693호	1,232	2002.8	루사	51,479
2	1923.8	2353호	1,157	2003.9	매미	42,225
3	1959.9	사라	849	1999.7	올가	10,490
4	1972.8	베티	550	2012.8	볼라벤/덴빈	6,365
5	1925.7	2560호	516	1995.8	재니스	4,563
6	1914.9	1428호	432	1987.7	셀마	3,913
7	1933.8	3383호	415	2012.9	신바	3,657
8	1987.7	셀마	345	1998.9	예니	2,749
9	1934.7	3486호	265	2000.8	쁘라삐룬	2,520
10	2002.8	루사	246	2004.8	메기	2,508

자료 : KFPA, 한국화재보험협회, 웹진(88호), 2019

(2) 자연재해

기후변화로 인한 물 순환의 변화는 우리나라의 수자원 가용성에 큰 영향을 미칠 것이며, 자연재해의 패턴과 규모도 변할 가능성이 높다. 그러므로 미래에 예상되는 기후변화를 고려한 수자원 확보와 자연재해에 대응하기 위한 적정조치에 대한 개발과 시행이 요구된다.

자연재해 중 태풍으로 인한 인명피해 및 재산피해(1904~2017년)는 표 4.8에 요약정리하였다. 표 4.8에서 보듯이 태풍으로 인한 대형 인명피해는 재해예방시설이 충분이 갖춰지지 않던 1980년대 이전에 주로 발생하였다. 하지만 대형 재산피해는 도시화·산업화가 진행된 1990년대 이후 대부분 발생하여, 태풍으로 인한 인명 및 재산 피해의 양상이 변화하고 있음을 알 수 있다.

한편 우리나라는 1971년 이후 방재시스템을 개선하여 자연재해로 인한 인명피해는 감소하는 추세이나 GDP 대비 평균재산 피해는 큰 변화가 없다. 재산피해가 GDP 대비 0.5% 이상인 해는 1972, 1987, 2002, 2003년으로 각각 베티, 쎌마, 루사, 매미와 같은 태풍이 그 원인이다. 특히 2002년 발생한 태풍 루사에 의한 피해는 강릉에서 일강수량 870.5 mm의 막대한 양의 비가 내려 홍수와 산사태 등으로 인해 GDP의 0.9%에 달하는 막대한 재산 피해가 발생하였다. 또한 태풍 매미는 우리나라 최고 풍속의 기록을 갱신하기도 하였다(그림 4.13 참조).

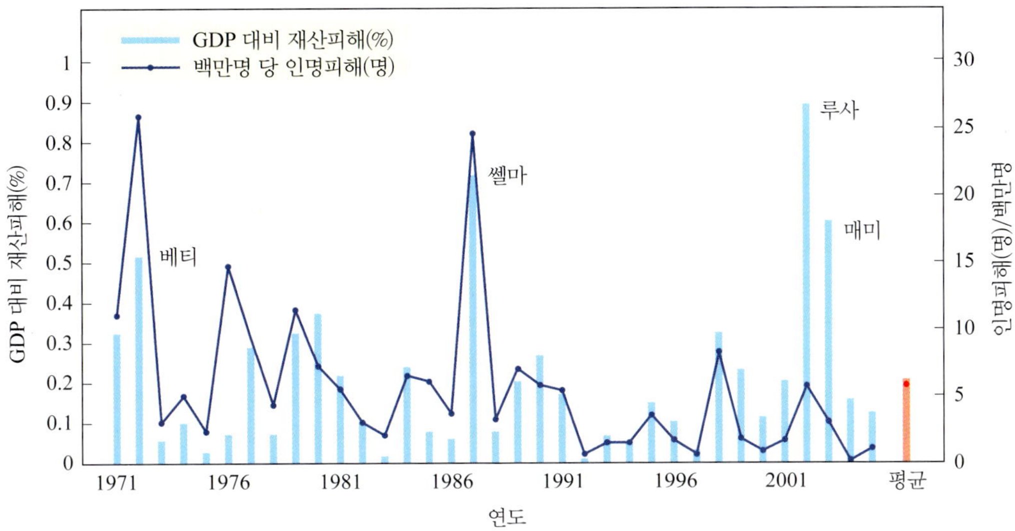

그림 4.13 우리나라의 자연재해로 인한 재산피해 및 인명피해.

05 에너지 · 기후위기 대응

학습목차

5.1 현황과 전망

5.1.1 ▸ 에너지 수급

1 현황

최근 세계 에너지 시장을 둘러싸고 있는 환경변화를 살펴보면, 표 5.1에 석유위기 상황을 요약정리에서 보듯이, 주로 중동 산유국이 몰린 아라비아 반도와 아프리카를 가르는 홍해를 둘러싼 정세불안, 2022년 러시아가 우크라이나 침공으로 인한 에너지공급의 불안을 가

표 5.1 주요 석유위기 상황

구분	상황개요
제1차 석유파동 (1973.10~1974)	• 1973년 10월. 중동전쟁 및 아랍산유국 금수조치 등 석유를 외교적 · 정치적으로 무기화함으로써 제1차 석유위기가 촉발
제2차 석유파동 (1978.8~1980.8)	• 1978년 10월. 이란 회교혁명으로 유혈폭동이 확대 12월 27일 이란석유수출 전면중단
걸프전쟁 (1990.8~1991)	• 1990년 8월 2일. 이라크가 쿠웨이트를 침공함에 따라 다국적군이 1991년 1월 17일에 이라크를 공습, 걸프 전쟁 발발
9.11 테러 및 미 · 이라크 전쟁 (2001.9~2003.3)	• 2001년 9월 11일. 테러 이후 미국이 이라크에 대한 대량살상 무기 사찰수용요구, 2002년 1월말 부시 대통령이 '악의 축' 발언을 거치면서 지속 상승, 2003년 3월 20일. 이라크전 발발
유가 급등 · 급락 시대 (2007.1~2014.12)	• 미국 달러화 약세에 기인한 석유시장위 투기자금 유입 등으로 2008년 7월 유가는 사상 최고가 경신($140.70/b)하였으나 경제위기의 영향으로 약 5개월 만에 $40 초반대로 급락(단, 수급차질은 없음) • 중동민주화시위(2011), 이란 핵 갈등(2012) 등으로 국제유가 상승 • 유로존 재정 위기(2012)로 인해 유가는 상승과 하락을 반복하던 중 셰일오일 생산 급증 및 OPEC 시장지분 확보정책(과잉공급), 달러 강세로 급락
저유가시대(2015~)	• 저유가의 지속으로 2008년 이후 2016년 1월 최저치를 기록
유가 불확실 시대 (2018~)	• 산유국의 석유감산 공조 및 이란, 리비아 등 중동 국가의 지정학적 위험요소, 미국의 이란 제재 등으로 국제유가의 불확실성 증대
미국과 이란의 갈등 (2020.1.3~1.10)	• 미국의 이란 공습으로 솔레이마니 사령관 사망 • 이란 미군기지 미사일 발사 등 보복공격으로 인해 국내 에너지 수급 차질을 우려
러 · 우전쟁 (2022.2.24~현재)	• 2022년 2월 24일. 러시아가 우크라이나를 침공함에 따라 러 · 우 전쟁 발발 이후 국제유가 약 50% 상승

자료 : 한국에너지공단, 2024 KEA에너지 편람, 2024

표 5.2 우리나라 에너지부분의 국제위상(2021)

구분	세계순위	비고
1차 에너지	8위	291.8 백만 toe
석유수입	4위	119.8 백만 toe
석유소비	7위	122.0 백만 toe
전력소비	6위	592.3 TWh
CO_2 배출	8위	558.6 백만 tCO_2eq
1인당 CO_2 배출	15위	10.8 tCO_2eq/인
1인당 에너지소비	16위	5.6 toe/인
GDP	10위	1,693.4 십억$
인구	28위	52.0 백만 명

자료 : World Energy Balances 2023(IEA), Statistical Review of World Energy(BP, 2023), CO_2 Emission from fuel Combustion 2023(IEA)

져왔다.

석유는 2008년 중반에 배럴당 최고 145달러까지 올라갔다가 같은 해 말 41달러까지 급락하기도 하였다. 또한 천연가스는 가스 생산국들 사이에 GAS-OPEC의 결성이 논의되고 있는 가운데, 되풀이 되고 있는 러시아의 대유럽 천연가스 공급중단 사태와 그로 인한 EU의 에너지보안에 대한 논란이 세계 에너지 시장을 새로운 시각에서 살펴보게 하고 있다.

우리나라는 2021년 기준 국내 총 생산(GDP)이 세계 10위의 경제대국으로 성장하였으며, 이 경제규모를 유지하고 발전시키기 위해서는 많은 에너지가 필요하다. 하지만 부존자원이 거의 없는 우리나라는 1차 에너지 소비규모 세계 8위, 석유소비 규모 세계 7위, 전력소비 세계 6위로 에너지 다소비 국가이다(표 5.2 참조).

2 수요 공급

(1) 에너지 수입

국내 에너지 생산은 2021년 기준 전체 공급량의 약 5% 수준이며, 나머지 95%의 에너지는 해외수입에 의존하고 있다. 표 5.3에서 보듯이 2023년 에너지 수입액은 1,714억 불로서 전체수입액의 26.7%를 차지할 정도로 수입의존도가 높아 국제에너지 사장의 변동에 많은 영향을 받는다.

주력 에너지원인 원유 및 정제원료, 석유제품은 총 에너지 수입액의 66.6%를 차지하는데, 원유 수입의 경우 중동지역이 71.9%의 비중을 차지하여 에너지안보에 매우 취약한 구조이다. 그 다음은 천연가스, 석탄, 우라늄 순으로 우리나라는 에너지원 확보문제에 많은 어려움이 있다.

표 5.3 국내 에너지수입액 추이

(단위 : 백만 $)

구분		2019	2020	2021	2022p	2023p
총수입액(A)		503,133	466,907	615,090	731,037	642,572
총에너지수입액(B)		124,761	85,444	135,935	216,409	171,432
	석탄	14,209 (11.4%)	9,596 (11.2%)	14,699 (10.8%)	28,310 (13.1%)	20,178 (11.8%)
	천연가스	20,567 (16.5%)	15,716 (18.4%)	25,453 (18.7%)	50,022 (23.1%)	36,049 (21.0%)
	원유 및 정제원료, 석유제품	89,280 (71.6%)	59,406 (69.5%)	95,039 (69.9%)	137,603 (63.6%)	114,104 (66.6%)
	우라늄	707(0.6%)	725(0.8%)	744(0.5%)	451(0.2%)	1,101(0.6%)
총수입액 대비 비중(B/A)		24.8%	18.3%	22.1%	29.6%	26.7%

* '22~'23년도 통계는 잠정치

자료 : 에너지통계월보, 에너지경제연구원(2024. 3), KOSIS 국가통계포털

(2) 1차 에너지

1차 에너지는 석유, 석탄, 원자력, 천연가스, 수력, 태양열 등과 같이 가공되지 않은 상태에서 공급되는 에너지이다. 우리나라 1차 에너지 공급량은 표 5.4에서 보듯이 2000년 183.1백만 toe이었고 2023년(잠정치) 297.5백만 toe이었다. 2000~2010년 기간 중 연평균 3.3% 증가하였으나, 2010~2020년에는 연평균 1.2%로 증가추세가 둔화되어 2020~2023년에는 1.4%

표 5.4 1차 에너지 공급현황

(단위 : 백만 toe, %)

구분	1990	2000	2010	2015	2020	2021	2022	2023p			연평균 증가율		
									구성비	증가율	'00~'10	'10~'20	'20~'23p
석탄	24.5	43.1	76.0	83.7	76.0	77.0	75.9	73.5	24.7	△3.1	5.8	△0.0	△1.1
석유	47.4	90.8	100.2	106.4	108.0	115.2	114.7	111.1	37.3	△3.1	1.0	0.8	1.0
LNG	3.0	19.7	41.7	44.0	53.9	59.6	59.2	56.8	19.1	△4.1	7.8	2.6	1.7
수력	1.6	1.0	0.8	0.5	0.8	0.7	0.8	0.8	0.3	4.9	△2.3	0.4	△1.4
원자력	13.2	27.2	31.9	34.8	34.1	33.7	37.5	38.4	12.9	2.5	1.6	0.7	4.1
바이오 및 폐기물	0.0	1.1	3.3	6.0	7.5	8.1	8.3	8.9	3.0	7.9	11.7	8.6	6.0
지열, 태양 및 기타	0.0	0.0	0.5	1.4	5.1	6.3	7.7	7.9	2.7	3.7	26.6	26.3	15.5
열	0.0	0.0	0.0	0.1	0.1	0.1	0.1	0.1	0.0	4.9	4.9	16.6	△0.2
합계	89.7	183.1	254.4	276.8	285.5	300.5	304.0	297.5	100.0	△2.1	3.3	1.2	1.4

* 지역난방이 아닌 상용자가업체 열생산량, 2023년도 통계는 잠정치

자료 : 에너지경제연구원, 에너지통계월보, 2024. 3. 한국에너지공단, 2024 KEA에너지 편람, 2024

를 유지하였다.

에너지원별로는 2023년(잠정치) 기준 석유 37.3%, 석탄 24.7%, 천연가스 19.1%로 거의 81.1%가 화석연료로부터 공급되고 있다. 반면에 바이오 및 폐기물 3.0%, 지열, 태양 및 기타 2.7%로 신재생에너지 공급량이 매년 약간씩 증가하고 있으며, 탈탄소 정책에 따른 원자력과 신재생에너지 공급량이 꾸준히 증가할 것이다(표 5.4 참조).

(3) 최종에너지

최종에너지는 산업, 수송, 가정, 상업·공공 등 최종 소비부문의 에너지 이용설비에 알맞은 형태로 사용되는 에너지로서, 1차 에너지 중 일정한 전환과정을 거쳐서 다른 형태의 에너지로 전환된 것(전력, 석유제품 등)을 의미한다.

우리나라 최종에너지 소비는 표 5.5에서 보듯이 2000년 141.0백만 toe이었고 2023년(잠정치) 207.6백만 toe이었다. 2000~2010년 기간 중 연평균 2.7% 증가하였으나, 2010~2020년에는 연평균 1.0%로 증가추세가 둔화되어 2020~2023년에는 연평균 증가율이 0.6%이었다.

부문별로는 2023년(잠정치) 기준 산업 60.8%, 수송 17.0%, 상업·공공 11.7%, 가정

표 5.5 **최종에너지 소비 추이** (단위 : 백만 toe, %)

구분		1990	2000	2010	2015	2020	2021	2022	2023p			연평균 증가율		
										구성비	증가율	'00~'10	'10~'20	'20~'23p
계		71.1	141.0	184.6	199.3	203.7	215.7	214.5	207.6	100.0	△3.2	2.7	1.0	0.6
부문별	산업	36.8	81.0	110.0	123.2	124.0	133.0	130.5	126.2	60.8	△3.3	3.1	1.2	0.6
	수송	12.1	25.0	31.0	34.5	34.7	36.6	36.3	35.2	17.0	△2.9	2.2	1.1	0.5
	가정	11.3	16.3	20.7	19.0	22.4	22.9	23.6	21.8	10.5	△7.3	2.4	0.8	△0.8
	상업·공공	10.9	18.7	22.9	22.7	22.6	23.1	24.2	24.4	11.7	0.8	2.0	△0.1	2.5
에너지원별	석탄	20.5	21.2	30.4	35.6	31.2	32.3	30.6	30.1	14.5	△1.4	3.7	0.3	△1.1
	천연·도시가스	1.0	12.7	23.4	22.4	24.8	25.5	26.1	24.9	12.0	△4.5	6.3	0.6	0.2
	석유제품	41.6	84.4	89.0	94.0	95.9	103.3	101.6	96.7	46.6	△4.8	0.5	0.7	0.3
	수력	–	–	4.9	0.9	0.5	0.6	0.8	0.7	0.3	△12.5	–	△20.4	11.9
	바이오 및 폐기물	0.0	1.1	3.2	4.5	5.8	6.2	6.2	6.5	3.1	5.7	11.3	6.3	3.8
	지열, 태양 및 기타	0.0	0.0	0.1	0.3	0.8	0.9	1.1	0.8	0.4	△28.6	7.5	24.7	△2.1
	전기	8.0	20.3	36.6	40.6	42.7	44.7	46.0	46.0	22.1	△0.1	6.1	1.6	2.5
	열	0.0	1.2	2.0	1.9	2.6	2.7	2.9	2.6	1.3	△10.7	4.9	2.9	0.5

* 2023년도 통계는 잠정치

자료 : 에너지경제연구원, 에너지통계월보, 2024. 3. 한국에너지공단, 2024 KEA에너지 편람, 2024

10.5% 순으로 비산업 부문이 차지하는 비율이 39.2%이다. 제조업, 농림·수산업, 광업·건설업으로 구분되는 산업 부문의 에너지 소비는 전체의 약 60.8%인 126.2백만 toe를 차지하고 있다.

수송부문의 경우는 국내 총 소비의 17.0% 35.2백만 toe으로서 수단별로는 육상, 해운, 항공, 철도로 구분되며, 에너지원별로는 석유 연료가 수송부문 소비에너지의 거의 전량을 차지하고 있다. 한편 가정 및 상업·공공부문의 에너지소비는 주거면적의 확대, 가전기기의 보급 확대 및 대형화, 건물의 첨단화 등 소비 요인에 따라 꾸준히 증가하고 있으며 2023년 현재 국내 총 소비의 10.5%, 11.7%로 21.8백만 toc와 24.4백만 toe를 차지하고 있다.

에너지원별로는 석유와 석탄소비의 증가세가 지속적으로 둔화 또는 축소되는 반면에 바이오 및 폐기물, 지열, 태양에너지 등 신재생에너지는 꾸준히 증가하고 있다. 특히 고급 에너지인 전기 및 천연·도시가스의 소비가 급격히 증가하고 있다.

5.1.2 ▸ 온실가스 배출

1 현황

우리나라의 2021년 온실가스 총배출량(LULUCF 제외)은 676.6백만 tCO_2eq이며, 1990년 총배출량인 292.1백만 tCO_2eq보다 131.6% 증가하였고, 2020년 총배출량인 654.4백만 tCO_2eq보다 3.4% 증가하였다.

2021년 GDP(천억원)와 1인당 온실가스배출량(tCO_2eq/인)은 표 5.6에서 보듯이 각각 19,187천억원, 13.1 tCO_2eq/인이며, 1990년도 4,541천억원, 6.8 tCO_2eq/인으로 각각 322.5%, 92.6% 증가하였고, 2020년도 GDP(천억원)와 1인당 온실가스배출량(tCO_2eq/인)에 비해 각각 4.3%, 4.0%로 GDP증가와 온실가스 배출량과 밀접한 관계가 있다.

온실가스 총배출량(LULUCF 포함)은 표 5.7에서 보듯이 1990년부터 꾸준히 증가하여 2018년에 가장 높았고 이후에는 2021년을 제외하고 약간씩 감소하였다.

2021년 온실가스 총배출량은 676.6백만 tCO_2eq로 이 중 가장 많은 에너지 분야는 587.7백만 tCO_2eq(87%)을 배출하였다. 산업공정분야는 51.4백만 tCO_2eq(7.6%)이며, 농업분야는 21.4백만 tCO_2eq(3.1%), 폐기물분야 16.1백만 tCO_2eq(2.3%)의 온실가스를 배출하였다.

2 전망

전 세계 이산화탄소 배출량은 지속적으로 증가하고 있다. 2022년에 371억 5천만톤이 었으나, 2023년에 1.1% 증가하여 375억 5천만톤(37.55 $GtCO_2$, Gt = 10억톤)의 역대 최고치를

표 5.6 우리나라 연도별 온실가스 배출량 추이

구분	1990	2000	2010	2015	2018	2019	2020	2021	증가율(%)	
									'90대비	'20대비
온실가스 총배출량 (백만 tCO_2eq)	292.1	502.7	655.1	691.3	725.0	699.2	654.4	676.6	131.6	3.4
인구(천명)	42,869	47,008	49,554	51,015	51,585	51,765	51,836	51,745	20.7	△0.2
GDP (천억원, 실질 국내총생산)	4,541	9,036	14,266	16,580	18,120	18,527	18,395	19,187	322.5	4.3
1인당 온실 가스배출량 (tCO_2eq/인)	6.8	10.7	13.2	13.6	14.1	13.5	12.6	13.1	92.6	4.0
온실가스 배출량/GDP (tCO_2eq/ 십억원)	643.2	556.4	459.2	417.0	400.1	377.4	355.8	352.7	△45.2	△0.9

자료 : 온실가스종합정보센터, 2023 국가 온실가스 인벤토리 보고서, 2023.12

표 5.7 부문별 온실가스 배출량 추이

(단위 : 백만 tCO_2eq, %)

분야	1990	2000	2010	2015	2018	2019	2020	2021	증가율(%)	
									'90대비	'20대비
에너지	240.3	411.6	564.7	599.0	630.7	609.6	568.1	587.7	144.6	3.5
산업공정	20.4	50.9	53.0	54.5	55.8	52.2	48.5	51.4	152.0	6.0
농업	21.0	21.4	22.1	21.0	21.1	21.0	21.2	21.4	1.9	0.9
LULUCF	△37.9	△60.1	△56.1	△46.6	△40.3	△37.7	△37.9	△37.8	△0.3	△0.3
폐기물	10.4	18.9	15.4	16.9	17.4	16.5	16.7	16.1	54.8	△3.6
총배출량 (LULUCF 제외)	292.1	502.7	655.1	691.3	725.0	699.2	654.4	676.6	131.6	3.4
순배출량 (LULUCF 포함)	254.2	442.6	599.0	644.8	684.7	661.5	616.6	638.9	151.3	3.6

자료 : 온실가스종합정보센터, 2023 국가 온실가스 인벤토리 보고서, 2023.12

기록할 것으로 예상된다.

2022년 기준 세계 이산화탄소 배출량 1위는 중국이고, 2위는 미국, 3위는 인도, 4위는 러시아, 5위는 일본, 6위는 인도네시아, 7위는 이란, 8위는 사우디아라비아, 9위는 독일, 10

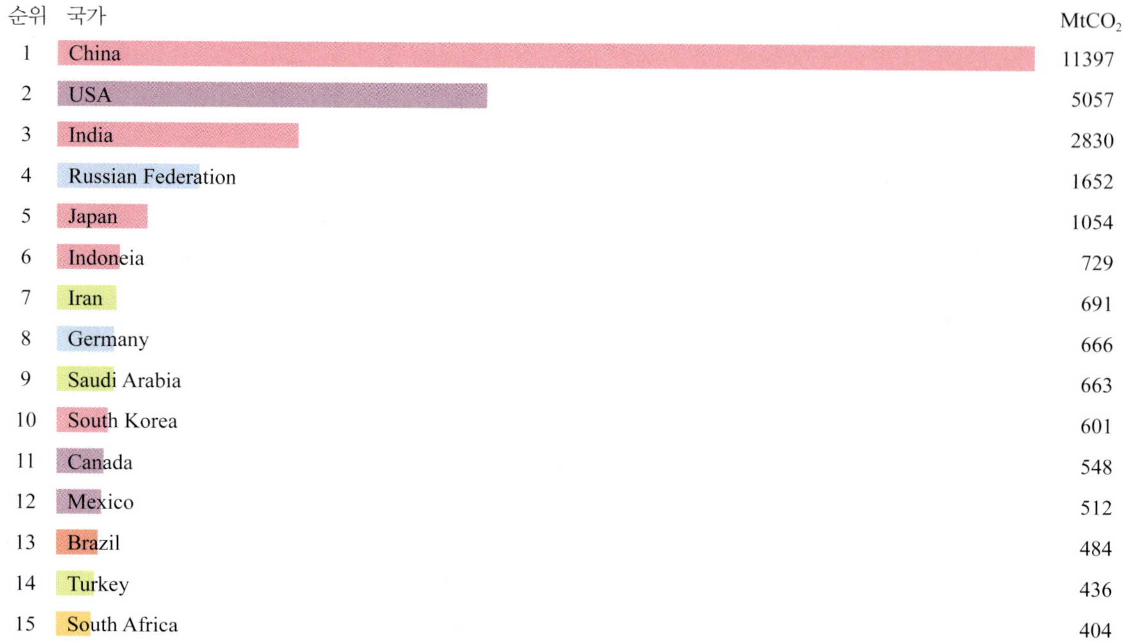

그림 5.1 전 세계 CO_2 배출량 분포도(2022년).
자료 : Global Carbon Atlas 2024 carbon-emissions

위는 한국이다. 3대 최다배출국가인 중국, 미국, 인도가 세계 이산화탄소 배출량의 절반인 51.9%를 차지하고 있고, 10대 다배출 국가의 합계 배출량은 68.2%로 저배출 100대 국가들의 합계 배출량이 3%에 불과해 국가 간 배출량의 편차가 상당히 큼을 알 수 있다(그림 5.1 참조).

전 세계 CO_2 배출 전망((IEA)을 살펴보면 표 5.8에서 보듯이 2010년에 306억 2천4백만 tCO_2eq에서 2022년에 340억 4천2백만 tCO_2eq으로 연평균 1.2% 증가하였으나 2050년 267억 8천2백만 tCO_2eq으로 연평균 0.9%씩 감소할 전망이다. 화석연료 중 석탄에 의한 CO_2 배출량이 연평균 1.9%씩 가장 큰 감소폭을 나타내었다. 앞으로 발전부문과 최종에너지 부문의 증가로 CO_2 배출량이 꾸준히 증가될 것으로 예측되나, 온실가스발생량이 많은 석탄사용량을 줄이고 에너지 절약과 효율향상 그리고 신재생에너지 등 청정연료 전환 및 보급 확대로써 CO_2 배출량을 줄일 수 있을 것이다.

탄소중립 국가녹색성장 국가전략 및 제1차 국가 기본계획자료(2023.4)에 의하면 우리나라는 정책수립 당시의 2018년 기준 국가 온실가스 총 배출량은 727.5백만 tCO_2eq이다. 분야별 직접 배출량을 살펴보면, 전환부문에서 269.6백만 tCO_2eq (37.0%), 산업부문에서 260.5백만 tCO_2eq (35.8%), 건물부문 52.1백만 tCO_2eq (7.2%), 수송부문 98.1백만 tCO_2eq

표 5.8 세계 CO_2 배출 전망(IEA) (단위 : 백만 tCO_2eq)

구분	CO_2 배출량		배출전망		비중(%)		연평균 증가율(%)
	2010	2022	2030	2050	2022	2050	'22~'50
총 CO_2 배출	30,624	34,042	32,162	26,782	100.0	100.0	△0.9
석탄	13,846	15,330	13,076	8,861	45.0	33.1	△1.9
석유	10,545	10,963	11,155	10,378	32.2	38.7	△0.2
가스	6,052	7,499	7,705	7,339	22.0	27.4	△0.1
바이오에너지·폐기물	181	251	227	204	0.7	0.8	△0.7
발전	12,511	14,822	12,302	8,217	100.0	100.0	△2.1
석탄	8,946	10,876	8,709	5,126	73.4	62.4	△2.7
석유	828	596	393	230	4.0	2.8	△3.3
가스	2,623	3,201	3,071	2,734	21.6	33.3	△0.6
바이오에너지·폐기물	114	149	129	126	1.0	1.5	△0.6
최종에너지	18,668	20,293	21,046	19,950	100.0	100.0	△0.1
석탄	4,699	4,352	4,263	3,646	21.5	18.3	△0.6
석유	9,087	9,815	10,206	9,669	48.4	48.5	△0.1
가스	2,842	3,500	3,788	3,804	17.3	19.1	0.3
바이오에너지·폐기물	66	102	98	78	0.5	0.4	△0.9

자료 : 1EA, World Energy Outlook, 2023

(13.5%), 농축수산·폐기물·기타 부문 47.4백만 tCO_2eq (6.5%)을 배출한다. 2018~2040년과 2040~2050년 기간 중 연평균 증가율은 각각 0.2%, 0.1% 증가하여, 2050년 배출량은 761.4 백만 tCO_2eq으로 전망하고 있다(표 5.9 참조).

표 5.9 우리나라 CO_2 배출 전망 (단위 : 백만 tCO_2eq)

구분	2018	2030	2040	2050	연평균 증감율	
					'18~'40	'40~'50
전환	269.6	288.3	268.7	284.9	0.0%	0.6%
산업	260.5	304.0	306.8	304.8	0.7%	−2.1%
건물	52.1	45.5	43.5	42.2	−0.8%	−0.3%
수송	98.1	101.8	91.8	84.8	−0.3%	−0.8%
농축수산·폐기물·기타	47.4	46.2	45.7	44.8	−0.2%	−0.2%
합계	727.6	785.8	756.6	761.4	0.2%	0.1%

자료 : 탄소중립 녹색성장 국가전략 및 제1차 국가 기본계획. 2023.4

5.2 글로벌 동향

5.2.1 ▸ 기후변화 협약

1 기후변화협약의 채택 · 발효

유엔기후변화협약(UNFCCC : United Nations Framework Convention on Climate Change)은 지구 대기의 온실가스농도를 안정화하고 기후체계에 대한 위험한 인위적 간섭을 방지할 수 있도록 1992년 브라질의 리우데자네이루에서 열린 유엔환경개발회의(UNCED : United Nations Conference on Environment and Development)에서 채택한 국제협약이다. 이후 기후변화협약은 1994년 3월 비준국 수가 50개국 이상으로 발효되어 2012년 12월 기준 유럽연합을 포함한 195개국이 가입하였다. 우리나라는 1993년 12월 14일 비준하여 1994년 3월 21일부터 효력을 발생하였다.

기후변화협약의 기본 원칙은 공통의 차별화된 책임원칙과 선진국의 주도적 역할수행 및 각국의 사회 · 경제적 여건에 따라 표 5.10에서 보듯이 모든 국가가 국제적으로 대응하기 위해 차별화된 의무를 부여하고 있다.

이후 2007년 제13차 당사국총회(COP13, 발리)에서는 교토의정서 1차 공약기간의 종료에 대비하여, 교토의정서에 불참한 선진국과 개도국까지 참여하는 Post-2012 체제를 2009년 제15차 당사국총회(COP15, 코펜하겐)에서 출범시키기로 합의하였다. 그러나 감축목표나 개도국에 대한 재정지원과 같은 핵심쟁점을 둘러싸고 선진국과 개도국이 간극을 좁히지 못하였다.

표 5.10 기후변화 협약의무

의무분류	대상국	의무내용
공동의무	기후변화협약 비준국 전체	• 온실가스 배출감축을 위한 국가전략 수립, 시행 및 공고 • 온실가스 배출량 및 흡수량에 대한 국가통제 및 정책 이행에 관한 국가보고서를 작성하고 당사국총회에 제출(선진국은 협약발효 후 6개월, 개발도상국은 3년 이내)
특정의무	Annex I	1차 이행기간(2008~2012) 동안 온실가스 배출량을 1990년 수준보다 평균 5.2% 감축(강제적인 구속력은 없음)
	Annex II	개발도상국에 대한 재정지원 및 기술이전

2011년 제17차 당사국총회(COP17, 더반)에서는 2020년 이후 모든 당사국이 참여하는 새로운 기후변화체제 수립을 위한 '더반플랫폼(Durban Platform)' 협상을 출범시키기로 합의하였다. 이에 따라 2012년 초부터 Post-2020 체제를 위한 협상이 2015년 타결을 목표로 시작되었다. 2013년 제19차 당사국총회(COP19, 바르샤바)에서 당사국들은 지구 기온상승을 산업화 이전 대비 2°C 이내로 억제하기 위해 필요한 2020년 이후의 '국가별 기여 방안(INDCs : Intended Nationally Determined Contributions)'을 자체적으로 결정하여, 2015년 제21차 당사국총회(COP21, 파리) 훨씬 이전에 사무국에 제출하기로 하였다.

2015년 제21차 당사국총회(COP21, 파리)에서는 2020년부터 모든 국가가 참여하는 신기후체제의 근간이 될 파리협정(Paris Agreement)이 채택되었다. 이로써 선진국에만 온실가스 감축 의무를 부과하던 기존의 교토의정서 체제를 넘어 모든 국가가 자국의 상황을 반영하여 참여하는 보편적인 체제가 마련되었다. 좀더 상세한 내용은 다음 장에서 제시한 <주요 기후변화협약 당사국 총회>내용을 참고하기 바란다.

2 주요 기후변화협약 당사국 총회

(1) 제1차 당사국 총회(1995년 3월, 독일 베를린)

Annex I 국가의 의무강화를 위해 2000년 이후의 감축목표에 관한 의정서를 1997년 제3차 당사국총회에서 채택키로 결정하였다.

(2) 제3차 당사국 총회(1997년 12월, 일본 교토)

2008~2012년간 선진국(Annex I) 전체의 배출총량을 1990년 수준보다 최소 5.2% 감축하되, 각 국가별로 차별화된 배출량을 규정하였다.

교토의정서 감축 합의의 주요내용은 다음과 같다.

① 감축대상 온실가스 규정(Annex A)

CO_2(이산화탄소), CH_4(메탄), N_2O(아산화질소), HFCs(수소불화탄소), PFCs(과불화탄소), SF_6(육불화황) 등 6가지 온실가스를 규정하였다.

② 의무적인 온실가스 감축목표를 지닌 부속서 I 국가와 구속적 감축목표가 없는 비부속서 I 국가로 구분

교토의정서 감축목표는 제1차 이행기간(2008~2012) 동안 1990년 대비 동 의무 부담국가 전체 평균 5.2%를 감축하되 국가별로 차별화(△8~+10)하였다(EU : △8%, 미국 : △7%, 일본 : △6%, 러시아 : 0%, 아이슬란드 : +10%).

③ 비용효과적인 온실가스를 감축하기 위한 시장체제(교토메커니즘) 인정

공동이행제도, 청정개발제도, 배출권거래제도 등 시장원리에 입각한 교토메커니즘을 도입하여 의무이행의 유연성을 부여하였다.

- 공동이행제도(JI : Joint Implementation) : 부속서 I 국가가 다른 부속서 I 국가에 투자하여 발생한 온실가스 감축실적을 투자국의 실적으로 인정
- 청정개발체제(CDM : Clean Development Mechanism) : 부속서 I 국가가 비부속서 I 국가에 투자하여 발생된 온실가스 감축실적을 자국의 실적으로 인정
- 배출권거래제(ET : Emissions Trading) : 온실가스 감축의무가 있는 국가(Annex B)간에 배출쿼터의 거래를 허용하는 제도

(3) 제6차 당사국총회 속개회의(2001년 7월, 독일 본)

교토메커니즘, 흡수원 등에서 EU와 개발도상국의 양보로 캐나다, 일본이 참여하면서 극적으로 타결되어 미국을 배제한 채 교토의정서 체제에 대한 합의를 이뤘다.

(4) 제7차 당사국총회(2001년 10월, 모로코 마라케쉬)

교토메커니즘 활용방안에 대한 합의를 도출(마라케쉬합의문)하였다.

(5) 제12차 당사국총회(2006년 11월, 케냐 나이로비)

선진국 후속의무부담(AWG Dialogue)인 2012년 이후의 기후변화 대응 체제인 '포스트 교토체제'에 대한 논의가 구체화되었다.

(6) 제13차 당사국총회(2007년 12월, 인도네시아 발리)

교토의정서에서 합의한 내용의 적용시한인 2012년 이후의 조치사항을 결정하는 「발리로드맵」이 2007년 12월 제13차 당사국 총회에서 채택되었다. 주요내용을 보면, 우선 구체적 수치의 설정에는 합의에 이르지 못하였으나 온실가스 배출에 대한 '상당한 감축(deep cuts)'에 동의하였다. 2년간 추가협상을 통해 각국은 2009년 말까지 새 기후변화협약을 설정키로 하였고, 개발도상국은 온실가스 배출의 억제를 위해 '측정 · 보고 · 확인 가능한' 조치를 시행하였으며, 선진국은 이를 지원하기 위한 과학기술이전, 금융지원, 투자증대 등을 시행키로 하였다. 2013년부터 개도국이 자국의 우림을 태우지 않음으로써 더 흡수한 이산화탄소(탄소상쇄분)를 판매하는 시스템을 시행키로 하면서 탄소배출권 거래시 2%씩 정립해 조성한 '적응기금'을 개도국의 기후변화 피해극복 및 적응사업에 사용하기로 결정하였다.

표 5.11 코펜하겐 합의(Copenhagen Accord) 주요 내용

항목	주요내용
장기비전	• 기온상승 폭을 산업화 이전에 비해 섭씨 2도 이내로 제한 • 2015년에 상승제한 목표치를 1.5도로 재조정하는 방안 검토
온실가스 감축	• 내년 1월까지 선진국은 교토의정서보다 강화된 '중기(2020년) 감축목표' 제시 • 내년 1월까지 개도국은 국가별 '감축계획'을 제시 • 온실가스 배출의 피크 시점을 '가능한 한 빨리' 달성
선진국의 자금지원	• 2010~2012년까지 총 300억 달러를 긴급 지원 • 2013~2020년까지 매년 1000억 달러를 목표로 함 • 개도국이 자금 지원받으려면 2년마다 온실가스 감축 계획을 검증받아 야 함
기후변화 적응	선진국은 개도국의 기후변화 적응을 위해 적절한 기술 자금 등을 지원
산림보호	선진국은 산림보호를 위한 개도국의 노력을 지원
향후계획	코펜하겐 합의의 이행 평가를 2015년까지 완료

자료 : 유엔기후변화협약(UNFCCC) 사무국, 2009

(7) 제14차 당사국총회(2008년 12월, 폴란드 포즈난)

발리로드맵에 따라 2009년 코펜하겐에서 열리는 제15차 당사국총회에서 선진국 감축량 및 개도국 참여방식에 대한 일정 합의 등 본격적인 협상모드 전환을 위한 기반을 마련하였다.

(8) 제15차 당사국총회(2009년 12월, 덴마크 코펜하겐)

전 세계 193개국이 참가해 덴마크 코펜하겐에서 열린 제15차 유엔기후변화협약(UNFCCC) 당사국 총회에서 합의된 주요내용은 표 5.11과 같이 6가지로 요약된다.

우선 지구 기온의 상승폭을 '산업화시대에 비해 섭씨 2도 이내로 제한한다'고 명문화했다. 그러나 이 목표를 달성하기 위해 대기 중 온실가스의 총량과 나라별 분담량을 어떻게 정할지 등 핵심 수단은 전혀 언급되지 않았다. 실제로 이번에 채택된 '코펜하겐 합의'문서에는 2010~2012년까지 지원될 300억 달러에 대해선 자금 부담의 주체가 '선진국'으로 명기되어 있지만, 2013~2020년까지 연간 1,000억 달러의 자금은 '다양한 원천(a variety sources)'에서 한다고 명기되었다.

(9) 제16차 당사국 총의(2010년 12월, 멕시코 칸쿤)

그간 협상 타결에 대한 비관적 의견이 대세였으나, 당초 멕시코에서 목표한 대로 패키지 결정문 도출에 성공하였으며, 내용상 코펜하겐 합의문과 큰 차이가 없으나 코펜하겐 합의가 "칸쿤 합의문" 형태로 공식화(anchoring)되었다는 데 의의가 있다.

칸쿤합의 이행 관련 협상결과의 주요내용은 다음과 같다.

- (개도국 감축) 온실가스 감축 행동의 투명성 제고를 위해 개도국의 자발적 감축행동을 등록하는 등록부(NAMA registry)의 인정기능이 합의문에 반영(우리나라 입장 반영)
- (적응) 칸쿤 합의를 통해 설립한 적응위원회의 구성 및 역할 구체화(기술개발 · 이전), 개도국 입장을 반영, 기술집행위(Technology Committee)와 기술 센터로 구성된 기술 메커니즘 설립에 합의
- (산림) 산림악화 방지(REDD)를 위한 모니터링 체계 강화, 개도국 지원에 시장 메커니즘 활용 고려

(10) 제17차 당사국 총회(2011년 12월, 남아프리카공화국 더반)

전 세계 194개국이 참가해 남아프리카공화국 더반에서 열린 제17차 유엔기후협약 당사국 총회에서 참가국들은 2012년 말에 만료되는 교토의정서 시한을 오는 2017년까지로 최소 5년 더 연장하였다. 그리고 2020년 이후부터는 온실가스를 배출하는 모든 국가가 참여하는 새로운 의정서를 출범시키기로 합의한 더반 결과물(Durban Outcome)을 발표하였다. 교토의정서는 유럽연합(UN)을 비롯한 38개 선진국에만 온실가스 감축의무를 부여했을 뿐 온실가스 배출량 1~3위인 중국, 미국, 인도 등 나머지 국가가 제외되어 있어 실효성에 대한 비판을 받아왔었다. 이번 총회에서는 2020년부터 모든 국가가 온실가스 감축체제에 대한 법적 구속력을 갖게 되었으며, 선진 · 개도국이 모두 참여하는 신 기후체제설립을 위한 협상을 개시하였다. 또한 녹색기후기금(GCF : Green Climate Fund)의 설립을 더반의 성과물로 채택하였다.

(11) 제18차 당사국총회(2012년 12월, 카타르 도하)

카타르 도하에서 열린 제18차 유엔 기후변화협약 당사국 총회에서는 2012년 말로 시한이 만료되는 코토의정서의 효력을 8년간 연장하는 개정안이 채택되었다. 또한 이번 총회에서 녹색기후기금(GCF)사무국이 인천 송도로 최종 확정되었으며, 2020년까지 1,000억 달러의 기후변화 재정을 위한 구체적인 기금조성 방안을 논의하였다.

(12) 제19차 당사국 총회(2013년 12월, 폴란드 바르샤바)

폴란드 바르샤바에서 개최된 제19차 당사국총회에서는 2020년 이후 기후변화에 대응하기 위해 각 국가별 기여방안(INDC : Intended Nationally Determined Contribution)을 2015년 말까지 확정하기로 했다. 이에 따라 기후변화협약에 참여하는 당사국들은 INDC를 2015년 10월 전에 유엔에 제출해야 하고, 이를 토대로 2015년 말 파리에서 열리는 당사국 총회에서 신 기후체제 합의문을 도출할 예정이다.

(13) 제20차 당사국 총회(2014년 12월, 페루 리마)

페루 리마에서 열린 제20차 기후변화협약 당사국총회(COP20)에서 세계 196개 당사국들은 선진국과 개발도상국 구분 없이 모든 국가가 온실가스 감축에 참여하기 위해 "Lima Call for Climate Action"을 채택했다. 주요내용은 Post-2020 감축목표 등 각국의 기여(INDC)제출범위, 제출시기, 협의절차, 제출정보 등을 담은 신 기후체제를 규정하는 협정문 작성을 위한 주요 요소를 도출했다.

(14) 제21차 당사국 총회(2015년 12월, 프랑스 파리)

프랑스 파리에서 개최된 제21차 기후변화 협약 당사국 총회에서는 지구온도를 2°C 상승 이하로 억제하고, 1.5°C 상승 이내로 유지토록 노력하기로 합의하였다. 당사국들은 '2050 탄소제로' 사회를 달성하기 위한 중간단계로, 2030년 국가 온실가스 감축목표를 자발적으로 정하고, 이를 시행해 나갈 것을 결의했다. 선진국 중심체제를 넘어 지구촌 모든 국가가 참여하는 신기후 체제가 시작되었다.

(15) 제26차 당사국 총회(2021년 10월 영국 글래스고)

영국 글래스고에서 열린 제26차 기후변화 협약 당사국 총회에서 합의된 '글래스고기후합의(Glasgow Climate Pact)'의 주요 내용들은 다음과 같다.

- 탄소저감장치가 없는 석탄발전소의 단계적인 감축과 비효율적인 화석연료보조금의 단계적 폐지를 촉구한다.
- 선진국의 기후변화 적응재원을 2025년까지 2019년 대비 두 배로 확대하기로 했다.
- 각국은 2030 국가온실가스감축목표(NDC)를 지구온도 1.5도 이내 상승 억제에 맞게 다시 제출하기로 했다. 모든 당사국이 동일하게 5년 주기로 NDC를 설정하도록 독려하기로 했으며, 2025년에는 2035년 NDC, 2030년에는 2040년 NDC를 제출한 이후 매 5년마다 차기 NDC를 제출하게 된다.
- 파리협정 6조인 국제탄소시장 지침을 타결해 '파리협정 세부이행 규칙(카토비체기후패키지)'을 완결했다. 이는 국가간 온실가스배출권을 거래하는 탄소배출권 시장에 투명하고 통일된 국제규범을 만들어주는 것으로 6년간 치열한 협상 끝에 마침내 완성됐다.
- 2030년까지 산림파괴를 멈추고 토양회복에 나서는 '산림/토지이용선언'과 이 기간 매탄배출량을 30% 감축하는 '국제메탄서약'도 도출되었다.

(16) 제28차 당사국 총회(2024년 12월, 아랍에미리트 두바이)

아랍에미리트 두바이에서 열린 제28차 기후변화 협약 당사국 총회에서는 파리협정 채택 이후 최초로 실시된 전지구적이행점검(GST : Global Stocktake)을 통해 지구온도상승 억제 1.5도 목표 달성을 위한 2050 탄소중립 이행의 중요성을 재확인하였다. 이를 위한 방안으로 에너지시스템에서 화석연료로부터의 전환, 2030년까지 전 지구적으로 재생에너지 용량 3배 확충 및 에너지효율 2배 증대, 원자력 및 탄소 포집 · 저장 · 활용(CCUS) 등 저탄소 기술 가속화, 저감장치 없는 석탄발전의 단계적 감축 등의 내용을 담은 "아랍에미리트 컨센서스"를 채택했다. 참가국들은 또한 기후위기 대응을 위한 전반적인 체계의 전환을 강조하고, 모든 투자의 흐름을 저탄소발전 목표에 부합하도록 할 것을 촉구하였다. 당사국들은 이번 전지구적이행점검 결과를 반영하여 2024년 말 제출할 국가별 감축목표(NDC) 이행 관련 격년 투명성 보고서 준비 작업을 조속히 착수할 것과 2025년 제출키로 글래스고 제26회 유엔기후변화협약당사국총회에서 기 합의한 2035 국가별감축목표가 1.5도 목표에 부합하고 한층 강화된 계획이 될 것을 확인했다.

5.2.2 ▸ 탈탄소 경제 체계 구축

1 ESG 경영

ESG는 그림 5.2에서 보듯이 기업의 비재무적 구조인 Environmental(환경), Social(사회), Governance(지배구조)의 첫 글자를 조합한 단어로 기업의 친환경 경영, 사회적 책임, 투명한 지배구조 등을 의미한다. ESG 용어는 2004년 UN 보고서에서 처음 사용되었고 우리나라는 2018년부터 기업과 금융권에 도입되었다. ESG의 핵심 키워드는 바로 기업의 지속가능성, 기업가치, 그리고 비재무적 성과지표이다.

환경에서 가장 핵심적인 사안은 기후변화와 탄소배출이다. 전 세계 인류의 지속가능성과 생존을 위해 앞으로 기업은 과감한 탄소배출 절감과 탄소 제로화를 추구해야 할 것이다. 이와 함께 환경오염 완화를 위한 대기 및 수질오염, 자원 및 폐기물 관리 뿐만 아니라 에너지 효율화도 중요하다.

사회적 측면에서는 기업이 근로환경 및 노사관계, 보건 및 안전, 개인정보 보호, 지역사회와의 협력관계 구축에 힘써야 한다.

지배구조 측면에서는 이러한 환경과 사회 가치를 기업이 실현할 수 있도록 뒷받침하는 투명하고 신뢰도 높은 이사회 구성과 감사위원회 구축이 필요하다. 또한 뇌물이나 부패를 방지하고, 로비 및 정치 기부금 활동에서 기업윤리의 투명성을 준수해야 한다(그림 5.3 참조).

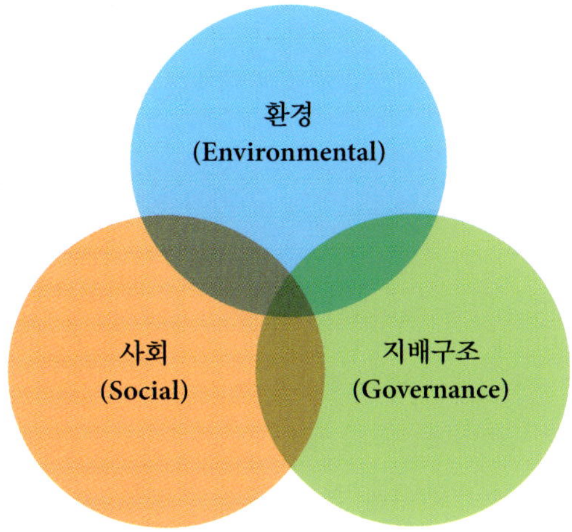

그림 5.2 ESG 경영.

환경(E)	사회(S)	지배구조(G)
• 기후변화 및 탄소배출	• 근로환경 및 노사관계	• 이사회 구성
• 대기 및 수질오염	• 지역사회 기여	• 감사위원회 구조
• 생물다양성	• 보건 및 안전	• 부정부패
• 에너지효율	• 고객만족	• 로비 및 정치기부금
• 자원 및 폐기물관리	• 개인정보보호	• 기업윤리
	• 양성평등과 사회투명성	• 내부고발 제도

그림 5.3 ESG 주요 과제.

이러한 기업환경의 변화는 포스트 코로나 19를 계기로 ESG 경영과 지구촌 공동체에 대한 관심과 많은 공감을 갖고 다음 사항에 대해 중점적으로 추진하고 있다.

- 탄소중립(Net-Zero) 및 순환경제로의 전환
- 탈탄소화와 신재생에너지 확대
- 스마트 공장 구축 및 지속가능한 기업발전
- 사회공헌 활동 및 상생발전 협력
- 환경 · 보건 · 안전관리 강화
- 투명한 지배구조와 기업윤리 강화

2 RE 100

RE100(Renewable Electricity 100%) 캠페인은 기업이 필요한 전력량의 100%를 친환경 재생에너지원으로 충당하겠다는 기업들의 자발적인 참여로, 국제 비영리 환경단체인 The Climate Group과 CDP가 연합하여 2014년 뉴욕 기후주간에서 처음 발족되었다.

RE100 참여 기업은 2050년까지 100% 달성을 목표로 하며, 연도별 목표는 기업이 자율적으로 수립하되, 2030년 60%, 2040년 90% 이상의 실적 달성을 권고하고 있다. RE100 참여 기업은 연간 전력소비량이 100GWh 이상 소비기업이나 Fortune 1,000대 기업과 같이 글로벌 위상을 가진 기업을 대상으로 하고 있다.

Google, Apple, MS, BMW, GM 등 전 세계 글로벌 기업을 중심으로 자사에서 사용하고 있는 전력에 대해서 점차 재생에너지 사용 비중을 확대하고 있는 추세이며, 협력사나 부품·서비스 제공사까지 확대·요구하고 있다. 2024년 7월 현재 전 세계적으로 433개 기업이 RE100에 가입했다.

3 CF 100

CF 100(Carbon Free 100%)은 재생에너지 뿐만 아니라 원전, 수소, CCS(탄소 포집 저장)등 다양한 무탄소 에너지원에서 공급받아 사용하자는 취지에서, 구글과 UN 에너지, UN 산하 지속가능에너지기구 등이 공동으로 참여하여 2018년에 발족했다.

CF 100은 RE100의 한계를 보완하며 에너지 전환과 탄소중립을 이룰 수 있는 현실적인 대안으로 주목받고 있다. 2017년 RE100을 달성한 구글은 2030년까지 전 세계에 있는 데이터센터와 사무실을 하루 24시간, 7일 내내 해당 지역의 전력망에서 생산되는 무탄소 에너지로 운영하겠다는 계획을 발표하며 CF100 개념을 제시했다. 그래서 외국어로는 연중무휴 무탄소 에너지 콤팩트인 24/7 CFE(Carbon-free Energy Compact)라고 표기한다. 2024년 현재 국제기구, 정부, 지자체, 무탄소 에너지 공급기관, 수요기업 등 약 120개 기관이 가입했다.

4 탄소국경조정제도

탄소국경조정제도(CBAM : Carbon Border Adjustment Mechanism)는 탄소배출량 감축 규제가 강한 국가에서 상대적으로 규제가 덜한 국가로 탄소배출을 이전하는 탄소유출(Carbon Leakage) 문제를 해결하기 위한 제도로서, EU가 도입한 무역관세의 일종인 탄소국경조정제도를 2021년 7월 발의했다. 이후 CBAM은 EU 집행위원회·이사회·유럽의회 간의 입법안 합의를 거쳐 2023년 10월부터 일부 재화에 대한 무역행위에 시범적용하는 기간, 즉 전환기간을 설정해 2024년 3월 현재 운용 중이며, 2026년 1월부터 적용 대상 재화를 추가해 본격적으로 시행하기로 확정하였다.

5.3 온실가스 감축과 탄소중립

5.3.1 ▸ 탄소중립의 국제규범화

1 탄소중립이란?

인간의 활동에 의한 온실가스 배출을 최대한 줄이고, 남은 온실가스는 흡수량 증대(산림 등) 및 CO_2 포집 · 저장 · 활용 기술(CCUS : Carbon Capture Utilization and Storage)로 제거해서 실질적인 순배출량이 제로(0)가 되게하는 넷-제로(Net-Zero)를 탄소중립이라 한다(그림 5.4 참조).

2 탄소중립의 필요성

지구 온난화로 인한 폭염, 폭설, 태풍, 산불 등 이상기후 현상이 세계 곳곳에서 나타나고 있고, 온실가스의 지속적인 증가는 지구 평균 온도를 상승시켜 온난화 경향이 더욱 심해지고 있다.

국제사회는 기후변화 문제의 심각성을 인식하고 이를 해결하기 위해 선진국에 의무를 부여하는 1997년 교토의정서 채택에 이어, 선진국과 개도국이 모두 참여하는 파리협정을 2015년에 채택하였다. 파리협정의 목표는 산업화 이전 대비 지구 평균온도 상승을 2°C보다 훨씬 아래(well below)로 유지하고, 나아가 1.5°C로 억제하기 위해 노력해야 한다는 것이다.

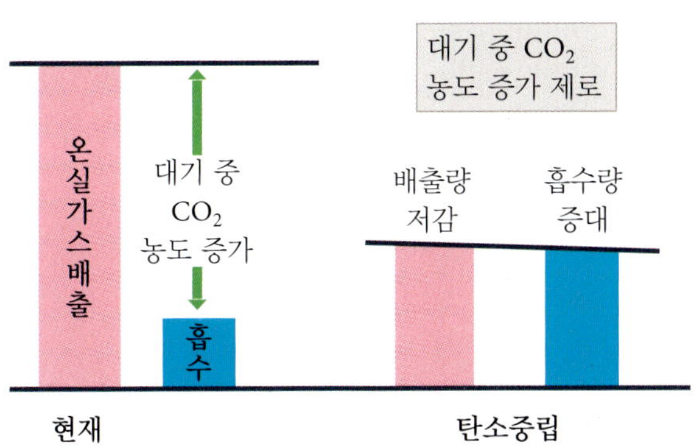

그림 5.4 **탄소중립.**

표 5.12 **전 지구온도상승 1.5°C와 2°C 주요 영향비교**

구분	1.5°C	2°C
생태계 및 인간계	높은 위험	매우 높은 위험
중위도 폭염일 온도	3°C 상승	4°C 상승
고위도 한파일 온도	4.5°C 상승	6°C 상승
산호 소멸	70~90%	99% 이상
기후영향 · 빈곤 취약 인구	2°C에서 2050년까지 최대 수억 명 증가	
물부족 인구	2°C에서 최대 50% 증가	
대규모 기상이변 위험	중간 위험	중간~높은 위험
해수면 상승	0.26~0.77 m	0.3~0.93 m
북극 해빙 완전소멸 빈도	100년에 한 번	10년에 한 번

자료 : 환경부, 대한민국 2050 탄소중립전략

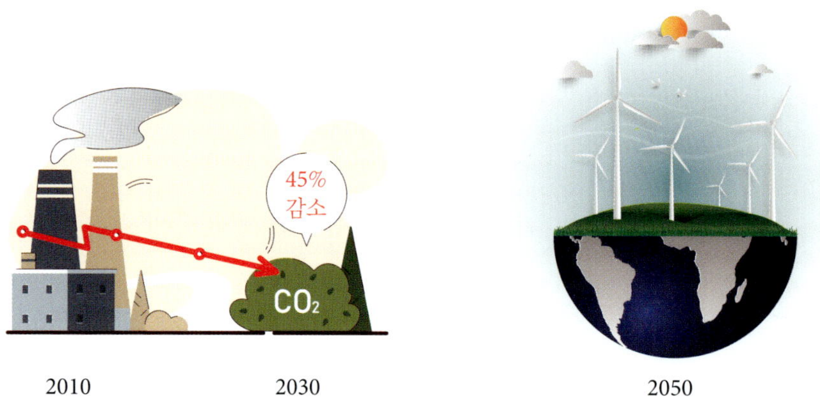

그림 5.5 **탄소중립(UN).**

지구의 온도가 2°C 이상 상승할 경우, 폭염과 한파 등 보통의 인간이 감당할 수 없는 자연재해가 발생한다. 상승 온도를 1.5°C로 제한할 경우 생물다양성, 건강, 생태계, 식량안보, 인간 안보 및 경제 성장에 대한 위험이 2°C일 때보다 대폭 감소한다(표 5.12 참조).

UN은 지구온도 상승을 1.5°C 이내로 억제하기 위해서는 2030년까지 2010년 대비 CO_2 배출량을 45% 감축해야 하고, 2050까지 탄소 순배출량이 제로(0)가 되는 탄소중립으로의 전환에 필요성을 제시하였다(그림 5.5 참조).

3 국제규범화

기후변화에 대한 국제사회의 관심은 1992년 브라질의 리우데자네이루에서 열린 유엔환경개발회의(UNCED)에서 유엔기후변화협(UNFCCC)을 채택하여 1994년 기후변화협약이 발효되도록 하였다.

1997년 일본 교토에서 열린 제3차 당사국 총회(COP-3)에서 채택된 교토의정서에서는 선진국들인 부속서 I 국가들에게만 2008년부터 2012년까지 5년 동안 1990년 평균 배출량의 5.2%를 감축하도록 하되, 각 국가별로 차별화된 배출량을 규정하였다. 온실가스 감축목표와 감축일정, 선진국과 개발도상국 간의 의견차이로 심한 대립도 있었지만, 2005년 2월에 공식 발효되었다.

2015년 파리에서 열린 제21차 기후변화 당사국총회에서는 선진국과 함께 개도국들도 온실가스 배출 감축에 참여하기로 한 파리협정(Paris Agreement)이 채택되었다. 파리협정에서는 지구 평균 온도 상승을 산업화 이전에 비해 2°C 훨씬 아래(well below), 더 노력해서 1.5°C를 넘지 않도록 하자는 합의가 이뤄졌다. 이를 위해 선진국들만이 아니라 개발도상국을 포함한 모든 국가들이 자발적으로 감축목표를 설정해서 달성해가기로 했다.

이후 2018년 10월에는 기후변화에 관한 정부 간 협의체(IPCC : Intergovernmental Panel on Climate Change)가 "지구온난화 1.5°C 특별보고서"를 발표하여 온도 상승 억제 목표를 1.5°C로 권고하였으며, 이를 위해 2050년까지 세계 탄소 순배출량이 0이 되는 탄소중립(Net-Zero)을 달성해야 한다고 제안하였다. 특히 2050년 탄소중립을 위해서는 2030년까지 2010년 대비 이산화탄소 배출을 45% 줄여야 한다고 권고하였다. 파리협정은 2020년 만료되는 교토의정서를 대체할 신기후체제로 2021년 1월부터 적용되었다.

2019년 9월, 안토니우 구테흐스 UN 사무총장이 기후행동 정상회의(Climate Action Summit)를 개최한 이후 세계 각국의 탄소중립 선언이 이어졌고, 탄소중립을 지향하는 국가, 기업 등으로 구성된 '기후목표 상향동맹(Climate Ambition Alliance)' 발족을 선언하였다. 이후 세계 여러 국가들이 기후목표 상향 동맹에 참여하기 시작해서 2019년에는 EU, 2020년 9월에는 중국, 10월에는 일본과 한국, 2021년 1월에는 미국이 2050년(중국은 2060년) 탄소중립을 선언하였다. 이 동맹에는 2021년 10월 말까지 136개국, 4,468개 기업 등이 탄소중립 선언에 참여하고 있다. 탄소중립을 선언한 136개 국가들의 온실가스 배출량 합계는 세계 총 배출량의 88%를 점하며 세계 GDP의 90%, 세계 총 인구의 85%에 달한다. 탄소중립 목표 상태는 국가마다 다른데, 법제화를 한 국가가 있는가 하면 정책 문서로 제시하거나 선언 상태인 국가들도 있고 이미 달성했다고 밝힌 국가들도 있다.

2021년 10월에 영국 글래스고에서 열린 제26차 기후변화 협약 당사국 총회에서 합의된 글래스고기후합의(Glasgow Climate Pact)에서 국제사회는 2015년 COP-21에서 채택했던 파리협정(Paris Agreement)보다 한 걸음 더 나아가 산업화 이전 대비 1.5°C 온도 상승 억제 목표에 대한 국제사회의 합의를 재확인하고, 이를 위해 2050년 탄소중립을 할 수 있도록 2030년 국가온실가스감축목표(NDC : Nationally Determined Contribution)를 보다 강화

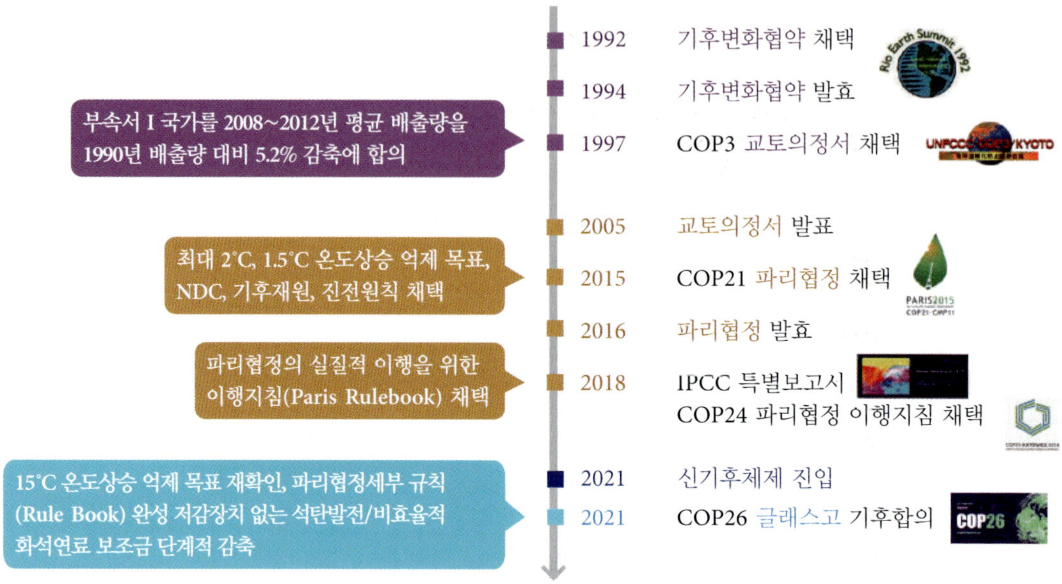

그림 5.6 **주요 국제 기후변화 협상의 전개.**
자료 : 윤순진, 한국의 2050 탄소중립시나리오 : 내용과 과제

해 나가기로 하였다.

이제 탄소중립은 국제사회의 규범이 되어 우리가 지켜야 할 시대적 과제이자 인류가 달성해야 할 목표가 되었다. 지금까지 탄소중립의 국제규범화에 이르기까지 주요 국제 기후변화 협상의 전개 과정을 그림 5.6에 도식화하였다.

5.3.2 ▸ 각국의 온실가스 감축 대책

1 미국

(1) 에너지정책 목표

미국의 에너지정책 목표의 경우 표 5.13에서 보듯이, 에너지 효율은 2010년 대비 2030년까지 에너지 생산성을 2배 향상시킬 계획이고, 재생에너지는 해상풍력 설치, 청정전력 및 청정에너지를 100% 전환할 계획이며, 온실가스는 2030년까지 2005년 대비 50~52% 감축할 계획이다.

(2) 탄소중립 관련 에너지정책

미국은 2050년 이전에 탄소중립 달성을 계획하고, 2030년까지 2005년의 온실가스 배출

표 5.13 미국의 에너지정책 목표

에너지 효율	재생에너지	온실가스 감축
• '30년까지 '10년 대비 에너지 생산성 2배 향상	• '30년까지 해상풍력 30GW 설치 • '35년까지 100% 청정전력 전환 • '50년까지 100% 청정에너지 전환	• '25년까지 '05년 대비 26~28% 감축 • '30년까지 '05년 대비 50~52% 감축

자료 : 한국에너지공단, 2024 KEA 에너지 편람, 2024

량의 50~52%를 감축하기 위해 2035년까지 100% 청정전력 전환과 2050년까지 청정에너지로 전환하기 위해 전력 탈탄소화가 빠르게 이루어지고 있다(그림 5.7 참조).

또한 산업, 건물, 수송 등 경제 전 부문에서 소비하는 최종에너지를 전기화 및 청정연료로 전환하고, 항공과 선박, 일부 산업 공정 등 전기화가 어려운 분야는 무탄소 수소, 지속 가능 바이오 연료와 같은 청정연료를 우선 활용하고 있다.

에너지 고효율 가전제품, 신축 및 기축 건물의 효율 강화 지원 등 다양한 에너지절약 정책으로 청정에너지 사회 구조 전환을 촉진하고 있으며, 메탄, 수소불화탄소 등 비CO_2 온실가스 배출량의 대폭적인 저감뿐만아니라 이산화탄소 흡수 규모를 확대하고 있다.

미국의 과거 탄소 배출량 및 향후 전망치를 토대로 2050 넷-제로 온실가스 배출 경로를 그림 5.7에 나타내었다.

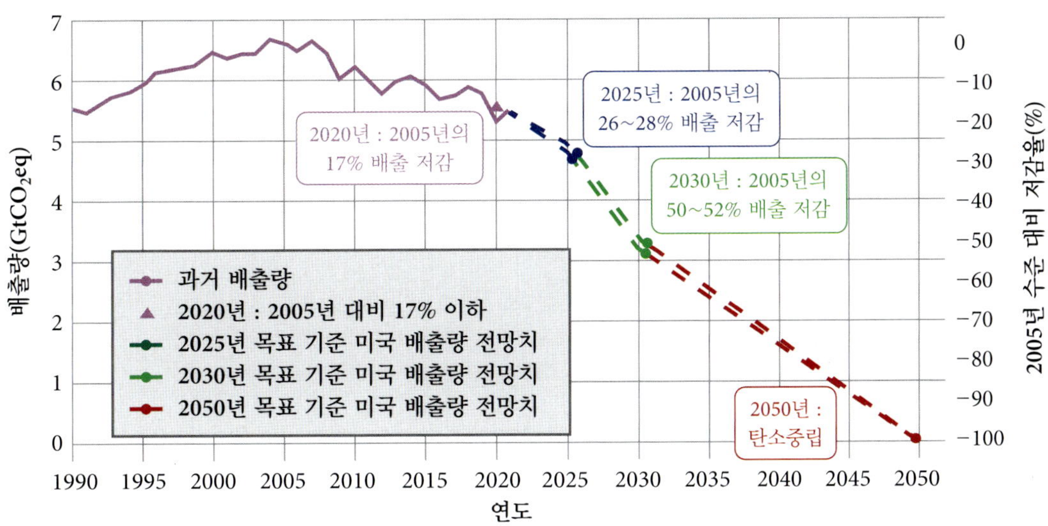

그림 5.7 미국의 과거 탄소 배출량 및 향후 전망치.

자료 : The Long-Term Strategy of the United States(U.S. Department of State, 2021.11)

표 5.14 일본의 에너지정책 목표

에너지 효율	재생에너지	온실가스 감축
• '30년까지 '15년 대비 0.62억 감축(최종에너지, 원유환산 기준)	• '30년까지 발전비중 36~38%로 확대 • '50년까지 발전비중 50~60%로 확대	• '30년까지 '13년 대비 최소 46%, 최대 50% 감축

자료 : 한국에너지공단, 2024 KEA 에너지 편람, 2024

2 일본

(1) 에너지정책 목표

일본의 에너지 정책 목표의 경우 표 5.14에서 보듯이, 에너지 효율은 2015년 대비 2030년까지 원유환산기준 0.62억 kL 감축할 계획이고, 재생에너지는 2030년까지 발전비중을 36~38% 확대할 계획이며, 온실가스는 2030년까지 2013년 대비 최소 46%, 최대 50% 감축할 계획이다.

(2) 탄소중립 관련 에너지정책

일본은 2020년 10월에 탄소중립 선언을 하고, 2020년 12월에 녹색성장전략 수립 및 2021년 6월에 2050년 탄소중립에 따른 녹색성장 전략 구체화와 2021년 7월에 지구온난화 대책 계획을 수정하였다. 일본은 2030년까지 2013년 대비 온실가스를 최소 46%, 최대 50%를 감축하기 위해 전력 탈탄소화가 빠르게 이루어지고 있다.

또한 2050년 전력분야 탈탄소화를 위해 재생에너지, 원자력, 수소·암모니아, CCUS를 활용할 계획이다. 2050년 전력수요가 30~50% 증가할 것으로 가정할 때, 재생에너지 50~60%, 원자력 및 CCUS 탄소리사이클을 활용한 화석연료 30~40%, 수소·암모니아를 10%로 에너지믹스를 개선하고, 탄소화가 어려운 영역은 산림, 대기 중 직접 탄소 포집 저장, 바이오에너지 탄소포집 저장기술 등 CO_2 제거기술로 대응할 계획이다.

3 중국

(1) 에너지정책 목표

중국의 에너지정책 목표의 경우, 표 5.15에서 보듯이 에너지 효율은 14차 5개년 규획기간(14.5)인 2020년 GDP 대비 2025년까지 에너지 소비를 13.5% 감축하고, 비화석연료는 2030년까지 에너지 소비 비중을 25%까지 확대하며, 풍력·태양광 발전설비 용량 12억 kW 이상 달성 목표를 세우고 있다. 온실가스는 2030년까지 2005년 대비 65% 감축할 계획이다.

표 5.15 중국의 에너지정책 목표

에너지 효율	재생에너지	온실가스 감축
• 14.5 기간 내('25년까지) '20년 대비 단위 GDP 당 에너지 소비 약 13.5% 감축	• '30년까지 비화석연료 에너지 소비 비중 25%까지 확대 • '30년까지 풍력 . 태양광 에너지 발전설비 용량 12억 kW 이상 달성 • '60년까지 비화석연료 에너지 소비 비중 80%까지 확대	• 14.5 기간 내('25년까지) '20년 대비 단위 GDP 당 CO_2 배출 원단위 18% 감축 • '30년까지 '05년 대비 65% 감축 • '60년까지 탄소중립 달성

자료 : 한국에너지공단, 2024 KEA 에너지 편람, 2024

(2) 탄소중립 관련 에너지정책

중국은 2020년 9월에 제75차 유엔총회 기조연설에서 2030년 탄소피크, 2060년 탄소중립 계획을 발표하며 중국의 기후변화 대응 목표를 대외적으로 공식 선언하였다. 중국은 14차 5개년 규획의 중장기 목표를 기초로 2030년 탄소피크, 2060년까지 탄소중립을 위해 3단계 시기로 구분하여 정책을 시행할 계획이다. 탄소중립을 달성하기 위해 에너지 소비구조를 석탄 위주에서 친환경 신재생에너지 위주로 전환하는 것이 핵심 요소이다. 중국은 표 5.16에서 보듯이 2050년 탄소중립을 위한 전력, 건축, 산업, 교통, 농업 등 5대 분야의 달성목표 및 추진 계획을 설정하였다.

표 5.16 중국의 분야별 달성목표 및 추진계획

분야	달성목표 및 추진계획
전력	–2050년까지 탄소중립 달성 • 저효율 전력발전 퇴출 및 탄소포집 · 저장 기술을 활용
건축	–2050년까지 탄소 배출량을 2015년의 10% 수준으로 감소 • 에너지의 75%를 전력으로 전환하고 고품질 자재로 건축수명 향상 • 중국 북방 도시의 난방시스템에서 석탄을 배제 • 소규모 건축을 장려하여 건축자재 소모가 큰 대형건축물 비중을 감소
산업	–2050년까지 탄소 배출량을 2015년의 10% 수준으로 감소 • 생산효율 증가로 에너지 사용량 감축을 추진 • 전력활용 비중 확대 및 석탄사용 비중 감소 실시
교통	–2025~2030년 중 탄소피크 도달, 2050년까지 탄소 배출량을 2015년의 20% 수준으로 감소 • 대중교통 이용+자전거 · 보행을 도시교통의 중점으로 계획 • 철도 및 수로를 활용한 화물운반을 적극 활용
농업	–이산화탄소 배출량을 극소화하기 위해 노력 • 산림 관리 및 자원이용 효율성 증대

자료 : 能原基会(2020)

표 5.17 중국의 전력원 구성 및 비율(2020~2060년) (단위 : 10억 kW, %)

	2020년		2030년		2060년	
	전력생산 능력	비중	전력생산 능력	비중	전력생산 능력	비중
풍력	2.8	12.7	8.0	21.0	25.0	31.2
태양광	2.5	11.3	10.25	27.0	38.0	47.4
수소	3.7	16.8	5.54	14.6	7.6	9.5
석탄	10.8	49.0	10.5	27.6	0	0
천연가스	0.98	4.5	1.85	4.9	3.2	4.0
원지력	0.5	2.3	1.08	2.8	1.8	3.1
친환경 비중	–	43.4	–	67.5	–	96
총합	22	–	38	–	80	–

자료 : 全球能源互联网展合作组织(2021c)

중국의 전력원 구성비를 표 5.17에서 살펴보면 전체 전력생산 중 태양광, 풍력, 수소, 원자력 등 친환경 에너지 비중을 2060년 96%까지 끌어올리는 것을 목표로 제시하였다. 높은 석탄 의존도로 인해 중국의 이산화탄소 배출량은 2020년 기준으로 전 세계 탄소배출량의 약 30%를 차지하며 가장 많은 탄소를 배출하고 있다. 전력원 중 석탄 사용 비중은 2020년 49%에 달하지만 2030년 27.6%까지 줄이고, 2060년까지 의존도를 완전 줄이고 친환경 에너지 사용 비중을 점진적으로 증가시킬 계획이다.

중국은 2030년까지는 전력생산, 공업생산 분야의 탄소 소비량이 지속적으로 증가할 것으로 예상되며, 이에 따라 동 기간 내 에너지 효율을 높이고 친환경 에너지 사용 비중을 늘리는 데에 주력할 계획이다. 특히 교통 분야에서 중국의 승용차 보급률이 선진국의 1/4에 불과하기 때문에, 차량 수요 증가로 교통 분야 탄소 배출량은 당분간 증가할 것으로 예상된다. 2025년에 전력생산 분야에서 탄소 배출량이 정점에 도달(45억 톤)한 이후 2028년에 전체 에너지소비(102억 톤)와 국가 전체 탄소 배출량(109억 톤)이 정점에 도달하는 것을 목표로 하고 있다.

이후 2030~2050년까지 탄소 배출량을 빠르게 감소시켜 2050년에는 전력생산 분야에서 탄소 배출량을 제로(0)에 도달시키고, 전체 에너지 소비와 사회 전체의 탄소 배출량을 정점에 비해 각각 80%, 90% 감소시킨 18억 톤과 14억 톤을 목표로 하고 있다. 전기차 관련 인프라를 확충하여 전기차 보급률 향상에 집중하고, 탄소포집 등 이산화탄소 흡수 기술개발에 적극적으로 투자하여, 2050~2060년 사이에 완전한 탄소중립을 달성을 목표로 하고 있다.

표 5.18 독일의 에너지정책 목표

에너지 효율	재생에너지	온실가스 감축
• 2050년까지 2008년 대비 50% 감축(1차 에너지 소비 기준) • 2030년까지 2008년 대비 30% 감축(1차 에너지 소비 기준)	• 2030년 재생에너지 발전비중 65% 설정 • 2050년까지 발전비중 최대 80%	• 2030년까지 1990년 대비 65% 감축 • 2040년까지 1990년 대비 88% 감축

자료 : 한국에너지공단, 2024 KEA 에너지 편람, 2024

표 5.19 독일의 2030년 이후 탄소 배출량 감축 목표

2030	2031	2032	2033	2034	2035	2036	2037	2038	2039	2040
65%	67%	70%	72%	74%	77%	79%	81%	83%	86%	88%

*(목표) '30년까지 '90년 대비 감축 목표 65%
자료 : 한국에너지공단, 2024 KEA 에너지 편람, 2024

4 독일

(1) 에너지정책 목표

독일의 에너지 정책 목표의 경우 표 5.18에서 보듯이 에너지 효율은 2008년 대비 2030년까지 에너지 소비를 30% 감축하고, 재생에너지는 2030년까지 에너지 발전 비중을 65%까지 확대하며, 온실가스는 2030년까지 1990년 대비 65% 감축할 계획이다.

(2) 탄소중립 관련 에너지정책

독일은 2019년 5월에 탄소중립 선언을 하고 2019년 10월에 2030년 온실가스 감축목표를 달성하기 위한 구체적인 이행계획인 기후 보호 프로그램을 수립하였다(표 5.19 참조).

2030년까지 에너지 부문의 CO_2 방출을 1억 800만 톤의 CO_2 환산량으로 설정하고 석탄 사용 단계적 금지하여 2038년에 생산 종료할 계획이다. 산업부문에서는 고효율 기술 에코디자인 지침 최소기준 확대, 산업 에너지효율 향상 프로그램 지원, 국가 탈탄소화 프로그램 추진 등을 추진하고, 건물부문에서는 에너지효율화 건물 개·보수 지원 확대, 화석연료 난방설비의 고효율 난방설비 개체 비용 지원, 건축물에너지 컨설팅 지원을 확대한다.

수송부문에서는 무공해 버스 공급 및 철도 디지털화 투자, 저탄소 화물차량 상용화, 법인차량의 전기차·PHEV 교체 의무화 및 세금 인센티브를 제공하고, 농업부문의 경우는 2030년 농업 부문에 허용된 CO_2 환산량을 5,600만 톤으로 조정하고 지속가능한 산림 경영 및 보존토록 한다(표 5.20 참조).

표 5.20 독일의 탄소 감축 현황 및 2030년 까지 부문별 감축 목표 (단위 : 백만톤 CO_2eq)

구분	2020	2021	2022	2023	2024	2024	2026	2027	2028	2029	2030
에너지	280	–	257	–	–	–	–	–	–	–	108
산업	186	182	177	172	165	157	149	140	132	125	118
건물	118	113	108	102	97	92	87	82	77	72	67
교통	150	145	139	134	128	123	117	112	105	96	58
농업	70	68	67	66	65	63	62	61	59	57	56
기타	9	9	8	8	7	7	6	6	5	5	4

자료 : 한국에너지공단, 2024 KEA 에너지 편람, 2024

표 5.21 영국의 에너지정책 목표

에너지 효율	재생에너지	온실가스 감축
• 2030년까지 2018년 대비 20% 개선	• 2030년까지 해상풍력 최대 50GW 확보 • 2035년까지 태양광 발전원 70GW 확보 • 2050년까지 원자력 발전 25GW 확보	• 2035년까지 1990년 대비 78% 감축 • 2050년까지 순배출 Zero

자료 : 한국에너지공단, 2024 KEA 에너지 편람, 2024

5 영국

(1) 에너지정책 목표

영국의 에너지 정책 목표의 경우 표 5.21에서 보듯이 에너지 효율은 2018년 대비 2030년까지 20% 개선하고, 재생에너지는 2030년까지 해상풍력 최대 50GW, 2035년까지 태양광 발전 70GW, 2050년까지 원자력 발전 25GW 확보할 계획이며, 온실가스는 2030년까지 1990년 대비 78% 감축할 계획이다.

(2) 탄소중립 관련 에너지정책

영국은 2019년 6월에 탄소중립을 법제화하고, 2021년 10월에 탄소중립에 대한 전략을 수립하였다.

2050 탄소중립 목표 달성, 브렉시트 및 COVID-19로 인한 경제침체 회복을 위하여 영국정부는 「녹색 산업혁명을 위한 10대 중점 계획」을 수립하였다. 10대 중점분야는 해상 풍력발전 선진화, 저탄소 수소의 성장주도, 첨단 신원자력 기술개발, 무공해 차량 전환 가속화, 녹색 대중교통, 자전거 타기 및 걷기, 무공해 항공 및 선박, 녹색건물, CCUS 투자, 자연환경 보호, 녹색 금융 및 혁신 등이다.

표 5.22 한국의 에너지정책 목표

에너지 효율	재생에너지	온실가스 감축
• 2040년까지 기존수요 대비 에너지 소비량 18.6% 절감 (최종에너지 원단위 2017년 대비 38% 개선)	• 2030년까지 21.6%로하고, 2036년 30% 초반대까지 확대 • 해상풍력 확대를 통한 균형보급 (태양광 : 풍력= 60 : 40)	• 2030년까지 2018년 대비 40% 감축

자료 : 2024 KEA 에너지 편람, 탄소중립 녹색성장 국가전략 및 제1차 국가 기본계획, 2023

녹색 산업혁명 추진을 위한 10대 중점 계획에 기초하여 추가 정책, 투자 등 2050 탄소중립 달성을 위한 발전, 연료공급·수소, 산업, 열·건물, 수송, 천연자원·폐기물·불소가스, 온실가스 흡수 등 총 7개 부문에 대한 전략을 제시하였다.

6 한국

(1) 에너지정책 목표

우리나라의 에너지 효율은 표 5.22에서 보듯이 에너지 기본계획 자료에 의하면 2040년까지 기존수요 대비 에너지 소비량 18.6% 절감하고, 최종에너지 원단위 기준 2017년 대비 38% 개선하는 것으로 계획되어 있다. 재생에너지는 2030년까지 21.6%로 하고, 2036년 30% 초반대까지 높일 계획이며, 해상풍력 확대를 통한 태양광 대 풍력을 2021년 기준 87:13을 2030년까지 60:40으로 재생에너지 원별 균형있게 보급할 예정이다.

또한 우리나라는 2050 탄소중립 선언의 후속 조치로 온실가스 감축을 당초에 2018년 기준 2030년까지 BAU대비 37% 감축목표를 제시하였으나, 이후 국제사회의 요구, 주요국 상향수준, 국내 감축여건 등을 감안하여 온실가스 감축목표를 40%로 상향 조정하여 2021년 12월 UN에 제출하였다.

(2) 탄소중립 관련 에너지정책

우리나라는 2020년 5월에 2050 탄소중립 선언을 하고, 2021년 9월에 기후위기 대응을 위한 탄소중립·녹색성장 기본법을 제정하였으며, 2022년 10월에 탄소중립·녹색성장 추진전략을 수립하여 4대 전략 12대 과제를 수립하였다. 2050년까지 탄소중립을 목표로 하여 탄소중립 사회로 이행하고, 환경과 경제의 조화로운 발전을 도모하기 위해 12개 과제의 전 과정을 상시 이행관리 및 환류체계를 구축하여 추진하고 있다(표 5.23 참조).

한국은 이산화탄소기준 2018년 온실가스 배출량 727.6 백만톤 대비 2030년까지 40% 감축 후 436.6 백만톤이 배출될 것이다. 표 5.24에서 보듯이 부문별 배출량 목표를 살펴보

표 5.23 한국의 탄소중립 추진전략

4대 전략	12대 과제
• 구체적 · 효율적 방식으로 온실가스를 감축하는 책임감 있는 탄소중립	• 원전 확대 및 재생에너지 조화 • 저탄소 산업구조 및 순환경제로의 전환 • 국토의 저탄소화
• 민간이 이끌어가는 혁신적인 탄소중립 · 녹색성장	• 기술혁신과 규제개선 • 핵심산업 육성 • 재정지원 및 투자확대
• 모든 사회구성원의 공감과 협력을 통해 함께하는 탄소중립	• 에너지 소비 절감 • 지방 중심 맞춤형 전략 수립 • 산업 · 일자리 전환
• 기후위기 적응과 국제사회를 주도하는 능동적인 탄소중립	• 기후위기 적응 기반 구축 • 국제사회 탄소중립 이행 선도 • 이행관리 및 환류체계 구축

자료 : 탄소중립 녹색성장 국가전략 및 제1차 국가 기본계획, 2023

표 5.24 부문별 온실가스 배출량 목표 (단위 : 백만 tCO_2eq)

구분	부문	2018 실적	2030 목표
배출량(합계)		727.6	436.6(40.0%)
배출	전환	269.6	145.9(45.9%)
	산업	260.5	230.7(11.4%)
	건물	52.1	35.0(32.8%)
	수송	98.1	61.0(37.8%)
	농축산물	24.7	18.0(27.1%)
	폐기물	17.1	9.1(46.8%)
	수소	(–)	8.4
	탈루 등	5.6	3.9
흡수 및 제거	흡수원	(–41.3)	–26.7
	CCUS	(–)	–11.2
	국제감축	(–)	–37.5

주 : 괄호는 2018년 대비 감축률 %
자료 : 탄소중립 녹색성장 국가전략 및 제1차 국가 기본계획, 2023

면, 전환 부문은 원전과 재생에너지의 조화, 태양광 · 수소 등 청정에너지로의 전환 가속화를 통해 45.9% 감축하고, 산업 부문은 원 · 연료 전환, 공정배출 감축 등을 통해 11.4% 감축할 계획이다.

표 5.25 주요 국가별 온실가스 감축목표(NDC) 및 탄소 중립 목표

국가	기준년도	감축목표	탄소중립 목표
한국	2018	2030년까지 2018년 대비 40% 감축	2050년
미국	2005	2030년까지 2005년 대비 50~52% 감축	2050년
영국	1990	2030년까지 1990년 대비 68% 감축	2050년
EU	1990	2030년까지 1990년 대비 최소 55% 감축	2050년
중국	2005	2030년까지 2005년 대비 GDP 탄소배출집약도 65% 이상 감축	2060년
일본	2013	2030년까지 2013년 대비 46% 감축	2050년
인도	2005	2030년까지 2005년 대비 GDP 탄소배출집약도 45% 감축	2070년
러시아	1990	2030년까지 1990년 대비 30% 감축	2060년
브라질	2005	2005년 대비 2025년까지 48.4% 감축, 2030년까지 53.1% 감축	2050년
인도네시아	BAU	2030년까지 BAU 대비 무조건부 31.89%, 조건부 43.2% 감축	2060년
멕시코	BAU	2030년까지 BAU 대비 35% 감축	2050년

자료 : 한국에너지공단, 2024 KEA 에너지 편람, 2024

건물 · 수송 · 농축수산 · 폐기물 등 타 부문에서도 합리적 이행수단의 발굴을 통해 27.1~46.8% 감축이 이루어질 것이다. 또한 흡수원, CCUS 등을 통한 배출 상쇄와 민관협력 사업 발굴 및 투자 확대를 통해 국제 감축량이 국내 온실가스 배출량 저감에 기여할 것이다.

각 국가는 파리협정 제3조에 따라 각 국가 스스로가 국가 온실가스 감축목표(NDC)를 정해 UN에 제출하도록 되어 있다. 표 5.25에 주요 국가별 온실가스 감축목표 및 탄소중립 목표를 제시하였다.

5.3.3 ▶ 글로벌 탄소중립 로드맵

1 IPCC 감축 경로

2015년 파리협정 채택과 함께 전 세계적으로 기후 변화에 대응하기 위해 지구 평균온도 상승을 산업화 이전 대비 2100년까지 2°C 이하로 제한하고 나아가 1.5°C 이하로 제한하려는 노력을 하고 있다. 이어 기온 상승 폭을 1.5°C 이하로 제한하기 위해서는 온실가스 배출량의 감축이 2030년까지 2010년 대비 최소 45% 감축에 이어 2050년에는 순배출량을 0(Net-Zero)으로 만들어야 한다고 UN은 분석했다.

이 같은 배출량 증가세를 억제하면서 IPCC에서 제시한 2050년 탄소중립 달성을 위해서는 전 세계가 상당한 양의 탄소배출을 짧은 기간 내 감축해야 한다(그림 5.8 참조).

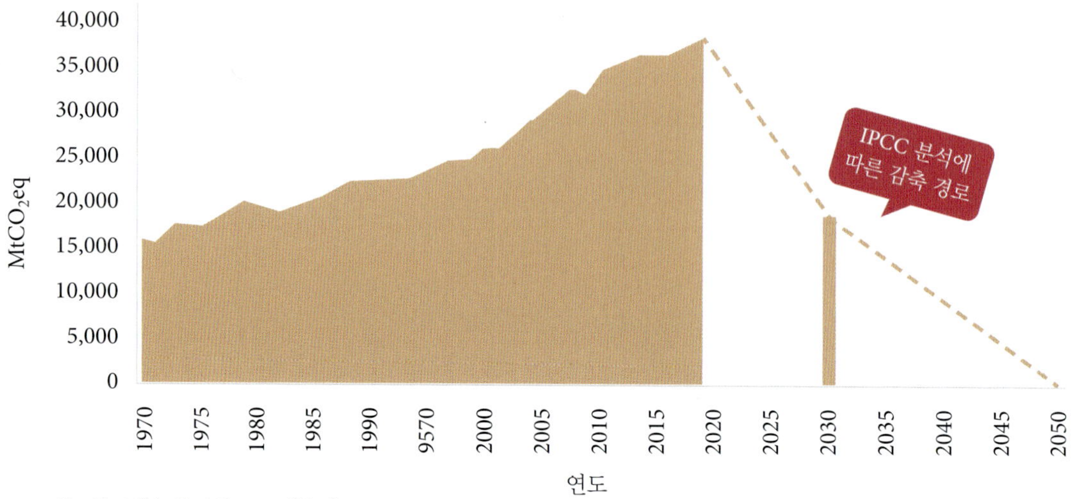

주 : 연료연소에 따른 CO_2 배출량

그림 5.8 전 세계 탄소배출량 추이와 IPCC 감축 경로.

자료 : Crippa, M., Guizzardi, D., Muntean, M., Schaaf, E., Solazzo, E., Monforti-Ferrario, F., Olivier, J.G.J., Vignati, E., Fossil CO_2 emissions of all world countries - 2020 Report, Joint Research Centre (JRC), Emission Database for Global Atmospheric Research (EDGAR)

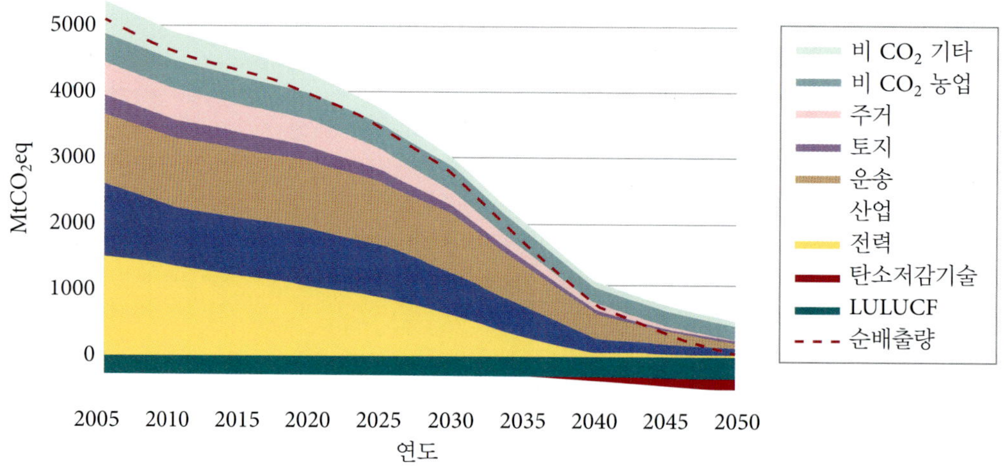

그림 5.9 EU 탄소배출량 추이와 감축 경로.

자료 : European Commission, 2018

2 EU의 2050 탄소중립 시나리오

EU 탄소중립 시나리오의 경우 그림 5.9에서 보듯이 탄소중립 달성을 위한 7가지 주요 전략적 사항들을 바탕으로 경로를 구성하였다. EU는 온실가스 배출량의 75%를 차지하는 에너지 부문의 배출을 완전히 없애고, 에너지를 지속가능하고 안전한 공급원으로 전환토록 설정했다. 이 전환에는 에너지와 건물, 운송, 산업, 농업 분야의 기술혁신을 통한 에너지 효율을 극대화하는 것이다. 주택부문 탄소배출량이 상당 부분을 차지한다는 점을 감안하면, 이는 더 높은 혁신 속도와 재생에너지를 통해 연료 전환과 에너지 효율이 높은 제품과 가전제품 그리고 스마트 빌딩 보급을 통해 에너지를 저감하도록 한다.

다음은 재생에너지 사용과 전기 활용을 극대화하여 유럽의 에너지 공급을 완전히 탈 탄소화 하는 것이다. EU 시나리오는 2050년까지 산업부문의 재생에너지 사용 확대를 통해 전기화가 급격하게 이루어질 것으로 예측하고 있다.

수송부문에서는 EU 온실가스 배출량의 1/4을 담당하고 있다. 탄소배출량 감축을 위해 청정하고 안전한 커넥티드 모빌리티(connected mobility)의 수용과 저공해 및 무공해 차량의 활용 그리고 공유시스템 활용통한 모빌리티 시스템의 효율화가 탄소절감에 기여할 것이다.

산업부문은 순환경제와 산업공정 개선을 통한 에너지 소비 감소와 철강, 유리, 플라스틱 등 재활용률 향상 등으로 탄소배출량을 줄이는 것이다. 그리고 잔여 탄소량은 흡수원과 탄소포집 · 저장 · 활용 기술(CCUS)을 통해 탄소배출량을 저감하도록 한다.

3 IEA의 2050 넷-제로(Net-Zero) 로드맵

2021년 5월에 IEA는 2050년 탄소중립 달성을 위한 글로벌 로드맵을 발표했으며, 그림 5.10에 IEA가 제시하는 2050 탄소중립 로드맵과 표 5.26에 부문별 탄소배출량 경로 그리고 표 5.27에 IEA의 연도별 주요 탄소중립 시나리오를 제시하였다.

탄소중립 경로에서 정책적으로 화석연료 수요는 급격히 감소하게 되며, 이는 화석연료의 생산과 탄소 배출 감소로 완전히 전환됨을 의미한다. IEA는 석탄, 석유, 천연가스에 대한 수요가 2050년에 각각 90%, 75% 그리고 55% 감소할 것으로 전망했다.

반면에 표 5.28에서 보듯이 전기차와 수소 전해조, 태양광과 풍력은 상당히 큰 폭으로 증가할 것이다. 2030년까지 매년 태양광은 630 GW, 풍력의 경우 390 GW씩 증가할 것이고, 전기차의 경우 2030년까지 전체 자동차 판매의 60%에 도달할 것이며, 연간 전기차 배터리 생산량의 경우 현재 160 GWh에서 2030년 6,600 GWh까지 확대될 것이다.

IEA의 넷-제로 로드맵은 2050 탄소중립을 달성하기 위해 감축해야 하는 탄소의 50% 이상은 현재로서는 전망으로만 제시되거나 프로토타입(prototype) 수준인 기술을 통해 이루어질 것으로 예상하고 있다. IEA 역시 이 같은 원대한 탄소중립으로의 사회경제적 전환은 시민들의 지속적인 지원과 참여 없이는 달성될 수 없다고 보고 있다. 나아가 IEA는 전례없는 정부간 국제협력 없이는 2050년 탄소중립을 달성하기 어렵다는 점도 강조하고 있다. 각 정부간 일관성 있는 조치를 위해 상호 이익을 달성하는 방식으로 협력해야 하며, 에너지 기술혁신을 가속화하고 국제 표준을 개발해 나아가야 할 것이다.

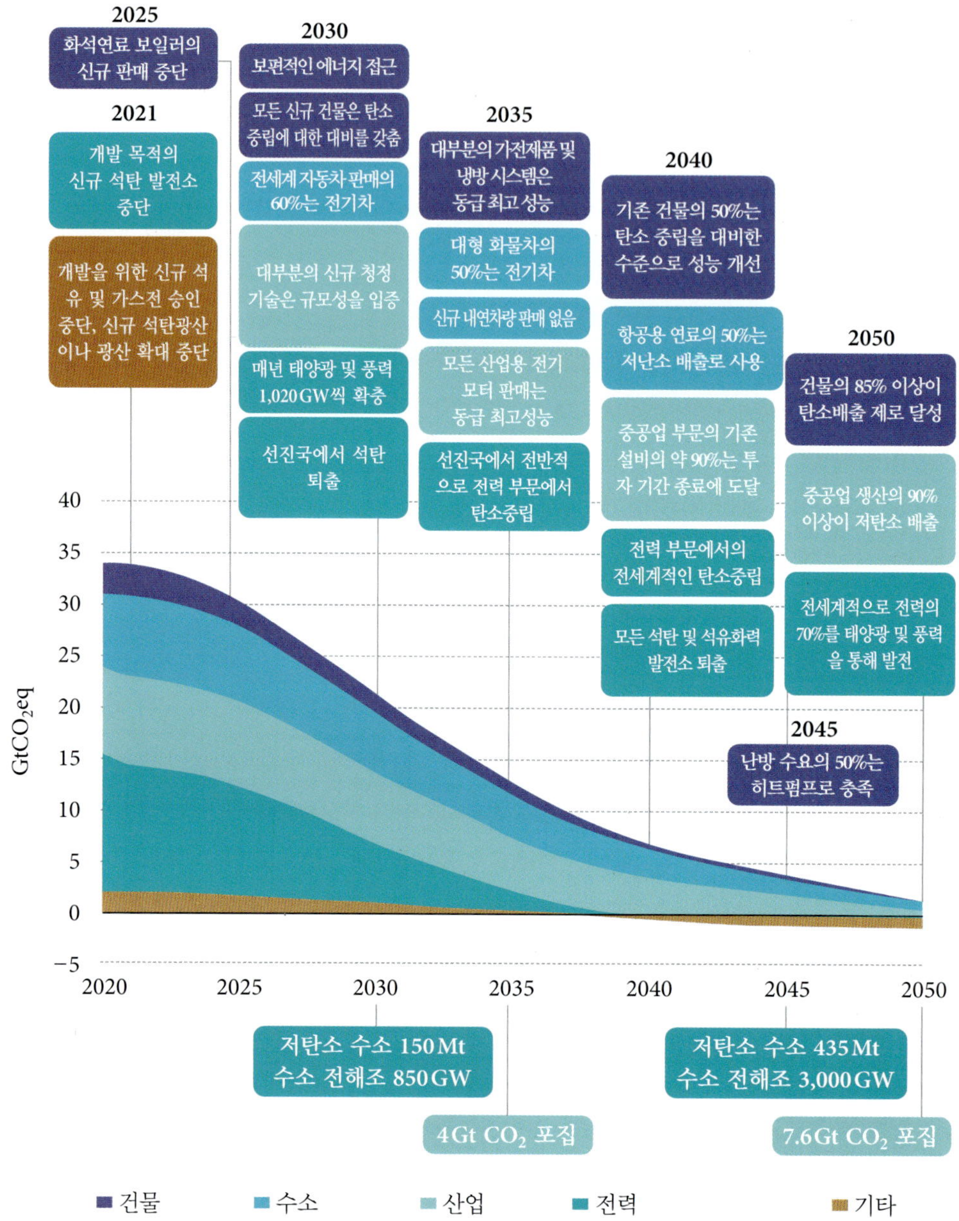

그림 5.10 IEA가 제시하는 2050 탄소중립 로드맵.
자료 : IEA 2021

표 5.26 IEA의 부문별 탄소배출량 경로 (단위 : $GtCO_2eq$)

부문별	2020	2030	2035	2040	2050
전력	13.5	5.8	2.1	−0.1	−0.4
건물	2.9	1.8	1.2	0.7	0.1
수송	7.2	5.7	4.1	2.7	0.7
산업	8.5	6.9	5.2	3.5	0.5
기타	1.9	0.9	10	−0.5	−1
총배출량	33.9	21.1	12.8	6.3	0
탄소포집량			4		7.6

자료 : IEA 2021

표 5.27 IEA의 연도별 주요 탄소중립 시나리오

연도	주요 사항
2025	화석연료 보일러 신규 판매금지
2030	신규 건축물 탄소제로, 전기차 점유율 60%
2035	신규 내연기관차 금지, 선진국 탄소 중립 발전
2040	탄소 저감 없는 석탄 · 유류발전소 폐지
2045	난방 수요 50%를 히트 펌프가 충당
2050	태양광 · 풍력 발전량 70%, 탄소 7.6Gt 포집

자료 : IEA 2021

표 5.28 2030년까지 급격히 증가한 항목과 규모

	2020년	2030년	증가폭
태양광 및 풍력(매년 추가 용량)	249GW	1,023GW	4배 증가
전기차(각 연도 판매량)	300만대	5,600만대	18배 증가
수소 전해조(각 연도 규모)	250MW	850GW	3,000배 증가

자료 : IEA 2021

06 신재생에너지 (대체에너지)

학습목차

6.1 신재생에너지의 현황

6.1.1 신재생에너지의 이용현황

태양광과 풍력, 조력 등을 이용한 신재생에너지(대체에너지) 개발은 그림 6.1에 나타낸 에너지수급의 불안정성과 환경문제의 대두, 에너지 산업의 구조변화, 기후변화 대응에 기인하여 시대적인 개발 욕구가 증가하고 있는 것으로서, 1970년대 이후에 일어난 여러 번의 석유자원에 대한 위기(오일쇼크)를 경험하고 화석연료의 고갈에 대한 불안 등의 요인으로 21세기에 접어들면서 세계적인 관심사로 떠오르고 있다. 특히 에너지자원이 부족한 우리나라로서는 개발할 필요성이 아주 많이 내재된 분야로서 화석연료의 연소과정에서 나오는 이산화탄소, 일산화탄소, 황산화물, 질소산화물 등에 의한 산성비로 인하여 삼림과 수목들의 피해와 지구온난화에 의한 기후변화 등에 비추어 보면 신재생에너지의 개발은 매우 시급한 문제이다.

신재생에너지의 개발에 가장 앞서 있는 미국이나 유럽에서도 아직은 실험적 단계에서 실용화단계로 접어들고 있으나, 일부 신재생에너지 개발 분야에 있어서는 경제적인 측면에서도 상용화에 성공하였다. 현재로서는 기술적인 개발성공의 전망도 경제적인 가치 측면에

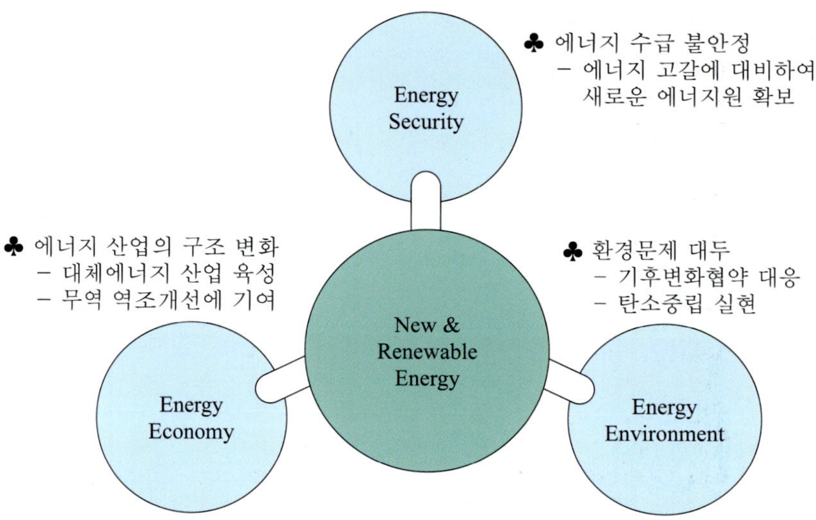

그림 6.1 신재생에너지(대체에너지)의 개발과 이용에 대한 주변 여건 변화.

서도 다소 불투명한 상태이나, 일부 분야에서는 상업적인 성공 가능성을 보이고 있어 EU를 중심으로 기술적이고 경제적인 성공을 위해 노력하고 있다.

특히 EU 탄소중립 시나리오의 경우는 <5장 에너지 · 기후위기 대응>에서 언급하였듯이 탄소중립 달성을 위한 7가지 주요 전략적 사항들을 바탕으로 경로를 구성하였다. EU는 온실가스 배출량의 75%를 차지하는 에너지 부문의 배출을 완전히 없애고, 에너지를 지속가능하고 안전한 공급원으로 전환하도록 설정했다. 이와 관련하여 재생에너지 사용과 전기 활용을 극대화하여 유럽의 에너지 공급을 완전히 탈탄소화 하는 것이다.

우리나라에서 신재생에너지는 [신에너지 및 재생에너지 개발 · 이용 · 보급 촉진법 제2조]에 의해 석유, 석탄, 원자력, 천연가스가 아닌 에너지로 정의하고 있는데, 재생에너지분야에는 태양열, 태양광발전, 바이오매스, 풍력, 소수력, 지열, 해양, 폐기물 등이 속하며, 신에너지분야에는 연료전지, 수소, 석탄액화 · 가스화 및 중질잔사유 가스화 등이 속한다. 표 6.1은 기존 화석연료와 대체에너지의 생산된 에너지 1kWh당 CO_2 배출량을 나타낸 것으로 대체에너지로 고려되고 있는 에너지원들이 CO_2 배출량이 매우 낮아 환경친화도가 높은 것을 알 수 있다.

그림 6.2는 2022년을 기준으로 우리나라에서 신재생에너지원에 따른 에너지 공급량을 나타낸 것으로 태양광으로부터 에너지를 생산하여 공급하는 신재생에너지원이 42.1%로 가장 높으며, 바이오(27.8%), 폐기물(8.0%), 연료전지(7.3%), 수력(4.8%), 풍력(4.6%), IGCC(2.7%), 지열(1.8%), 해양(0.6%), 수열(0.2%) 순이었다. 이를 통해 보면 우리나라의 3대 신재생에너지원은 태양광, 바이오에너지, 폐기물에너지이다.

또한 신재생에너지의 공급을 확대하기 위해 「신에너지 및 재생에너지 개발이용보급촉진법」 제12조의5 제2항에 RPS(일정규모 이상의 발전설비를 보유한 발전사업자에게 총 발전

표 6.1 에너지원별 1 kWh당 이산화탄소 배출량

구분		1 kWh당 CO_2 배출량(g CO_2/kWh)
기존에너지	석탄화력	975.2
	석유화력	742.1
	LNG화력	607.6
	LNG	518.8
	원자력	28.4
신재생에너지	태양광	53.4
	풍력	29.5
	지열	15.0
	수력	11.3

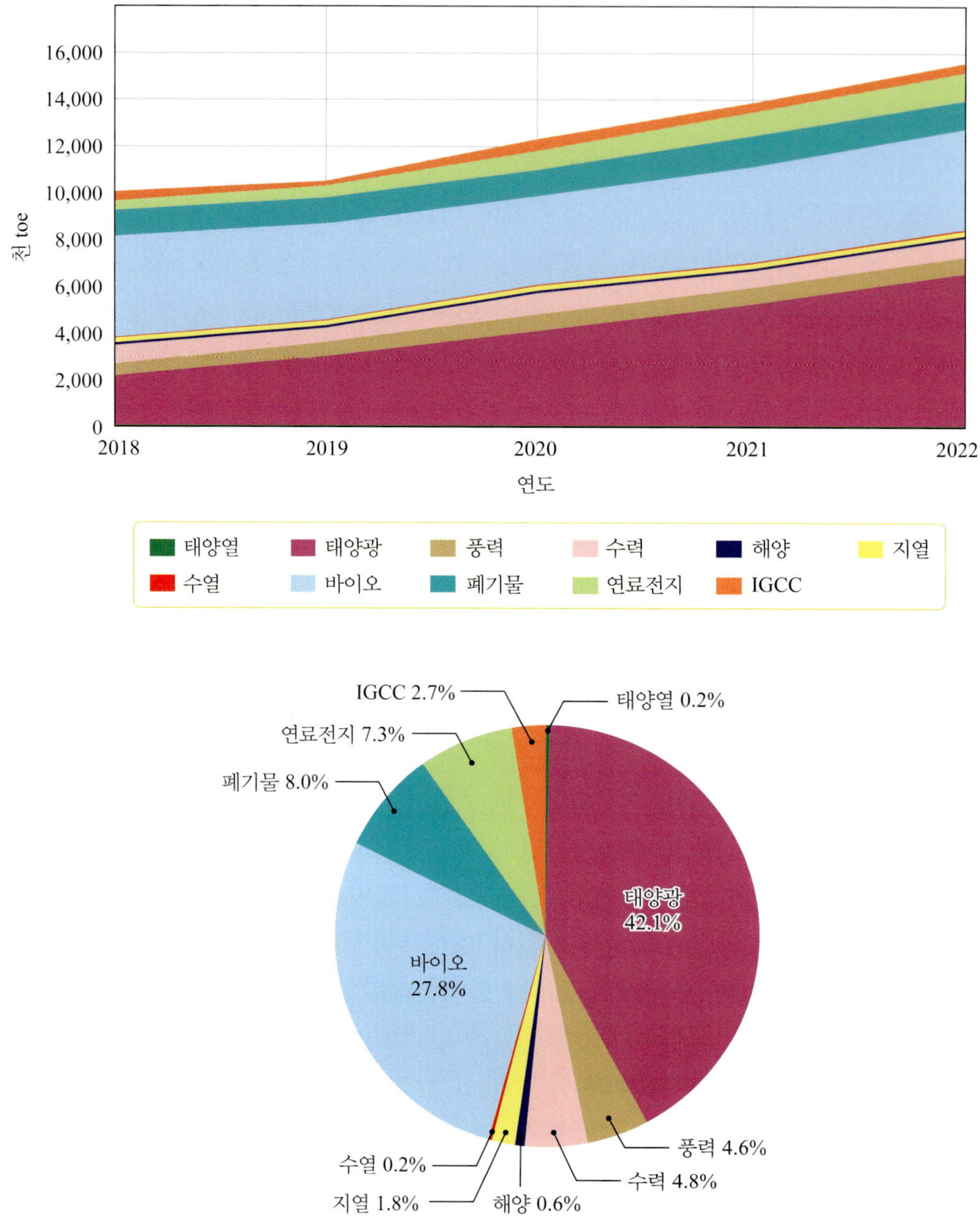

그림 6.2 **신재생에너지원별 에너지량.**
자료 : 한국에너지공단, 2022 신·재생에너지보급통계, 2023

량의 일정량 이상을 신재생에너지로 공급토록 의무화하는 제도) 의무공급량을 총 전력생산량의 25% 이내에서 정할 수 있도록 하고 있다(표 8.7 참조).

그림 6.3은 지금까지의 연구와 상용운전 등을 통해 신재생에너지의 분야별 투자 매력도

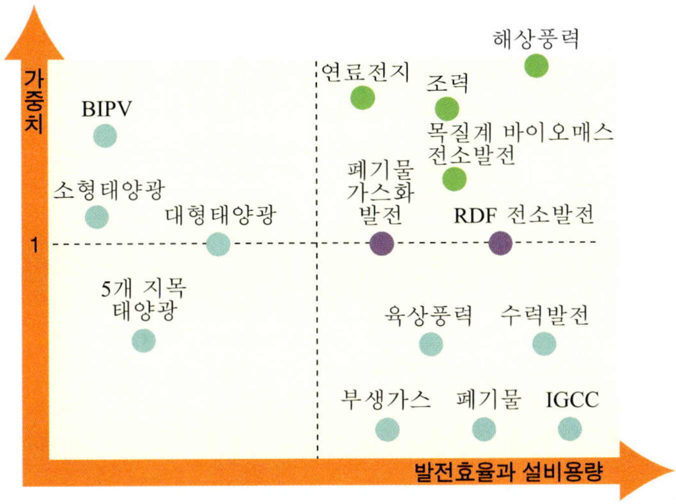

그림 6.3 세계 신재생에너지원 분야별 투자매력도.

를 나타낸 것으로서, 설비의 효율/대용량화와 투자에 대한 매력도의 가중치가 높은 해상풍력, 조력, 목질계 바이오메스, 연료전지 등이 비교적 양호한 평가를 받고 있는 것으로 나타나고 있다.

표 6.2는 2018년부터 2022년까지 대비 신재생에너지 공급비중은 2018년 3.36%에서 2022년 5.17%로 매년 증가하고 있다. 특히 재생에너지인 태양광, 태양열, 풍력, 지열, 수열, 바이오, 폐기물에너지의 증가와 신에너지 중 연료전지가 급격히 증가하는 현상을 볼 수 있었다.

그림 6.4는 우리나라에서 현재 이용하고 있는 에너지원별 전력생산을 위한 에너지원별 매입단가(원/kWh)를 나타낸 것이다. 2024년 7월 기준 연료별로 살펴보면 유류가 809.1원으로 가장 높고, 양수(226.5원), LNG(181.5원), 석탄(161.4원), 바이오(158.6원), 석탄가스화(144.9원), 태양(143.6원), 연료전지(130.2원), 풍력(129.6원), 해양(124.9원), 원자력(79.9원)으로 원자력에너지가 가장 낮다.

또한 그림 6.5에 나타낸 바와 같이 1차 에너지의 각 에너지원별로 차지하는 비율은 석유, LNG, 석탄, 원자력 순이었다. 한편 바이오 및 폐기물을 포함한 신재생에너지는 2023년 기준으로 5.93%를 차지하고 있으며, 탄소중립 실현을 위한 지속인 지속적으로 증가할 계획이다.

이어지는 각 절에서는 신재생에너지원으로 개발되고 있는 태양광과 태양열, 바이오에너지, 풍력에너지, 수력에너지, 연료전지, 석탄 가스화/액화, 해양에너지, 폐기물에너지, 지열에너지, 수소에너지 등에 대해서 자세히 알아본다.

표 6.2 연도별 신 · 재생에너지 생산량(비 재생 폐기물 전체 제외)

구분		2018	2019	2020	2021	2022
총 1차 에너지(천toe)		300,738	297,612	285,512	300,515	303,954
신 · 재생에너지 공급비중(%)		3.36	3.56	4.34	4.66	5.17
재생에너지		3.11	3.32	3.89	4.16	4.65
신에너지		0.25	0.24	0.44	0.50	0.52
신 · 재생에너지 합계(toe)		10,101,986	10,595,221	12,378,065	14,000,317	15,706,206
재생에너지		9,360,826	9,883,455	11,115,797	12,510,554	14,134,169
신에너지		741,160	711,766	1,262,268	1,489,762	1,572,037
재생에너지	태양열	27,198	26,688	26,048	25,568	25,035
	태양광	2,196,855	3,062,023	4,165,154	5,317,227	6,609,387
	사업용	1,750,684	2,504,790	3,504,379	4,567,632	5,683,463
	자가용	446,171	557,234	660,775	749,595	925,924
	풍력	525,210	570,836	671,107	677,507	717,864
	사업용	522,772	568,596	668,708	675,174	715,435
	자가용	2,438	2,241	2,398	2,332	2,429
	수력	718,787	594,539	826,344	651,227	755,117
	사업용	718,140	593,974	825,838	650,633	754,249
	자가용	647	565	506	594	869
	해양	103,380	101,030	97,397	96,911	90,279
	사업용	103,380	101,030	97,397	96,911	90,279
	지열	205,442	224,698	240,933	255,590	279,650
	수열	14,725	21,398	23,647	24,756	26,543
	바이오	4,442,376	4,162,427	3,899,174	4,263,576	4,372,872
	바이오가스	91,740	96,281	95,385	114,343	101,807
	매립지가스	65,179	75,518	62,190	81,226	69,389
	바이오디젤	683,234	699,713	689,957	597,068	683,019
	우드칩	140,232	226,865	237,346	231,309	170,717
	성형탄	17,221	16,505	10,858	10,598	2,645
	임산연료	674,167	131,073	142,876	96,770	157,598
	목재펠릿	1,486,488	1,543,390	1,325,675	1,787,454	1,836,137
	폐목재	73,771	66,663	72,501	66,622	65,629
	흑액	218,902	205,286	197,589	212,208	224,899
	하수슬러지고형연료	114,451	102,061	154,832	152,762	66,808
	Bio-SRF	532,943	510,194	501,406	522,913	641,883
	바이오중유	344,048	488,877	408,559	390,302	352,340
	폐기물	1,126,853	1,119,816	1,165,993	1,198,193	1,257,422
	폐가스	–	–	–	–	–
	산업폐기물	303,262	290,430	308,446	308,638	306,647
	생활폐기물	412,133	403,700	410,219	420,039	408,095
	대형도시쓰레기	–	–	–	–	–
	시멘트킬른보조연료	201,115	224,361	234,334	272,998	318,115
	RDF/RPF/TDF	–	–	–	–	–
	SRF	210,343	201,325	212,993	196,517	224,565
	정제연료유	–	–	–	–	–
	폐목재	–	–	–	–	–
신에너지	연료전지	378,633	492,105	755,887	1,023,132	1,153,529
	사업용	371,004	480,826	742,434	1,006,930	1,135,223
	자가용	7,629	11,279	13,453	16,202	18,307
	IGCC	362,527	219,661	506,381	466,631	418,508
	사업용	362,527	219,661	506,381	466,631	418,508

주1) 수력은 양수발전 제외하며, '03년부터 수력에 대수력(10MW) 포함
주2) '11년부터 폐목재는 폐기물에서 바이오로 분류변경
주3) '11년부터 TDF 추가
주4) '14년부터 RDF/RPF/TDF는 SRF로 대체 조사
주5) '14년부터 우드칩, 목재펠릿 중 일부는 Bio-FRF로 대체 분류
주6) '15년부터 대형도시쓰레기는 생활폐기물로 포함
주7) '17년부터 임산연료는 행정자료 제공 기관(산림청 : 임산통계연보)의 통계수집 방법 변경
주8) 신에너지 및 재생에너지 개발 · 이용 · 보급 촉진법 개정('19.10.01 시행)에 따라 폐기물엥너지 중 비재생폐기물은 제외
주9) '17년부터 '19년까지 재생/비재생폐기물 분리 산정 비중('19년 기준) 일괄 적용

자료 : 한국에너지공단, 2022 신 · 재생에너지보급통계, 2023

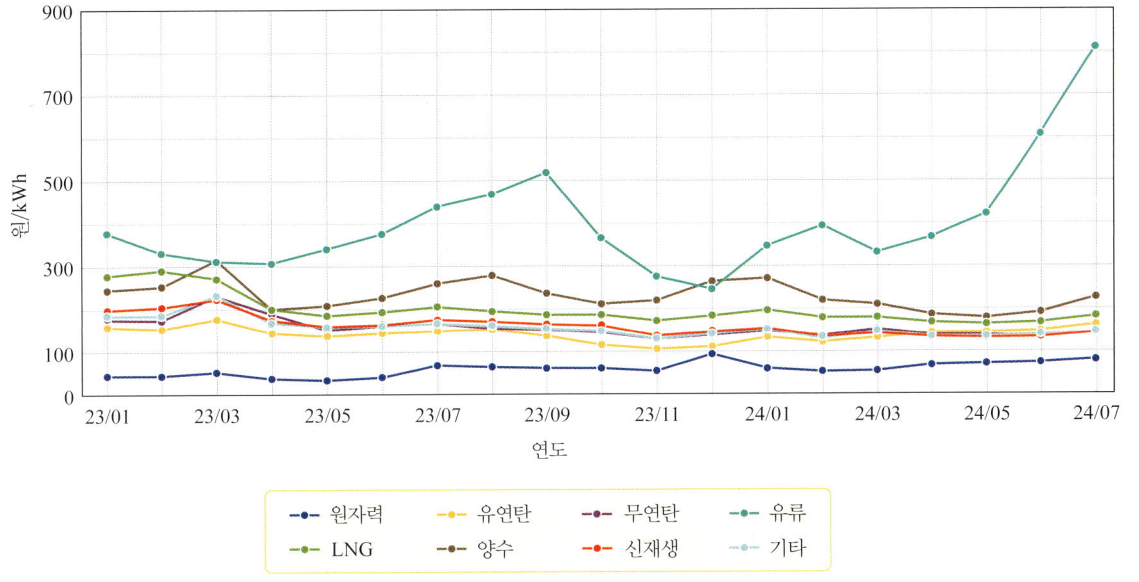

그림 6.4 **우리나라 발전원료별 매입단가.**
자료 : EPSIS 전력통계정보시스템 홈페이지

6.1.2 ▶ 신재생에너지의 잠재량

신재생에너지의 자원 잠재량(resources potential)은 우리나라 전 지역에 분포하고 있는 신재생에너지 자원량의 총량을 파악할 수 있는 자료로서, 잠재량을 산정함으로써 신재생에너지의 보급계획이나 현재 그 이용 현황 등을 알아보는 기초자료 등으로 활용할 수 있다.

따라서 신재생에너지 정책을 추진하는 각 나라별로 서로 다른 잠재량의 정의와 추정이 이루어지고 있으며, 잠재량 파악의 정확성과 정밀도를 높이기 위한 조사와 연구가 이루어지고 있다. 특히 최근에는 인공위성을 이용한 GIS (Geographical Information System, 지리정보시스템)와 지역별 분포특성과 신재생에너지의 기술 진보와 시장성 확대에 관련한 시간적 요소를 결합하여 보다 현실적인 잠재량을 산정할 수 있도록 하고 있다. 신재생에너지 자원잠재량은 이론적 잠재량에서 시장잠재량까지 단계별 피라미드형 구조를 갖고 있다(표 6.3 참조). 잠재량 산정을 위해 필요한 표준계수를 추정하고 결정하기 위해서는 자원량(자연환경조건), 지리적인 여건, 개발과 상용 기술의 요소(에너지효율, 가동률, 수거율 등), 환경성, 기술의 진보율 등에 관한 일정기간 이상의 장기간에 걸친 데이터의 축적이 필요하다.

한국에너지기술연구원의 잠재량 정의에 따라 국내 전 지역을 대상으로 한 잠재량 총량을 단계별로 산정한 결과를 표 6.4에 나타내었다. 이 표는 현재 결정방법이 논의 중에 있는 시장 잠재량을 제외한 이론적 잠재량, 지리적 잠재량, 기술적 잠재량만을 나타낸 것이다.

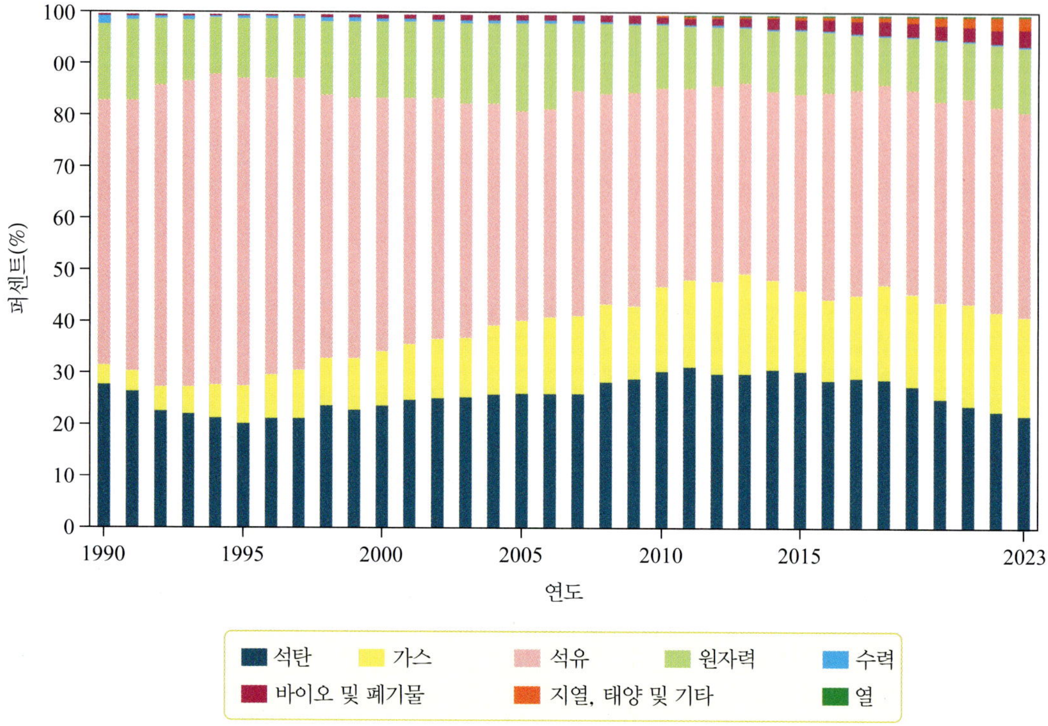

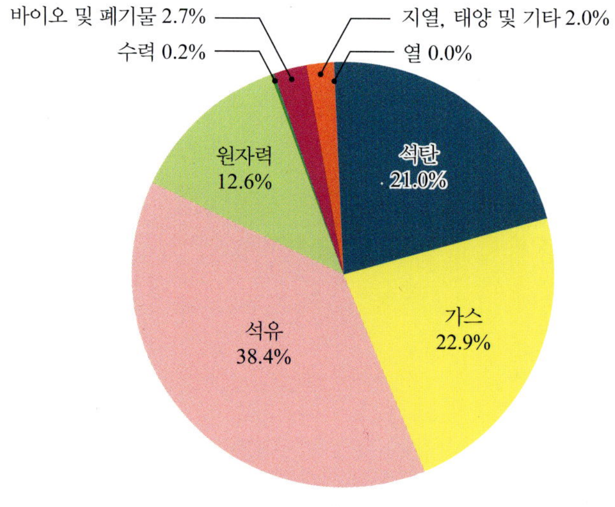

그림 6.5 우리나라의 1차 에너지원별 소비량 추이.
자료 : 에너지경제연구원, 에너지통계월보, 2024.3

표 6.3 신재생에너지 잠재량의 종류와 정의

구분	설 명
이론적 잠재량 (Theoretical Potential)	우리나라 전체에 부존하는 에너지 총량 (예 : 태양 에너지의 경우 1년간 국토 총면적에 도달하는 일사량)
지리적 잠재량 (Geographical Potential)	에너지 활용을 위한 설비가 입지할 수 있는 지리적 여건을 고려한 잠재량 [예 : 지리적으로 활용할 수 없는 산지, 철도, 도로, 기타 설비제한구역(문화재보호구역, 환경보호지역 등) 등을 제외한 지역에서의 잠재량]
기술적 잠재량 (Technical Potential)	현재의 기술수준(에너지 효율계수, 가동율, 에너지 손실요인 등을 고려)으로 산출될 수 있는 에너지 생산량 (예 : 태양광 효율 16.00%, 태양열 37.45%)
시장 잠재량 (Market Potential)	보급확산을 위한 비용보조수단을 제외한 조건(완전경쟁시장환경)에서 적용가능한 잠재량으로 적용시점(현재 혹은 미래시점)에 대한 고려 필요(기술 경쟁성, 환경성, 타 용도 대체 등을 고려)

표 6.4 신재생에너지의 종류에 따른 우리나라 전체잠재량 (단위 : 10^3 toe/년)

구분		이론적 잠재량	지리적 잠재량	기술적 잠재량
태양		11,370,987	3,767,130	1,161,080
풍력	육상	76,562	24,186	7,713
	해상	95,628	47,750	16,711
바이오		367,094	16,590	11,481
폐기물		14,091	13,386	10,360
지열		5,253,414	2,115,869	12,528
수력		43,427	22,698	7,250
해양에너지	조류	591,873	196,999	31,344
	조력	7,878	3,033	1,893
	파력	17,597,206	3,519,441	106,468
	해수 온도차	6,006	5,410	4,847
총계		35,424,166	9,732,492	1,371,675

6.2 태양열에너지

태양열에너지는 태양으로부터 지구표면으로 오는 복사에너지를 흡수하여 열에너지로 변화시켜 생산하는 에너지로서, 바로 이용하거나 저장하여 필요할 때 이용하는 방법과 복사광선을 고밀도로 집광해서 열발전장치를 통해 전기를 발생하는 방법 등이 있다. 대부분의 경우가 태양에너지를 열에너지로 직접 변환해서 사용하고 있다. 이러한 태양열에너지는 무공해 에너지원으로서 화석연료를 바탕으로 하는 기존 에너지 생산을 대체함과 동시에 환경문제도 해결할 수 있는 청정에너지 생산 산업으로 대체에너지에 관심을 갖기 시작한 초기부터 관심을 갖던 에너지이다.

1982년부터 2005년 12월까지 한국에너지기술연구원이 우리나라 주요 16개 지역에서 측정한 수평면 전일사량은 연평균치로 계산하였을 때, 전국이 하루에 3,086 kcal/m^{2}의 태양열에너지를 받고 있는 것으로 조사되었다. 따라서 국내의 태양에너지자원 부존량은 연간 111억 toe의 석유에너지에 해당되며, 태양에너지자원의 연간 가용량은 국토면적 중 임야와 하천면적 등을 제외한 사람이 살 수 있는 가주거지면적(30,870 km^2)으로 계산하여 21.5% (35억 toe) 규모로 추정되고 있다. 우리나라의 태양열자원에 대한 월별 수평면 전일사량을 일 년을 기준으로 볼 때 태양열 조건이 가장 좋은 달은 5월로 하루 4,306 kcal/m^{2}인 것으로 나타났으며, 가장 낮은 달은 12월로 하루에 1,733 kcal/m^{2}로 나타났다.

그림 6.6에 나타낸 전천일사량을 기준으로 남부 해안지역과 경상북도 북부, 경상남도 서부지역, 충청남도와 전라북도의 경계지역에서의 태양에너지가 높은 것으로 나타났으며, 수도권과 전라 남북도와 강원도, 경상도 동부지역에서 상대적으로 낮은 태양에너지를 보유한 것으로 나타났다.

태양열이용 기술은 태양광선의 파동성질을 이용하는 태양에너지 광열학적 이용분야로서 태양열의 흡수·저장·열변환 등을 통하여 건물의 냉난방 및 급탕 등에 활용하는 기술이다. 태양열 이용시스템은 집열부, 축열부, 이용부로 구성되는데, 그림 6.7은 태양열이용 시스템의 기본 구성도를 나타낸 것으로 각 구성 요소는 다음과 같은 특성을 가진다. 태양열에너지 이용시스템은 태양열의 에너지밀도가 낮고 계절별, 시간별 변화가 심한 에너지이므로 집열과 축열기술이 가장 기본이 되는 기술이다.

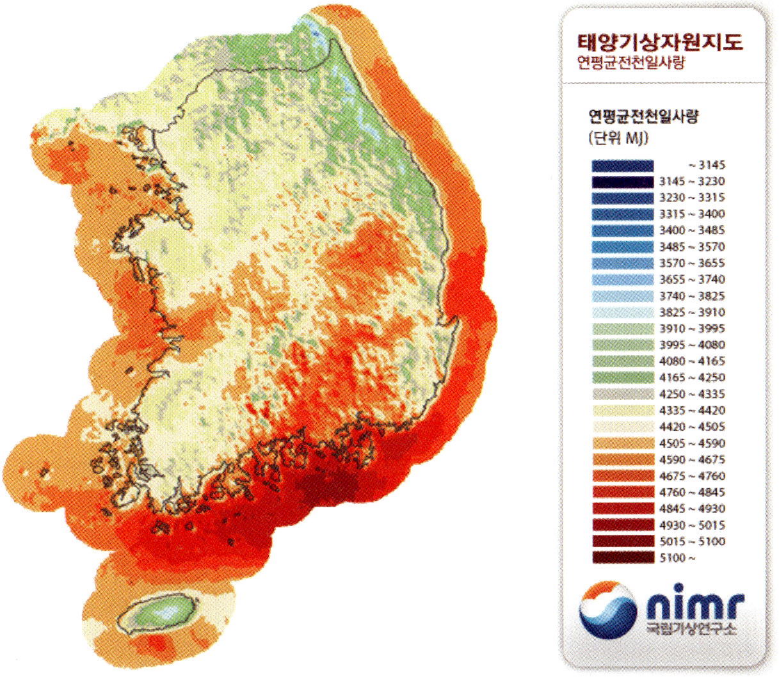

〈연평균 전천일사량[수평면에 입사하는 직달일사 및 하늘(산란)복사의 합]〉

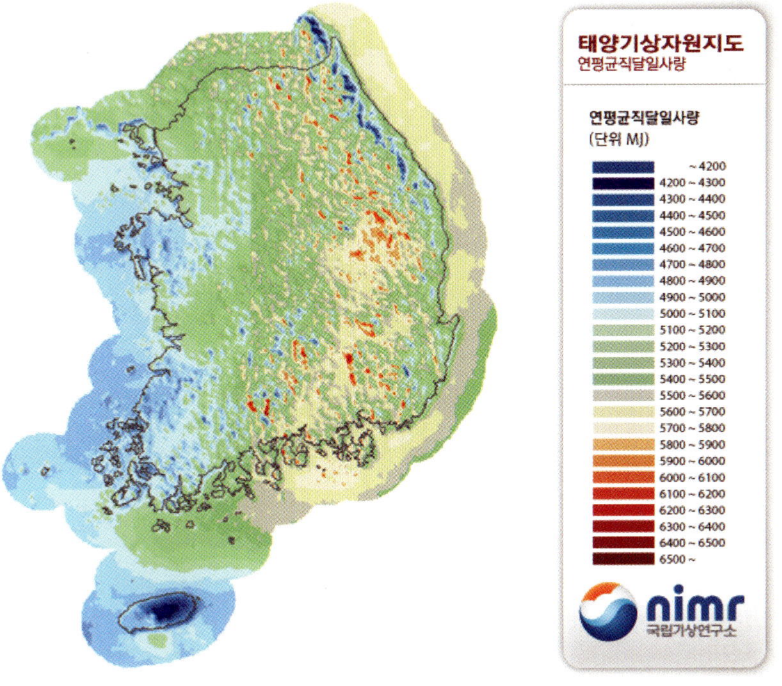

〈연평균 직달일사량〉

그림 6.6 **전국 연평균 전천일사량과 직달일사량에 관한 태양 열자원 분포도.**
자료 : 기상청

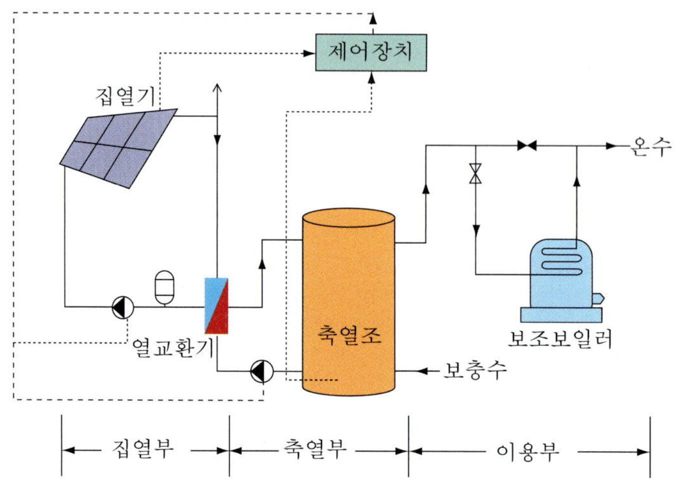

(a) 온수급탕공급시스템

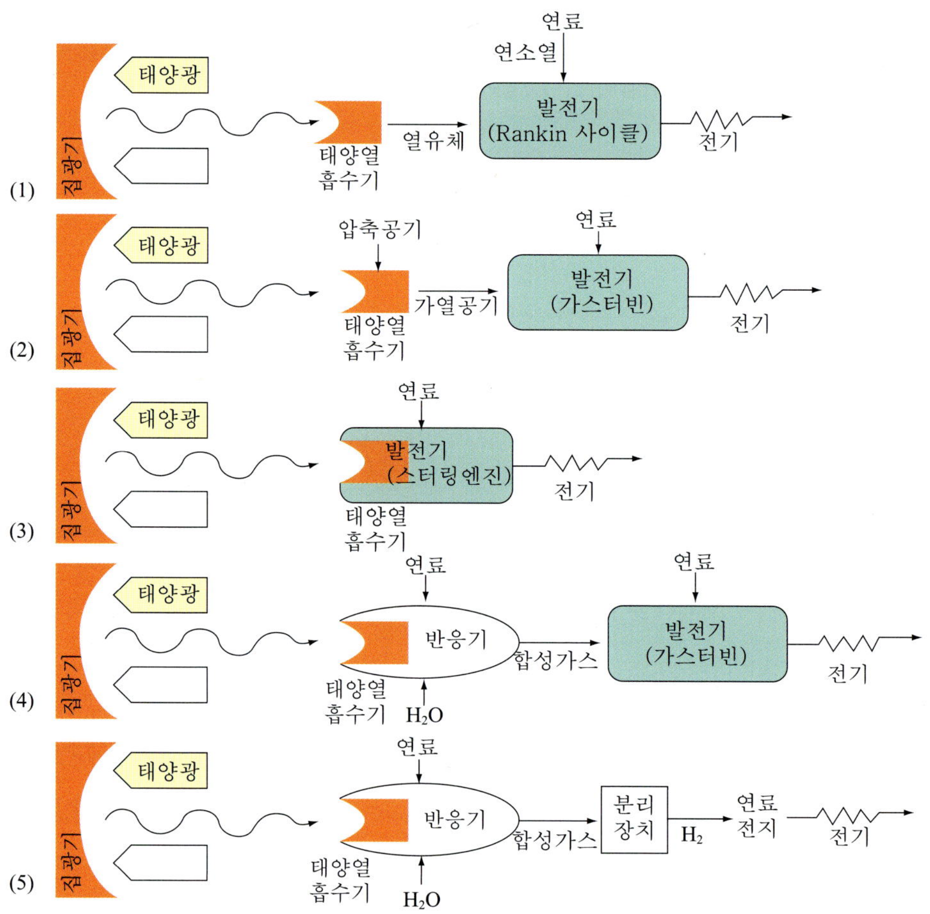

(b) 전기생산시스템

그림 6.7 **태양열에너지의 이용시스템의 기본 구성도.**

① 집열부 : 태양으로부터 오는 열에너지를 모아서 열로 변환하는 장치로 가장 중요한 부분이다.

- 가장 간단한 형태는 빛을 잘 흡수하는 검은색 관 속으로 물을 흐르게 하는 평판 집열관으로, 이것은 빛을 투과하는 투명한 외부층(유리나 플라스틱)이 빛을 흡수하는 검은색의 내부구성물을 둘러싼 형태로 이루어져 온실효과를 일으켜 집열하게 된다.
- 빛이 집열판 속으로 들어오면 빛은 검은색의 내부에 충돌하면서 적외선으로 바뀌는데, 적외선은 투명층을 통과하지 못하므로 내부는 점점 더 뜨거워져 온도가 상승한다.
- 이렇게 가열된 내부에는 열을 흡수하였다가 전달하는 열매체가 흐르는데, 이렇게 가열된 열매체는 물과 열교환하여 난방용 또는 온수용 물을 생산한다.

② 축열부 : 열교환되어 이용처에 활용될 매체(난방용 온수 등)를 저장한다.

③ 이용부 : 태양열 축열조(부)에 저장된 태양열을 효과적으로 공급하고 부족할 경우 보조열원에 의해 공급한다.

태양열에너지의 적용분야는 활용온도에 따라 표 6.5와 같이 구분되며, 활용온도가 100°C 이하이면 저온형이라 하고 건물의 난방과 급탕, 농산물 건조 등에 국한되어 사용이 가능하다. 또한 300°C 이하는 중온형(설비용), 300°C 이상은 고온형(설비용)이라 하며 높은 온도로 인해 산업적인 열에너지 응용성이 매우 높아지게 된다. 일반적으로 그림 6.8에 나타낸 바와 같이 태양열 이용시스템은 자연형과 설비형 시스템(저온형, 중·고온형)으로 구분하게 된다.

표 6.5 태양열에너지의 활용도에 관한 분류

구분	자연형		설비형	
	저온용		중온용	고온용
활용온도	60°C 이하	100°C 이하	300°C 이하	300°C 이상
집열부	자연형 시스템 공기식 집열기	평판형 집열기	PTC형 집열기 CPC형 집열기 진공관형 집열기	Dish형 집열기 Power Tower 태양로
축열부	Tromb Wall (자갈, 현열)	저온 축열 (현열, 잠열)	중온 축열 (잠열, 화학)	고온 축열 (화학)
활용분야	건물공간난방	냉난방·급탕, 농수산 (건조, 난방)	건물 및 농수산분야 냉·난방, 담수화, 산업공정열, 열발전	산업공정열, 열발전 우주용, 광촉매폐수처리, 광화학, 신물질제조

주 : PTC(parabolic trough solar collector)
CPC(compound parabolic collector)

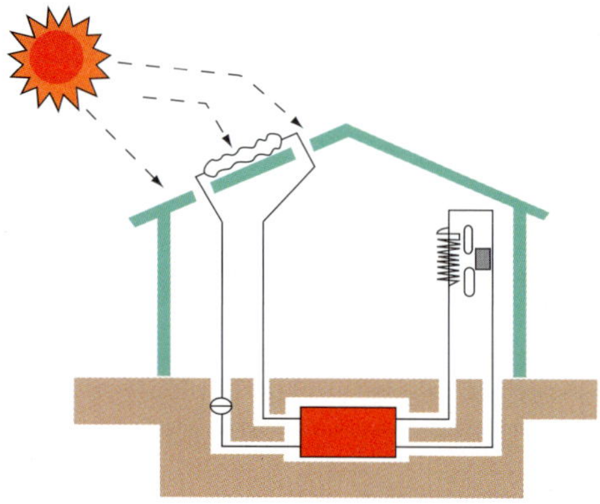

(a) 설비형(active)

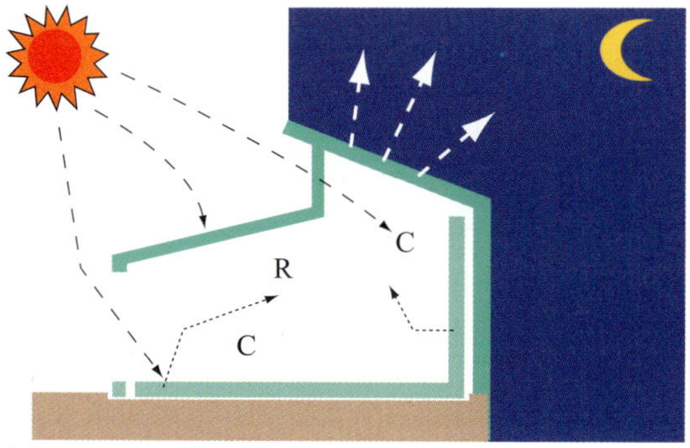

(b) 자연형(passive)

그림 6.8 **태양열에너지 이용시스템의 기본 개념도.**

태양열에너지 이용시스템의 경우 무공해, 무제한 청정에너지원으로 기존의 화석에너지에 비해 지역적 편중이 적고, 다양한 적용성 및 이용성을 갖고 있으며, 저가의 유지보수비가 소요되는 장점을 갖고 있는 반면에, 에너지 밀도가 낮고, 간헐적이며, 특히 봄과 여름은 일사량 조건이 좋으나 겨울철에는 기후여건상 조건이 불리하고, 초기 설치비용이 많이 소요되며, 유가의 변동에 따른 영향을 받는다는 단점을 지니고 있다.

6.3 태양광에너지

태양의 빛에너지를 직접 전기에너지로 변환시키는 태양전지/발전시스템 기술로서, 태양의 복사에너지를 흡수하여 열에너지로 변환하여 이용하는 태양열발전과는 달리, 태양광발전은 반도체 혹은 염료, 고분자 등의 물질로 이루어진 태양전지를 이용하여 태양빛에서 바로 에너지의 한 형태인 전기를 직접 생산하는 기술이다.

태양광발전(PV : Photovoltaic)은 무한정, 무공해의 태양에너지를 직접 전기에너지로 변환하는 발전방식으로서 태양전지(모듈)와 PCS, 축전장치 등의 요소로 구성된다. 가장 일반적인 실리콘 태양전지의 기본 구조 및 발전원리를 그림 6.9에 나타내었다. 태양전지는 p형 반도체와 n형 반도체를 접합시키고, 'p-n 접합'의 양단에 금속전극을 코팅하여 만들어진다. 태양빛이 입사되어 반도체 내부에서 흡수되면 전자와 정공이 발생하여 p-n접합부의 전기장에 끌려 전자는 n측으로, 정공은 p측으로 새로운 흐름이 생기면서 접합부 양단의 전위차가 발생한다. 즉, 반도체가 태양빛을 흡수하면 전기가 발생되는 원리인 광기전력효과(Photovoltaic Effect)를 이용한 것으로 반도체 접합부에 태양빛이 입사되면 접합부에서 전자가 발생하여 외부회로에 전류가 흐르게 되는 것이다(표 6.6 참조).

에너지 변환 효율을 높이기 위해서는 ① 가급적 많은 태양빛이 반도체 내부에 흡수되

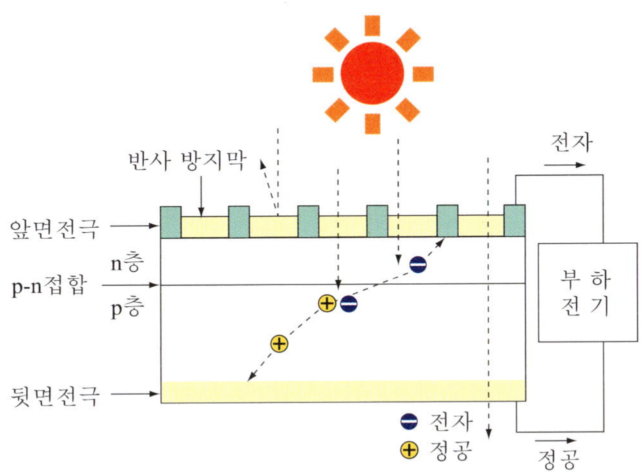

그림 6.9 태양전지의 기본 구조 및 발전원리.

표 6.6 'p-n접합'에 의한 태양광 발전의 원리

p-n접합의 구조	발전 작용
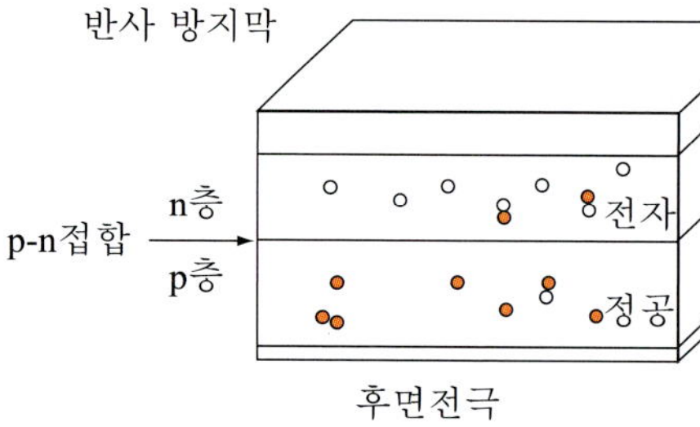	대표적인 결정질 실리콘 태양전지는 실리콘에 보론(boron : 붕소)을 첨가한 p형 실리콘반도체를 기본으로 하여 그 표면에 인(phosphorous)을 확산시켜 n형 실리콘 반도체 층을 형성시킴으로써 만들어짐. 이러한 p-n접합에 의해 전계(電界)가 발생함.
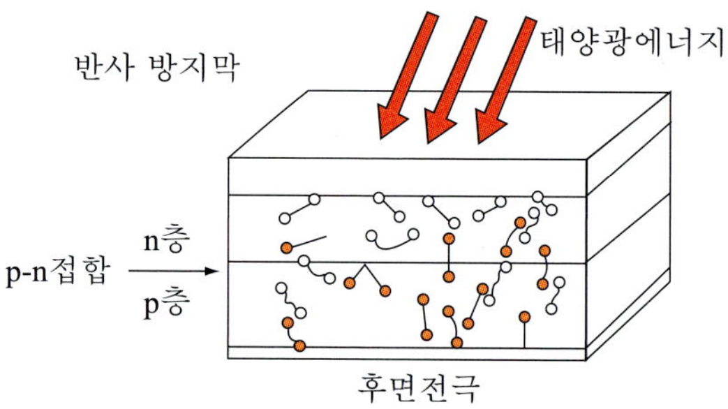	태양전지에 빛이 입사되면 반도체 내의 전자(−)와 정공(+)이 여유전기가 되어 반도체 내부를 자유로이 이동하는 상태가 됨.
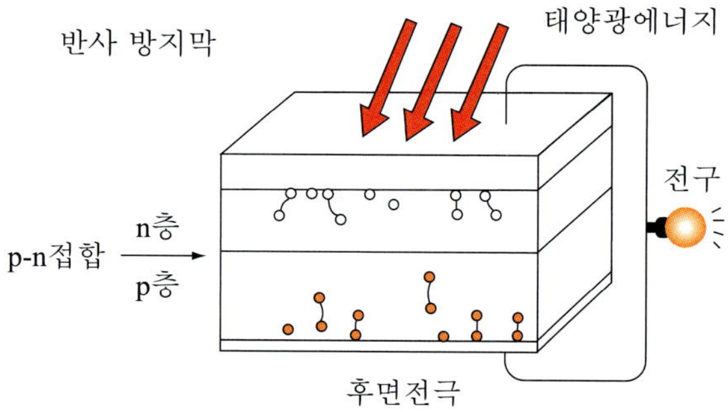	자유로이 이동하다가 p-n접합에 의해 생긴 전계에 들어오게 되면 전자(−)는 n형 반도체에, 정공(+)은 p형 반도체에 이르게 됨. p형 반도체와 n형 반도체 표면에 전극을 형성하여 전자를 외부 회로로 흐르게 하면 전류가 발생됨.

도록 하고, ② 태양빛에 의해 생성된 전자가 쉽게 소멸되지 않고 외부 회로까지 전달되도록 하며, ③ p-n접합부에 큰 전기장이 생기도록 소재 및 공정을 설계(디자인)해야 한다. 태양전지는 주로 실리콘 소재로 제작되며, 현재 상용화된 제품의 효율은 대략 15% 정도(7~17%)이다. 즉, 태양빛의 일사강도가 1 kW/m^2이라면 태양전지는 0.15 kW/m^2의 전력을 얻을 수 있다는 의미이다.

태양광 시스템은 그림 6.10과 같이 ① 빛을 받아서 전기로 전환시켜 주는 부분(모듈)과 ② 생산된 전기를 수요에 맞도록 교류로 변환시키고 전력계통에 연결시켜 주는 부분(PCS)으로 구성된다.

태양광 발전시스템은 태양빛이 공급되는 낮에만 발전할 수 있고, 밤에는 발전할 수 없다는 단점이 있으므로 시스템 구성이나 부하의 종류에 따라서 그림 6.11과 표 6.7에 나타

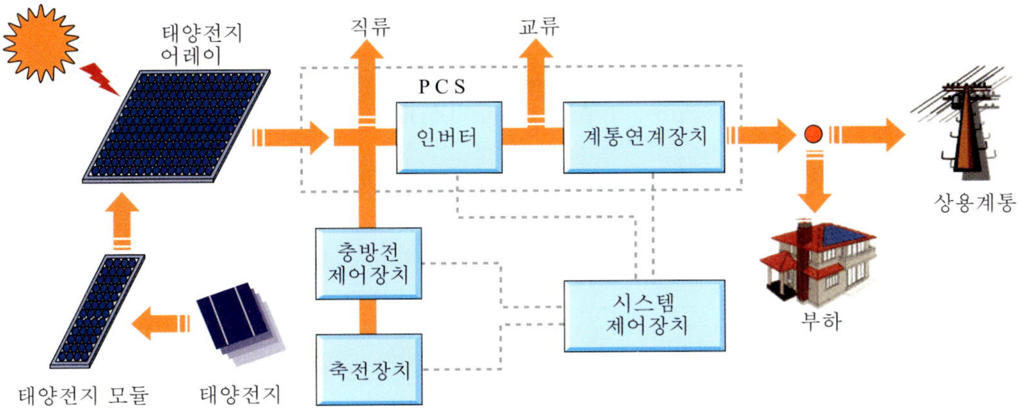

그림 6.10 **태양광 발전시스템의 기본 개념도.**

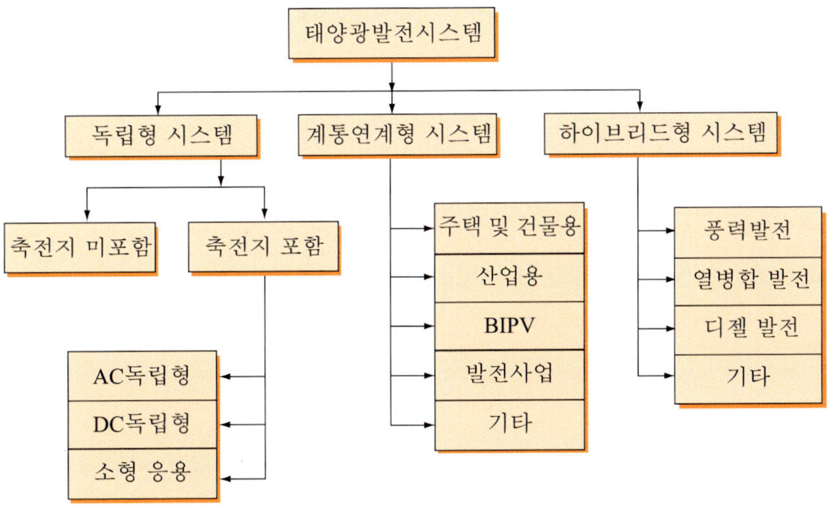

그림 6.11 **태양광 발전시스템의 분류.**

낸 바와 같이 독립형이나 계통연계형, 그리고 하이브리드형 시스템으로 분류한다.

태양광을 에너지로 전환시키는 태양전지(solar cell, solar battery)는 그림 6.12에 나타낸 바와 같이 재료에 따라 결정질 실리콘, 비결정질 실리콘, 화합물반도체 등으로 분류하나, 현재 실용화되어 전원용으로 이용되고 있는 것은 주로 실리콘(Si) 태양전지이다. 실리콘 태양전지는 이미 반도체 분야에서 많은 연구 개발이 되어 있고, 또 그동안 누적 보급면에서 월등하므로 기술의 신뢰성이 높다. 사용목적에 따라 다른 종류의 반도체를 이용한 태양전지도 실용화 단계에 있으며, 특수한 소재 및 구조를 가지는 태양전지에 대한 연구도 진행 중이다.

표 6.7 태양광 발전시스템의 종류별 기본 구성도

발전시스템	개요 및 시스템 구성도
독립형 시스템 (off-grid 또는 stand-alone system)	상용계통과 직접 연계되지 않고 태양광 발전시스템의 발전전력만으로 부하(수요처)에 전력을 공급하는 시스템으로, 야간 혹은 우천시에 태양광 발전시스템의 발전을 기대할 수 없는 경우에 발전된 전력을 저장할 수 있는 충전/방전장치 및 축전지 등의 축전장치를 접속하여 부족한 전력을 공급할 수 있는 시스템이다. 독립형 시스템은 소형가전, 오지, 도서지역의 전력공급용이나 통신, 양수펌프, 백신용 의약품 냉동보관, 안전표지, 제어 및 항해 보조도구 등 소규모 전력공급용으로 사용된다. 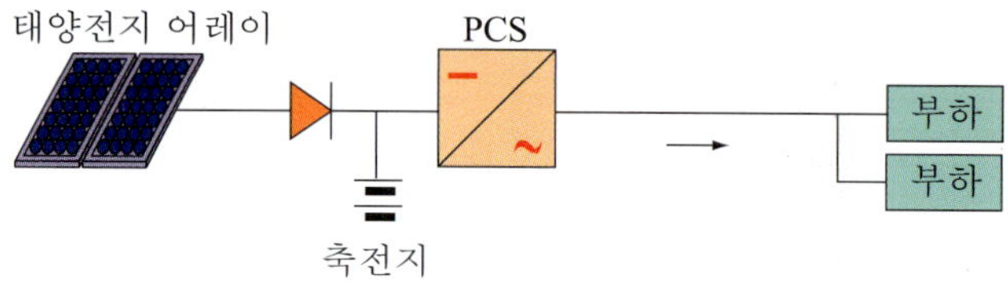
계통연계형 시스템 (grid-connected system)	주택용 및 공공 산업용 태양광발전의 가장 일반적인 형태이며, 상용계통과 직접 연계되어 시스템에서 발전된 전력을 부하에 공급하고 야간 혹은 우천 시에는 부족한 전력을 상용계통으로부터 공급받는 시스템이다. 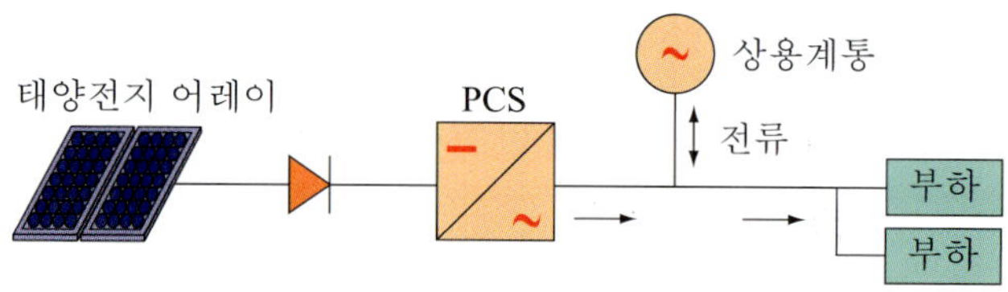
하이브리드형 시스템 (hybrid system)	하이브리드 시스템은 태양광발전 시스템에 풍력발전, 열병합발전, 디젤발전 등의 다른 에너지원의 발전시스템과 결합하여 전력저장, 부하 혹은 상용계통에 전력을 공급하는 시스템이다. 하이브리드 시스템은 시스템 구성 및 부하종류에 따라 계통연계형 및 독립형 시스템에 모두 적용 가능하다. 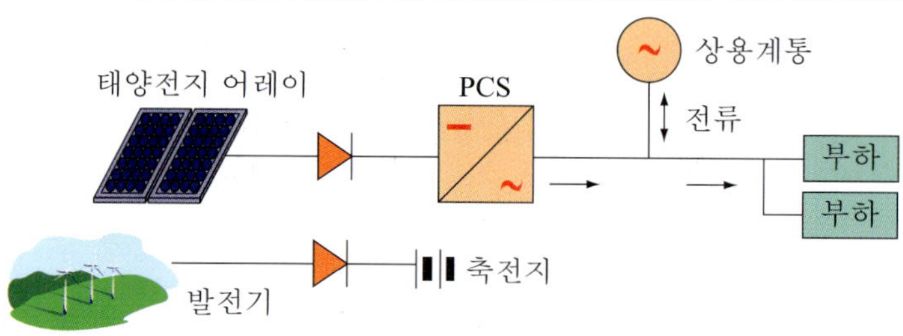

그리고 현재 결정질 실리콘 태양전지가 전체 태양전지시장의 96%를 차지하고 있으며, 저가 고효율화를 목표로 연구가 활발히 진행되고 있다. 또한 결정질실리콘 태양전지의 연구와 더불어 박막형 태양전지(薄膜型, thin film-type)에 대한 연구도 활발히 진행되고 있다.

태양광 발전시스템은 에너지원이 청정하고 고갈에 대한 제한이 없으며, 필요한 장소에서 필요한 발전이 가능하며, 유지보수가 용이하고, 무인화가 가능하며, 설비의 긴 수명(20년

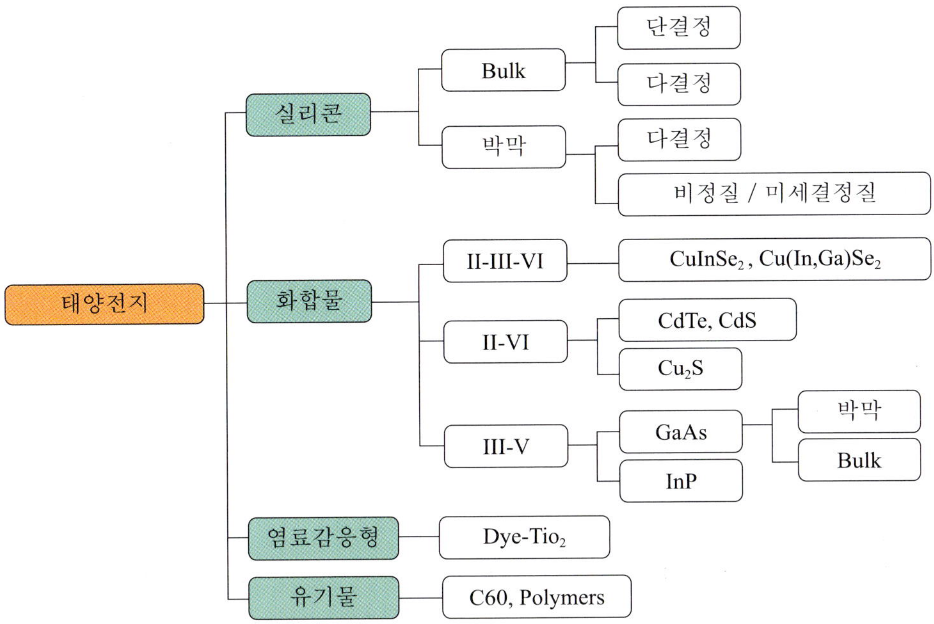

그림 6.12 **태양전지의 분류.**

이상) 등의 장점을 갖는 반면에, 전력생산량이 지역별 일사량에 의존하고, 에너지밀도가 낮아 큰 설치면적이 필요하며, 설치장소가 한정적일 뿐만 아니라 시스템의 비용이 고가여서 초기투자비와 발전단가가 높다는 단점을 지니고 있다.

우리나라 태양광 발전시설 현황은 그림 6.13에서 보듯이 2024년 8월 기준 태양광 발전소는 161,120개소이고, 태양광 발전소 용량은 24,985 MW이다.

국내의 태양광 보급 사업은 주택용 태양광 보급 사업과 발전차액 지원 사업, 영농형 태양광 보급 사업 등이 정부주도로 수행되고 있으며, 국내의 태양광 보급시장은 전 세계 평균을 크게 상회하는 급속한 성장률을 보이고 있다. 그림 6.14에 나타낸 바와 같이 2015년 1 GW를 돌파했던 국내 시장은 2018년 2 GW, 2019년 3 GW를 넘었다. 특히 정부의 신재생에너지 보급정책으로 국내 태양광 설치량도 빠르게 증가하고 있으며, 최근 기업들의 ESG 경영강화로 인해 기업의 태양광 발전 수요가 꾸준히 증가할 것으로 예상된다.

한편 그림 6.15에 나타낸 바와 같이 세계적으로 태양광 발전설비의 설치는 독일의 주도로 이루어져 왔으나, 2012년 이후에는 중국과 미국의 태양광 발전설비의 설치가 세계시장을 지배하고 있다. 2021년도 세계 태양광 신규 설치량은 중국의 신재생에너지 확대 보급 정책에 힘입어 200 GW를 상회하였다.

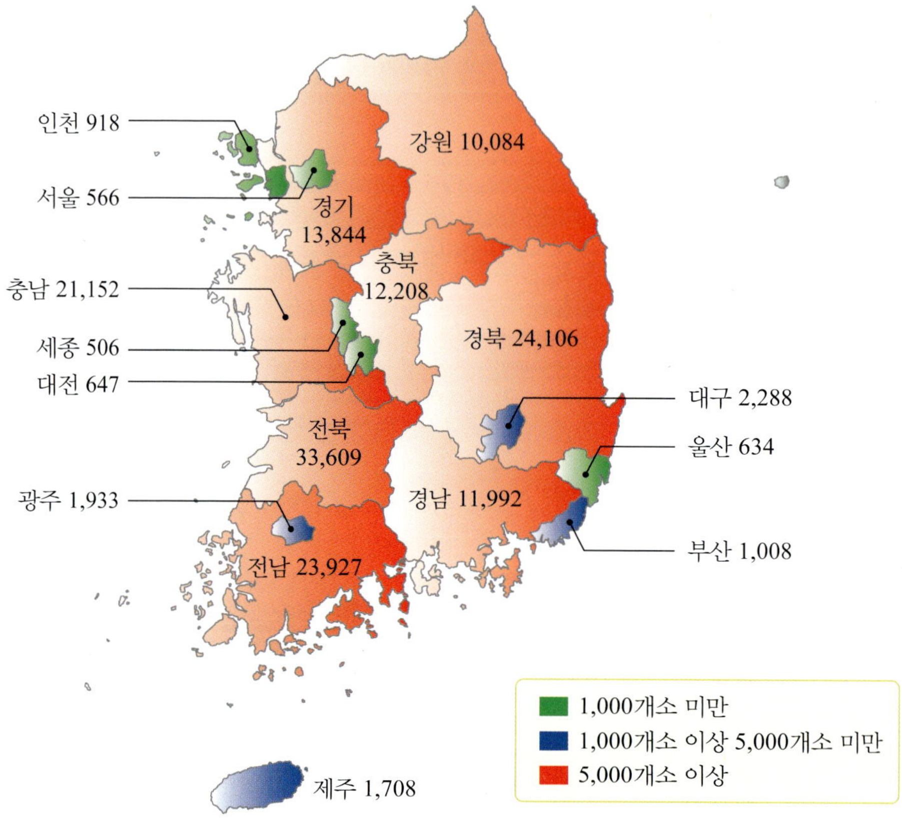

그림 6.13 **우리나라 태양광 발전시설 현황.**
자료 : 한국에너지공단 재생에너지 클라우드 플랫폼(수치 인용)

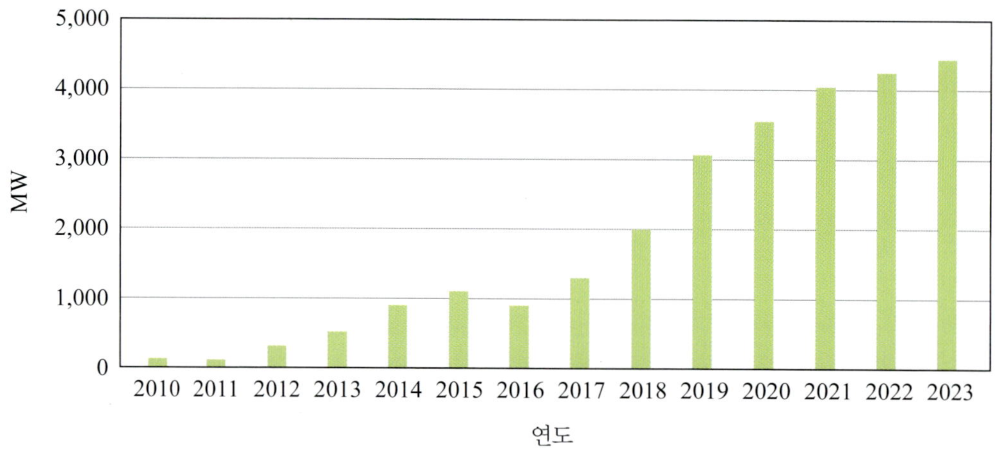

그림 6.14 **국내 태양광 발전소 설치규모.**
자료 : 한국에너지공단

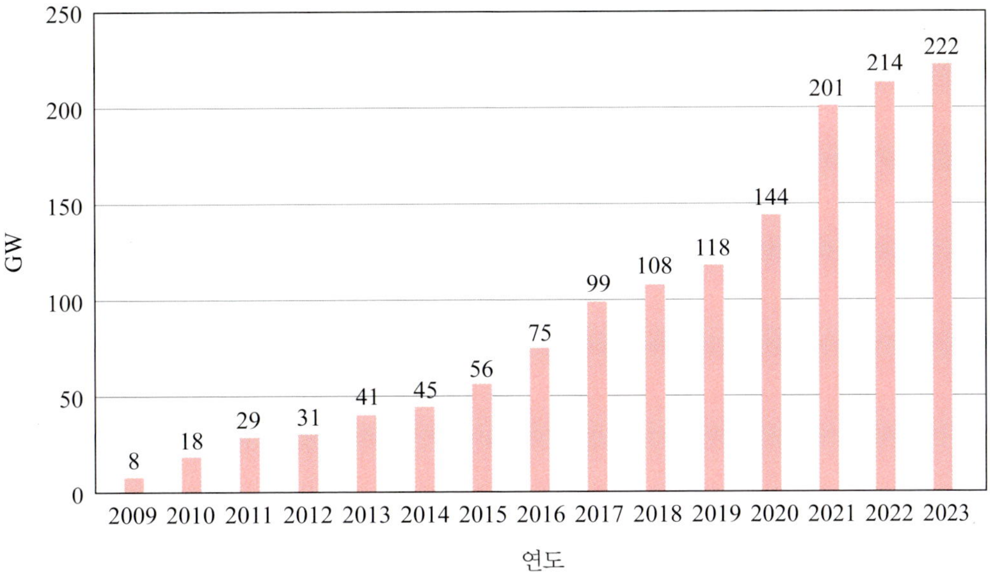

그림 6.15 **세계 태양광 발전소 설치규모.**
자료 : BNEF, 한국수출입은행

6.4 바이오에너지

바이오에너지(Bio-energy)란 바이오매스(Biomass)를 연료로 하여 얻어지는 에너지로서 일반적으로 바이오매스라 하며, 태양에너지를 받은 미생물과 식물이 광합성에 의해 생성되는 식물체·균체와 이를 먹고 살아가는 동물체를 포함하는 생물 유기체를 통틀어 일컫는다. 이러한 바이오매스에서 얻어지는 자원은 ① 곡물과 감자류를 포함한 전분질계의 자원과 초본과 ② 임목, 볏짚, 왕겨와 같은 농수산물을 포함하는 셀룰로오스계의 자원과 ③ 사탕수수, 사탕무와 같은 당질계의 자원은 물론 ④ 가축의 분뇨, 사체와 미생물의 균체를 포함하는 단백질계의 자원까지를 포함하는 다양한 성상을 지니고, ⑤ 이들 자원으로부터 파생되는 종이, 음식찌꺼기 등의 유기성폐기물도 포함된다.

이러한 바이오매스를 직접 또는 생화학적, 물리적 변환과정을 통해 액체상, 가스상, 고체상 연료나 전기와 열에너지 형태로 이용하는 것을 바이오에너지라 한다. 바이오에너지 생산기술이란 동·식물 유기체로부터 바이오에너지를 만드는데 응용되는 화학, 생물, 연소공학 등을 일컫는다. 표 6.8은 우리나라에서 설정된 바이오에너지의 기준 및 범위를 나타낸 것이다.

그림 6.16은 유지작물, 전분작물, 섬유소식물체(나무, 볏짚, 밀짚, 등)와 유기성폐기물로부터 바이오에너지를 생산하는 과정을 나타낸 것이다. 이 과정을 통해 바이오디젤, 열, 전기 및 가스 등의 다양한 형태의 에너지를 생산할 수 있다. 표 6.9는 바이오에너지를 생

표 6.8 우리나라에서 바이오에너지의 기준 및 범위

[신에너지 및 재생에너지 개발 · 이용 · 보급 촉진법 별표 1(제2조 관련)]

	내용
기준	1. 생물유기체를 변환시켜 얻어지는 기체 · 액체 또는 고체의 연료 2. 제1호의 연료를 연소 또는 변환하여 얻어지는 에너지 ※ 제1호 또는 제2호의 에너지가 신재생에너지가 아닌 석유제품 등과 혼합된 경우에는 생물유기체로부터 생산된 부분만을 바이오에너지로 본다.
범위	1. 생물유기체를 변환시킨 바이오가스 · 바이오에탄올 · 바이오 액화유 및합성가스 2. 쓰레기매립장의 유기성폐자원을 변환시킨 매립지가스 3. 동 · 식물의 유지를 변환시킨 바이오디젤 4. 생물유기체를 변환시킨 땔감 · 우드칩 · 펠렉 및 목탄 등의 고체연료

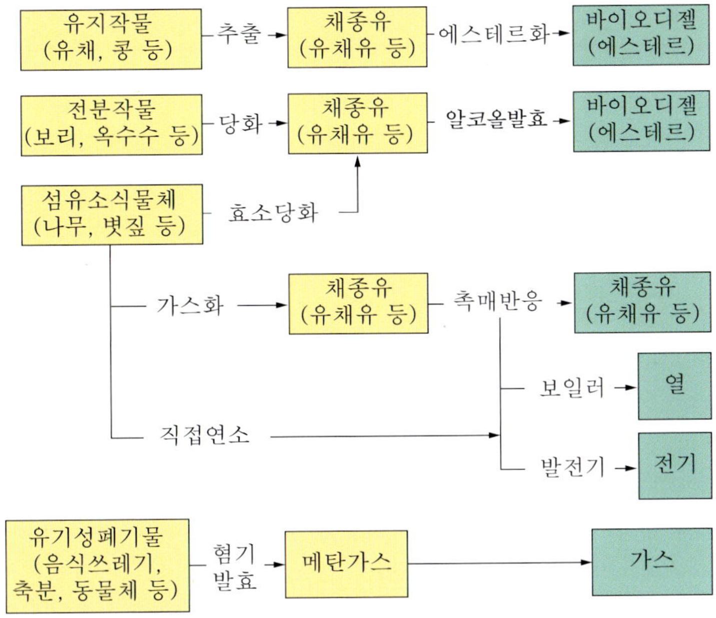

그림 6.16 바이오매스를 이용한 바이오에너지 계통도.

표 6.9 바이오에너지 생산기술의 종류

	기술의 종류	내용
바이오 액체연료 생산기술	연료용 바이오 에탄올 생산기술	당질계, 전분질계, 목질계
	바이오디젤 생산기술	바이오디젤 전환 및 엔진 적용기술
	바이오매스 액화기술(열적전환)	바이오매스 액화, 연소, 엔진 이용기술
가스화기술 바이오매스 가스화기술	혐기소화에 의한 메탄 가스화기술	유기성 폐수의 메탄가스화 기술 및 매립지 가스 이용기술(LFG)
	바이오매스 가스화기술(열적전환)	바이오매스 열분해, 가스화, 가스화 발전 기술
	바이오 수소 생산기술	생물학적 바이오 수소 생산기술
바이오매스 생산 및 가공기술	에너지 작물 기술	에너지 작물 재배, 육종, 수집, 운반, 가공 기술
	생물학적 CO_2 고정화기술	바이오매스 재배, 산림녹화, 미세조류 배양기술
	바이오 고형연료 생산, 이용기술	바이오 고형연료 생산 및 이용기술 [왕겨탄, 칩, RDF(폐기물연료) 등]

산할 수 있는 기술의 종류를 나타낸 것으로, 바이오매스 생산가공기술을 포함하는 동시에 바이오매스로부터 액체 및 가스연료의 생산기술로 나눠진다.

이러한 바이오매스를 이용한 에너지의 생산은 풍부한 자원을 기반으로 하는 경우 파급

표 6.10 **우리나라 바이오에너지의 각 종류별 공급량** (단위 : toe)

연도	2018	2019	2020	2021	2022
바이오에너지	4,442,376	4,162,427	3,899,174	4,263,576	4,372,872
바이오가스	91,740	96,281	95,385	114,343	101,807
매립지가스	65,179	75,518	62,190	81,226	69,389
바이오디젤	683,234	699,713	689,957	597,068	683,019
우드칩	140,232	226,865	237,346	231,309	170,717
성형탄	17,221	16,505	10,858	10,598	2,645
임산연료	674,167	131,073	142,876	96,770	157,598
목재펠릿	1,486,488	1,543,390	1,325,675	1,787,454	1,836,137
폐목재	73,771	66,663	72,501	66,622	65,629
흑맥	218,902	205,286	197,589	212,208	224,899
하수슬러지고형연료	114,451	102,061	154,832	152,762	66,808
Bio-SRF	532,943	510,194	501,406	522,913	641,883
바이오중유	344,048	488,877	408,559	390,302	352,340

자료 : 한국에너지공단, 2022 신 · 재생에너지보급통계, 2023

효과가 크며, 친환경생산시스템으로서 역할을 하게 되고, 환경오염의 저감(온실가스 등)효과가 존재하며, 생산에너지의 형태가 다양(연료, 전력, 천연화학물, 화학원료 등)하다는 장점이 있다. 반면에, 바이오매스 자원이 여러 지역에 산재되어 있어 수집과 수송이 어렵고, 다양한 자원의 형태에 따라 에너지 생산 및 이용 기술이 다르게 되며, 이에 각 자원의 형태에 맞는 기술개발이 어렵다는 문제점을 갖고 있다. 또한 과도하게 이용할 경우 자연 환경의 파괴 가능성이 존재하고, 식량자원의 부족현상을 초래할 수도 있으며, 단위 공정의 대규모 설비투자가 요구되는 등의 단점이 존재한다.

우리나라에서 바이오에너지의 공급량은 표 6.2의 연도별 신 · 재생에너지 생산량 중 바이오 에너지를 발췌하여 살펴보면 표 6.10과 같다. 2022년 현재 바이오에너지 공급량은 437만 toe로 전체 신재생에너지 보급의 27.8%를 차지하고 있다. 이 중 목재펠릿이 차지하는 비중이 가장 높고 바이오 디젤, Bio-SRF, 바이오 중유, 흑액, 우드칩, 임산연료, 바이오가스 순이다.

6.4.1 ▸ 수송용 바이오연료

수송용 바이오연료 기술은 생물 유기체(바이오매스)를 원료로 수송부분에서 사용 가능한 연료를 생산하여 활용하는 기술로서, 그림 6.17은 수송용 바이오연료의 종류 및 기술 체계를 나타낸 것이다.

수송용 바이오연료는 현재 상용화된 1세대 바이오연료와 연구개발단계인 2세대 바이

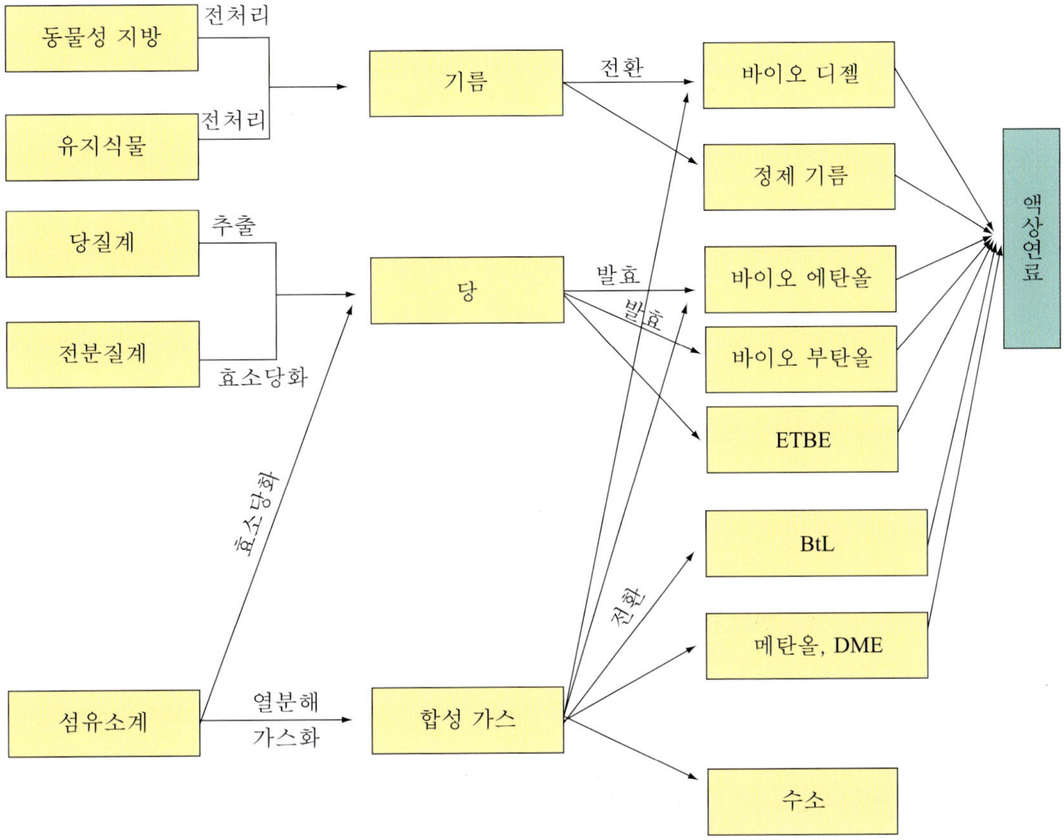

그림 6.17 수송용 바이오연료의 종류와 기술 체계도.

오연료로 구분하고 있다. 1세대 바이오연료는 식용작물(당질계 또는 전분계, 유기바이오매스 등)로부터 생산 가능한 바이오에탄올, 바이오부탄올과 바이오디젤 등의 차량용 대체연료이며, 2세대 바이오연료(바이오알코올, BtL)는 식용으로 사용이 불가능한 섬유소계 바이오매스로부터 생산되는 연료로 원료가 식량시장과 연계되어 있지 않으므로 1세대 바이오연료에 비해 원료 수급 안정성이 우수하다는 장점이 있다.

바이오디젤(그림 6.18 참조)은 유지계 식물로부터 추출한 기름에 알코올(메탄올)과 촉매를 넣고 반응시키면 바이오디젤이 생성되며, 부산물인 글리세린 분리와 정제 과정을 거친 후 정유사나 주유소에 보내어 경유와 일정한 비율로 혼합한 혼합 연료 또는 순수 바이오디젤로서 차량연료로 사용하게 된다. 특히 일반 차량의 경우에는 20% 이하의 바이오디젤을 혼합하여 사용이 가능하며, 바이오디젤 전용차의 경우에는 100% 바이오디젤을 사용하게 된다. 그림 6.19는 바이오디젤의 경제적 가치와 환경적 가치를 보여주고 있다. 바이오디젤의 경우 생산과정에서 투입된 에너지보다 바이오디젤의 생산으로 얻을 수 있는 에

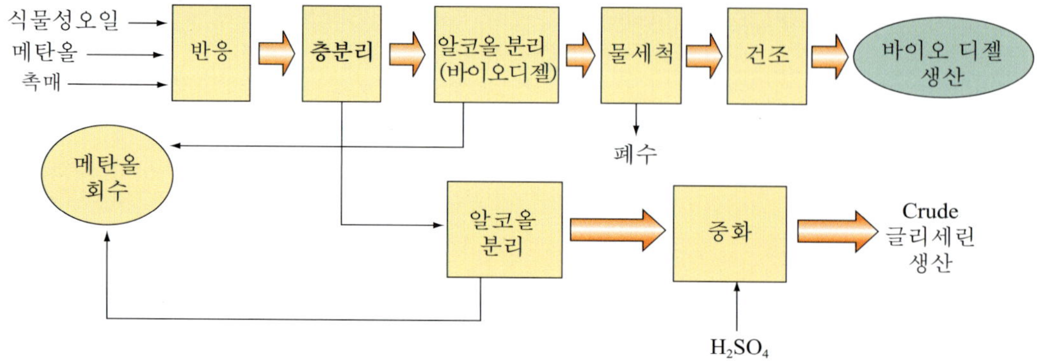

그림 6.18 **바이오디젤 생산공정(회분식 반응).**

그림 6.19 **바이오 디젤의 경제적 가치와 환경적 가치.**
자료 : Cunningham, W. P., and Cunningham, M. A., Principles of Environmental Science, 9th Ed., McGrawHill, 2020 (사진인용)

너지양이 2.5배 정도 되며, 온실가스의 배출량이 원유에서 얻어진 디젤에 비해 68% 정도 적게 배출된다.

바이오에탄올은 당의 고분자인 당질계, 전분질계 또는 섬유소계 바이오매스를 원료로 전통적인 생물공정(발효)에 의해 생산된다. 바이오에탄올은 휘발유에 낮은 비율로 혼합(10% 이하)하여 일반 차량에 사용하거나, 높은 비율로 혼합하여(85% 또는 그 이상) 전용

차량에 사용할 수 있다. 또한 유럽에서는 에탄올을 isobutylene과 반응시켜 ETBE로 가공하여 MTBE 대신 연료유의 산소함유 첨가제로 사용하고 있다. 현재 유럽에서는 수송부문에서 바이오에탄올의 75%가 ETBE형태로 사용된다. 그러나 ETBE는 에탄올에 비해 차량연료로서의 물성은 우수하지만 추가 가공공정이 필요하여 생산단가가 높다는 단점이 있다.

바이오부탄올은 바이오에탄올과 동일한 원료를 사용하여 생산되며, 에탄올에 비해 연료 물성(높은 에너지 함량, 낮은 부식성, 낮은 증기압 등)이 우수하여 차량연료로서 장점이 많은 것으로 알려져 있다. 부탄올의 생산에 사용되는 촉매는 에탄올 생산에 사용되는 것과 다르고 발효공정도 달라 에탄올과 다른 방식의 생산 공정이 적용된다.

기존 바이오디젤은 식물성 기름만을 원료로 사용하는데, 2세대 바이오연료인 BtL (Fischer-Tropsch Diesel)은 모든 종류의 바이오매스를 원료로 사용하므로 원료 제한이 없다는 장점이 있다. 이것은 섬유소계 바이오매스를 열분해하여 합성가스로 전환한 후 가스정제 및 Fischer-Tropsch합성반응에 의해서 생산되며, 지속적으로 기술개발을 하고 있다. 특히 F-T디젤유는 경유에 비해 황과 방향족 성분이 거의 없고 옥탄가가 높아 수송연료로서의 물성이 우수하다.

바이오수소는 바이오매스의 열분해 가스화에 의해 생산하거나 수소발효 미생물반응(혐기성미생물)에 의해 생산이 가능하다. 바이오매스를 이용하여 수소생산기술이 경제성을 확보할 경우 바이오수소가 연료로서의 보급이 크게 확대될 것으로 예상되며, 특히 수소를 이용한 연료전지 차량이 보급되면 그 가치가 더 높아질 것으로 판단된다.

6.4.2 ▶ 목질계 바이오연료

목질계 바이오에너지는 광합성에 의해 생산되는 목질계 바이오매스를 고밀도화나 건조과정을 통해 가공한 후 직접 연소하거나, 제1세대 혹은 제2세대로 구분되는 연료 변환기술을 사용하여 액체나 가스 상태로 변환시켜 생성된 연료나 에너지로 정의된다. 목질계 바이오매스의 종류는 그림 6.20에 나타낸 바와 같이 폐기목재와 벌목재로 구분된다.

목질계 바이오연료 및 화학원료 생산기술은 Biorefinery 기술이라고도 하며, 식물체 등 바이오매스를 원료로 BT(Bio-Technology)를 이용하여 바이오연료류(에탄올, 부탄올, 아세톤 등)와 화학원료(젖산, 숙신산)를 만드는 기술과 이를 실연한 플랜트를 말한다. 그림 6.21에 개발 대상의 Biorefinery 원료 및 중점제품공정도(음영 표시한 부분)를 나타내었다.

이외에도 목질계 바이오에너지는 직접연소에 의해 열에너지를 회수하여 발전을 하거나, 목질계 바이오매스를 열분해나 가스화시켜 연료유나 합성가스를 생산하는 방법과 목탄을 생산하는 방법으로 활용할 수 있다.

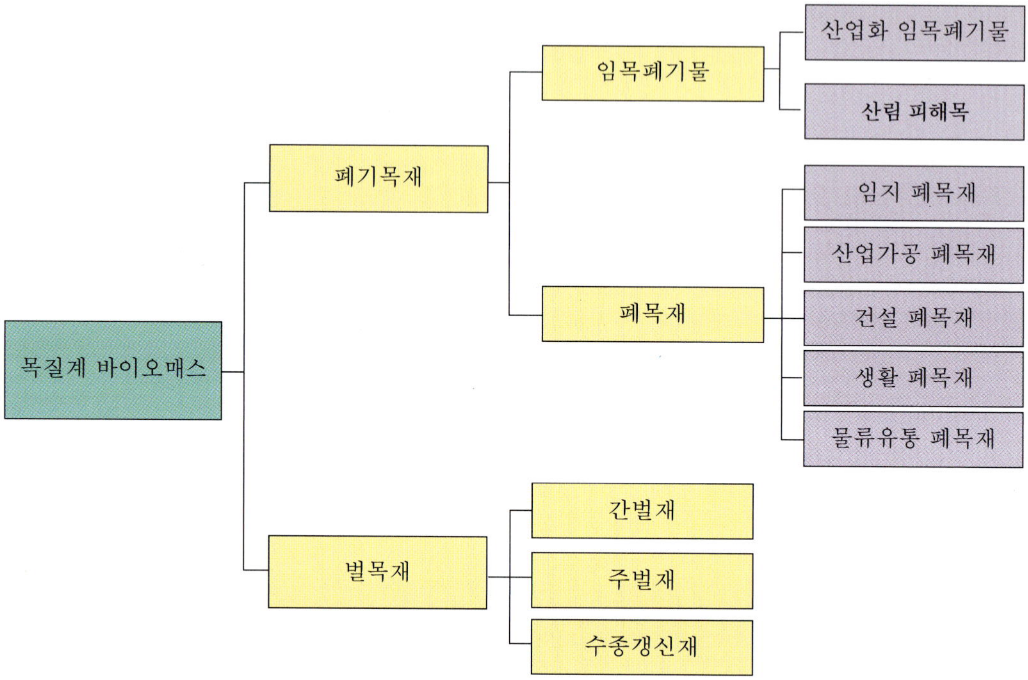

그림 6.20 목질계 바이오매스의 분류.

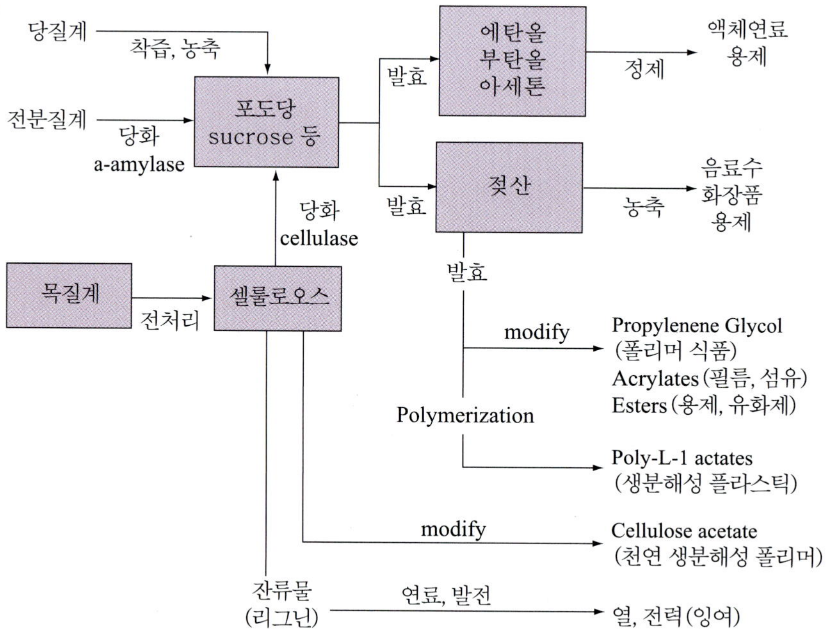

그림 6.21 Biorefinery의 원료 및 중점제품의 생산 공정도.

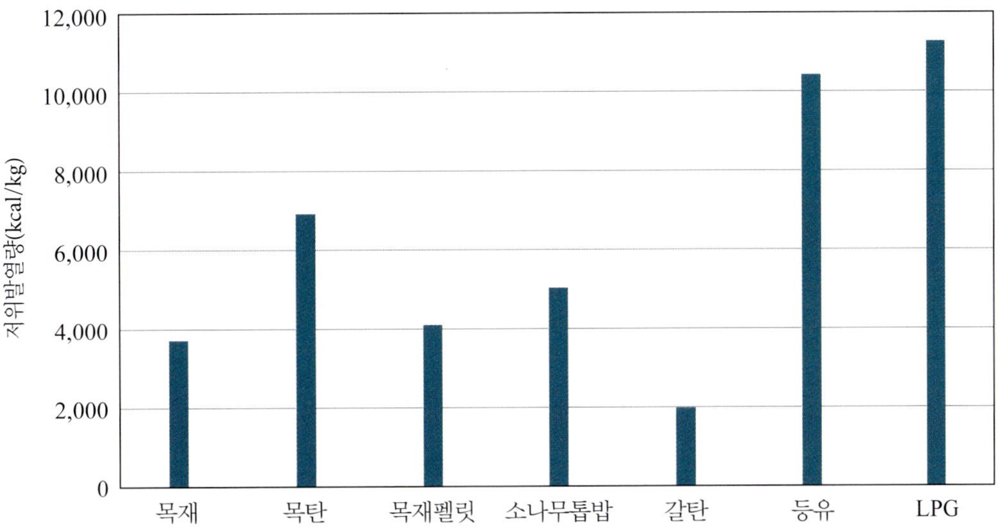

그림 6.22 목질계 바이오매스와 타 연료와의 발열량 비교.

그림 6.22는 목질계 바이오매스와 타 연료와의 발열량을 보여주고 있다. 그림 6.22에서 보는 바와 같이 목재가 LPG나 등유와 같은 화석자원에 비해 동일한 연료무게 대비 발열량이 적으나 목재펠릿이나 브리켓(briquet)의 형태로 가공한 경우 열효율이 개선될 수 있다. 에너지로 활용하기 위해 목재 성형탄을 제조하거나 임산부산물을 이용하여 연료로 사용하고, 우드칩을 만들어 연료로 사용하기도 한다. 그러나 폐목재를 이용한 에너지 이용이 가장 큰 비중을 차지하고 있다.

그림 6.23은 유럽지역에서 목질계 바이오매스의 생산량 증가와 각종 관련된 제도 개선과의 연관성을 보여주고 있는 것이다. 유럽지역에서는 스웨덴에서 1982년에 최초로 목재펠릿(wood pellet)이 생산되었다. 목재펠릿산업의 성장은 기후변화에 대응하고 화석연료를 줄이려는 유럽의 제도와 연관성이 매우 높은데, 1990년대에 들어 저유가가 지속되었음에도 불구하고 탄소세 도입 등으로 스웨덴, 오스트리아 등 유럽 국가를 중심으로 펠릿산업이 꾸준히 성장하였고, 2000년대 고유가시기에는 난방비 절감 수요와 교토의정서 발효에 따른 재생에너지 지원정책으로 유럽전역에 목재펠릿 시장이 크게 확대되었다.

우리나라에서도 고유가 및 지구온난화 문제가 세계적 이슈로 대두되면서 산림청에서는 2007년도부터 산림바이오매스 활용 촉진사업을 정책사업으로 전환하여 숲가꾸기 산물 등 버려지는 자원을 수집하여 바이오에너지 원료 등으로 공급하고 있다. 이를 위해 「산림바이오에너지 수급 및 이용전략」을 수립하고 목재펠릿 제조시설과 목재펠릿 보일러 보급 지원사업 등을 전개하고 있다. 특히 2010년부터는 농림수산부에서도 시설농업에 목재펠

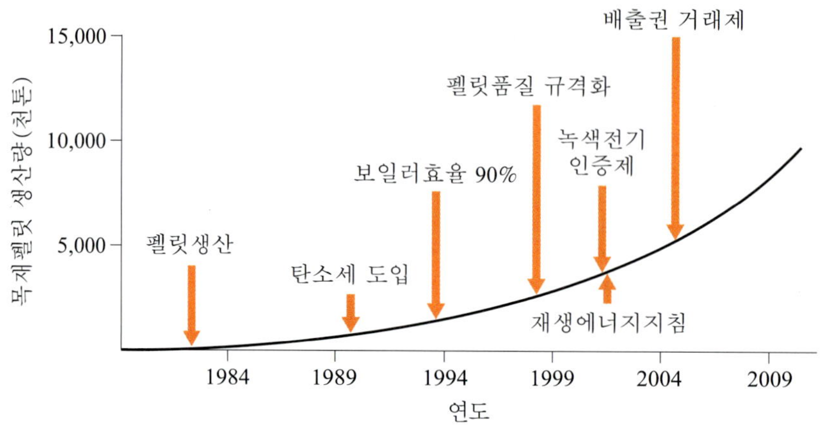

그림 6.23 유럽의 목질계 바이오매스의 이용량과 제도 변화.
자료 : 산림청

릿보일러 보급사업을 지속적으로 지원하면서 목재펠릿 사용 확대를 위한 기반이 다져지고 있다.

6.4.3 ▸ 유기성폐자원 바이오연료

유기성폐자원이란 음식물류 폐기물, 하수 슬러지, 가축분뇨 등을 주로 말하며 넓은 의미에서는 바이오매스(Biomass)의 개념으로 농가에서 나오는 농작물의 부산물(잔재물), 목재류 등의 자연 생명체로부터 발생하는 모든 폐기물을 말한다.

유기성폐자원으로 생산된 바이오 가스는 그림 6.24에 나타낸 바와 같이 미생물의 혐기성 소화작용으로 메탄 생성 박테리아가 바이오매스를 분해할 때에 발생하는 대사산물의 하나로서, 메탄과 이산화탄소의 혼합 형태인 기체를 말한다. 바이오가스의 형태는 퇴비가스, 습지가스 등 자연적으로 생성되는 것과 인위적인 공정제어를 거쳐 제조된 가스가 있다. 현재 국내에서 바이오가스를 생산하기 위하여 이용할 수 있는 유기성폐자원으로는 음식물류 폐기물, 하수슬러지, 가축분뇨 등이 있다. 이들 폐자원을 이용하여 연간 330만 toe의 에너지에 해당하는 바이오가스 생산이 가능하며, 이를 이용하여 전력 및 열 공급이 가능할 것으로 판단된다.

그림 6.25에 혐기성 소화에 의한 유기성폐자원의 바이오가스 연료화를 나타내었다. 이 과정은 산소가 없는 상태에서 유기물을 분해하기 위해 미생물(혐기성미생물)을 이용하여 생물학적인 분해공정을 적용하는 것으로 다양한 유기물이 분해되고 안정화되면서 바이오가스가 생성되는데 그 과정은 3단계로 이루어진다. 즉, 유기물이 가수분해되는 단계와 산

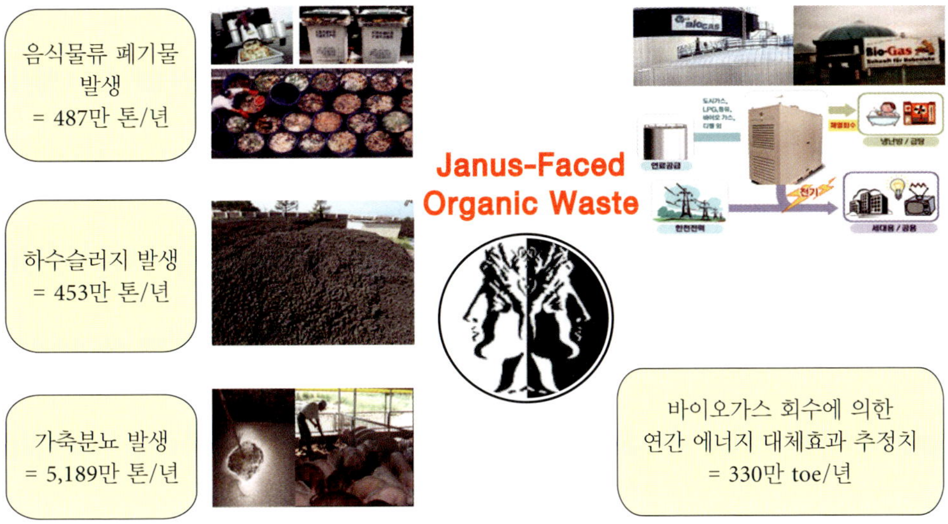

그림 6.24 유기성폐기물의 바이오가스화에 관한 개념도.

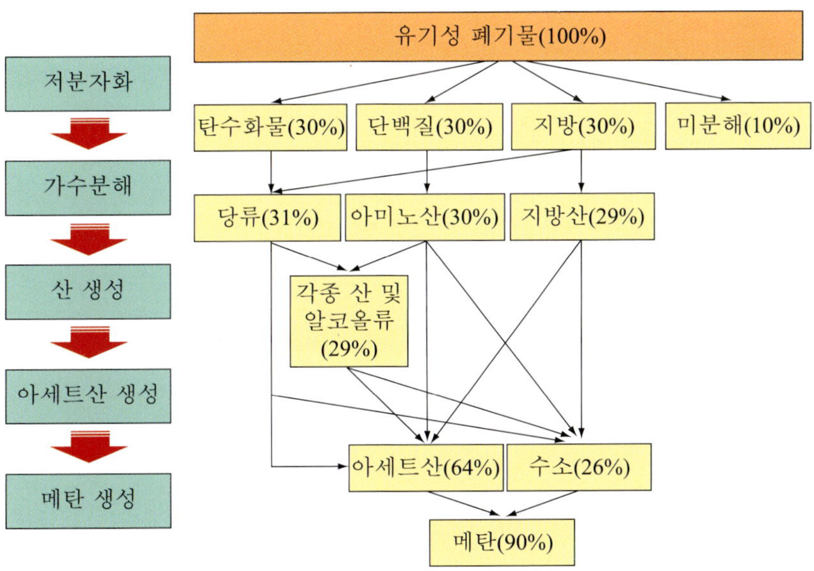

그림 6.25 유기성폐자원이 바이오가스의 주성분인 메탄으로 변환되는 과정.

으로 변환되는 단계(산 생성단계) 그리고 마지막으로 메탄으로 변환되는 단계(메탄 생성단계)로 나뉜다.

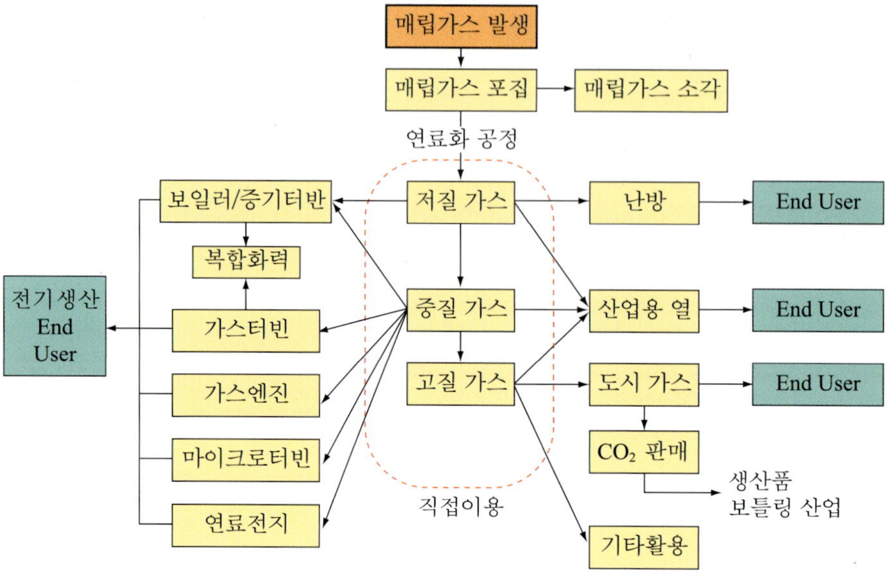

그림 6.26 매립가스의 에너지원으로서 활용하는 방법.

또한 위에서 언급한 유기성쓰레기(폐기물)들을 땅에 매립처분하게 되면 매립지에서 매립지가스(LFG : Landfill Gas)가 발생되는데, 이 가스는 폐기물 매립지에 매립된 폐기물 중 유기성 성분이 혐기성 분해과정에 의해 분해되어 발생되는 가스를 말하며, 그 성분은 주로 메탄(CH_4 40～60%)과 이산화탄소(CO_2 30～50%)로 구성되어 있다. LFG의 발열량은 메탄 함유량이 50%인 경우 약 5,000 kcal/m^3 정도로 현재 사용 중인 도시가스(LNG) 발열량 10,500 kcal/m^3의 약 1/2의 수치에 해당하며, 연소기에서 직접연소가 가능하여 유용한 에너지원으로 이용될 수 있으나 만약 인위적인 제어가 되지 않은 상태에서 대기로 방출된다면 대기오염 및 악취가 유발될 가능성이 있고, 화재 및 폭발 가능성 등의 위해 요소가 내포되어 있다. 현재 우리나라의 김포 수도권매립지와 기타 지역 광역매립장에서는 이를 포집하여 발전하는 장치를 설치하여 매립지가스를 이용한 발전시설을 운영하고 있으며, 그림 6.26은 매립지가스의 에너지 활용방법을 나타낸 것이다.

표 6.11은 우리나라 연간 유기성폐자원 발생량과 사료화, 퇴·액비화, 정화처리, 바이오가스화 등 처리현황을 나타낸 것이다. 생활수준 향상과 함께 최근 10년간 유기성 폐자원 발생량은 2011년 5,468만톤에서 2021년 6,129만톤으로 12.1% 증가하였다.

2021년 기준 연간 유기성폐자원 발생량은 가축분뇨(84.7%), 음식물류 폐기물(7.9%), 하수찌꺼기(7.4%) 순이다. 유기성폐자원의 처리현황은 바이오가스화가 6.6%에 불과하고 대부분 퇴액비·사료(80%)로 단순 재활용되거나 정화 처리(9.9%)로 자원 소실되고 있다.

표 6.11 유기성폐자원 발생량과 처리현황 (단위 : 만톤, %)

구분	계	사료화	퇴·액비화	정화처리	바이오가스화	기타 (소각 등)
합계	6,129 (100)	192 (3.2)	4,672 (76.2)	608 (9.9)	404 (6.6)	229 (3.8)
음식물류 폐기물 (7.9)	487 (100)	192 (39.4)	167 (34.3)	-	83 (17.0)	45 (9.2)
가축분뇨 (84.7)	5.189 (100)	-	4,505 (86.8)	608 (11.7)	73 (1.4)	2 (0.04)
하수찌꺼기 (7.4)	453 (100)	-			250 (55.2)	203 (44.8)

자료 : 대한민국정부, 바이오 가스 생산·이용 활성화 전략, 2024.6

특히, 유기성 폐자원의 대부분을 차지하는 가축분뇨(85%)의 1.4%, 음식물류 폐기물(8%)의 17.0%만 바이오가스화 처리되고 있는 실정이다. 2022년 기준 바이오가스 생산량은 최근 10년간 2배 이상 증가하여, 110개 시설에서 3.7억 Nm^3 가스를 생산하고 있다. 이는 국내 도시가스 공급량(253억 m^3) 대비 1.5%에 해당된다. 탄소중립 실현의 일환으로 2026년까지 바이오가스 최대 5억 Nm^3/년 생산 추진하고 있으며, 이는 연간 2,294억원의 LNG 대체 경제효과와 온실가스 100만톤(CO_2 eq) 감축효과가 있다.

6.5 수력에너지(소수력)

물은 중력의 영향을 받아 높은 곳에서 낮은 곳으로 흐르며, 그 흐름을 수로로 끌어들여 수차발전기를 회전시켜 전기에너지를 발생시키는 것이 수력발전(hydropower generation)이다. 즉, 수력발전은 높은 위치에 있는 하천이나 저수지 물의 위치에너지인 낙차를 이용하여 수차에 회전력을 발생시키고, 수차와 직결되어 있는 발전기에 의해서 전기에너지로 변환시키는 것을 말한다. 수차를 회전시키는 물의 유량이 많고, 낙차가 클수록 발전설비의 용량이 커지고 전력량도 그 만큼 많아진다. 이러한 수력발전의 기본기술은 19세기에 확립된 것으로 소규모의 소수력 발전이 일반적이었기 때문에 기초 기술에 특별한 기술이 요구되지 않았다. 이 기간 동안 소형 터빈의 설치는 유럽과 북미 전역에서 지속적으로 증가되었으며, 오늘날과 같은 기본적인 터빈 기술이 출현하게 되었다. 송전선로의 확장과 증가로 인해 전력 생산은 대형화 중심으로 전개되었으며, 따라서 1930년대와 1970년대 걸쳐 소수력 시스템과 대수력 설비가 새롭게 갖추어지게 되었다.

국내에서는 이러한 수력을 신재생에너지로서 2005년도 이전에는 설비용량 10,000kW 이하의 수력발전을 기준으로 소수력(small hydropower)과 수력(hydropower)으로 구분하였으나, 2005년도에 개정된 신에너지 및 재생에너지 개발이용보급시행규칙에서는 설비용량이 삭제되어 '물의 유동에너지를 변환시켜 전기를 생산하는 설비'로 일원화하였다.

국내보급현황은 1982년 이후 정부의 지원으로 현재까지 30여개 지역에(용량 약 43,000kW) 설치되었고 연간전력생산량은 약 1억 kWh에 달한다. 소수력발전은 전력생산 외에 농업용 저수지, 농업용 보, 하수처리장, 정수장, 다목적댐의 용수로 등에도 적용할 수 있는 점을 감안할 때 국내의 개발잠재량은 풍부하며, 청정자원으로서 개발할 가치가 큰 부존자원으로 평가받고 있다.

수력발전은 그림 6.27에 나타낸 기본적인 에너지 흐름과 구조를 갖고 있으며, 이러한 수력발전은 설비용량과 낙차, 발전방식에 따라 분류된다. 소수력 발전의 경우에는 소규모 하천의 물을 인공적으로 유도하여 저낙차 터빈을 이용한 발전방식으로 설비용량, 낙차 및 발전방식에 따라 다음 표 6.12와 같이 분류하고 있다.

그림 6.28은 수력발전의 형태를 나타낸 것으로 유입식의 경우 하천의 유량을 인공적으로 댐을 조정하지 않고 그대로 물을 끌어서 발전하는 방식으로 자연유량에 따라 발전량이

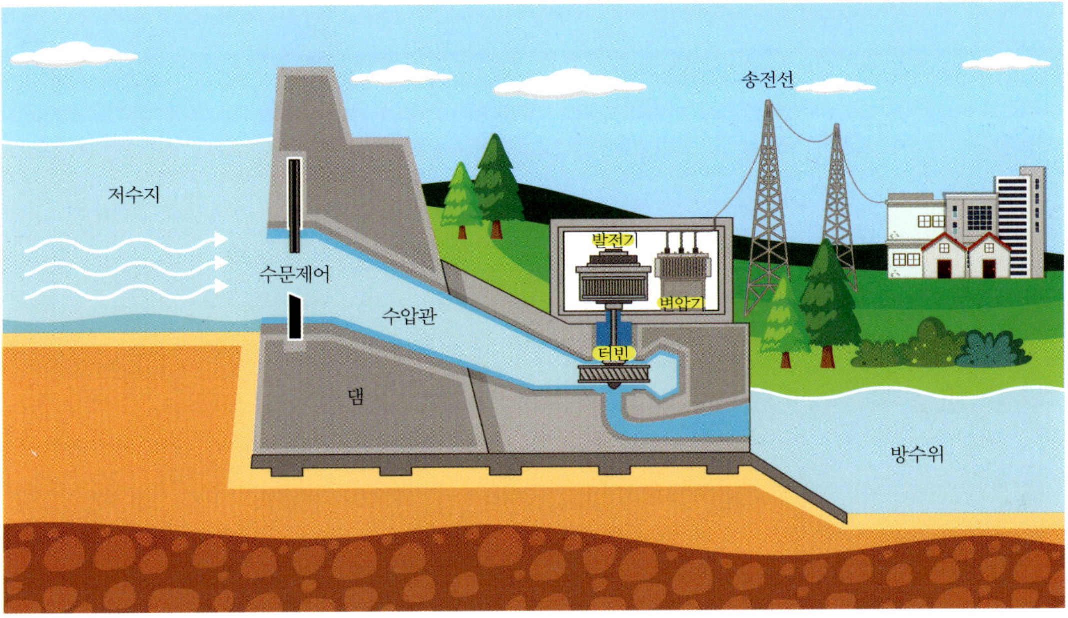

그림 6.27 수력발전의 기본흐름 및 구조.

표 6.12 소수력 발전의 분류

분류			기타
설비용량	Micro hydropower Mini hydropower Small hydropower	100kW 미만 100~1,000kW 1,000~10,000kW	국내의 경우 소수력발전은 저낙차, 터널식 및 댐식으로 이용 (예 : 방우리, 금강 등)
낙차	저낙차(Low head) 중낙차(Medium head) 고낙차(High head)	2~20m 20~150m 150m 이상	
발전방식	수로식(Run-of-river type) 댐식(Storage type) 터널식(Tunnel type)	하천경사가 급한 중 · 상류지역 하천경사가 작고 유량이 큰 지점 하천의 형태가 오메가(Ω)인 지점	

주) 수로식(Run of river type) : 하천경사가 급한 상류지역
댐식(Srorage type) : 하천경사가 적은 중하류의 유량이 풍부한 지역
터널식(Tunnel type) : 수로식과 댐식의 혼합방식으로 굴곡이 심한 하천지역

변화된다. 조정지식은 전력수요량이 시간과 요일에 따라서 다르기 때문에 수로의 중간에 또는 하천에 조정지를 설치하여 1일~1주일 정도의 부하변화에 따라 하천유량을 조정하여 사용하는 방식이다. 즉, 야간이나 주말의 전력소비가 적을 때에는 발전을 중지하여 유량을 조정지에 저수하고, 전력 소비량이 증가하면 이에 맞추어 수량을 조정하여 발전량을 조정하면서 발전하는 방식이다.

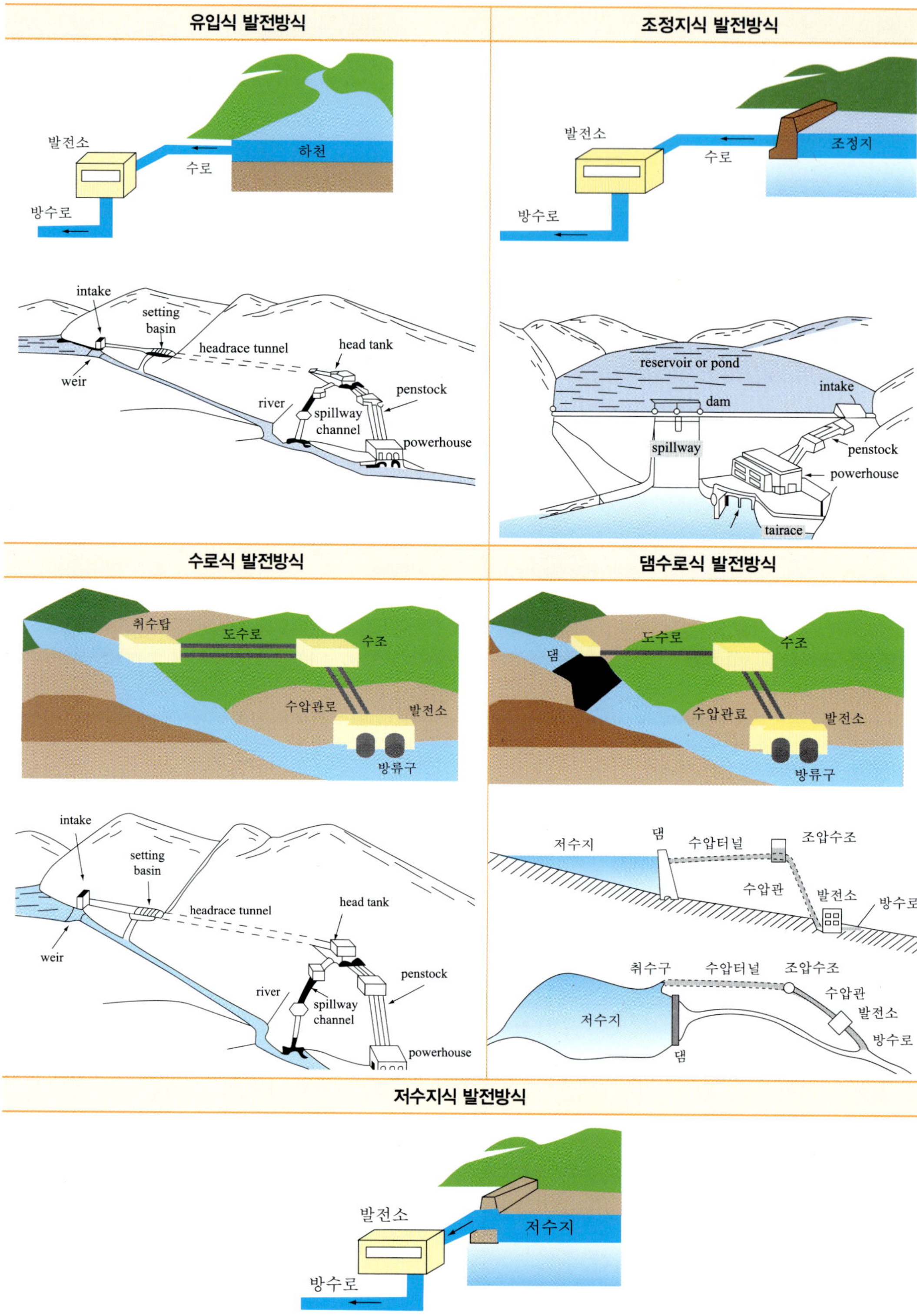

그림 6.28 수력발전 방식의 종류.

표 6.13 우리나라의 소수력 발전 잠재력에 대한 평가

구분	지점수	개발가능용량 (kW)	연간에너지 잠재력(MWh)	비고
농업용 저수지	180	30,064	92,176	
농업용 보	232	46,843	164,137	고무댐 3m 이용 가정
대댐의 이용	20	15,800	55,363	
양식장 이용	129	8,442	66,558	유효낙차 6m 가정
정수장 이용	70	17,641	131,360	유효낙차 10m 가정
하수처리장 이용	59	8,385	62,437	유효낙차 5m 가정
화력발전소 냉각수 이용	6	24,122	126,785	가동률 60% 가정
합계	691	151,297	698,816	

또한 수로식의 경우에는 하천의 상류에 둑(수중보나 노출보 형태)을 만들어 물을 담수하고 낙차가 발생하는 장소까지 긴 수로에 의해서 낙차를 얻는 발전방식으로 유입식과 조합시키는 것이 일반적이며, 하천경사가 급한 상류지역이나 중류지역에 적합하다. 댐방식의 경우에는 수로식에서 하천에 설치한 둑 대신에 커다란 댐을 만들어 발전하는 것이다. 저수지식의 수력발전 방식은 하천에 흐르는 유량은 계절에 따라서 크게 변화하기 때문에, 홍수기에 저수지에 저류조정하고 갈수기에 공급하여 연중 발전이 가능한 방식이다. 저수지식 발전소가 상류에 건설되면 하류에 있는 발전소까지 유량조절효과를 미치기 때문에 많은 이점이 있다.

우리나라는 연평균 강수량이 1,306mm로서 강수량이 풍부하고 전국토의 2/3가 산지로 구성되어 있어 지형에 맞는 치수사업으로 댐이나 저수지를 건설하여 생활용수나 공업용수, 관개용수, 하천유지용수, 수력발전 등으로 이용하고 있다. 또한, 일반하천의 낙차이용, 다목적댐 및 양수발전소의 수위 조절을 위한 낙차이용, 농업용 저수지의 낙차이용, 하수종말처리장의 방류수 이용, 수도관로의 관압이용, 화력발전소의 온배수 이용, 양어장의 순환수 이용, 공장의 냉각수 이용, 방조제 수문 이용 등 각 지역에 산재한 미활용 소수력 자원이 많이 존재하고 있어 앞으로 이를 활용한 에너지원의 개발이 요구되고 있다.

개발되지 않은 부존자원을 활용하는 경우 표 6.13에 나타낸 바와 같이 소수력의 잠재생산량이 150만 kW가 되는 것으로 파악되고 있으며, 시설물을 이용한 소수력발전의 잠재력은 충남지역이 제일 높고 그 다음으로 경남과 경기지역 순이다(그림 6.29 참조).

소수력 발전은 국내 부존자원을 활용할 수 있으며, 일단 건설 후에는 운영비가 저렴하고, 전력생산 외에 농업용수 공급, 홍수조절에 기여할 수 있는 장점을 갖고 있으나, 대수력이나 양수발전과 같이 첨두부하에 대한 기여도가 적으며, 초기 건설비 소요가 크고, 발전량이 강수량에 따라 변동량이 크다는 단점을 갖고 있다.

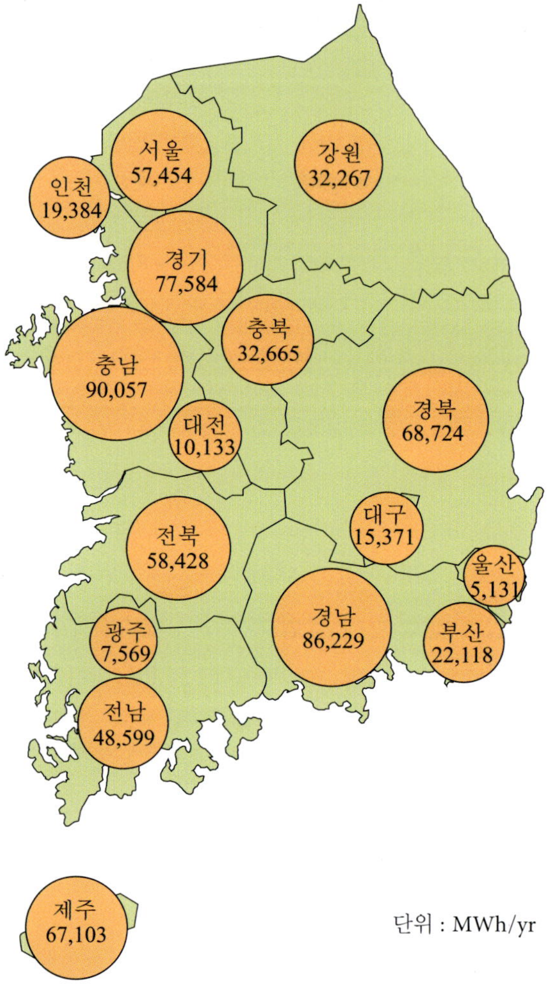

그림 6.29 기존 시설물을 이용한 소수력발전의 잠재력 분포도.

6.6 풍력에너지

풍력에너지는 바람의 힘을 회전력으로 전환시켜 발생되는 유도전기를 활용하는 것으로서 풍력발전이 이에 해당한다. 즉, 풍력발전이란 공기의 유동이 가진 운동에너지의 공기역학적(aerodynamic) 특성을 이용하여 회전자(Rotor)를 회전시켜 기계적인 에너지로 변환시키고, 이 기계적인 에너지에 의해서 생성되는 유도전기를 전력계통이나 수요자에게 공급하는 기술이다. 이러한 과정에서 바람의 운동에너지를 날개(바람개비)를 사용해서 전기에너지로 바꾸는데, 이때 날개의 이론상 바람에너지 중 59.5%만이 전기에너지로 바뀔 수 있으며, 이것도 날개의 형상에 따른 효율과 기계적인 마찰, 발전기의 효율 등을 고려하면 실제적으로 20~40%만이 전기에너지로 이용가능하다.

풍력을 이용한 발전기술은 약 50년 전에 현대적인 개념이 적용된 200kW급 풍력발전기가 덴마크의 Gedser 해안에서 설치되어 성공한 이후 1973년 오일쇼크를 거치면서 풍력발전기의 설계 기술은 비약적으로 진보되었고, 최근 들어 독일과 덴마크를 중심으로 5MW 이상의 대형 풍력발전기가 개발되면서 대용량 풍력발전과 계통연계시스템 등 다양한 개발이 이루어지고 있다. 또한 국내에서는 선박의 추진기로 활용되는 프로펠러 제작기술을 응용한 풍력발전시스템의 개발이 완료되어 기술 수출이 이루어지고 있다.

그림 6.30은 우리나라의 풍력에너지 분포를 나타낸 것으로 포항의 호미곶 부근에서 풍력에너지가 풍부한 것으로 나타났으며, 전반적으로 해안지역과 강원도의 태백산맥 줄기와 동해안 인근의 산악지대에 많은 풍력에너지가 산재해 있는 것을 알 수 있다.

우리나라에서 풍력발전시스템의 설치 우선순위를 살펴보면 첫 번째로는 제주도, 그리고 강원도 태백산맥과 호남지역 해안가, 영남 해안지역 등의 순이다. 현존하는 풍력발전소 중에는 대관령 풍력발전단지, 제주도 풍력발전단지, 영양군 풍력발전단지, 영덕군 풍력발전단지 등이 유명하다.

일반적으로 풍력은 7~7.5m/s 이상의 평균풍속이 발생하여야 경제성이 있다고 보는데, 한국에서 그러한 지역은 극히 드물고 육상에서는 이미 만들 곳에 거의 다 만든 상황이며, 남은 곳은 해상인데 해상은 설치비, 유지관리비, 군사보안, 해로 문제 등이 모두 걸린다. 해상풍력 발전은 부안·영광 앞바다에 2,500MW 용량의 대규모 해상풍력 발전단지와 제주도에 1,000MW 해상풍력 발전단지가 있으며, 2030년까지 제주도에 2,000MW를 건설할 계획이다.

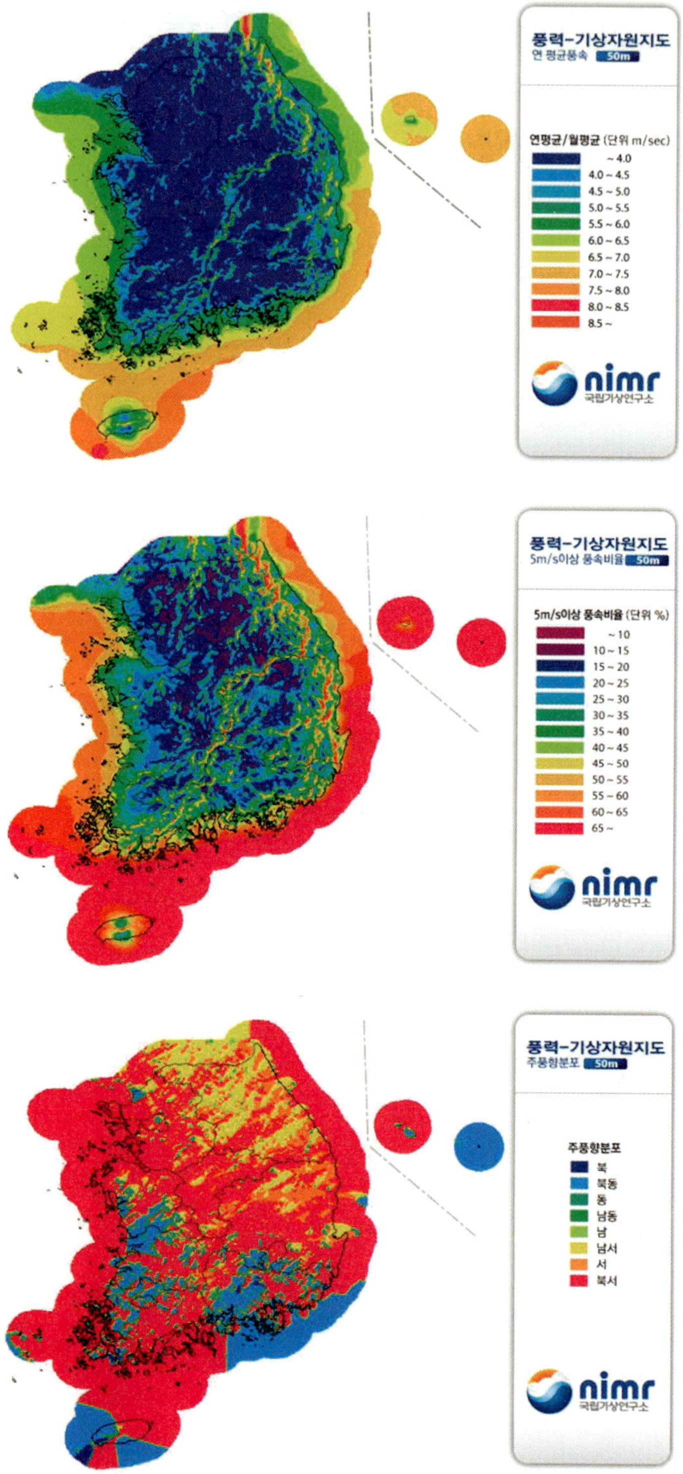

그림 6.30 **우리나라의 바람지도.**
자료 : 기상청 국립기상연구소

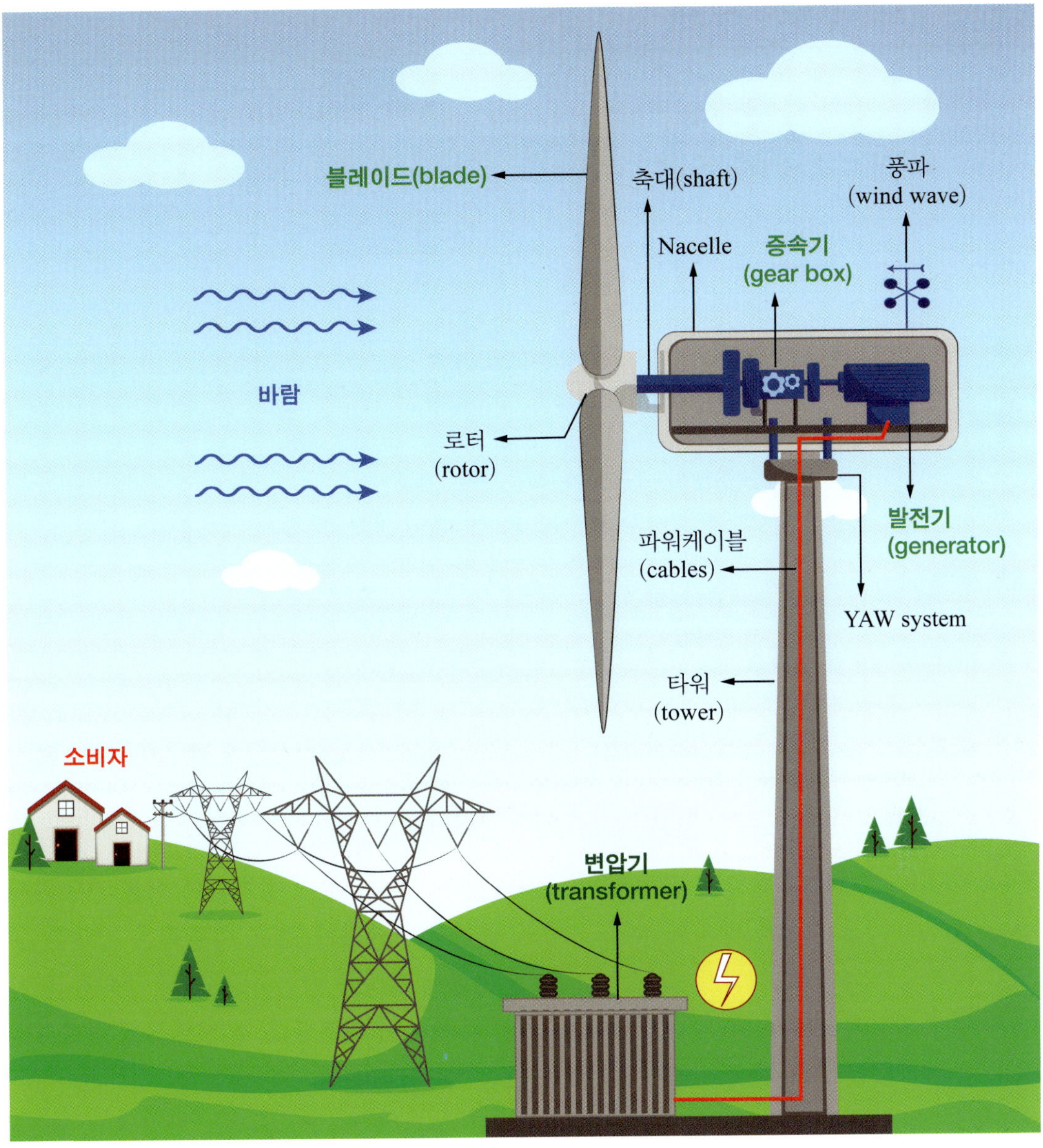

그림 6.31 풍력발전기의 구조 및 구성.

그림 6.31과 표 6.14는 풍력발전시스템의 구성도와 분류를 나타낸 것으로 풍력이 가진 에너지를 흡수 변환하는 운동량 변환장치, 동력전달장치, 동력변환장치 등으로 구성되어 있다. 각 구성요소들은 독립적으로 그 기능을 발휘하지 못하며 상호 연관되어 전체적인 시스템으로서의 기능을 수행하게 되는 일체형 시스템이다.

표 6.14 풍력발전시스템의 구성과 분류

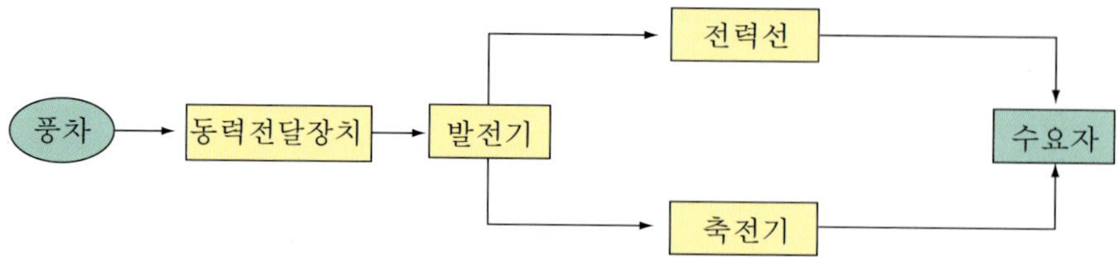

<풍력발전시스템의 구성>

풍력발전시스템의 분류	
구조상 분류(회전축 방향)	수평축 풍력시스템(HAWT) : 프로펠러형
	수직축 풍력시스템(VAWT) : 다리우스형, 사보니우스형
운전방식	정속운전(fixed roter speed type) : 통상 기어
	가변속운전(variable roter speed type) : 통상 기어리스
출력 제어방식	Pitch(날개각) Control
	Stall Control
전력 사용방식	계통연계(유도발전기, 동기발전기)
	독립전원(동기발전기, 직류발전기)

풍력발전기는 날개의 회전축 방향에 따라 회전축이 지면에 대해 수직으로 설치되어 있는 수직축 발전기와 회전축이 지면에 대해 수평으로 설치되어 있는 수평축 발전기로 구분한다. 수직축은 바람의 방향에 관계가 없어 사막이나 평원에 많이 설치하여 이용 가능하지만 소재가 비싸고 수평축 풍차에 비해 효율이 떨어지는 단점이 있고, 수평축은 간단한 구조로 이루어져 있어 설치하기 편리하나 바람의 방향에 영향을 받는다. 따라서 중대형급 이상은 수평축을 사용하고, 100kW급 이하 소형은 수직축이 사용된다. 운전방식에 따라서는 표 6.15에 나타낸 바와 같이 기어형과 기어리스형으로 구분한다.

또한 출력제어방식에 따라서 Pitch Control과 Stall(失速) Control로 분류하고, Pitch Control 방식은 날개의 경사각(pitch) 조절로 출력을 능동적 제어(경사도 조절장치는 유압으로 작동하며, 장기간 운전 시 유압장치실린더와 회전자간의 기계적 링크부분의 손상이 우려되며, 빠른 풍속변화 시 순간적 피크발생으로 시스템의 손상의 우려가 있음)하게 된다. 그리고 Stall Control 방식은 한계풍속 이상이 되었을 때 양력이 회전날개에 작용하지 못하도록 날개의 공기역학적 형상에 의한 제어로 고효율 발전이 가능하고, 기계적 링크가 없어 유지보수가 수월하다(피치각에 의한 능동적 출력제어가 불가능하여 과출력 가능성이 존재하며, 제동효율이 좋지 못하고, 복잡한 공기역학 설계가 필요함).

표 6.15 **풍력발전시스템의 운전특성에 따른 분류**

	운전 특성
풍력을 기계적 에너지로 변환하는 장치	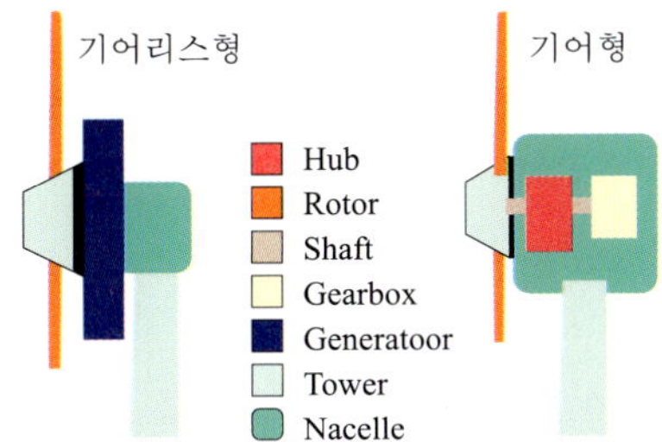
기어형	• 대부분의 정속운전 유도형 발전기기를 사용하는 풍력발전시스템에 해당되며, 유도형 발전기기의 높은 정격회전수에 맞추기 위해 회전자의 회전속도를 증속하는 기어장치가 장착되어 있는 형태임. • 증속기(Gear Box : 적정속도로 변환)는 필요하고, Inverter는 불필요함. • 정속 : 발전기 주파수를 올려 한전계통에 적합한 60 Hz로 맞춤 • 대부분 정속운전 유도형 발전기를 사용함 • 회전자 → 기어증속장치 → 유도발전기(정전압/정주파수) → 한전계통에 연계하는 개념의 흐름도를 가짐.
기어리스형	• 대부분 가변속 운전동기형(또는 영구자석형) 발전기기를 사용하는 풍력발전 시스템에 해당되며, 다극형 동기발전기를 사용하여 증속기어 장치가 없이 회전자와 발전기가 직결되는 direct-drive 형태임. • 가변속 : 한전계통 주파수와 맞지 않기 때문에 Inverter 필요함. • 가변속 운전 동기형(또는 영구자석형) 발전기를 사용함. • 발전효율 높음(단독 운전의 경우 많이 사용되나 유도발전기보다 비싸고, 크다) • 회전자(직결) → 동기발전기(가변전압/가변주파수) → 인버터 → 한전계통에 연계하는 개념의 흐름도를 가짐.

그림 6.32 **1980년 이후 미국의 풍력발전기의 변천.**

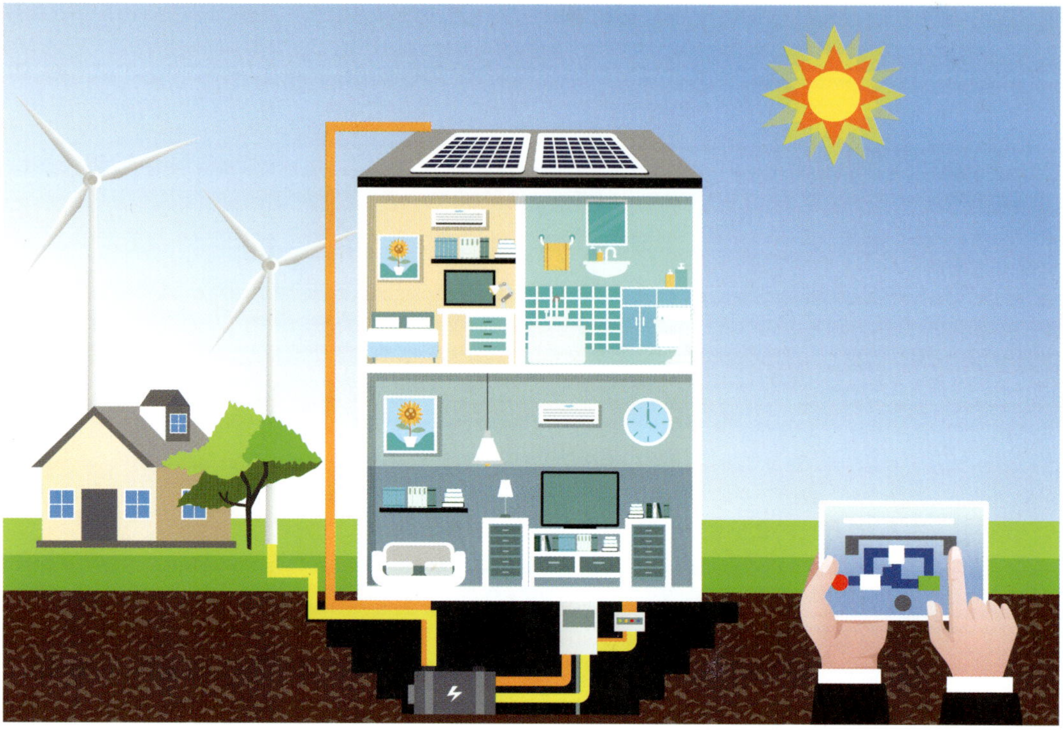

그림 6.33 풍력과 태양광 등을 이용한 하이브리드 신에너지주택 모형도.

그림 6.32는 1980년 이후 미국에서 설치되고 있는 풍력발전기의 변천을 보여주고 있는 것으로 단위시설의 용량이 MW급으로 증가하고 있다. 또한 풍력발전과 태양광 등 다양한 대체에너지원으로 구성된 하이브리드 주택의 구상이 이루어지고 있으며, 앞으로 이들의 보급도 이루어질 것으로 판단된다. 장래에는 그림 6.33과 같이 풍력과 태양광 등을 이용한 하이브리드형 신재생에너지 활용시스템도 실용화 될 것으로 생각된다.

6.7 지열에너지

지열이란 지표면의 얕은 곳에서부터 수 km 깊이에 존재하는 뜨거운 물과 암석을 포함하여 땅이 가지고 있는 열에너지를 말하며, 통상 후자에 있어 뜨거운 물을 온천, 녹아 있는 암석을 마그마라고 부른다. 태양열의 약 47%가 지표면을 통해 지하에 저장되며, 이렇게 태양열을 흡수한 땅속의 온도는 지형에 따라 다르지만 이러한 지열 에너지는 지표면으로부터의 깊이에 따라 천부지열(shallow geothermal)과 심부지열(deep geothermal)로 구분된다. 천부지열의 온도는 지형과 지역에 따라 다소 차이가 있지만 대략 10~20°C 정도이며, 심부지열은 40~150°C 이상의 온도를 보인다.

지열에너지를 활용하는 측면에서 보면, 직접이용(direct use)과 간접이용(indirect use) 기술로 분류할 수 있다. 지열에너지의 직접이용은 말 그대로 땅 속의 중·저온 에너지(10~20°C)를 열펌프(heat pump)나 냉동기와 같은 에너지 변환기기의 열원으로 공급하여 건물의 냉난방, 각종 건조 산업, 도로의 눈 제설(snow melting), 온천, 양식업 및 시설영농, 지역난방 등에 활용하는 기술을 의미한다. 반면, 간접이용 기술은 앞서 언급한 심부지열 중 대략 80°C 이상의 고온수나 증기를 끌어올려 전기를 생산하기 위한 지열발전(geothermal power plant)에 활용하는 기술을 일컫는다. 그림 6.34는 지열의 온도에 따른 에너지 활용 방법을 나타낸 것이다.

우리나라의 경우 일본, 이태리 등과 같은 화산지대가 거의 존재하지 않아 심층지열 이용은 매우 어려운 것으로 나타나고 있으며, 이에 따라 현재는 지하 100~150m 깊이의 지열을 이용하는 시스템의 개발 보급이 점차적으로 활성화되고 있다.

이러한 지열에너지의 활용은 통상 건물의 냉난방 열원으로 활용되는데, 이를 위한 주요설비로는 지열을 유효에너지로 변환시키기 위한 히트펌프(heat pump)가 있다. 히트펌프란 지열과 같은 저온의 열원으로부터 열을 흡수하여 고온의 열원에 열을 보내주는 장치로서 열을 빼앗긴 저온측은 여름철 냉방에, 열을 얻은 고온측은 겨울철 난방에 이용할 수 있는 설비이며, 그림 6.35에 냉방 및 난방시스템의 일반적인 구조도를 보여주고 있다.

지열시스템의 종류는 대표적으로 지열을 회수하는 파이프(열교환기)의 회로구성에 따라 폐쇄회로(closed Loop)와 개방회로(open Loop)로 구분된다. 일반적으로 적용되는 폐쇄회로는 파이프가 폐회로로 구성되어 있는데, 파이프 내에는 지열을 회수(열교환)하기

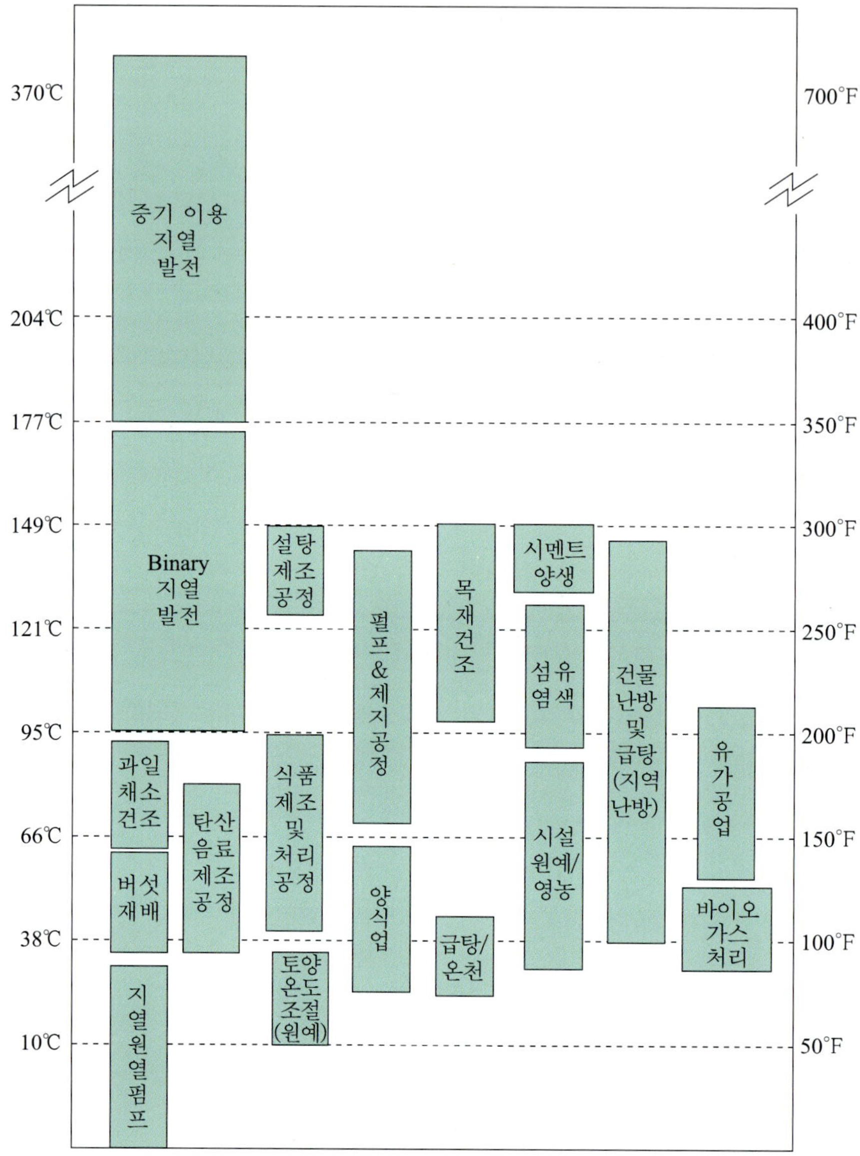

그림 6.34 온도에 따른 지열에너지의 활용방법.

위한 열매체가 순환되며, 파이프의 재질은 고밀도폴리에틸렌(HDPE)이 사용된다. 폐쇄회로시스템(폐쇄형)은 루프의 형태에 따라 수직, 수평루프시스템으로 구분되는데 수직으로 100~150 m, 수평으로는 1.2~1.8 m 정도 깊이로 묻히게 되며 상대적으로 냉난방부하가 적은 곳에 쓰인다. 반면에 개방회로는 수원지, 호수, 강, 우물 등에서 공급받은 물을 운반하는 파이프가 개방되어 있는 것으로 풍부한 수원지가 있는 곳에서 적용될 수 있다. 폐쇄회로가 파이프 내의 열매체(물 또는 부동액)와 지열원(source)이 열교환 되는 것에 비해, 개

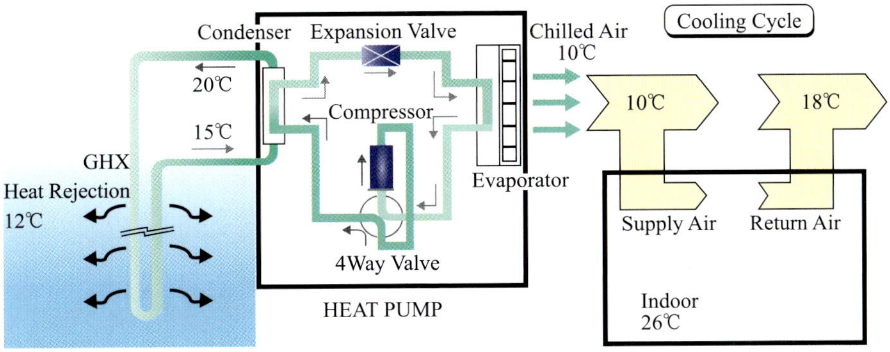

(a) 냉방사이클

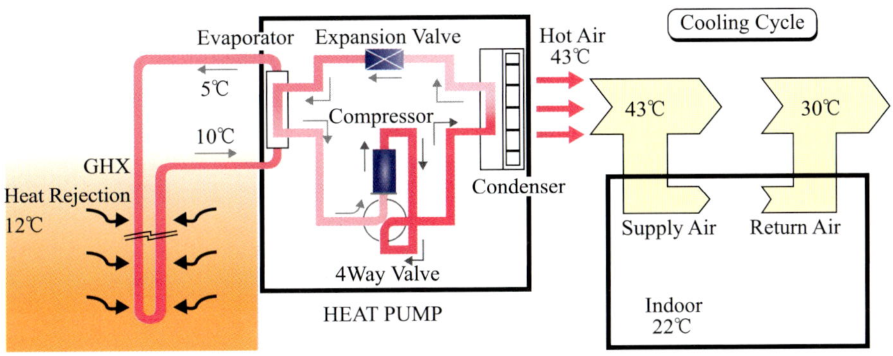

(b) 난방사이클

그림 6.35 **지열 히트펌프(열펌프) 시스템의 냉난방사이클에 관한 구조도.**

방회로는 파이프 내로 직접 지열원이 회수되므로 열전달효과가 높고 설치비용이 저렴한 장점이 있으나 폐쇄회로에 비해 보수가 필요한 단점이 존재한다.

우리나라는 2000년경에 지열 열펌프 시스템을 처음 도입한 후 초기 시장 진입단계에서 많은 시행착오를 겪었다. 하지만 관·산·학·연 전문가들의 기술적 측면이나 행정적인 측면 등의 다방면으로 노력하면서 시스템에 대한 시장(market) 인식이 많이 개선되었으며, 지난 몇 년 동안 지속적인 성장세를 보일 정도로 지열 이용 시장이 확대되고 있다. 그러나 지열발전소의 경우는 그림 6.36에서 보듯이 화산, 간헐천 또는 다른 열원과 가까운 땅속의 뜨거운 물을 굴착하여 표층까지 파이프로 연결하고, 그 증기를 추출하여 전기를 생산하는 방식이다. 지열발전소는 포항과 광주에서 건설이 논의되었으나 광주는 추진단계에서 중단되었고, 포항은 건설 중에 2017년 포항 지진의 원인으로 지목되면서 건설 중단되어 우리나라에는 더 이상 진행 중인 지열발전 프로젝트가 존재하지 않게 되었다.

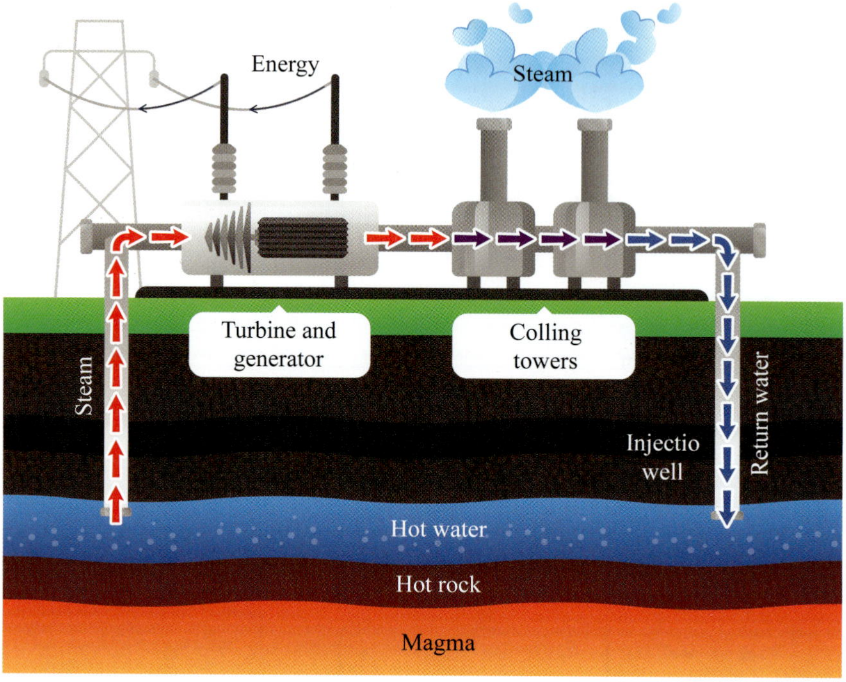

그림 6.36 지열발전시스템.

6.8 수소에너지

수소는 무한정인 물 또는 유기물질을 원료로 하여 제조할 수 있으며, 사용 후에 다시 물로 재순환되는 특징을 가지고 있다. 즉, 자원의 고갈 우려가 없으므로 화석연료 자원이 빈약한 국가에 적합한 신재생에너지원 중의 하나이다.

이러한 수소는 물의 전기분해로 가장 쉽게 제조할 수 있으나, 입력에너지(전기에너지)에 비해 수소에너지가 경제성이 너무 낮아 대체전원 또는 촉매를 이용한 제조기술 연구를 진행하고 있다. 또한 수소는 가스나 액체로서 수송할 수 있으며 고압가스, 액체수소, 금속수소화물 등의 다양한 형태로 저장이 가능하며, 현재 수소는 기체로 저장하고 있으나 단위 부피당 수소저장밀도가 너무 낮아 경제성과 안정성이 부족하여 액체 및 고체저장법의 연구를 진행하고 있다. 특히 수소는 연료로 사용할 경우에 연소 시 극소량의 질소산화물 (NO_x)을 제외하고는 공해물질이 생성되지 않는다. 즉, 단위에너지 제품기준으로 석탄의 이산화탄소 배출량을 100으로 할 때 석유와 천연가스는 각각 80 및 60의 이산화탄소를 배출하나 수소는 이산화탄소를 전혀 배출하지 않는다.

그림 6.37에 나타낸 바와 같이 수소는 산업용의 기초 소재로부터 일반 연료, 수소자동차, 수소비행기, 연료전지 등 현재의 에너지시스템에서 사용되는 거의 모든 분야에 이용이 가능하다. 수소의 생산과정은 물의 전기분해 시 순수(純水)사용과 전기요금(전기소비), 부생가스의 고순도 제조 시 장치비 등이 소요되어 생산비가 고가이므로 특수분야인 고온 용접기와 반도체분야에 이용되는데, 화석연료에 비해 제조단가의 경제성이 확보되면 일반연료나 동력원 등으로 사용이 가능하다.

표 6.16은 수소의 생산기술에 관한 것으로 수소의 제조법과 원료 및 현재의 생산단가를 나타낸 것이고, 표 6.17은 수소에너지의 활용분야에서 핵심내용인 제조분리기술과 저장기술 및 응용(활용)기술을 연결한 시스템을 나타낸 것이다.

수소는 생산방식에 따라 그린 수소, 그레이 수소, 브라운 수소, 블루 수소로 구분한다.

- 그린 수소 : 태양광이나 풍력 등 재생에너지에서 나온 전기로 물을 전기분해하여 생산된 수소
- 그레이 수소 : 천연가스를 고온 고압수증기와 반응시키는 개질수소와 석유화학공정에서

발생하는 부생수소

- 브라운 수소 : 갈탄, 석탄을 태워서 생산하는 개질수소
- 블루 수소 : 그레이 수소를 만드는 과정에서 발생한 CO_2를 포집 · 저장하여 탄소배출을 줄인 수소

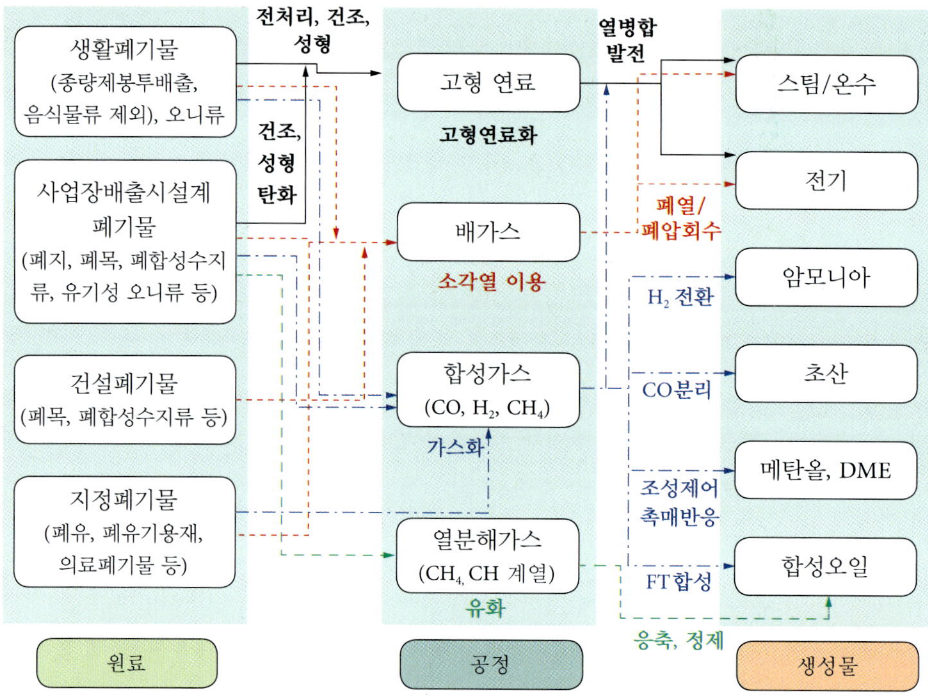

그림 6.37 수소에너지의 생산과 활용방법.

표 6.16 수소의 제조방법과 원료 및 제조가격

수소제조 방법	원료	규모($10^6 Nm^3$/일)	제조가격($/kg)
메탄 수증기개질법	천연가스	0.27~25.4	0.65~1.35
석탄가스화	석탄	2.80~6.78	1.18~1.39
탄화수소가스화(부분산화법)	잔사유	2.80	1.18
바이오매스 가스화	바이오매스	0.72~2.26	1.04~1.57
바이오매스 열분해	바이오매스	0.024~0.81	1.06~1.53
전기분해(대규모, 일반)	물	0.1~6.75	2.47~3.44
전기분해(태양광발전 전기)	물	0.195	5.02
전기분해(풍력발전 전기)	물	0.247	2.42

표 6.17 **수소에너지 시스템 및 주요 관련 기술**

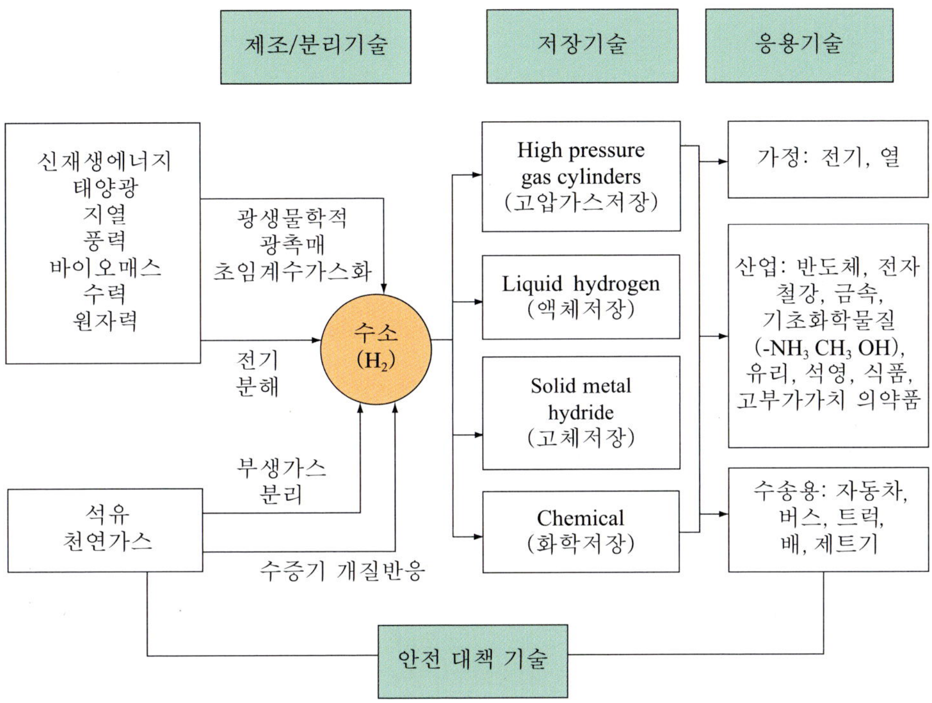

단계	세부기술	기술의 종류
제조	물로부터 수소 제조 (세계적으로 연구단계임)	전기분해(SPE, 태양광, 풍력 등 대체전원이용 등)
		저온열분해(산화물, 유황화합물, 염화물, 불화물, 요드화물 등)
		광촉매(금속산화물, 페롭스카이트, 제올라이트 등)
		바이오(광합성 직 · 간접, 혐기발효, 광합성 발효 등)
	화석연료로부터 수소 제조	수증기 개질(상용화 되어 있음)
		플라즈마 개질(반응기, 플랜트 건설) → 미국 상용화
		고온열분해(이론정립, 촉매, 반응기) → 미국 개발단계
	수소 정제	고순도 수소 제조(PSA, MH이용 등) → 선진국 기술확립
저장	물리적 저장	기체 저장(상용화 되어 있음)
		액체 저장(저장용기, 극저온 연구 등) → 독일 상용화
		고체 저장(재료, 고용량 저장, 무게 등) → 일부 상용화
		CNT(재료, 합성, 공정기술 등) → 선진국 개발단계
	화학적 저장	CO_2 이용 메탄올, 에탄올 합성(상용화 되어 있음)
응용 및 이용	이용	가정(전기, 열), 산업(반도체, 전자, 철강 등), 수송(자동차, 배, 비행기) → 수소의 제조, 저장기술이 확립되지 않아 실용화된 사례가 없음.
	안전대책	역화방지 등

한편 수소는 생산과정에서 비용이 많이 들고 저장과 운반과정에서도 고비용으로 경제성이 떨어진 상태였다. 그런데 수소를 운반하거나 저장할 때 암모니아로 변환시킬 경우 액화수소 형태보다 1.7배 효율이 더 높다. 암모니아는 영하 33.4℃, 수소는 영하 253℃에서 액화되므로 수소에 비해 암모니아가 부피축소가 용이하고, 운송비도 저렴하며, 폭발성이 낮아 안전상의 장점이 있기 때문에 수소 운반수단으로 각광을 받고 있다.

특히, 조선업의 경우 선박의 연료는 기존 LNG에서 수소와 암모니아로 연료가 대체될 것이다. 일본은 대형 수소가스터빈 개발과 암모니아에서 수소를 분리하여 발전연료로 사용하는 연구가 상당히 진전되어, 2025년에는 대형터빈이 등장할 것으로 알려졌다. 우리나라도 기존 LNG복합발전소에서 수소와 혼소하여 탄소배출을 줄이는 방안뿐만 아니라 수소 가스터빈 분야로 실증사업을 추진 중이다. 이러한 추세를 감안할 때 앞으로 수소와 암모니아는 친환경 에너지원으로 대체가 급격하게 진행될 것이다.

6.9 폐기물에너지

폐기물에너지란 사업장 또는 가정에서 발생되는 가연성 폐기물 중 에너지 함량이 높은 폐기물을 열분해에 의한 오일화 기술, 성형 고체연료(RDF)의 제조기술, 가스화에 의한 가연성 가스 제조기술 및 소각에 의한 열 회수 기술 등의 처리공정을 이용하여 고체연료, 액체연료, 가스연료, 폐열 등을 생산하고, 이를 산업생산 활동이나 가정에 필요한 에너지로 이용할 수 있도록 한 재생에너지이다. 그림 6.38은 폐기물을 이용하여 변환에너지를 생산하는 개념을 나타낸 것이다.

폐기물로부터 얻을 수 있는 신재생에너지의 종류와 형태는 다음과 같다.

- 성형 고체연료(RDF) : 종이, 나무, 플라스틱 등의 가연성 폐기물을 파쇄, 분리, 건조, 성형 등의 공정을 거쳐 제조된 고체연료
- 폐기물의 소각여열 : 가연성 폐기물 소각열 회수에 의한 스팀생산 및 발전, 시멘트킬른 및 철광석소성로 등의 열원으로의 이용 등
- 가연성 폐기물(도시고형폐기물, 플라스틱 등)의 열분해 연료유 : 플라스틱, 합성수지, 고무, 타이어 등의 고분자 폐기물을 열분해하여 생산되는 연료유
- 폐유의 정제유 : 자동차 폐윤활유 등의 폐유를 이온정제법, 열분해 정제법, 감압증류법 등의 공정으로 정제하여 생산된 재생유

150여 년 전부터 폐기물로부터 직접에너지를 회수하는 방법인 재래식 소각시스템이 현재 가장 널리 이용되고 있지만 다이옥신의 배출우려, 낮은 열 회수율, 시설의 초대형화, 소각재의 2차 처리 요구 등의 문제가 발생되었다. 현재에는 이들 문제를 해결할 수 있는 대기오염제어 장치가 설치되고, 에너지 회수율을 높인 열 회수 이용장치가 장착된 소각시스템이 보급되고 있으며, 특히 그림 6.39에 나타낸 바와 같이 소각기술을 대체할 수 있는 열분해/가스화 용융시스템의 개발보급이 2000년 이후부터 증가하고 있다.

또한 사업 장폐기물의 경우 발열량이 높은 석유화학계 폐기물의 경우 소각 등에 의한 단순 에너지화보다는, 연료나 그림 6.40에 나타낸 바와 같은 열분해 공정을 이용하여 대체 발전용 연료나 화학원료를 제조하는 기술들의 보급이 자원의 재순환 측면에서 경제적이라고 판단되어 이들 기술의 보급과 개발이 이루어지고 있다.

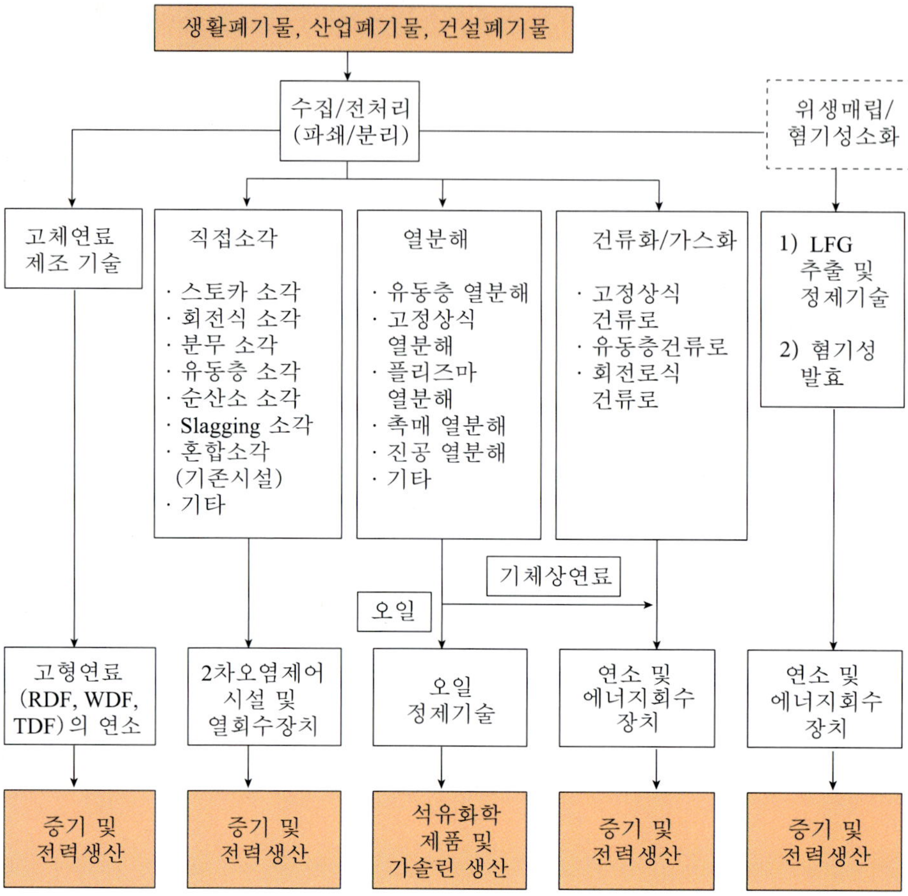

* RDF : Refuse Derived Fuel
WDF : Wood Derived Fuel
TDF : Tire Derived Fuel
혼합소각 : 기존 화석연료 연소로에서 폐기물을 혼합하여 소각시키는 기술

그림 6.38 **폐기물의 에너지화 체계도.**

결과적으로 폐기물의 에너지화는 비교적 단기간 내에 상용화가 가능하고, 다른 신재생에너지에 비하여 경제성이 매우 높고, 조기에 보급이 가능하다는 장점을 갖고 있으면서, 폐기물의 청정 처리 및 자원으로의 재활용 효과가 크기 때문에 폐기물의 적극적인 대체에너지자원으로의 활용이 이루어지고 있다. 우리나라도 현재 신재생에너지 분야에서 폐기물에너지가 차지하는 비중이 제일 크다. 표 6.18은 우리나라의 폐기물에너지의 활용실적과 앞으로 폐기물에너지의 활용목표를 나타낸 것으로 지속적으로 증가할 것으로 기대된다.

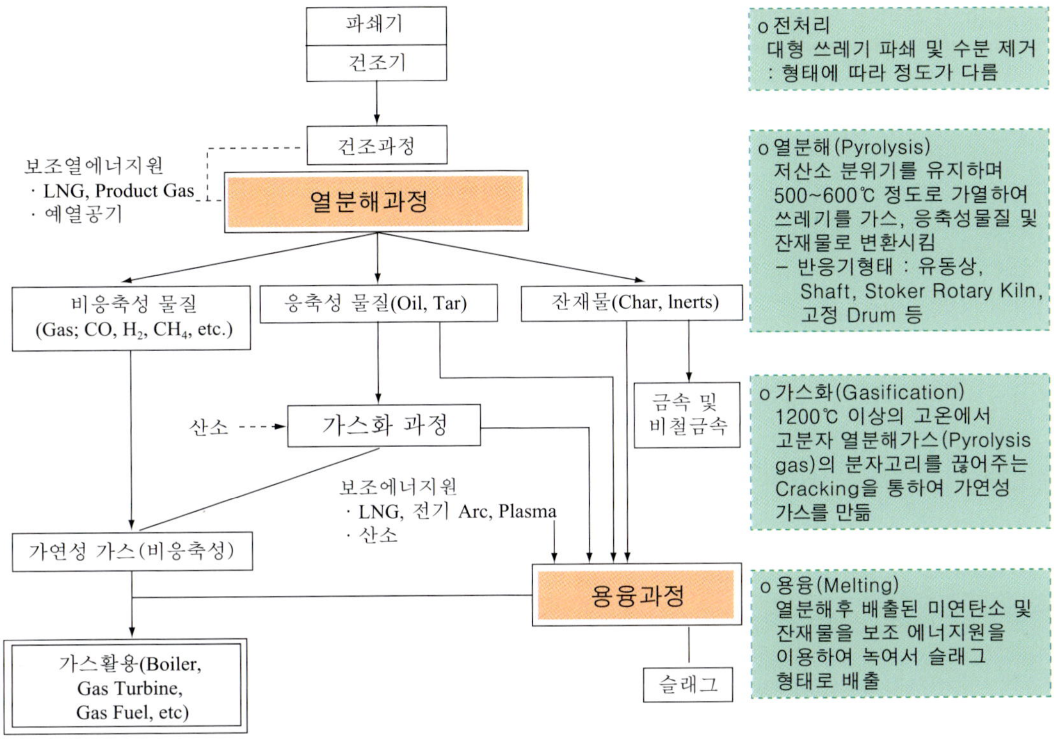

그림 6.39 재래식 소각기술을 대체할 열분해/가스화 용융시스템.

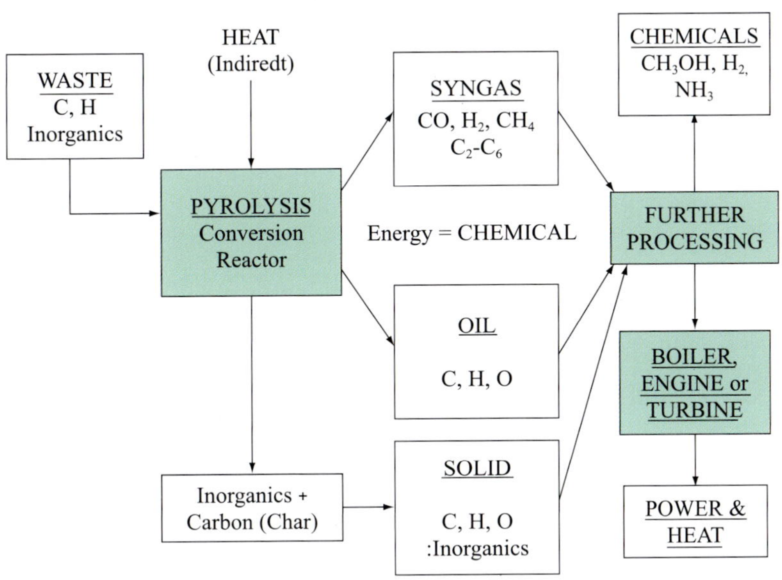

그림 6.40 폐기물의 열분해에 의한 화학원료 및 합성가스 제조공정.

표 6.18 **우리나라의 폐기물 에너지화 실적와 장래 목표** (단위 : toe/년)

구분			2006년	2012년	2020년	2030년
기술 분야	① 고형연료(RDF, RPF)		100,000	300,000	500,000	800,000
	② 열분해 유화	폐합성수지류	5,000	40,000	100,000	150,000
		폐유	302,830	350,000	400,000	450,000
		소계	307,830	390,000	500,000	600,000
	③ 가스화		14,200	152,265	238,632	392,605
	④ 소각열 회수 이용		1,548,437	2,196,487	3,006,044	3,664,350
	⑤ 폐가스		1,735,080	1,841,822	1,994,429	2,203,090
	합계		3,705,547	4,880,574	6,239,105	7,660,045
	에너지 잠재량 대비 ①~④의 기여도 비율		24.0%	28.7%	33.6%	37.1%
에너지 잠재량	생활폐기물		3,141,082	2,965,181	2,977,746	2,940,053
	사업장배출시설계 폐기물		2,881,745	4,334,144	5,489,724	6,691,411
	건설폐기물		906,900	1,363,978	1,727,645	2,105,822
	지정폐기물		1,279,710	1,924,684	2,437,848	2,971,487
	합계		8,209,437	10,587,987	12,632,963	14,708,773

표 6.19 **폐기물의 에너지화 기술별 대체에너지효과와 온실가스 저감량**

구분	에너지 대체에 의한 효과			기타 저감효과 (TC/톤)	합계 (TC/톤)
	에너지 대체효과 (toe/톤)	배출계수 (TC/toe)	온실가스 저감량 (TC/톤)		
단순소각	0	1.05	0	–	0
고형연료(RDF)	0.2	1.05	0.21	–	0.21
열분해 유화	0.57	0.84	0.48	–	0.48
가스화	0.26	1.05	0.27	0.2	0.47
소각열 회수 이용	0.18	1.05	0.19	–	0.19

주 : 1) 생화폐기물 1톤 처리 기준(열분해 유화는 폐플라스틱 1톤 처리 기준)
2) 에너지 대체효과는 전환수율, 전환 후 발열량 및 에너지 이용효율을 고려하여 추정
3) 배출계수는 유연탄 기준(열분해 유화는 경유 기준)
4) 폐기물 가스화는 처리공정 특성상 CO_2가 90% 이상 농축됨.

또한 폐기물에너지는 표 6.19에 나타낸 바와 같이 대체에너지 효과가 크고, 온실가스 저감효과도 높기 때문에 폐기물의 매립에 의한 처분보다는 에너지화하여 활용하는 것이 보다 효율적이다.

6.10 석탄(중질잔사유)의 가스화 · 액화

석탄은 다른 화석연료와 비교하여 가치 매장량이 풍부하고(천연가스 및 석유의 가용연한 40~50년, 석탄 200~400년 전망), 지역적인 편재가 적어 가격변동이 크지 않아 발전용 연료로 수요가 계속 증가될 것으로 전망되고 있다. 그러나 석탄을 이용한 전력생산은 SO_x, NO_x, 및 CO_2 등의 배출량이 다른 발전에너지원보다 상대적으로 많아 환경문제를 유발한다는 단점이 존재한다. 따라서 이러한 공해성 석탄연료를 저공해성 연료로 변환시켜 청정에너지원으로 활용하고자 하는 기술이 개발되고 있다.

석탄을 사용하여 청정연료를 만드는 방법에는 메탄올을 만드는 방법, DME(Dimethylether)를 만들어 활용하는 방법, 합성천연가스로 변환하여 사용하는 방법, 직접액화와 간접액화에 의해서 합성석유를 만들어 사용하는 방법 등이 존재한다. 이러한 방법들을 생산된 연료의 사용처에 대한 관점에서 살펴보면 표 6.20과 같으며, 대표적으로 현재 개발되어 상업적인 운전이 이루어지고 있는 기술은 합성천연가스(가스화공정) 생산기술과 액화유(직접액화, 간접액화) 생산기술이 대표적이다.

석탄(중질잔사유)가스화 기술로서 가스화 복합발전기술(IGCC : Integrated Gasification Combined Cycle)은 석탄, 중질잔사유 등의 저급원료를 고온 · 고압의 가스화기에서 수증기와 함께 한정된 산소로 불완전연소 및 가스화시켜 일산화탄소와 수소가 주성분인 합성가스를 만들어 정제공정을 거친 후 가스터빈 및 증기터빈 등을 구동하여 발전하는 신기술이다. 표 6.21은 가스화복합발전기술의 공정도를 나타낸 것이고, 표 6.22는 가스화복

표 6.20 석탄으로부터 생산할 수 있는 청정연료와 적용처

청정연료	가솔린엔진	디젤엔진	연료전지 (수소원)	복합발전	기타 전력생산
메탄올	적용 가능	불가능	적용 가능	적용 가능	적용 가능
DME	불가능	적용 가능	적용 가능	적용 가능	적용 가능
합성천연가스	불가능	불가능	적용 가능	적용 가능	적용 가능
간접액화유	적용 가능	적용 가능	적용 가능	적용 가능	적용 가능
직접액화유	적용 가능	적용 가능	불가능	적용 가능	적용 가능

자료 : "Profiles-Clean fuels from coal." IEA Clean Coal Centre, 2004

표 6.21 석탄의 가스화 복합발전기술의 공정

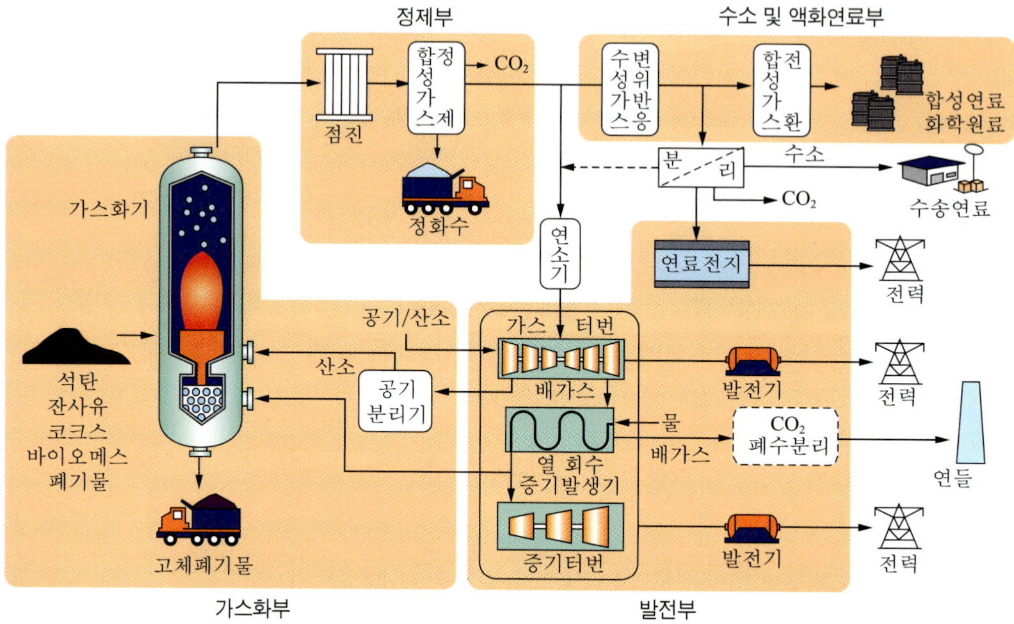

주요 기술	내용
석탄 가스화 기술	가장 중요한 부분으로 원료공급방법 및 Ash처리 등이 핵심기술로 석탄 종류 및 반응조건에 따라 생성가스의 성분과 성질이 달라짐
가스 정제 공정	생성된 합성가스를 고효율 청정발전 및 청정에너지에 사용할 수 있도록 오염가스와 분진(H_2S, HCl, NH_3 등) 등을 제거하는 기술
가스터빈 복합발전 시스템(IGCC)	정제된 가스를 사용하여 1차로 가스터빈을 돌려 발전하고, 배기 가스열을 이용하여 보일러로 증기를 발생시켜 증기터빈을 돌려 발전하는 방식

표 6.22 기존의 석탄화력발전과 가스화복합발전의 비교

구분	미분탄 화력발전	가스화 복합발전
발전효율	37~40%	40~45%
환경오염물질	SO_x : ~150 ppm NO_x : ~200 ppm	SO_x : 5~20 ppm NO_x : 15~30 ppm

합발전과 미분탄화력발전의 발전효율과 환경오염물질 배출특성을 나타낸 것으로 가스화복합발전이 발전효율도 높고 저공해 전력생산시스템이다.

이러한 IGCC기술은 석탄을 고온 고압 하에서 부분연소(공기비 < 1.0)시켜 가스화하여 연료가스(CO 50%, H_2 30%)로 전환하고, 부식성가스 및 분진을 제거한 후 가스터빈의 연료로 사용하여 발전하고, 동시에 가스화되는 과정에서 발생한 열과 가스터빈 배가스의 열을 폐열보일러를 통해 회수하여 증기를 생산하여 증기터빈을 구동하는 복합발전방식이다.

특히 IGCC의 상용설비(600 MW급)는 송전단 열효율이 46%(고위발열량 기준, 습식가스정제, 1500°C급 GT)에서 48%(고위발열량 기준, 건식가스정제, 1500°C급 GT) 범위로 높게 예측되고 있어 기존의 석탄을 이용한 전력생산시스템보다 효율이 매우 높은 시스템이다.

석탄액화기술은 고체연료인 석탄을 휘발유 및 디젤유 등의 액체연료로 전환시키는 기술로 고온 고압의 상태에서 용매를 사용하여 전환시키는 직접액화 방식과 석탄가스화 후 촉매상에서 액체연료로 전환시키는 간접액화 기술이 있다. 직접액화의 가장 핵심인 고온 고압 하에서 석탄에 수소를 첨가하는 기술은 독일의 Friedrich Bergius에 의해 처음 개발되었고, 간접액화의 핵심인 일화탄소의 수소첨가 반응은 독일의 Franz Fischer, Hans Tropsch, Helmult Pichler에 의해서 개발되었다. 1930년대에 독일에서 이들 기술들이 상용급으로 개발되어 2차 세계대전 당시 독일에서 상용급 액화설비들이 사용되었고, 1945년에는 독일에서 9기의 석탄 간접액화공장과 10기의 석탄 직접액화공장에서 4백만 톤의 연료유를 생산하여 독일이 필요로 하던 연료유의 90%를 공급하였다. 1970년대에 남아공에서는 간접액화방식으로 연간 1천만 톤의 연료유를 생산하여 남아공 원유 수급량의 60%를 공급하기도 하였다.

그림 6.41은 최근 미국과 일본, 중국 등에서 상용급으로 추진하고 있는 전기 및 증기생산과 합성연료유를 동시에 생산하는 개념을 갖고 있는 석탄 간접액화 공정의 개략도를 보

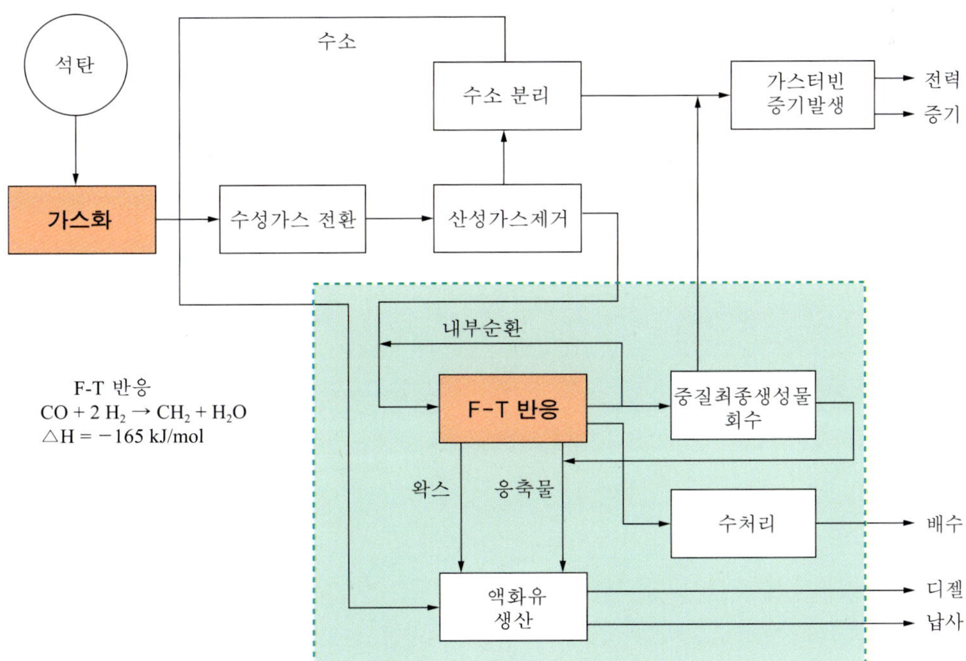

그림 6.41 석탄 액화 공정의 흐름도.

표 6.23 가스화복합발전(IGCC)기술 특징

항목	주요내용
원리	고체 가연성 물질을 산소가 부족한 상태에서 연소시킨 후 합성가스($CO+H_2$)를 생성시고, 생성된 가스를 정제 시스템을 통해 청정가스로 만들며, 이를 가스터빈을 이용 발전하고, 가스화기 및 가스터빈의 배가스가 갖고 있는 열로부터 증기터빈을 이용 발전하는 기술
고효율	현재 39~43%, 고성능 가스터빈 사용 45~46%
환경오염물질	탈황 99.9%, NO_X 25ppm 이하
사용연료	석탄, 페트로코크스, 바이오매스, 폐기물 등
문제점	높은 투자비, 복잡한 설비 구성과 제어시스템 필요
기타	설비의 최적화 및 저비용화가 필요

여주고 있다. 직접액화는 액체용매와 함께 석탄을 수소와 400°C 이상, 100기압 이상에서 촉매를 사용하여 반응시킨다. 간접액화 방식보다는 전환수율이 높으며, 간접액화 방식은 석탄을 가스화시켜서 CO와 수소가 주성분인 합성가스(syngas)를 만들고 이를 F-T(Fischer-Tropsch)공정이나 모빌사의 Methanol-to-Gasoline(MTG)공정으로 합성연료유를 생산한다.

직접액화방식에 의한 연료유는 연소할 때에 검댕이(soot)가 많이 발생하는 등의 문제점이 있고, 간접액화방식은 석탄을 먼저 가스화 시킨 후 생산된 일산화탄소와 수소가스를 정제하고 촉매를 사용하여 탄소를 하나하나씩 다시 결합시켜 휘발유까지 만드는 것으로서 비용이 높은 단점이 있다.

표 6.23에서 보듯이 가스화복합발전(IGCC : Integrated Gasification Combined Cycle) 기술은 가스화 기술과 가스터빈 복합발전이 통합연계된 기술로서 효율이 높고, 환경오염물질 처리 성능이 우수하며, 사용연료의 다양화 등 장점을 갖고 있으나 설비의 최적화 및 저비용화가 필요하다.

IGCC는 크게 나누어 석탄가스화의 단계와 합성가스이용 발전단계의 두 단계 공정이 병합된 기술로서, 석탄가스화 단계에서 석탄과 가스화제(산소)의 접촉 방식에 따라 반응기 종류가 다양하며, 석탄의 종류에 따라 운전조건도 달라진다. 따라서, 에너지 자원의 형태 및 특성에 맞게 여러 형태의 반응기가 개발되고 있고, 또한 최종 합성가스의 용도에 따라 정제설비 및 합성가스 이용 설비등도 달라진다.

석탄 가스화 공정은 석탄 및 가스화제의 접촉 방식과 반응기 형태에 따라 200여 개 이상의 공정이 개발되어 있다. 이들 공정 중 전 세계적으로 상업화된 가스화 공정의 개수를 그림 6.42에 나타내었다. 그림 6.42에서 보듯이 미국과 유럽은 석탄가스화 복합발전의 핵심기술의 원조 보유국으로서 관련기술 및 사업개발을 견인해 왔다. 미국은 습식 중심의 기술로서, Texaco 및 CB&I사 등이 기술개발을 주도해 왔고, 유럽은 건식 중심의 기술로서 Shell사(현

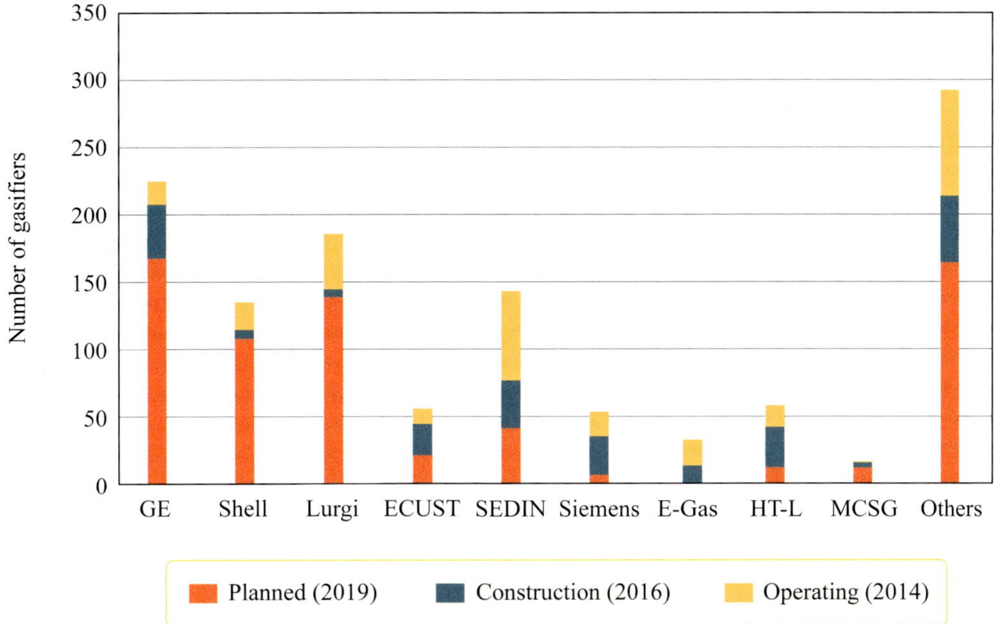

그림 6.42 전 세계적으로 상업화된 가스화 공정의 수.
자료 : 한국에너지경제연구원, IGCC 기술동향과 국내보급 여건 및 정책적 검토, 2018

Air Liquid사) 및 Uhde사(현 TKIS사) 등이 주도해 왔다.

한편 석탄이 1차 소비 에너지의 62% 이상을 차지하고 있는 중국은 오래전부터 석탄가스화 복합발전 핵심기술인 석탄가스화기 개발에 전력해 왔다. 2015년 말 현재 중국은 655기의 석탄가스화기를 보유하고 있으며, 최근에 건설되고 되고 있는 가스화기의 절대 다수가 중국에 세워지고 있다. 중국은 초기에 미국 및 유럽 공정으로 가스화기를 세우다가 차츰 ECOUST, TPRI 공정과 같은 자국에서 독자 개발한 가스화기 기술로 대체하고 있다. 이러한 중국의 가스화 공정의 자립 모델은 우리에게 시사하는 바가 매우 크다고 할 수 있다.

일본의 경우는 석탄가스화 복합발전의 기술개발과 상용화에 가장 적극적인 국가이다. 일본의 석탄가스화 복합발전은 산화제에 따라 크게 두 가지 방식으로 구분할 수 있는데, 순산소를 사용하는 OSAKI CoolGen(Gross 170 MW급)플랜트와 공기를 사용하는 Nakoso 석탄가스화 복합발전(Gross 250 MW급)로 구분할 수 있다. 특히 공기형의 경우, 2021년에 운전을 목표로 후쿠시마 지역에 540 MW급 석탄가스화 복합발전 2기를 건설했다.

우리나라는 서부발전이 태안에 300 MW급 실증플랜트를 2016년 8월에 준공하였고 2017년 10월에 실증운전을 완료하였다. 준공 이후 초기에 운영에 많은 어려움 있었으나, 2018년 4월 현재 이용률이 80% 이상을 상회할 정도로 운전 정상화에 도달하였다. 미세먼지 등의 배출물도 가스발전 수준으로서 친환경 기술로 입증하고 있다.

6.11 연료전지

연료전지란 연료의 산화(酸化)반응에 의해서 생기는 화학에너지를 직접 전기에너지로 변환시키는 전지로서 일종의 발전장치라고 할 수 있다. 산화 · 환원반응을 이용한다는 점 등 기본적으로는 보통의 화학전지와 같지만, 닫힌계에서 전지반응을 하는 화학전지와는 달리 반응물질이 외부에서 연속적으로 공급되며 반응생성물이 연속적으로 계의 외부로 배출되는 것으로 가장 전형적인 것은 수소-산소 연료전지가 있다. 특히 수소 외에 메탄과 천연가스 등의 화석연료를 사용하는 기체연료와 메탄올(메틸알코올) 및 하이드라진과 같은 액체연료를 사용하는 것 등 여러 종류의 연료전지가 나와 있으며, 이 중에서 작동온도가 300°C 정도 이하의 것을 저온형, 그 이상의 것을 고온형이라고 한다. 또한 발전효율의 향상을 꾀한 것이나 귀금속 촉매를 사용하지 않는 고온형의 용융탄산염 연료전지를 제2세대라 하고, 보다 높은 효율로 발전을 하는 고체전해질 연료전지를 제3세대의 연료전지라고 한다.

연료전지 발전원리(예 : 수소-산소 연료전지)는 다음 표 6.24와 같으며, 전극사이에 산소와 공기를 넣어 화학반응을 유도한 다음 두 전극사이에 음전하가 이동하면서 전기가 생성되도록 하는 것이다.

특히 표 6.25에 나타낸 바와 같이 연료전지를 이용한 발전시스템에서 연료전지는 발전효율이 40~60%이며, 연료전지를 이용하여 열병합발전을 할 경우에는 효율이 80% 이상 가능하다. 천연가스와 메탄올, 석탄가스 등 다양한 연료의 사용이 가능하며, 환경오염물질 생성을 감소(배기가스 중 NO_x, SO_x 및 분진의 생성이 거의 없고, CO_2 발생량에 있어서도 미분탄 화력발전에 비하여 20~40% 감소)시킬 수 있고, 회전부위가 없어 소음이 매우 낮으며, 기존 화력발전과 같은 다량의 냉각수가 필요하지 않다. 또한 전력의 주요 수요처인 도심부근에 설치가 가능하여 송배전 설비가 적게 소요되고, 이에 따른 전력 손실 또한 적고, 부하변동에 따라 신속히 대응할 수 있으며, 설치형태에 따라서 현지 설치형, 분산 배치형, 중앙 집중형 등의 다양한 용도로 사용이 가능하다는 특징을 갖고 있다.

이러한 연료전지발전시스템을 차량에 장착하여 기존의 휘발유와 경유를 이용하는 차를 대체하고자 하는 노력이 많이 이루어지고 있다. 그림 6.43은 오일탱크 대신 수소저장탱크를 싣고 다니면서 수소를 이용하는 연료전지에서 전기를 생산하여 모터를 구동시켜 자

표 6.24 연료전지의 발전원리 및 전기 생산 반응

<table>
<tr><th>연료전지의 구조</th><th>연료전지의 발전과정</th></tr>
<tr><td>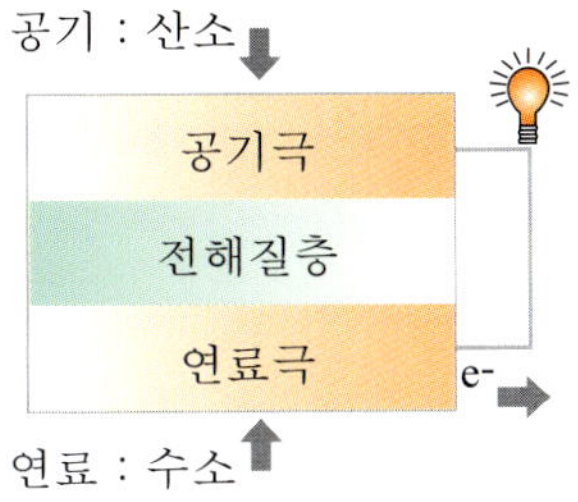
</td><td>연료 중 수소와 공기 중 산소가 전기 화학 반응에 의해 직접 발전되는 과정은 다음과 같음.
① 연료극(양극)에 공급된 수소는 수소이온과 전자로 분리
② 수소이온은 전해질층을 통해 공기극으로 이동하고, 전자는 외부회로를 통해 공기극으로 이동
③ 공기극(음극)쪽에서 산소이온과 수소이온이 만나 반응생성물(물)로 전환됨
⇒ 최종적인 반응 : 수소와 산소가 결합하여 전기, 물, 열 생성</td></tr>
<tr><td colspan="2">연료전지의 반응과정(예)
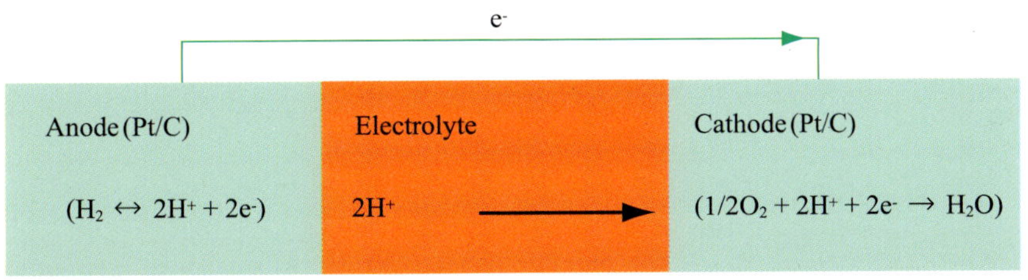
</td></tr>
</table>

표 6.25 연료전지 발전시스템의 구성도

<table>
<tr><td>연료 전지의 발전 구성도</td><td>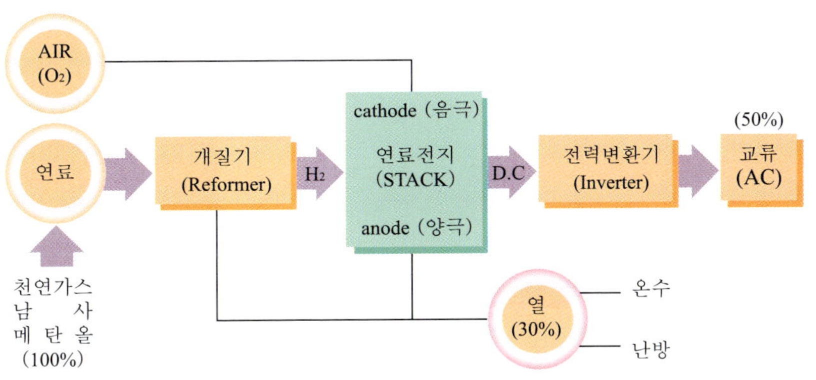
</td></tr>
<tr><td>각 구성요소의 기능</td><td>• 개질기(Reformer) : 연료인 천연가스, 메탄올, 석탄, 석유 등을 수소가 많은 연료로 변화시키는 장치
• 단위전지(Unit Cell) : 연료전지의 단위전지(Cell)는 기본적으로 전해질이 함유된 전해질 판, 연료극(anode), 공기극(cathode), 이들을 분리하는 분리판 등으로 구성되며, 이 단위전지(Cell)에서 전류를 인출하는 경우 통상 0.6~0.8 V의 낮은 전압이 생성됨.
• 스택(Stack) : 원하는 전기출력을 얻기 위해 단위전지를 수십 장, 수백 장 직렬로 쌓여 올린 본체를 말함.
• 전력변환기(Inverter) : 연료전지에서 나오는 직류전기(DC)를 우리가 사용하는 교류전기(AC)로 변환시키는 장치</td></tr>
</table>

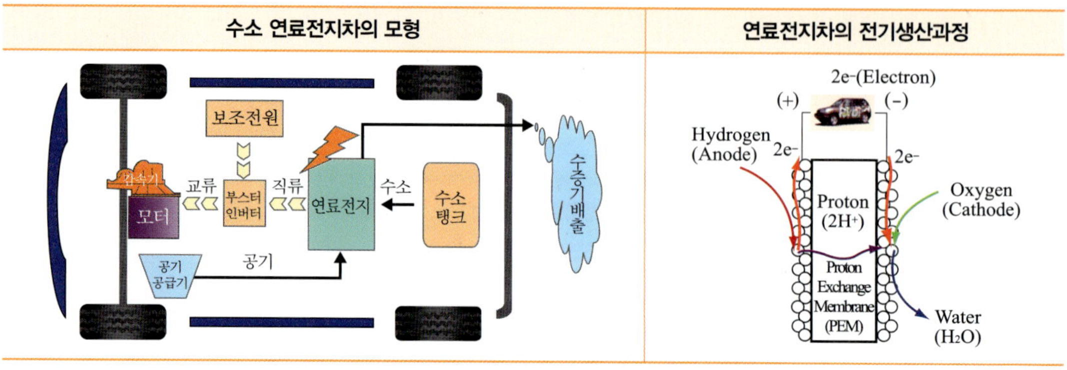

그림 6.43 **수소연료전지차의 모형과 연료전지의 에너지 생성과정.**
자료 : 현대자동차

동차가 운행되도록 하는 시스템으로 수소연료전지차라 부른다. 수소연료전지차는 수소연료저장시스템, 연료전지 스택, 스택에 공기와 수소를 공급하고, 스택의 운전조건을 확보해주는 장치, 스택에서 생산된 전기를 변환시켜 주는 전력변환기, 모터 및 감속기, 스택의 운전을 보조해주는 보조전원 등으로 구성된다. 연료전지 스택만으로 차량을 운전하기도 하지만, 경우에 따라서는 전지 또는 수퍼캐패시터(super capacitor)와 같은 보조 에너지 저장장치를 설치하여 스택의 운전을 보조역할을 하게 하여 차량의 성능을 높이기도 하는데, 현재 연료전지차에서는 보조전원을 사용하는 시스템이 보편화되어 있다.

표 6.26 **전해질 종류와 동작온도에 의한 분류**

	인산형 (PAFC)	알칼리형 (AFC)	용융탄산염형 (MCFC)	고체산화물형 (SOFC)	고분자전해질형 (PEMFC)	직접메탄올 (DMFC)
전해질	인산형	수산화 칼슘	용융탄산염 (Li_2CO_3+K_2CO_3)	질코니아(ZrO_2+ Y_2O_3)고체산화물	이온교환막(Nafion) 이온+전도성고분자막	이온교환막 (Nafion)
발전온도 (°C)	150~200	상온~100	600~1000	약 650	상온~80	상온~100
운전온도	200	80	650	1000	85	25~130
주연료	천연가스, 메탄올	수소	천연가스, 석탄	천연가스, 석탄	수소, 메탄올	수소, 메탄올
효율(%)	35~45		50~60	50~60	40~50	20~30
용도	분산전원	특수목적	중·대용량 전력용	소·중·대용량 발전	정지용, 이동용	소형이동
적용대상	분산전원	특수목적	복합, 열병합발전	복합, 열병합발전	소형전원자동차	소형, 전원자동차

주) MCFC : Molten Carbonate Fuel Cell　SOFC : Solid Oxide Fuel Cell
PEMFC : Polymer Electrolyte Membrane Cell　DMFG : Direct Methanol Fuer Cell

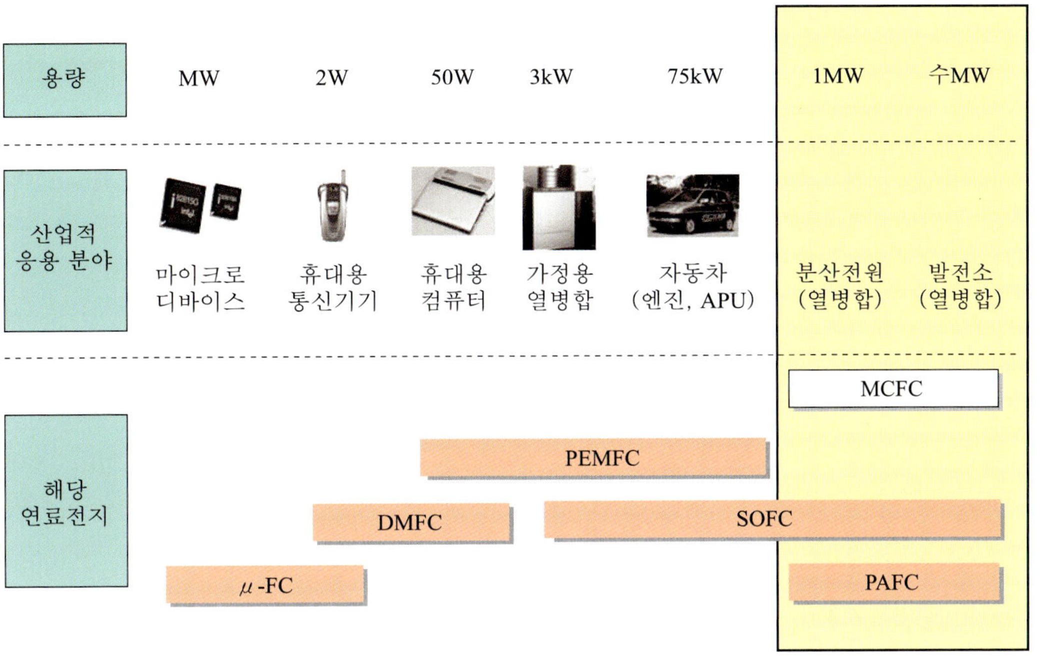

그림 6.44 연료전지의 산업응용 분야 분류.

연료전지의 종류는 전해질 종류와 동작온도에 의해 분류되며, 표 6.26에 나타낸 바와 같으며, 연료전지의 산업적인 응용분야는 그림 6.44에 나타낸 바와 같다. 연료전지는 용량이 수 mW의 아주 작은 용량에서 수 MW의 대용량까지 제작하여 활용이 가능하며, 산업적인 응용분야는 마이크로 디바이스와 휴대용 전자기기의 기존 배터리 대용으로 연료전지의 활용이 가능하고, 자동차의 구동 에너지원이나 발전설비로서의 활용도 가능하다.

6.12 해양에너지

해양에너지 이용기술은 해양의 물리적인 특성이나 바닷물과 해안의 구조적인 특성에 의해서 해양에 광범위하게 분포하는 청정 재생에너지 자원인 파랑, 조류, 조석, 수온 등의 물리적인 에너지를 전기에너지로 변환하는 기술이다. 표 6.27은 해양에너지를 이용할 수 있는 각 기술의 정의와 입지조건 등을 나타낸 것으로 해양에너지 이용방식에 따라 조력, 파력, 온도차발전으로 구분되며, 기타 해류발전, 근해풍력발전, 해양 생물자원의 에너지화 및 염도차 발전 등이 있다.

표 6.27 해양에너지 이용기술과 입지조건

구분	조력발전	파력발전	온도차발전
정의	• 조력을 동력원으로 하여 해수면의 상승하강운동을 이용하여 전기를 생산하는 발전 기술	• 들어오는 파랑에너지를 터빈 같은 원동기의 구동력으로 변환하여 발전하는 기술	• 해양표면층의 온수(예 : 25~30°C)와 심해 500~1000 m 정도의 냉수(예 : 5~7°C)와의 온도차를 이용하여 열에너지를 기계적 에너지로 변환시켜 발전하는 기술
입지 조건	• 평균 조차 : 3 m 이상 • 폐쇄된 만의 형태 • 해저의 지반이 강한 곳 • 에너지수요처와 근거리	• 자원량이 풍부한 연안 • 설치지역은 육지에서 거리 30 km 미만 • 수심 300 m 미만의 해상 • 항해와 항만 기능에 방해되지 않는 곳	• 연중 표·심층수와 온도차가 17 이상인 기간이 많은 곳 • 어업 및 선박에 방해되지 않는 곳

그림 6.45는 해양에너지의 이용시스템을 나타낸 것으로 기본적으로 물리적인 해양에너지(파랑, 조석, 해류, 수온, 바람, 염도 등)를 1차로 기계적인 에너지로 변환시킨 후 터빈 저낙차발전 등의 설비를 이용하여 기계에너지를 전기에너지로 변환시켜 사용하게 된다.

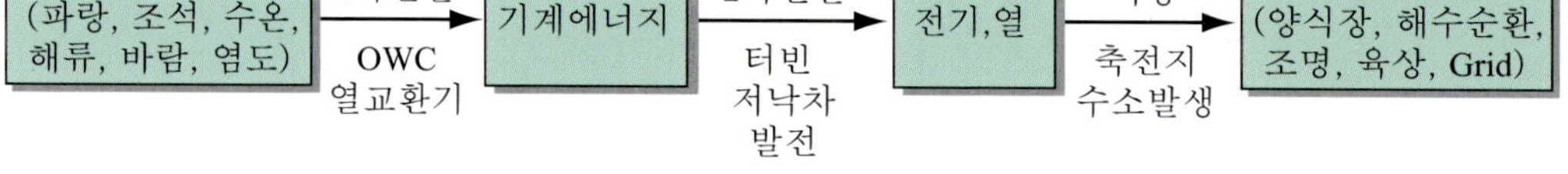

그림 6.45 해양에너지의 이용시스템 흐름도.

(a) UK MCT사

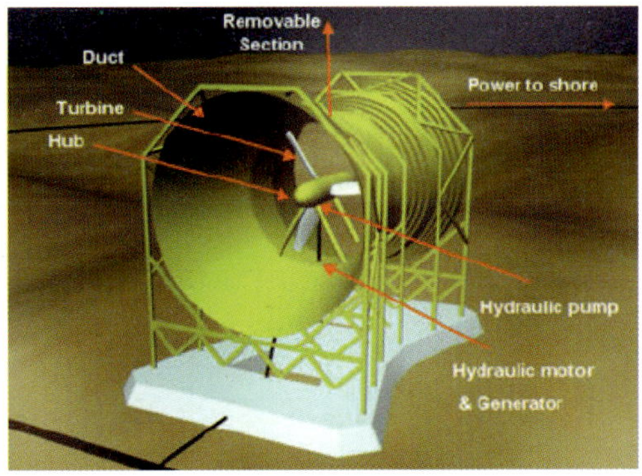

(b) UK Lunar Energy사

(c) 우리나라 울돌목 조류발전소 구상도

그림 6.46 해양의 조력에너지를 기계적인 에너지로 변환시키는 장치와 조류발전소.

그림 6.46~6.48은 각각 조류와 파력에너지를 기계적인 에너지로 변환시키는 장치와 해수의 온도차에 의한 발전시스템을 나타낸 것이다. 우리나라의 경우 인천만, 시화호, 가로림만, 울돌목, 천수만 등 여러 곳에서 조류나 조력을 이용한 해양에너지의 활용에 관한 사업이 고려되고 있다.

우리나라는 3면이 바다이기 때문에 연안역의 풍부한 해양에너지의 부존자원의 개발이 가능하며, 인천만(8.1 m), 아산만(6 m), 가로림만(4.7 m), 천수만(4.5 m) 등이 최적지로 꼽힌다. 시화호 조력발전은 2011년 11월에 준공하여 2020년 12월 현재 전력공급량 44억 kWh을 생산하고 있으며, 시설용량이 254 MW인 세계 최대 조력발전소이다. 조류발전의 경우 그림 6.44(c)에 나타낸 바와 같이 울돌목에 1 MW의 시험조류발전소를 건설하여 운전 중이고, 파력발전의 경우 500 kW급의 실증플랜트를 계획하고 있다. 또한 새만금의 경우 조력발전사업 타당성조사 및 기본계획 수립을 완료한 상태이다.

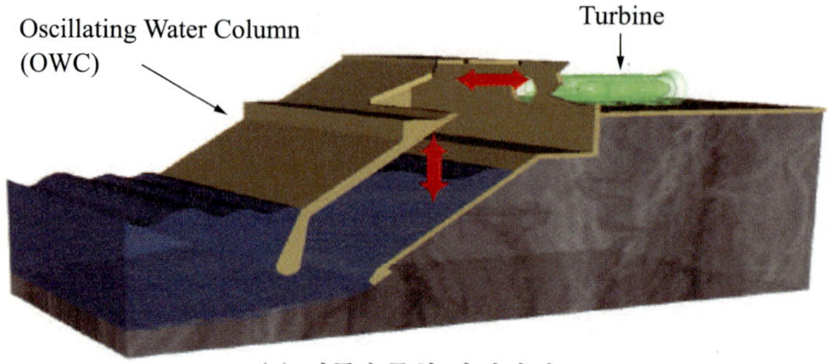

(a) 진동수주형 파력발전

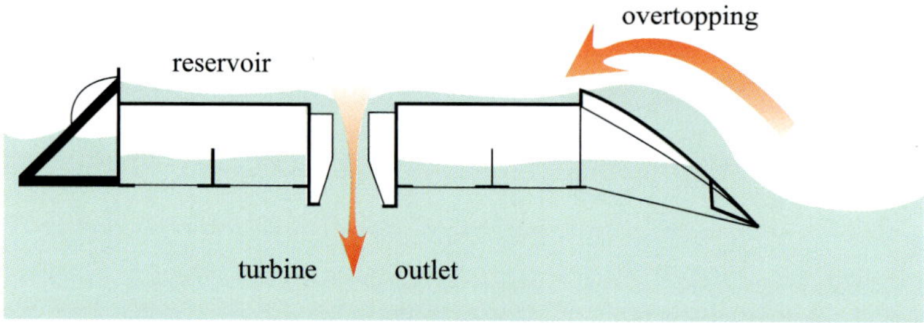

(b) 월파형 파력발전

그림 6.47 해랑의 파력에너지를 기계적인 에너지로 변환시키는 장치.

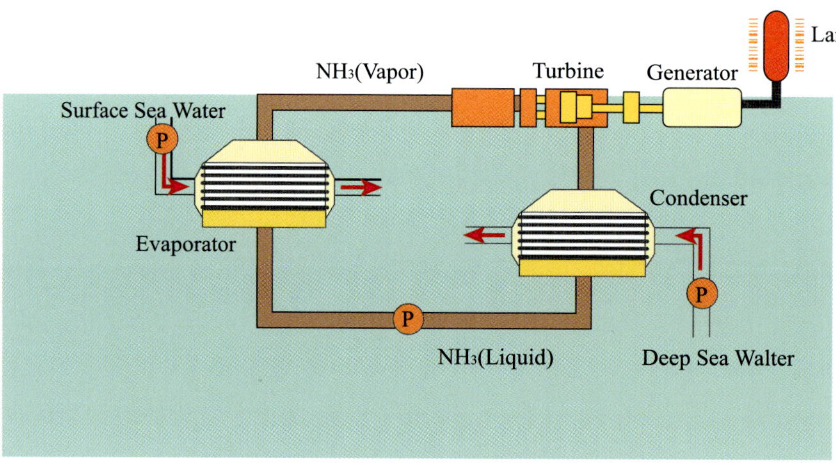

그림 6.48 해수의 온도차를 이용한 발전시스템.

세계 최초는 1967년 프랑스에 완공된 Lienagn 조력 발전소로 시설용량은 240 MW이다. 그 외 캐나다, 아르헨티나, 러시아 등에서 운용되고 있으며, 탄소중립 실현을 위해 시장규모가 급격히 증가할 것으로 사료된다.

07 온실가스 배출량 조사

학습목차

7.1 개요

우리나라는 2009년에 국가 온실가스 감축을 위한 중기 감축목표를 대내 · 외에 발표하였다. 이와 같은 자발적 감축목표 선언은 국가 온실가스 인벤토리의 체계적 작성과 통계 품질의 중요성이 강조되는 계기가 되었다. 2010년에는 '저탄소 녹색성장 기본법'을 제정 및 시행하고 국가 온실가스 통계 개발 및 검증 등을 위한 종합관리체계를 구축하였다. 또한, 사업장별 온실가스 배출량 감축을 위한 배출권거래제를 2015년에 시행하고, 2030 국가 온실가스 감축목표 수립과 감축목표 달성을 위한 로드맵을 발표하는 등 온실가스 감축 정책의 효과적인 이행 기반을 마련하였다.

2020년에는 에너지 다소비, 온실가스 다배출 산업구조, 사회구조를 혁신적으로 변화시키고 산업, 경제, 사회 모든 영역에서 탄소중립 사회로의 전환을 도모하기 위해 정부는 2050 탄소중립을 선언하고 후속조치로 '2050 장기저탄소발전전략'을 발표하였다. 이후 대통령 직속 '2050 탄소중립위원회'를 설립하고 '기후위기 대응을 위한 탄소중립 · 녹색성장 기본법(이하 '탄소중립기본법')을 제정 2022년 3월 25일에 시행함으로써 2050년 탄소중립 목표설정과 이행을 위한 법적 기반을 확보하였다. 국가 온실가스 감축목표는 2030년까지 2018년 온실가스 배출량 대비 40% 감축을 2021년에 발표하였다.

기후변화에 관한 정부간 협의체 지침(Intergovernmental Panel on Climate Change Guidelines, 이하 'IPCC GL')의 분류에 따라 에너지, 산업공정, 농업, 토지이용, 토지이용 변화 및 임업(Land Use, Land Use Change and Forestry, 이하 'LULUCF'), 폐기물 분야로 구분하여 1990년부터 산정이 가능한 가장 최신 연도까지의 온실가스(CO_2, CH_4, N_2O, HFCs, PFCs, SF_6)에 대한 배출 · 흡수량을 보고한다.

대부분의 국가들이 온실가스 배출권 거래 프로그램, 자발적인 감축 프로그램, 탄소세 도입을 포함하는 국가 정책과 에너지 효율 및 온실가스 배출량에 대한 규제와 기준 마련을 통해 온실가스 배출량을 저감하기 위한 노력을 점진적으로 추진하고 있다. 이러한 결과로 경쟁적인 기업 경영 환경 속에서 온실가스 저감에 대한 장기적인 성공 가능성을 담보할 수 있다. 앞으로 전국적 혹은 지역적 기후정책에 대비할 수 있다면, 기업체에서는 온실가스의 위험성을 이해하고 스스로 관리하게 될 것으로 보인다. 결과적으로 이러한 일련의 과정은 온실가스 배출량조사에 근간을 두고 있는 것으로 온실가스 배출량의 산정이 매우 중요한 것이다.

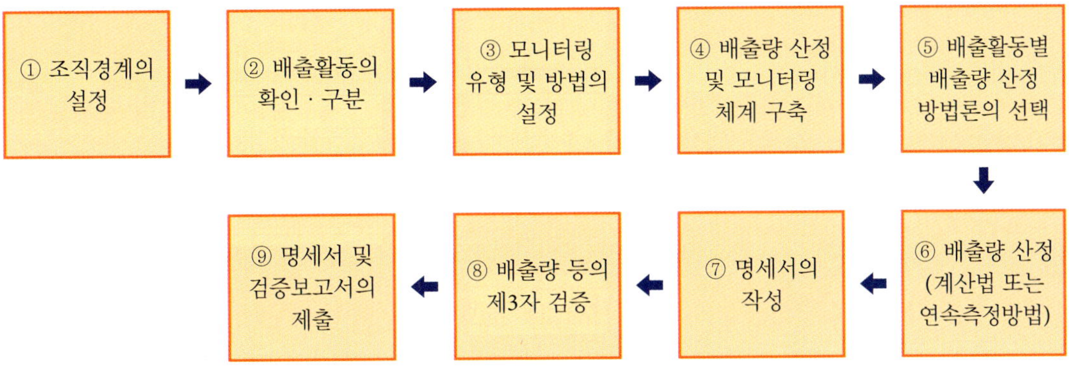

그림 7.1 온실가스 배출량 등의 산정 · 보고절차.

특히 우리나라는 "온실가스 · 에너지 목표관리 운영 등에 관한 지침"을 제정하여 관리업체 지정, 온실가스 및 에너지의 MRV(측정, 보고, 검증), 목표 설정, 이행계획 및 실적평가 등 관리사항을 규정(환경부 고시, 2012년 11월)하여 추진하고 있으며, 온실가스 배출량 등의 산정 · 보고절차를 그림 7.1과 같이 설정하여 추진하고 있는데, 기업이나 관리업체 등에서 매우 중요한 항목이 배출량 조사에 관한 사항이다.

본 장에서는 실질적인 온실가스 배출량 조사를 기준(기업 온실가스 배출량 산정지침서)으로 기술되어 있으며, 배출량 산정에 대한 기초이론과 계산과정을 간단히 소개하고자 한다. 국내에서 작성된 '기업 온실가스 배출량 산정지침서'는 우선 국내외 발표된 30여 종의 배출량 산정지침 중에서 21종의 가이드라인을 선별하여 비교분석을 통해 기본 지침을 마련한 것으로서, 특히 가이드라인의 경계 및 항목에 관한 개념적인 부분은 WRI의 GHG Protocol과 ISO 14064-1을 기준으로 설정된 것이며, 방법론과 기술적인 부분은 국가 온실가스 배출량 산정지침인 IPCC Guideline(1996)을 근간으로 만들어진 것이다.

결과적으로 개념 및 이론적인 부분에 있어서 GHG Protocol과 국제 표준화기구(ISO)의 방법론을 토대로 작성하여 국제적인 호환성을 유지하면서, 동시에 계산 방식에 있어서는 국가 온실가스 배출량 산정방법을 사용함으로써 국내에서 국가단위 및 기업단위의 온실가스 배출량을 계산하는데 있어 상호 보완이 되도록 한 것이다.

7.2 기본 원칙

재정적 산출이나 재정적 조사 보고에서와 마찬가지로, 일반적으로 받아들여지는 온실가스 산정원칙은 조사된 보고자료가 충실하고도 정확해야 하며, 동시에 공정하며 형평에 맞는 온실가스 배출량 산정을 나타내고 있음을 확신할 수 있도록 뒷받침하는 역할을 해야 한다. 현재 온실가스 산정과 조사 보고 활동들이 구체적으로 전개되고 있고, 온실가스감축에 대비한 많은 기업들이 이러한 활용에 참가하고 있다. 이러한 과정에서 온실가스 산출과 보고는 다음의 표 7.1에 나타낸 바와 같은 기본원칙을 준수해야 한다. 이러한 원칙들은 일반적으로 받아들여지는 재정적 산출과 보고 원칙에서 일부 파생된 것으로서 광범위한 기술적, 환경적 및 재정적 원리로부터 이해당사자들과 함께 공동작성의 결과로 얻어진 것이다.

이러한 원칙들은 온실가스 산정과 보고의 모든 부분에서 실질적인 신뢰성을 확보하는데 도움이 되도록 작용하게 된다. 이런 원칙을 적용함으로서 온실가스 목록화(inventory)가 기업체에서 온실가스 배출량 조사에 대해 사실적이면서 동시에 정확한 접근이 이루어지는 것을 보증하게 된다. 이들의 주요 기능 중 하나는 온실가스 프로토콜기업에서 기준의 이행, 특

표 7.1 온실가스 산정과 보고시 고려되는 기본원칙

원칙	내 용
타당성	• 온실가스 목록화(inventory, 인벤토리)가 기업의 온실가스 배출량을 적절히 반영하고, 사용자(기업의 내·외부적인 부분 모두 포함)의 의사 결정 요구를 충족시킬 수 있도록 반영되어 있어야 함.
완전성	• 설정된 인벤토리에는 존재하는 모든 온실가스 배출원과 배출량에 대해 조사되어 보고될 수 있도록 함. • 어떤 특별한 예외조항에 대해서는 명확히 정의하고 공표해야 함.
일관성	• 시간에 따른 의미 있는 정보의 비교가 이루어질 수 있도록 일관성 있는 기법을 적용해야 함. • 데이터, 인벤토리 범위, 방법 또는 시간에 따른 임의의 변수에 대해 어떤 변화가 존재할 경우, 이에 대한 명확히 데이터 첨부가 이루어져야 함.
투명성	• 명확한 검토를 바탕으로 사실에 기초하여 논리정연하게 모든 관련사항을 언급하여야 하며, 그리고 중요한 가정은 공개되어야 하고, 사용된 산정기법은 적절한 인용 문헌이 제시되어야 함.
정확성	• 온실가스 배출량 산정은 자동적으로 실제 배출량 이상도, 그 이하도 아닌 정확한 양이 산정될 수 있도록 가능한 한 신중하게 조사/평가되어야 하며, 불확실성을 최소화하여 실제 값에 맞도록 해야 함. • 사용자가 제공한 정보의 완전성으로 인해 합리적이고도 확실한 결정을 내릴 수 있도록 충분한 정확성이 있어야 함.

히 기준의 적용이 모호한 특정한 이슈나 상황에서의 온실가스 조사와 저감의 이행을 보증해 주거나 도와주는 것이다.

1 타당성

어떤 조직(기업이나 기관)에서 온실가스의 보고가 적절한 수단으로 작용하기 위해서는, 기업 안팎의 보고서 사용자 모두가 어떠한 정책결정을 내리는 과정에서 필요로 하는 모든 정보가 포함되어 있어야 한다. 특히 타당성의 중요한 측면은 단순히 법률적인 측면이 아닌 기업 상호간의 사업관계에 대한 물질적이고 경제적인 현실성이 반영되도록, 적절한 목록화에 포함되어야 할 범위를 선택하는 것이다. 이러한 목록화 범위의 선택은 기업의 특징, 목록화 정보의 목적 및 사용자의 필요성 등에 의존한다. 목록화 범위를 설정할 때, 다음과 같은 인자들이 고려되어야 한다.

- 조직의 구조 : (업무상 및 재정상에서의) 관리, 소유권, 법적 동의, 합작투자 등
- 업무범위 : on/off site 활동, 과정, 서비스 및 효과 등
- 사업내용 : 활동의 본질, 지리학적 위치, 산업부문, 정보의 목적 및 정보 사용자 등

2 완전성

포괄적이고 의미 있는 목록화가 수집될 수 있도록, 선택된 목록화 범위 내에서의 모든 배출원이 언급될 필요성이 존재한다. 이러한 이유로 실측 데이터 부족이나 데이터의 수집 비용은 목록화 작업에서 제한요소로 작용하기도 한다. 어떤 경우에는 목록화에서 생략될 수 있는 일정 규모 이상을 초과하지 않도록 배출원을 설정함으로서, 배출량 산정에 관련된 한계치(종종 유형적 한계치로 언급됨)를 최소로 규정하라는 제한을 받기도 한다. 기술적으로 그러한 한계치는 추정과정에서 단순히 미리 정의되고 받아들여지는 부정적인 경향이 존재한다.

예를 들어, 과소평가가 그것이다. 이러한 것이 이론적으로는 유용하게 보일지라도, 이런 한계치의 실질적인 적용은 온실가스 프로토콜 기업 기준의 완전성 원칙과 부합하지 않는다. 물질 사양서(materiality specification)를 활용하기 위해, 특정 배출원이나 작업활동으로부터의 배출량은 그들이 한계치 이하임을 보증하기 위해 정량적으로 평가되어야 하나, 일단 배출량이 정량화되면 그 한계치가 갖는 대부분의 이익은 없어지게 된다.

한계치는 목록화의 오류나 목록화에서 생략되는 것이 주요 불일치의 원인인지 아닌지를 결정하는데 종종 이용된다. 그러나 이것은 완전한 목록화를 정의하는데 있어서의 최소허용값(de minimis)은 아니다. 그 대신 기업은 그들의 온실가스 배출량 산정이 완전하고도 정확

한, 또한 실질적인 데이터가 될 수 있도록 많은 노력을 기울여야 한다. 목록화 작성과정에서 배출량이 측정되지 않았거나 충실하지 못한 수준으로 조사평가된 경우에는 이것이 명확하게 정리/규정되는 것이 중요하다. 전체적인 목록화 작성 과정에서 목록화 작성자는 잠재적인 영향성과 배제의 적절성, 또는 질적 수준 등을 결정할 수 있어야 한다.

3 일관성

온실가스 정보의 사용자는 보고기업의 성과를 평가하고 경향을 발표하기 위해 시간에 따른 온실가스 배출량 정보를 비교하고 추세를 파악하고자 하는데, 산정 접근방식, 목록화 경계 및 산정 방법에 대한 일관성 있는 적용은 시간에 따라 비교 가능한 온실가스 배출량 자료를 만드는 데에 필수적인 사항이 된다. 목록화 경계 내에 있는 모든 운영에 대한 온실가스 정보는 수집과정에서 내부적으로 시간에 따라 일관성이 있고 비교가능한지 확인할 수 있는 방법으로 정리되어야 한다. 또한 만일 배출량 산정에 영향을 미치는 목록화 경계, 방법, 데이터 및 어떤 다른 인자에 대한 변화가 생긴다면 투명하게 기록되고 정의되어야 한다.

4 투명성

투명성은 온실가스 목록화의 과정, 절차, 목록화에 사용된 가정 및 한계에 대한 명확한 문서화와 목록화 달성도에 근거하여 명확하고, 사실적이며, 중립적이고, 이해 가능한 방법으로 나타나는 정도를 가리키는 것이다(예를 들어, audit trail). 목록화 정보는 내부 검토자와 외부 검증자가 기록된 정보의 신빙성을 입증할 수 있는 방법으로 기록되고 분류 및 분석되어야 한다. 또한 특정한 예외(제외나 포함)는 명확히 구별하고, 가정을 포함하는 경우 이를 정확하게 나타내고, 적용된 방법론과 사용된 데이터의 출처를 적절한 방법으로 제시해야 한다. 특히 이럴 경우 제3자가 동일한 출처의 데이터를 사용할 경우 같은 결과를 끌어내기에 충분해야 한다. 결과적으로 "투명한" 보고서는 보고기업의 내용과 실질적인 성과평가의 문제에 있어서 제3자에게 명확한 이해를 제공하게 될 것이다.

5 정확성

목록화 자료는 사용자 측면에서 목록화 정보가 믿을만하다는 확신을 갖고 의사결정을 할 수 있을 만큼 정확해야 한다. 온실가스 측정, 추정 또는 산정은 가능한 한 실제 배출량의 이상도 이하도 안 되도록 체계적이어야 한다. 또한 배출량의 정량 평가과정은 불확실성을 최소화하는 방법으로 진행되어야 한다. 즉, 배출량 산정에서 정확성을 확보하기 위해 사용된 방법이나 조치에 대한 기록은 투명성을 강화하면서 신뢰성을 증진할 수 있는 한 방법이다.

7.3 경계 설정

기업의 온실가스 목록화에서 온실가스 배출량 조사를 위한 경계설정에 대한 사항을 다루면 다음과 같다.

7.3.1 ▸ 조직경계

기업은 법적·조직적 구조에 따라 다양한 형태의 조직을 갖추고 있으며, 사업을 효율적으로 추진하기 위해 사업 환경에 맞춰 조직 체계를 유연하게 변화시키는 경우가 많이 있다. 이 때문에 어떤 사업자가 스스로 온실가스 배출량을 산정할 때, 어떤 조직까지를 그 산정범위에 포함할 것인지를 미리 명확하게 정의할 필요성이 존재한다.

대부분 국내외 가이드라인에서는 WRI/WBCSD의 'The Greenhouse Gas Protocol : A Corporate Accounting and Reporting Standard Revised Edition(2004)'의 내용을 바탕으로 다음 표 7.2에 나타낸 바와 같이 조직 경계를 정의하고 있다.

대부분 기업은 사업 활동을 하면서 하나의 법인 형태보다는 자회사 및 관련회사를 포함한 그룹단위 형태이거나 회사 구조에 따라 여러 형태가 될 수 있다. 그러므로 어떤 조직까지를 그 산정범위에 포함할 것인가를 미리 명확하게 정의할 필요가 존재하는 것이다. 산정범위를 명확히 하기 위한 조직범위를 설정하기 위해서는 최소 법적 단위인 법인을 기준으로, 자본 할당 접근법을 채택하고 있는 일본의 경우처럼 연결재무제표와 같은 재무 회계상의 명

표 7.2 온실가스배출량조사를 위한 조직경계의 정의

구분	정 의	
지분할당 접근법	기업이 운영상의 지분할당(소유비율)에 따라 온실가스 배출량을 산정하는 방법	
통제 접근법	기업이 통제권 하에 있는 운영으로부터 나오는 온실가스 배출량의 100%를 산정하는 방법	
	운영통제	기업 혹은 종속기업 중 하나가 운영상의 정책 도입과 실행에 대한 모든 권리를 가지는 경우, 운영에 대한 통제권을 가짐.
	재정통제	기업 혹은 종속기업이 경영활동에서 경제적 이득에 대한 재정상 그리고 운영상 정책을 이끄는 경우, 재정 통제권을 가짐.

자료 : WRI/WBCSD, The Greenhouse Gas Protocol(2004)

표 7.3 조직경계의 비교 분석표

구분	The Greenhouse Gas Protocol (2004)	사업자로부터의 온실가스 배출량 산정방법 가이드라인 ver1.5	CO_2 Accounting and Reporting Standard for the Cement Industry	업종별 기업 온실가스 배출원 산출지침 및 양식개발
선택 접근법	• 지분할당 접근법 • 통제 접근법(운영통제, 재정통제)	• 지분할당 접근법	• 운영통제 • 지분할당 접근법	• 통제 접근법 (운영통제)
선택 접근법의 배경/이유	모기업의 운영진에서 통합 접근법(지분할당, 재정 혹은 운영통제 접근법)에 대해 결정한 후, 전 부문에 적용할 필요 있음.	실제 기업들의 이해관계 및 재무구조에 맞게 온실가스 배출량을 산정할 수 있음.	기업이 기업의 사업활동에 최적인 접근법을 선택하기 위해 별도 적용할 필요 있음.	기업의 자발적 기후변화 협약 관련 대응능력을 키워 가는데 그 목적이 있으며 기업의 실질적 운영통제 없이 세부자료를 모으는 작업이 효율적이지 않음.
산정 대상단위	–	법인	–	단순한 조직 범위
산정 대상기준	국제 재정 보고 기준	일본 연결재무제표원칙	재무 보고 기준	–

확한 근거가 필요한 경우도 있으며, 유럽의 경우처럼 최소 단위를 설비 단위 혹은 사업장 단위로 설정해 놓는 경우도 있다.

다음 표 7.3은 조직 경계에 대한 The Greenhouse Gas Protocol : A Corporate Accounting and Reporting Standard Revised Edition(2004), 일본 환경성의 사업자로부터의 온실가스 배출량 산정방법 가이드라인 ver1.5(2005), CO_2 Accounting and Reporting Standard for the Cement Industry(2005), 우리나라 에너지관리 공단의 업종별 기업 온실가스 배출량 산출지침 및 양식개발(2005)을 비교한 것이다.

7.3.2 ▸ 운영경계

기업이 소유하거나 관할하는 조직과 관련하여 그 조직 경계가 결정되면, 그 후에 운영경계를 설정해야 한다. 운영경계의 설정은 기업의 운영과 관련하여 배출원을 규명하는 것과 직접 혹은 간접뿐만 아니라 기타 간접 배출과의 관계를 규명하고 분류하기 위해 한꺼번에 적용된다. 설정된 조직 경계와 운영 경계는 동시에 기업의 목록화 경계를 이루며, 두 개 이상의 기업이 같은 영역에서 나온 배출량을 중복 산정하지 않도록 하기 위해 기준에서 직접, 간접, 기타 간접 온실가스 배출량이 정의되어야 한다.

'기업 온실가스 배출량 산정지침'에서 기업은 자신이 직접 운영하고 관할하는 직접 온실가스 배출량과 다른 사업자가 소유하고 관할하는 설비와 사업 활동과정에서 전력사용으로 인해 발생되는 간접 온실가스 배출량으로 구분하여 산정하고 보고해야 한다. 직접·간접 온실가스 배출량 외에도, 기업 활동의 결과이지만 기업이 소유하거나 관할하는 시설에서 발생하는 것이 아닌 기타 간접 온실가스 배출량이 존재한다. 그러나 기타 간접 온실가스 배출량의 경우, 신뢰성 있고 정확한 데이터 수집에 큰 어려움이 존재하고 그 수치가 미미할 경우 직접·간접 온실가스 배출량까지만 산정대상에 포함하고 기타 간접 온실가스 배출량은 산정대상에 포함되지 않는다.

온실가스 배출량 산정대상에서 제외되는 기타 간접 배출항목에는 다음의 배출원이 포함된다.

- 구입자재와 연료의 추출 및 생산
- 운송 관련 활동
  - 구입자재 또는 상품 운송
  - 구입연료 운송
  - 직원 출퇴근 및 출장
  - 판매상품과 폐기물 운송
- 간접 배출원에 포함되지 않은 전력 관련 내용
  - (보고사업자에 의해 구입 혹은 자체 생산된) 전력생산에 소모되는 연료의 추출, 생산 및 운송
  - (전력생산기업이 보고한) 최종사용자에게 판매된 전력 구입
  - (최종사용자가 보고한) 송·배전 시스템에서 소모되는 전력 생산
- 임대한 자산, 프랜차이즈, 아웃소싱 활동 : 선택된 통합 접근법(출자비율기준 혹은 통제력 기준)이 적용되지 않을 경우, 이러한 계약적 합의관계로부터 산출되는 배출량은 기타 간접 배출량으로만 분류한다. 임대한 자산이 명확한 분류는 사업자 회계사로부터 입수해서 사용한다.
- 판매상품 및 서비스 이용
- 폐기물 처리
  - 사업 활동 중 발생한 폐기물 처리/처분
  - 구입자재와 연료 생산과정에서 발생된 폐기물 처리/처분
  - 전과정 마지막 단계에서의 판매제품 처리/처분

이외에 탄소중립적인 배출원은 산정대상에 포함되는 것이 바람직하지만 공통적인 계산 방법론이 명확하지 않은 배출원의 경우, 메모형식의 항목으로 만들어 총배출량에는 포함시

키되 순배출량에는 포함되지 않도록 구성한다. 메모항목에는 다음의 배출원이 포함된다.

- 탄소중립적인 바이오연료의 연소
- 폐기물 소각/연소에서 열 회수
- 폐기물을 공정상에서 연료로 재사용하는 경우
- 자가발전전력의 판매 분에 대한 CO_2 배출량

7.4 조사방법

앞 절에서 언급한 온실가스 배출량조사에 관한 경계가 결정되면, 기업에서는 다양한 측면에서 다음에 언급된 단계를 거치면서 온실가스 배출량을 산정한다.

① 온실가스 배출원의 규명
② 온실가스 배출량 산정을 위한 접근법 선정
③ 활용 데이터 수집과 이용할 배출계수 선택
④ 산정툴의 적용
⑤ 기업 수준에서 온실가스 배출량 집계

그림 7.2에 나타낸 바와 같이, 기업의 배출량 규명과 산정의 5가지 단계 중 첫 번째는 기업체 범위 안의 온실가스 배출원을 분류하는 것이다. 일반적인 온실가스 배출량은 다음과 같은 배출원에서 나타난다.

- 고정 연소 : 보일러, 로, 버너, 터빈, 히터, 소각로, 엔진, flare 등과 같은 고정 장비에서의 연료 연소
- 이동 연소 : 자동차, 트럭, 버스, 기차, 비행기, 보트, 선박, 바지선, 항공기 등과 같은 수송 장치에서의 연료 연소

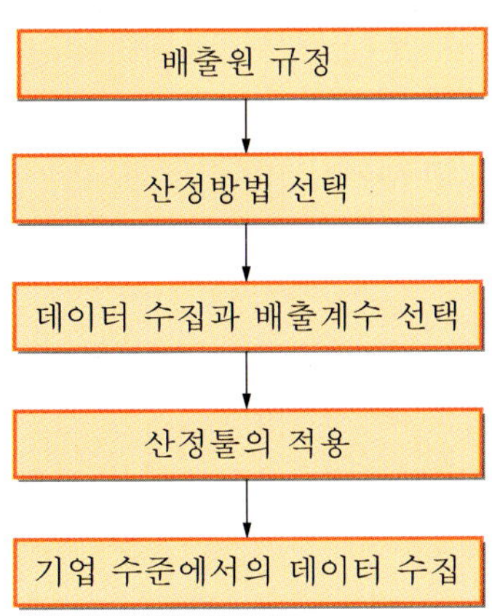

그림 7.2 온실가스 배출량 규명과 선정의 흐름도(단계).

- 공정 배출량 : 시멘트 제조공정의 소성(calcination)단계로부터의 CO_2, 석유화학 공정, 촉매 열분해에서의 CO_2, 알루미늄 용융에서의 PFC 배출량 등과 같은 물리적이나 화학적 공정으로부터의 배출량
- 탈루 배출량 : 야적된 석탄, 폐수처리장, 광산, 냉각탑, 가스공정 설비 등에서의 탈루 배출량뿐만 아니라 접합부위, 봉인부분, 틈새 메운 곳, 가스켓 장비의 누출과 같은 의도적 및 비의도적인 배출량

모든 기업들은 위의 광범위한 배출원 범주 중에서 하나 또는 그 이상으로부터의 직·간접 발생량을 배출하는 공정, 생산품이나 서비스를 갖게 된다. 따라서 온실가스 프로토콜 산정툴은 그런 범주를 기초로 하여 구성된다.

특히 위의 단계와 온실가스 프로토콜에서 개발된 산정툴을 이용하여 산정하게 되는데, 산정툴은 GHG protocol initiative 웹사이트인 www.ghgprotocol.org에서 이용할 수 있다.

7.4.1 ▶ 직접조사

직접 온실가스 배출량은 기업이 소유하고 직접 경영하는 배출원에서 발생된다. 여기에는 보일러와 같은 고정 연소설비에 의한 배출, 승용차나 지게차와 같은 수송 장치에 의한 배출, 공정 내 물리·화학적 반응에 의한 배출, 의도하지 않은 누출 배출 등이 포함되며, 다음과 같은 4가지의 배출원에서 직접 측정하여 배출량을 조사하는 것이다.

- 고정연소 배출원
- 이동연소 배출원
- 공정 배출원
- 탈루 배출원

7.4.2 ▶ 간접조사

간접 온실가스 배출량은 기업의 경영 활동 결과에 따라 배출되는 것이지만, 다른 기업에 의해 소유되거나 통제되는 온실가스 배출원에 의해서 발생된다. 일반적으로 기업에서 외부로부터 전력이나 스팀의 구매에 따른 온실가스 배출량이 여기에 포함된다. 배출량을 조사하는 기업에 있어서 매입 전력은 가장 큰 비중을 차지하는 온실가스 배출원 중 하나이며, 이러한 배출원에 가장 큰 온실가스 배출 저감의 기회 요소가 존재하기도 한다. 간접 온실가스

배출량에 해당하는 배출량을 산정함으로써 사업자는 전력사용량 변화와 온실가스 배출비용 등과 관련된 리스크와 기회를 파악할 수 있다. 또한 간접 온실가스 배출량의 보고는 온실가스 배출량에 대한 투명한 산정과 위에서 언급된 기회로 인해 온실가스 배출 저감에 영향을 줄 수 있다.

7.5 추산방법(일례를 중심으로)

7.5.1 ▶ 연료연소에 따른 CO_2 추계

1 1단계 : 연료제품별 연료 연소량의 추계(고유단위)

IPCC의 기준방법론의 1단계는 해당국가의 연료형태별 "명시적 소비(Apparent Consumption)"를 추계하는 것이다. 이는 1차 에너지 밸런스(balance)상의 생산량에 수입량을 합하고 수출량, 국제 벙커량 그리고 저장(stock)의 순변동량을 빼주어 한 경제 내에서의 연료 총투입량을 산정하는 것이다. 이에 따라, 1차 에너지의 "명시적 소비량"은 다음 식에 의해서 산정될 수 있다.

[1차 에너지의 경우]

명시적 소비량 = 생산량 + 수입량 − 수출량 − 국제 벙커량 − 저장 변동량

2차 연료의 명시적 소비는 1차 연료의 명시적 소비량을 추정할 때 이미 포함되어 계산된다. 따라서 2차 연료의 생산(혹은 제조)은 명시적 소비에서 고려하지 않는다. 이는 1차 연료가 소비(연소)되지 않고 2차 연료 생산의 원료로 사용될 경우, 2차 연료 소비로부터 발생하는 배출량까지 추정한다면 중복추정의 문제점이 발생하므로 이를 피하기 위하여 1차 연료 소비량만을 고려하는 것이다. 다만, 국내 생산으로부터 얻어진 2차 연료가 아닌 경우에는 2차 연료의 명시적 소비량을 고려하여야 한다. 이 경우 2차 연료에 대한 명시적 소비량은 다음의 식과 같이 추정한다.

[2차 에너지의 경우]

2차 연료의 명시적 소비량 = 수입량 − 수출량 − 국제 벙커량 − 저장 변동량

2 2단계 : 고유단위의 연료소비량을 공통단위로 전환

화석연료별 고유계량 단위는 분석의 편의를 위하여 하나의 공통단위로 일치시켜야 한다. 「IPCC Reference Manual(1996)」에서는 열량단위 GJ(또는 TJ)을 공통 단위로 사용하여 단위를 일치시키고 있다. 각 연료별 환산열량 표시는 표 7.4에 나타낸 바와 같다.

표 7.4 에너지원별 열량환산기준

2022년 11월 21일 개정(2022년 통계부터 적용)

구분	에너지원	단위	총발열량			순발열량		
			MJ	kcal	석유환산톤 (10^{-3}toe)	MJ	kcal	석유환산톤 (10^{-3}toe)
석유 (17종)	원유	kg	45.7	10,920	1.092	42.8	10,220	1.022
	휘발유	L	32.4	7,750	0.775	30.1	7,200	0.720
	등유	L	36.6	8,740	0.874	34.1	8,150	0.815
	경유	L	37.8	9,020	0.902	35.3	8,420	0.842
	바이오디젤	L	34.7	8,280	0.828	32.3	7,730	0.773
	B-A유	L	39.0	9,310	0.931	36.5	8,710	0.871
	B-B유	L	40.6	9,690	0.969	38.1	9,100	0.910
	B-C유	L	41.8	9,980	0.998	39.3	9,390	0.939
	프로판(LPG1호)	kg	50.2	12,000	1.200	46.2	11,040	1.104
	부탄(LPG3호)	kg	49.3	11,790	1.179	45.5	10,880	1.088
	나프타	L	32.2	7,700	0.770	29.9	7,140	0.714
	용제	L	32.8	7,830	0.783	30.4	7,250	0.725
	항공유	L	36.5	8,720	0.872	34.0	8,120	0.812
	아스팔트	kg	41.4	9,880	0.988	39.0	9,330	0.933
	윤활유	L	39.6	9,450	0.945	37.0	8,830	0.883
	석유코크스	kg	34.9	8,330	0.833	34.2	8,170	0.817
	부생연료유1호	L	37.3	8,900	0.890	34.8	8,310	0.831
	부생연료유2호	L	39.9	9,530	0.953	37.7	9,010	0.901
가스 (3종)	액화천연가스(LNG)	kg	54.7	13,080	1.308	49.4	11,800	1.180
	도시가스(LNG)	Nm^3	42.7	10,190	1.019	38.5	9,190	0.919
	도시가스(LPG)	Nm^3	63.4	15,150	1.515	58.3	13,920	1.392
석탄 (7종)	국내무연탄	kg	19.7	4,710	0.471	19.4	4,620	0.462
	연료용 수입무연탄	kg	23.0	5,500	0.550	22.3	5,320	0.532
	원료용 수입무연탄	kg	25.8	6,170	0.617	25.3	6,040	0.604
	연료용 유연탄 (역청탄)	kg	24.6	5,860	0.586	23.3	5,570	0.557
	원료용 유연탄 (역청탄)	kg	29.4	7,030	0.703	28.3	6,760	0.676
	아역청탄	kg	20.6	4,920	0.492	19.1	4,570	0.457
	코크스	kg	28.6	6,840	0.684	28.5	6,810	0.681

(계속)

표 7.4 에너지원별 열량환산기준 (계속)

구분	에너지원	단위	총발열량			순발열량		
			MJ	kcal	석유환산톤 (10^{-3}toe)	MJ	kcal	석유환산톤 (10^{-3}toe)
전기 등 (3종)	전기(발전기준)	kWh	8.9	2,130	0.213	8.9	2,130	0.213
	전기(소비기준)	kWh	9.6	2,290	0.229	9.6	2,290	0.229
	신탄	kg	18.8	4,500	0.450	–	–	–

비고

1. "총발열량"이란 연료의 연소과정에서 발생하는 수증기의 잠열을 포함한 발열량을 말한다.
2. "순발열량"이란 연료의 연소과정에서 발생하는 수증기의 잠열을 제외한 발열량을 말한다.
3. "석유환산톤"(toe : ton of oil equivalent)이란 원유 1톤(t)이 갖는 열량으로 10^7kcal를 말한다.
4. 석탄의 발열량은 인수식(引受式)을 기준으로 한다. 다만, 코크스는 건식(乾式)을 기준으로 한다.
5. 최종 에너지사용자가 사용하는 전력량 값을 열량 값으로 환산할 경우에는 1kWh=860kcal를 적용한다.
6. 1cal=4.1868J이며, 도시가스 단위인 Nm^3은 0°C 1기압(atm) 상태의 부피 단위(m^3)를 말한다.
7. 에너지원별 발열량(MJ)은 소수점 아래 둘째 자리에서 반올림한 값이며, 발열량(kcal)은 발열량(MJ)으로부터 환산한 후 1의 자리에서 반올림한 값이다. 두 단위 간 상충될 경우 발열량(MJ)이 우선한다.

자료 : 에너지법 시행규칙 제5조 제1항 별표

3 3단계 : 제품별 탄소배출계수의 선정

화석연료별 탄소함유량이 다르므로 연료별 탄소배출계수를 결정하여야 한다. 그러나 우리나라의 경우 국내에서 실사된 연료별 탄소배출계수가 존재하지 않기 때문에 IPCC가 추천한 연료별 탄소배출계수를 이용한다.

4 4단계 : 제품에 몰입(沒入, stored)된 탄소량의 추계

연료가 아닌 제품의 중간재 혹은 최종제품으로 사용되는 화석연료에 포함된 탄소는 연소과정을 거치지 않기 때문에 이산화탄소로 산화되지 않고, 최종제품에 탄소형태로 남게 된다. 이처럼 제품 중에 포함되어 있는 탄소를 함유 혹은 몰입탄소(carbon stored)라 하며, 몰입탄소율은 표 7.6에서 보는 바와 같다. 제품 몰입탄소량은 지구온난화에 직접 영향을 미치지 않기 때문에 온실가스 배출통계량에서는 제외된다.

탄소량(TC : ton C)과 이산화탄소량(TCO_2 : ton CO_2)의 계산 예

- TC = 해당연료의 toe × 탄소배출계수(TC/toe)
- $TCO_2 = TC \times \frac{44}{12}$ (이산화탄소 분자량/탄소 원자량)

예 1) 휘발유 100L의 TC와 TCO_2값은?

표 7.5 IPCC 탄소배출계수

연료구분			탄소배출계수		
			kg C/GJ	*(ton C/toe)	(TJ/10^3TON)
액체화석 연료	1차 연료	원유	20.00	0.829	–
		천연액화가스(NGL)	17.20	0.630	
	2차 연료	휘발유	18.90	0.783	44.80
		항공가솔린	18.90	0.783	44.59
		등유	19.60	0.812	44.75
		항공유	19.50	0.808	–
		경유	20.20	0.837	43.33
		중유	21.10	0.875	40.19
		LPG	17.20	0.713	47.31
		납사	(20.00)[(a)]	0.829	45.01
		아스팔트(Bitumen)	22.00	0.912	40.19
		윤활유	(20.00)[(a)]	0.829	40.19
		Petroleum Coke	27.50	1.140	31.0
		Refinery Feedstock	(20.00)[(a)]	0.829	44.80
고체화석 연료	1차 연료	무연탄	26.80	1.100	
		원료탄	25.80	1.059	
		연료탄	25.80	1.059	
		갈탄	27.60	1.132	
		Peat	28.90	1.186	
	2차 연료	BKB & Patent Fuel	(25.80)[(a)]	1.059	
		Coke Oven/Gas Coke	29.50	1.210	
		Coke Oven Gas	13.0[(b)]		
		Blast Furnace Gas	66.0[(b)]		
기체화석연료	LNG(dry)	15.30	0.637		
바이오매스 [CO_2 배출량 계산 시 불(不)포함]	고체바이오매스	29.90	1.252		
	액체바이오매스	(20.00)[(a)]	0.837		
	기체바이오매스	(30.60)[(a)]	1.281		

주) 41,868TJ/10^6toe 적용하여 계수환산

(a), (b) : 적용 참고값

* 에너지별 IPCC(Intergovernmental Panel on Climate Change) Guideline(1996)에서 제시하고 있는 용도별 연소율 적용

$$TC = 0.08\,toe \times 0.783\,(ton\ C/toe) = 0.0626$$

$$TCO_2 = 0.0626\,TC \times \frac{44}{12} = 0.230$$

예 2) 부탄 100kg의 TC와 TCO_2값은?

$$TC = 0.1185\,toe \times 0.783\,(ton\ C/toe) = 0.0928$$

$$TCO_2 = 0.0928\,TC \times \frac{44}{12} = 0.340$$

5 5단계 : 연소과정에서 산화되지 않은 탄소량의 고려

연료에 함유되어 있는 탄소 중 불완전 연소되는 부분은 이산화탄소로 전환되지 않으므로 연료의 연소율을 고려해야 한다. 일반적으로 연료의 연소율은 연료 종류별, 연료 사용기기의 기술별로 상이하기 때문에 사전에 정할 수 없으나, IPCC 방법론에서는 연료별로 평균연소율을 제시하고 있다(표 7.7 참조). 우리나라에는 고유연소율이 존재하지 않으므로 IPCC가 제시하고 있는 평균연소율을 사용하여 추정하게 된다.

6 6단계 : 탄소배출량을 CO_2로 전환

앞 단계에서 설명한 과정을 통해 얻은 배출량은 탄소(carbon)량이므로 CO_2 배출량을 구하기 위해서는 위의 탄소배출량을 CO_2 배출량으로 전환시켜 주어야 한다. 연료연소를 통

표 7.6 IPCC가 제시하는 제품별 탄소 몰입률(沒入率)

제품	제품몰입률(fraction of carbon stored)
아스팔트(Bitumen)	100%
윤활유	50%
원료탄	6%
납사*	75%
LPG*	80%
천연가스*	33%
경유*	50%

주) * : 석유화학용 원료(feedstocks)로 사용되는 경우
1 : 석탄의 0.98은 세계평균치이며 석탄의 형태가 현저한 차이를 나타날 때는 가장 낮은 수치인 0.91을 이용 가능하고, peat를 가정용으로 이용할 경우 상기 값보다 낮음.

표 7.7 연료별 평균 연소율(IPCC, 1996)

연료구분	연소율
석탄	0.98
원유및석유제품	0.99
가스	0.995
발전용 Peat	0.99

해 탄소가 산화될 때 산소(O_2)와 결합하여 질량이 증가하므로, 탄소 배출량을 CO_2 배출량으로 전환할 때 CO_2와 탄소간의 질량비를 탄소량에 곱하여 CO_2 배출량을 구할 수 있다. 화학적으로 CO_2와 탄소간의 질량비는 기본화학반응에서 의해 $\frac{44}{12}$가 된다.

7.5.2 ▸ 연료연소에 따른 Non-CO_2 추계

「개정 1996년 IPCC guidelines」에서의 가장 큰 특징은 「1995년 IPCC guidelines」에서 없었던 「Tier1」 방법론이 추가되었으며, 「Tier2」와 「Tier3」 방법론의 고정배출원(Stationary Sources)의 구분에서 각 부문별 기기들(보일러 등)의 종류가 「1995년 IPCC guidelines」와는 다르게 보다 더 세분화하였다는 점을 들 수 있다. 그리고 Non-CO_2 배출계수도 상당부분이 수정되었다. IPCC의 「개정 1996년 IPCC guidelines」에서의 신규로 도입된 「Tier1」 방법론은 연소기술을 고려하지 않고 연료소비량만을 기초로 하여 배출량을 추정하는 것으로 3가지 방법 중에서 가장 용이한 방법이다. 만일 목록화하는 해당국가가 연료 타입, 기술 및 운전조건에 대하여 자세한 정보가 없어 정확한 배출계수를 알 수 없을 때 「Tier1」에서 제시하고 있는 배출계수의 사용을 IPCC는 권고하고 있다.

1 연료소비량 기준 : 「Tier1」 방법

「Tier1」 방법은 각 부문별 투입연료의 형태와 해당 온실가스의 배출계수를 고려하여 배출량을 추정하여 계산한다. SO_2를 제외한 온실가스의 배출량 추정은 표 7.4와 표 7.9~표 7.12를 기준으로 다음에 나타낸 추정식을 이용하면 된다. 또한 SO_2의 경우에는 표 7.13에 나타낸 추정방법을 사용한다.

$$\text{배출량 } \Sigma(EF_{ab} \times ACTIVITY_{ab})$$

여기서, EF : 배출계수(kg/TJ)

$ACTIVITY$: 투입에너지(TJ)

a : 연료타입

b : 부문별 activity

표 7.8 CH_4 배출계수(kg/TJ)

<table>
<tr><th colspan="3"></th><th>석탄</th><th>천연
가스</th><th colspan="2">석유</th><th>목재/목재
폐기물</th><th>목탄</th><th>기타 바이오매스·
폐기물</th></tr>
<tr><td colspan="3">에너지산업</td><td>1</td><td>1</td><td colspan="2">3</td><td>30[a]</td><td>200</td><td>30</td></tr>
<tr><td colspan="3">제조업 및 건설</td><td>10</td><td>5</td><td colspan="2">2</td><td>30</td><td>200</td><td>30</td></tr>
<tr><td rowspan="5">수송</td><td colspan="2">항공</td><td></td><td></td><td colspan="2">0.5</td><td></td><td></td><td></td></tr>
<tr><td colspan="2" rowspan="2">육상</td><td rowspan="2"></td><td rowspan="2">50</td><td>가솔린</td><td>디젤</td><td rowspan="2"></td><td rowspan="2"></td><td rowspan="2"></td></tr>
<tr><td>20</td><td>5</td></tr>
<tr><td colspan="2">철도</td><td>10</td><td></td><td colspan="2">5</td><td></td><td></td><td></td></tr>
<tr><td colspan="2">해운</td><td>10</td><td></td><td colspan="2">5</td><td></td><td></td><td></td></tr>
<tr><td rowspan="4">기타
부문</td><td colspan="2">상업/공공</td><td>10</td><td>5</td><td colspan="2">10</td><td>300</td><td>200</td><td>300</td></tr>
<tr><td colspan="2">가정</td><td>300</td><td>5</td><td colspan="2">10</td><td>300</td><td>200</td><td>300</td></tr>
<tr><td rowspan="2">농림
어업</td><td>고정</td><td>300</td><td>5</td><td colspan="2">10</td><td>300</td><td>200</td><td>300</td></tr>
<tr><td>이동</td><td></td><td>5</td><td colspan="2">5</td><td></td><td></td><td></td></tr>
</table>

표 7.9 N_2O 배출계수(kg/TJ)

<table>
<tr><th colspan="3"></th><th>석탄</th><th>천연
가스</th><th colspan="2">석유</th><th>목재/목재
폐기물</th><th>목탄</th><th>기타 바이오매스·
폐기물</th></tr>
<tr><td colspan="3">에너지산업</td><td>1.4</td><td>0.1</td><td colspan="2">0.6</td><td>4</td><td>4</td><td>4</td></tr>
<tr><td colspan="3">제조업 및 건설</td><td>1.4</td><td>0.1</td><td colspan="2">0.6</td><td>4</td><td>4</td><td>4</td></tr>
<tr><td rowspan="5">수송</td><td colspan="2">항공</td><td></td><td></td><td colspan="2">2</td><td></td><td></td><td></td></tr>
<tr><td colspan="2" rowspan="2">육상</td><td rowspan="2"></td><td rowspan="2">0.1</td><td>가솔린</td><td>디젤</td><td rowspan="2"></td><td rowspan="2"></td><td rowspan="2"></td></tr>
<tr><td>0.6</td><td>0.6</td></tr>
<tr><td colspan="2">철도</td><td>1.4</td><td></td><td colspan="2">0.6</td><td></td><td></td><td></td></tr>
<tr><td colspan="2">해운</td><td>1.4</td><td></td><td colspan="2">0.6</td><td></td><td></td><td></td></tr>
<tr><td rowspan="4">기타
부문</td><td colspan="2">상업/공공</td><td>1.4</td><td>0.1</td><td colspan="2">0.6</td><td>4</td><td>1</td><td>4</td></tr>
<tr><td colspan="2">가정</td><td>1.4</td><td>0.1</td><td colspan="2">0.6</td><td>4</td><td>1</td><td>4</td></tr>
<tr><td rowspan="2">농림
어업</td><td>고정</td><td>1.4</td><td>0.1</td><td colspan="2">0.6</td><td>4</td><td>1</td><td>4</td></tr>
<tr><td>이동</td><td></td><td>0.1</td><td colspan="2">0.6</td><td></td><td></td><td></td></tr>
</table>

표 7.10 NO_x 배출계수(kg/TJ)

<table>
<tr><th colspan="3"></th><th>석탄</th><th>천연
가스</th><th colspan="2">석유</th><th>목재/목재
폐기물</th><th>목탄</th><th>기타 바이오매스·
폐기물</th></tr>
<tr><td colspan="3">에너지산업</td><td>300</td><td>150</td><td colspan="2">200</td><td>100</td><td>100</td><td>100</td></tr>
<tr><td colspan="3">제조업 및 건설</td><td>300</td><td>150</td><td colspan="2">200</td><td>100</td><td>100</td><td>100</td></tr>
<tr><td rowspan="5">수송</td><td colspan="2">항공</td><td></td><td></td><td colspan="2">300</td><td></td><td></td><td></td></tr>
<tr><td colspan="2" rowspan="2">육상</td><td rowspan="2"></td><td rowspan="2">600</td><td>가솔린</td><td>디젤</td><td rowspan="2"></td><td rowspan="2"></td><td rowspan="2"></td></tr>
<tr><td>600</td><td>800</td></tr>
<tr><td colspan="2">철도</td><td>300</td><td></td><td colspan="2">1200</td><td></td><td></td><td></td></tr>
<tr><td colspan="2">해운</td><td>300</td><td></td><td colspan="2">1500</td><td></td><td></td><td></td></tr>
<tr><td rowspan="4">기타
부문</td><td colspan="2">상업/공공</td><td>100</td><td>50</td><td colspan="2">100</td><td>100</td><td>100</td><td>100</td></tr>
<tr><td colspan="2">가정</td><td>100</td><td>50</td><td colspan="2">100</td><td>100</td><td>100</td><td>100</td></tr>
<tr><td rowspan="2">농림
어업</td><td>고정</td><td>100</td><td>50</td><td colspan="2">100</td><td>100</td><td>100</td><td>100</td></tr>
<tr><td>이동</td><td></td><td>1000</td><td colspan="2">1200</td><td></td><td></td><td></td></tr>
</table>

표 7.11 CO 배출계수(kg/TJ)

<table>
<tr><th colspan="3"></th><th>석탄</th><th>천연
가스</th><th colspan="2">석유</th><th>목재/목재
폐기물</th><th>목탄</th><th>기타 바이오매스·
폐기물</th></tr>
<tr><td colspan="3">에너지산업</td><td>20</td><td>20</td><td colspan="2">15</td><td>1000(b)</td><td>1000</td><td>1000</td></tr>
<tr><td colspan="3">제조업 및 건설</td><td>150</td><td>30</td><td colspan="2">10</td><td>2000</td><td>4000</td><td>4000</td></tr>
<tr><td rowspan="5">수송</td><td colspan="2">항공</td><td></td><td></td><td colspan="2">100</td><td></td><td></td><td></td></tr>
<tr><td colspan="2" rowspan="2">육상</td><td rowspan="2"></td><td rowspan="2">400</td><td>가솔린</td><td>디젤</td><td rowspan="2"></td><td rowspan="2"></td><td rowspan="2"></td></tr>
<tr><td>8000</td><td>1000</td></tr>
<tr><td colspan="2">철도</td><td>150</td><td></td><td colspan="2">1000</td><td></td><td></td><td></td></tr>
<tr><td colspan="2">해운</td><td>150</td><td></td><td colspan="2">1000</td><td></td><td></td><td></td></tr>
<tr><td rowspan="4">기타
부문</td><td colspan="2">상업/공공</td><td>2000</td><td>50</td><td colspan="2">20</td><td>5000</td><td>7000</td><td>5000</td></tr>
<tr><td colspan="2">가정</td><td>2000</td><td>50</td><td colspan="2">20</td><td>5000</td><td>7000</td><td>5000</td></tr>
<tr><td rowspan="2">농림
어업</td><td>고정</td><td>2000</td><td>50</td><td colspan="2">20</td><td>5000</td><td>7000</td><td>5000</td></tr>
<tr><td>이동</td><td></td><td>400</td><td colspan="2">1000</td><td></td><td></td><td></td></tr>
</table>

표 7.12 NMVOC 배출계수(kg/TJ)

<table>
<tr><th colspan="3"></th><th>석탄</th><th>천연가스</th><th colspan="2">석유</th><th>목재/목재 폐기물</th><th>목탄</th><th>기타 바이오매스 · 폐기물</th></tr>
<tr><td colspan="3">에너지산업</td><td>5</td><td>5</td><td colspan="2">5</td><td>50</td><td>100</td><td>50</td></tr>
<tr><td colspan="3">제조업 및 건설</td><td>20</td><td>5</td><td colspan="2">5</td><td>50</td><td>100</td><td>50</td></tr>
<tr><td rowspan="5">수송</td><td colspan="2">항공(c)</td><td></td><td></td><td colspan="2">50</td><td></td><td></td><td></td></tr>
<tr><td colspan="2" rowspan="2">육상</td><td rowspan="2"></td><td rowspan="2">5</td><td>가솔린</td><td>디젤</td><td rowspan="2"></td><td rowspan="2"></td><td rowspan="2"></td></tr>
<tr><td>1500</td><td>200</td></tr>
<tr><td colspan="2">철도</td><td>20</td><td></td><td colspan="2">200</td><td></td><td></td><td></td></tr>
<tr><td colspan="2">해운</td><td>20</td><td></td><td colspan="2">200</td><td></td><td></td><td></td></tr>
<tr><td rowspan="4">기타 부문</td><td colspan="2">상업/공공</td><td>200</td><td>5</td><td colspan="2">5</td><td>600</td><td>100</td><td>600</td></tr>
<tr><td colspan="2">가정</td><td>200</td><td>5</td><td colspan="2">5</td><td>600</td><td>100</td><td>600</td></tr>
<tr><td rowspan="2">농림 어업</td><td>고정</td><td>200</td><td>5</td><td colspan="2">5</td><td>600</td><td>100</td><td>600</td></tr>
<tr><td>이동</td><td></td><td>5</td><td colspan="2">200</td><td></td><td></td><td></td></tr>
</table>

표 7.13 SO_2 추정방법

$$EF_{SO_2}[kg/TJ] = 2 \times (s/100) \times (1/Q) \times 10^6 \times (100-r/100) \times (100-n/100)$$

여기서, EF : 배출계수[kg/TJ]

2 : SO_2/S[kg/kg]

10^6 : 전환계수

s : 연료 내 황 함유량[%]

r : 회분(ash)의 황 포획률[%]

Q : 순열량[TJ/kt]

n : 저감기술의 효율 혹은 저감률[%]

2 저감기술 고려 추계법 : 「Tier2~3」 방법

「Tier2」 방법과 「Tier3」 방법을 정확히 구분하는 것은 어려우나 정교성과 추정과정의 구체성에 따라 구별된다. 예컨대, 「Tier2」 방법은 대표적인 배출계수 적용이 가능하도록 동질적 기술들에 대한 지식과 표본을 기초하여 연료소비를 구분한다. 「Tier3」 방법은 연료소비를 기준으로 하지 않고 에너지 활동 결과(예 : 수송부문에서의 주행거리 혹은 ton-km 등)와 연료 혼합비율 등의 자료를 기초로 하여 추정한 배출계수를 사용하여 온실가스 배출량을 추정한다. 온실가스 배출원을 고정연소 배출원과 이동연소 배출원 등의 두 가지 배출원으로 분리하여 설명하면 다음과 같다.

(1) 고정연소

대부분의 NO_x 배출은 고정연소배출원으로부터 발생된다. 그리고 CO와 NMVOC, N_2O, CH_4의 경우 고정배출원이 차지하는 비중은 NO_x에 비하여 작은 수준이지만, 주요 배출원에 해당한다. SO_2 배출량 추정방법은 기본적으로 「Tier1」과 동일하며, 다만 연료에 대한 자료가 보다 세분화되어 있다. 고정배출원으로부터의 배출량 추정은 다음과 같은 기본식이 사용된다.

$$\text{배출량} = \Sigma(EF_{ab} \times ACTIVITY_{abc})$$

여기서, EF : 배출계수(kg/TJ)

$ACTIVITY$: 투입에너지(TJ)

a : 연료형태

b : 부문별 activity

c : 기술유형

(2) 이동연소

우선 먼저 이동배출원에 대한 배출량을 추정하기 위하여서는 추정에 사용되는 각종 인자에 대한 구체적 이해가 필요하다. 관련 인자(parameter)들로는 ① 모드 구분, ② 연료 소비, ③ 운영, ④ 배출 제어, ⑤ 유지, ⑥ 사용한 기간(vintage) 등이 있다. 수송부문의 각 수단별 배출량 추정은 연료소비가 이루어지는 다른 부문의 추정방법과 유사하다. 배출량을 추정하는 일반식은 다음과 같다.

$$\text{배출량} = \Sigma(EF_{ab} \times ACTIVITY_{abc})$$

여기서, EF : 배출계수

$ACTIVITY$: 에너지소비량 혹은 주행거리

a : 연료형태(디젤, 휘발류, LPG, 벙커 등)

b : 수송수단종류(승용차, 경량차, 중량차 등)

c : 배출저감기술

3 탈루성 배출에 따른 온실가스 추계

화석연료의 연소를 제외한 채취에서 최종 소비에 이르기까지 여러 단계를 거치는 동안 가스 형태의 연료, 휘발성분 또는 여러 가지 가스가 함유되어 있는 물질 등이 배출된다. 이러한 배출(대부분이 메탄)을 탈루성 배출이라 하며 다음과 같다.

(1) 석탄채광과 후처리에 따른 온실가스 배출

석탄의 채탄과정과 생산 공정, 가공 그리고 석탄의 사용으로부터 발생하는 탈루성 배출로서, 여기서 다루는 가장 중요한 배출가스는 석탄의 채굴과 가공과정에서 발생하는 메탄(CH_4)이다. 메탄의 주요 발생원인은 대기와 만나게 되는 석탄의 표면적이 확대되면서 석탄 내 함유되어 있던 메탄이 화학적인 변화에 의해서 이탈되면서 발생하는 것이다. 석탄의 운송과정(예를 들어, 철도수송)에서도 석탄으로부터 대기 중으로 CH_4의 신속한 이탈이 발생한다. 그밖에 제철용 석탄의 사용 등에서도 메탄이 발생한다.

① 채광으로 인한 CH_4 배출

환기시스템을 보완하기 위하여 기체화방지시스템(degasification system)을 사용하는 국가라면, 지하광산으로부터 발생하는 메탄배출량 추정시 환기시스템 뿐만 아니라 기체화 방지시스템으로부터 발생되는 배출량도 포함시켜야 한다. 메탄배출량에 대한 가장 간단한 추정방법은 지하광산(환기시스템과 기체화방지시스템 포함)으로부터 발생하는 전 세계 평균 메탄배출량을 반영하는 배출계수의 범위로부터 적정배출계수를 선택하여 지하광산으로부터의 석탄생산량에 곱하여 주는 것이다.

- 추정식 #1

「Tier1」 전 세계 평균배출계수 범위를 사용한 방법 – 지하광산

CH_4 배출량(Gg) = 메탄배출계수(m^3 CH_4/tonne of coal mined)
× 지하광산으로부터의 석탄 생산량(Mt)
× 단위변환계수($Gg/10^6 m^3$)

여기서 배출계수는 다음의 두 범위 안에서 선택하여야 하는데, 첫째로 CH_4 배출계수 하한 = $10 m^3$/tonne, 둘째로 CH_4 배출계수 상한 = $25 m^3$/tonne이다. 다음의 단위 변환계수는 CH_4의 부피를 무게단위로 변환시키며, 20°C 1기압에서의 밀도는 $0.67 Gg/10^6 m^3$이다.

② 채광 후처리로부터 발생하는 CH_4

IPCC에서는 채광 후처리로부터 발생하는 배출량 추정방법으로 전 세계 평균배출계수 범위로부터 선택한 배출계수를 사용하는 「Tier1」 방법을 제시하고 있다.

- 추정식 #2

「Tier1」 전 세계 평균배출계수 범위를 사용한 방법 – 채광후처리

채광 후처리로부터의 CH_4 배출량(Gg) = 메탄배출계수(m^3 CH_4/tonne of coal mined)
× 지하광산으로부터의 석탄생산량(Mt)
× 단위변환계수($Gg/10^6 m^3$)

표 7.14 석유와 천연가스 처리과정에서의 메탄 배출원

공정 부문	주요 배출원	그 밖의 배출원
석유와 가스 생산 가스 및 유정 수집라인 처리시설	배기(venting) 통상적 운용; 탈루성 배출; 기체 이송장치와 배기공정으로부터의 배출	연소(flaring), 보수, 시스템 고장 및 사고
원유의 운송 및 정제 파이프라인 탱크차 저장탱크 정제시설	통상적 운용; 탈루성 배출; 정제시설의 배기공정으로부터 배출, 탱크차와 저장탱크의 loading과 unloading	연소(flaring), 보수, 시스템 고장 및 사고
천연가스 가공공정, 운송 및 분배 가스공장 지하저장소 운송파이프라인 분배파이프라인	통상적 운용; 탈루성 배출; 기체 이송장치와 배기공정	연소(flaring), 보수, 시스템 고장 및 사고

여기서 채광 후처리로부터의 CH_4 배출계수는 첫째로 CH_4 배출계수 하한 = $0.9\,m^3$/tonne, 둘째로 CH_4 배출계수 상한 = $4.0\,m^3$/tonne의 범위 안에서 선택하여야 한다. 또한 단위변환계수는 CH_4의 부피를 무게단위로 변환시키며, 20°C 1기압에서의 밀도는 $0.67\,Gg/10^6\,m^3$이다.

(2) 석유와 천연가스처리에 따른 온실가스 배출

석유와 천연가스의 처리로부터 발생하는 온실가스의 대부분은 메탄(CH_4)이며, 주요 배출원은 환기장치, flaring, 만성적 누출(반응기, 이송관로 등), 송유관의 미세한 균열 또는 보수기간 중의 배출, 시스템의 고장이나 사고로 인한 배출, 일반적인 공정상에서의 배출 등이 있다(표 7.14 참조).

IPCC에서 제시하고 있는 석유와 가스처리로 인한 메탄의 배출계수는 표 7.15에 나타낸 바와 같으며, 전 세계의 석유 · 가스 처리시스템의 특성이 유사한 지역별로 분류하여 제시하고 있다. 이러한 매탄 배출계수는 석유와 가스처리로부터 발생되는 메탄(CH_4)의 배출량 추정에 사용되는 가장 간단한 접근방법으로서, 석유와 가스 산업으로부터 발생하는 배출량이 상대적으로 작은 규모의 국가에서 또는 정확한 추정을 위해 필요한 자료와 배출원에 대한 연구와 분석자료가 부족한 국가에서 매우 유용한 방법이다. 따라서 각 국가는 반드시 자국의 석유와 가스 처리시스템의 특성을 파악한 다음, 동일한 시스템 분류에서 각각의 처리(activities)범위에 해당하는 대표적 배출계수를 선택하여 사용하면 된다.

표 7.15 석유와 가스처리로부터 배출되는 메탄의 배출계수(Kg/PJ)

<table>
<tr><th>배출원의 유형</th><th>기준</th><th>서구 유럽</th><th>미국 캐나다</th><th>구소련, 중앙, 동구유럽</th><th>그 밖의 석유수출국</th><th>기타 국가</th></tr>
<tr><td colspan="7">석유 · 가스 생산</td></tr>
<tr><td>석유 생산에서의 탈루성 및 보수로부터의 배출</td><td>석유 생산</td><td>300~5,000</td><td>300~5,000</td><td>300~5,000</td><td>300~5,000</td><td>300~5,000</td></tr>
<tr><td>가스 생산에서의 탈루성 및 보수로부터의 배출</td><td>가스 생산</td><td>15,000~27,000</td><td>46,000~84,000</td><td>140,000~314,000</td><td>46,000~96,000</td><td>46,000~96,000</td></tr>
<tr><td rowspan="3">석유 · 가스 생산에서의 배기 및 연소</td><td>석유 · 가스 생산</td><td>–</td><td>3,000~14,000</td><td>–</td><td>–</td><td>–</td></tr>
<tr><td>석유 생산</td><td>1,000~3,000</td><td>–</td><td>–</td><td>–</td><td>–</td></tr>
<tr><td>가스 생산</td><td>–</td><td>–</td><td>6,000~30,000</td><td>758,000~1,046,000</td><td>175,000~209,000</td></tr>
<tr><td colspan="7">원유의 운송, 저장 및 정제</td></tr>
<tr><td>운송</td><td>탱커 운송 석유</td><td>745</td><td>745</td><td>745</td><td>745</td><td>745</td></tr>
<tr><td>정제</td><td>정제 석유</td><td>90~1,400</td><td>90~1,400</td><td>90~1,400</td><td>90~1,400</td><td>90~1,400</td></tr>
<tr><td>저장탱크</td><td>정제 석유</td><td>20~250</td><td>20~250</td><td>20~250</td><td>20~250</td><td>20~250</td></tr>
<tr><td colspan="7">천연가스의 가공, 운송 및 분배</td></tr>
<tr><td rowspan="2">가공, 분배 및 운송으로부터의 배출</td><td>가스 생산</td><td>–</td><td>–</td><td>288,000~628,000</td><td>288,000 (high)</td><td>288,000 (high)</td></tr>
<tr><td>가스 소비</td><td>72,000~133,000</td><td>57,000~118,000</td><td>–</td><td>118,000 (low)</td><td>118,000 (low)</td></tr>
<tr><td>공장 및 전력기지의 누수로부터의 배출</td><td>비가정용 가스 소비</td><td>–</td><td>–</td><td>175,000~384,000</td><td>0~175,000</td><td>0~175,000</td></tr>
<tr><td>가정 · 상업 부문의 누수</td><td>가정용 가스 소비</td><td>–</td><td>–</td><td>87,000~192,000</td><td>0~87,000</td><td>0~87,000</td></tr>
</table>

7.5.3 ▸ 산업공정에서의 온실가스 추계

온실가스는 에너지 생산과는 직접적인 관계가 없는 다양한 산업공정에서도 배출된다. 이는 배출원에서 원료가 여러 생산공정을 거치면서 화학적이나 물리적으로 전환되는 과정에서 발생하는 것이며, CO_2, CH_4, N_2O, PFC 등을 포함한 다양한 온실가스가 배출된다. 이러한 산업공정으로부터 배출되는 온실가스량은 제품생산량과 제품소비량 그리고 생산단위당 또는 소비단위당 배출계수(원단위 배출계수)를 사용하여 산정하는 방법이 일반적으로 적용된다. 산업공정에서 배출되는 온실가스는 「개정된 1996년 IPCC 가이드라인(Revised 1996 IPCC Guidelines)」의 내용은 이전 가이드라인(1995년판)과는 차이가 존재하며 표 7.16에 나타낸 바와 같다. 배출계수에 의해 추정 계산할 배출가스가 이전 가이드라인의 6개 가스(CO_2, NO_x, NMVOC, CH_4, CO, N_2O)에서 SO_2가 추가되었으며, CFC와 HALLON은 삭제되었고, HFC와 PFC, SF_6는 추가되었다. 또한 산업공정부문을 크게 광물분야와 석유화학분야, 금속분야, 기타(펄프제지, 음식료품 및 할로카본의 생산과 소비) 등 4개 분야로 구분되어 있으며, 각 공정에 해당하는 배출계수도 표 7.17에서와 같이 상세히 제시하고 있다.

표 7.16 산업공정의 온실가스 배출을 추정할 대상 오염물 변화

	IPCC 1995판(구판)	IPCC 1996판(신판)		IPCC 1995판(구판)	IPCC 1996판(신판)
CH_4	○	○	CFC	○	삭제
N_2O	○	○	HALLON	○	삭제
NO_x	○	○	HFC	×	○
CO	○	○	PFC	×	○
NMVOC	○	○	SF_6	×	○
SO_x	×	○			

표 7.17 산업공정으로부터의 발생되는 잠재적 온실가스

	직접 온실가스						간접 온실가스 및 SO_2			
	CO_2	CH_4	N_2O	PFC	SF_6	HFC	NO_x	NMVOC	CO	SO_2
광물생산(Mineral Production)										
시멘트생산	○									○
석회생산(생석회 및 백운석 소성품)	○									○
석회석 및 백운석 사용	○									
소다회 생산 및 사용	○									
아스팔트루핑							○	○		
도로포장						○	○	○	○	
기타	○	○					○	○	○	○
화학산업(Chemical Industry)										
암모니아	○						○	○	○	○
질산			○				○			
아디픽산			○				○	○	○	
우레아			○							
카바이드	○	○						○	○	○
카프로락탐			○							
석유화학		○	○			○		○		○
금속생산(Metal Production)										
철강산업	○	○					○	○	○	○
알루미늄	○	○		○	○		○	○	○	○
마그네슘	○				○		○	○	○	○
기타금속	○	○			○		○	○	○	○
기타(Other)										
펄프 및 제지							○	○	○	○
음식료품										○
Halocarbons 생산				○	○	○				
Halocarbons 및 SF_6의 사용				○	○	○				
기타 배출원	○	○	○	○	○	○	○	○	○	○

자료 : 에너지 경제연구원(http://www.keei.re.kr)

08

탄소배출권과 신재생에너지 공급인증서, 연료혼합의무화

학습목차

8.1 탄소배출권

8.1.1 ▶ 탄소배출권이란

탄소시장이란 온실가스 배출권을 거래하는 시장을 의미하는 것으로서, 지구온난화 방지를 위해 국제협약이 체결되면서 이산화탄소 등 온실가스 배출에 소유권이 설정되고, 배출권을 사고파는 수급상황에 따라 배출권 가격이 형성된다. 이러한 시장의 형성은 1997년 '교토의정서' 체결 시 도입된 시장메커니즘인 교토 유연성체제(Kyoto flexible mechanism)에 기인하며, 탄소시장은 크게 할당베이스(allowance-based)시장과 프로젝트베이스(project-based)시장으로 대별된다(그림 8.1과 그림 8.2 참조).

할당베이스시장은 기업별로 온실가스 배출 허용량이 할당되면 할당량 대비 잉여분 및 부족분을 거래하는 개념이다. 예를 들어, 교토의정서에서 국가별 감축목표가 할당되면 해당 국가는 그 목표를 다시 자국기업에 할당하여 할당량 대비 감축량의 부족분 및 잉여분을 거래하도록 하는 것이 이에 해당한다. 프로젝트베이스시장은 CDM사업모델과 같이 배출량 감축 프로젝트를 실시해 거둔 성과에 따라 획득한 크레딧(credit)을 배출권 형태로 거래하는 개념이다. 크레딧은 유효성 심사 및 인증을 거친 후에 비로소 발생하게 된다.

세계 여러 나라가 탄소중립 목표 달성을 위해 탄소가격제도를 활용하고 있으며, 탄소가

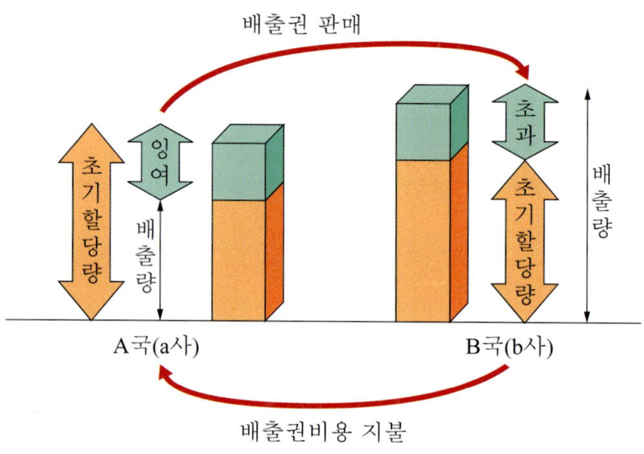

그림 8.1 할당베이스시장.

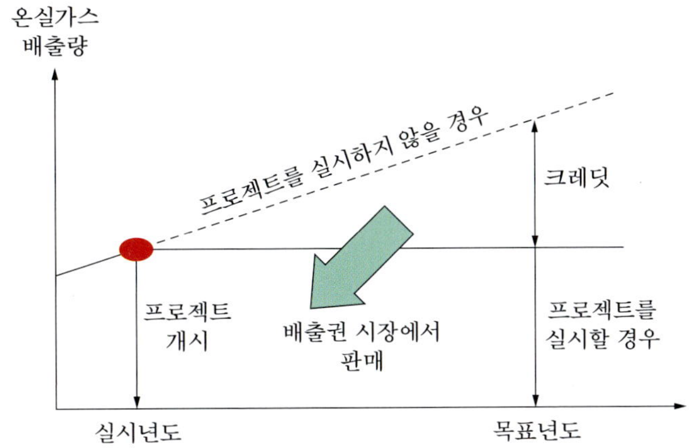

그림 8.2 **프로젝트베이스시장.**

격제도는 시장메커니즘을 활용하여 탄소 배출자가 비용을 부담하도록 하는 정책 수단으로서 탄소가격제도의 유형은 표 8.1과 같이 다양하다. 이 중에서도 대표적인 것이 탄소세와 배출권거래제이다.

파리협정 이후 각 국가들의 탄소배출 저감 필요성이 높아짐에 따라 EU, 한국, 중국, 미국 캘리포니아, 캐나다 퀘백, 일본 도쿄 등 많은 국가들이 배출권거래제를, 그리고 아르헨티나, 남아프리카공화국, 핀란드, 스웨덴, 덴마크, 스위스, 프랑스, 영국, 일본 등 여러 국가에서

표 8.1 **탄소가격제도 유형**

구분	정의	특성
탄소세	• 온실가스(GHG) 배출에 직접적인 가격을 매기고 경제 주체들이 배출된 탄소 오염 1톤당 비용을 지불하도록 하는 제도	• 배출 저감에 대한 재정적 인센티브 제공 가능 • 배출 저감량에 대한 불확실성 존재
배출권 거래제	• 총 직접 온실가스 배출에 대한 한도(cap)를 설정하고, 배출할 수 있는 권리가 거래되는 시장을 설정하는 제도	• 유연하고 가장 저렴한 비용으로 배출 감소목표를 달성 가능 • 배출가격에 대한 불확실성 존재
크레딧 메커니즘	• 프로젝트 결과물로 발생한 배출량 감축분을 제3자 검증을 거쳐 크레딧으로 인정받아 배출권이 필요한 기업에 판매하는 제도	• 배출 감소가 인정되기 전에 공식적으로 인정된 제3자 검증자의 확인 필요
RBCF	• 사전에 설정된 감축목표를 달성할 경우 자금지원을 받는 제도	• 목표 달성을 확인하기 위해 제3자 검증필요 • 탄소 가격 책정과 탄소시장 창출을 촉진
내부 탄소가격제	• 탄소 사용에 대해 자체적으로 내부 가격을 매기고 이를 투자 결정에 반영하는 제도	• 저탄소 기술에 대한 투자를 촉진하고 미래의 기후 정책과 규제를 대비

주) RBCF : Results-Based Climate Finance 의미
자료 : Carbon Pricing Leadership Coalition Homepage, 2024. World Energy Market Insight. Vol. 24, No. 13, p.1, 2024

탄소세를 이미 도입하여 실행하고 있다.

한편 삼성경제연구소(김현진, 2008) 자료에 의하면 탄소시장과 관련된 비즈니스 모델은 비용절감형(배출권 구입 및 획득), 수익창출형(배출권 프로젝트 및 금융상품개발), 서비스 제공형(시장전망 및 컨설팅)으로 대별될 수 있다.

비용절감형은 감축비용을 줄이기 위해 탄소시장에서 배출권을 구입하거나 획득하는 유형으로 주로 배출량을 이미 할당받았거나 향후 할당받을 것으로 예상되는 에너지 다소비 기업이 이에 해당한다. 특히 서유럽 및 일본의 전력, 철강 등 에너지 다소비 기업들은 감축비용이 너무 높아 탄소시장 활용이 불가피한 실정이다. 이들 기업들은 주로 탄소시장을 통해 배출권을 구입하거나 CDM · JI프로젝트에 직접 진출해 크레딧을 획득하고 있다.

수익 창출형은 CDM · JI프로젝트 등을 개발하여 배출권이 필요한 에너지 다소비 기업에게 매각하는 등 수익창출을 목표로 하는 유형으로 종합상사, 신재생에너지, 엔지니어링, 플랜트 기업 등이 대표적이다. 프레온가스 파괴나 메탄가스 회수, 신재생에너지 도입 등 투자대비 많은 크레딧을 획득할 수 있는 프로젝트가 전체의 80%를 차지하고 있다.

서비스 제공형은 배출권 시장 전망, 거래 중개, 기업의 배출권 전략수립 등에 관한 서비스를 제공하는 기업들이 이에 해당한다. 포인트 카본, 에코 시큐리티즈, 낫소스 등은 탄소시장에 특화된 대표적인 전문 컨설팅업체이며 컨설팅 수입, 거래중개수수료, 유료 정보제공 등이 주요 수익원이다.

8.1.2 ▶ 국내외 탄소시장 현황

1 해외시장

파리협정의 목표는 지구 기온상승을 산업화 이전 수준보다 1.5°C에서 최대 2°C로 제한하는 것인데, 국제 사회에서는 이를 달성하기 위해서 탄소가격을 대폭 높여야 한다는 목소리가 높다. 국제통화기금(IMF)은 지난 2019년 보고서에서 지구 기온 상승을 2°C 이내로 제한하기 위해서는 전 세계 평균탄소세가 1톤(tCO_2eq)당 US $75가 되어야 한다고 제언했다.

World Bank(2021) 자료에 의하면 ETS를 전국 단위로 시행하고 있는 국가로는 한국을 포함한 9개 국가(뉴질랜드, 스위스 등)가 있으며, 지역 단위로 운영되고 있는 국가는 일본 도쿄, 미국 캘리포니아 등을 포함한 19개 국가가 있다. 그림 8.3은 ICAP 및 KDI FOCUS (윤여창, 2023) 자료를 토대로 유럽연합(EU), 뉴질랜드, 미국 캘리포니아 및 RGGI, 한국 등 세계 주요 국가의 탄소배출권 가격변화를 나타내었다. 그림 8.3에서 보듯이 2020년과 2021

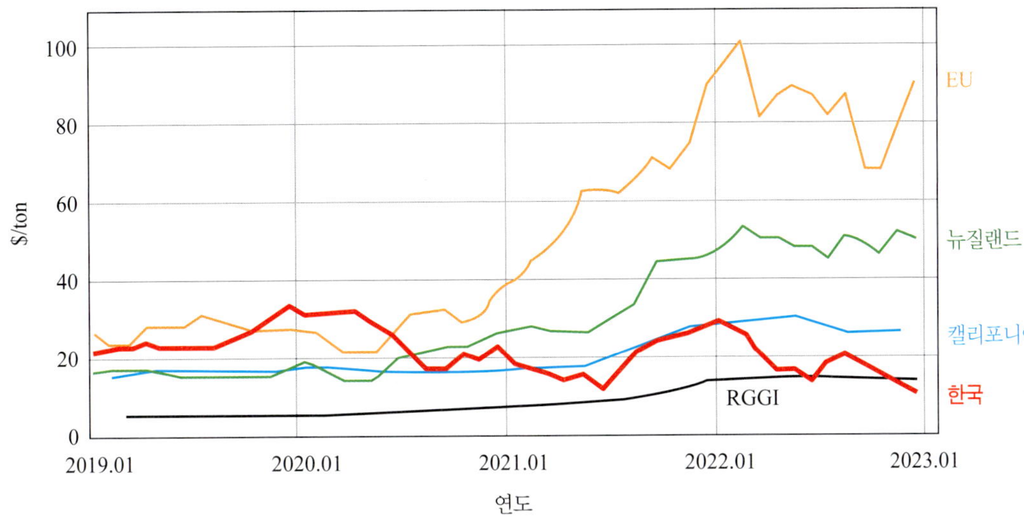

그림 8.3 **국내외 탄소배출권 가격변화.**
자료 : ICAP(https : //icapcarbonaction.com/ets-price), 윤여창, 배출권거래재의 시장기능, KDI FOCUS, 2023

년에 전 세계적으로 온실가스 감축목표가 상향되면서 주요 배출권 가격이 2~3배 이상 급격히 상승한 것과 달리, 국내 배출권 가격은 반대로 1/3 수준으로 하락하여 주요 배출권거래제 중 가장 낮은 수준을 보이고 있다.

배출권거래제 분야도 마찬가지로 유럽연합(EU)이 선도하고 있다. EU는 2005년에 세계 최초로 배출권거래제를 도입했는데 성공적으로 운영하고 있어 다른 국가들이 참고할 만한 모범적인 사례로 평가받고 있다. EU의 배출권 거래제는 1~3기를 거쳐 현재 4기에 들어섰다. 표 8.2는 EU 배출권거래제 운영방향을 요약하여 나타내었다.

표 8.2에서 보듯이 1기와 2기 그리고 3기를 거치면서 EU의 배출권거래제는 단순 연합에서 벗어나 EU 차원의 배출허용총량과 할당규칙이 적용되는 단일 시스템으로 진화했다. 1기와 2기 배출권거래제 적용대상은 산업과 에너지 부문만을 포함하고 있었으나 2012년부터 항공 부문을 편입시켰고, 3기부터는 석유화학, 암모니아, 알루미늄 부문까지 확대했다. 할당방식의 경우 1기 시작 시에는 무상할당이었으나, 2기에는 10% 유상할당이 실시되었고, 3기에서는 발전 부문의 경우 100% 유상할당, 기타 산업 부문은 20%, 항공 부문은 15% 유상할당 되었다. 4기에서는 유상할당 57%로 점차 확대하고, 4기 이후인 2032년에 무상할당을 완전폐지를 목표로 세우고 있다.

참고로 현재 온실가스의 배출권이 거래되거나 거래될 수 있는 형태는 표 8.3에 나타낸 바와 같으며, 현재까지 거래가 없는 형태도 2가지 정도 존재하고 있다.

표 8.2 EU 배출권거래제 운영방향

	1기	2기	3기	4기
계획 기간	2005~2007년	2008~2012년	2013~2020년	2020~2030년
감축 목표	2005년 대비 8.3% 감축	2005년 대비 6.5% 감축	2005년 대비 21% 감축	2018년 대비 40% 감축
참여 국가	EU 27개국	EU 27개국 + 노르웨이, 아이슬란드, 리히텐슈타인	EU 28개국 + 노르웨이, 아이슬란드, 리히텐슈타인	28개 EU 회원국 + 노르웨이, 아이슬란드, 리히텐슈타인
적용 대상	전력, 에너지, 다소비산업주)	항공 부문으로 확대 (2012년부터)	석유화학, 암모니아, 알루미늄 부문 추가	해상운송, 건물, 수송 부문 추가
유·무상 할당	무상 할당	유상할당 도입(10%)	발전 100%, 산업 20%, 항공 15% 유상할당	유상할당 57%(발전업종은 100% 유상)
주요 사건 및 개선사항	공급 과잉으로 탄소배출권 가격이 제로(0) 가까이 하락	이월제도 도입	가격 하락 문제 해결을 위해 시장안정화(MSR)제도 도입	2032년에 무상할당 완전 폐지를 목표

주) 정유, 제강·제련, 선철·철강, 시멘트, 유리·광섬유, 세라믹 제품, 펄프제지 등
자료 : 대신증권 Research Center

2 국내시장

전 세계적으로 기후변화에 대한 위기의식이 증대되면서 많은 국가들이 온실가스 감축목표를 상향하였다. 우리나라 역시 2020년 12월에 '2050 탄소중립'을 선언하고, 2021년 10월에 '2050 탄소중립 시나리오'를 수립하였으며, 2030년 국가 온실가스 감축목표(NDC)를 상향하였다. 그리고 2023년 4월에는 '탄소중립·녹색성장 국가전략 및 제1차 국가 기본계획'을 통해 2030년까지의 부문별·연도별 감축목표와 이행 방안을 제시하였다.

우리나라의 배출권거래제는 기업과 경제에 미치는 비용을 최소화하면서 국가 온실가스 감축목표를 달성할 목적으로 2015년에 도입되었다. 한국거래소(KRX)가 배출권 거래소로 지정되어 있으며, 배출권 시장에서 배출권은 할당배출권(KAU), 상쇄배출권(KCU), 외부사업 인증실적(KOC) 등 3가지 종목으로 거래되고 있다.

참여업체와 배출량 커버리지는 지속적으로 확대되어 제3차 계획기간(2021~2025년)에는 국가 배출량의 73.5%를 커버하고 있다(환경부, 2020.9). 참여업체는 크게 유상할당 대상업체와 무상할당 대상업체로 나뉜다. 탄소누출 가능성과 비용부담이 높은 기업들에 대해서는 기본적인 기업경쟁력 보장 차원에서 배출권을 전량 무상할당하고, 그 외의 대상업체는 거래시장이나 경매 등을 통해 일정 비중 이상의 배출권을 유상으로 구매하도록 하고 있다. 제1차 계획기간(2015~2017년)에 100% 무상할당으로 시작된 이후, 제2차 계획기간

표 8.3 온실가스의 배출권 거래 형태

종류	설명	거래동향
AAUS (Assinged Amount Units)	교토의정서의 Annex B에 나와 있는 국가의 할당량	• 정부 주도로 이루어지는 국가간 거래이며, 현재까지 거래 없음. • 동유럽, 러시아, 우크라이나가 주요 판매국가가 될 것으로 예상하고 있으나, 이들 국가의 AAUs가 온실가스 감축 노력 없이 발생하기 때문에 거래에 제약이 있을 것으로 예상됨.
EUAs (European Union Allowances)	EU-ETS에서 정한 할당량	• EU-ETS에 참여한 기업들간에 거래가 이루어짐.
CERs (Certified Emission Reductions)	CDM을 통한 온실가스 감축량	• CER의 거래가격은 계약형태에 따라 매우 다양함. • 주요 구매자는 유럽 및 일본의 정부, 기업, 은행, 펀드 등이며, 판매자는 중국, 인도, 브라질 등임.
ERUs (Emission Reduction Units)	JI를 통한 온실가스 감축량	• 주요 구매자는 유럽 및 일본의 공공부문이며, 판매자는 러시아, 우크라이나, 불가리아 등 과거 사회주의에서 시장경제로의 전환과정에 있는 국가들임.
RMUs (Removal Units)	교토의정서의 Annex B국가의 LULUCF 사업을 통한 온실가스 흡수량	• 토지이용, 토지용도변화, 조림을 통한 산림의 증가로서 발생되며, 현재까지 거래사례 없음.

(2018~2020년)부터는 유상할당이 시작되었으며, 제3차 계획기간(2021~2025년)에는 유상할당 비중이 10%로 확대되었다(표 8.4 참조).

우리나라 탄소배출권 연간 거래량 및 거래대금 추이를 그림 8.4에 나타내었다.

그림 8.4에서 보듯이 탄소배출권시장은 꾸준한 성장세를 보이고 있다. 거래량의 경우 2015년 32만톤에서 2022년 말 1,055만톤으로 3,197% 상승했고, 거래대금 또한 5,395% 상승세를 보였다. 그러나 2020년과 2021년에 전 세계적으로 온실가스 감축목표가 상향되면서 주요 배출권 가격이 2~3배 이상 급격히 상승한 것과 달리, 국내 배출권 가격은 반대로 1/3 수준으로 하락하여 주요 배출권거래제 중 가장 낮은 수준을 보이고 있다(그림 8.3 참조).

표 8.4 우리나리 기간별 배출권 거래제도

	제1기(2015~2017년)	제2기(2018~2020년)	제3기(2032~2025년)
주요목표	경험 축적 및 거래제 안착	상당수준의 온실가스 감축	적극적인 온실가스 감축
할당방식	전량 무상할당	유당할당 개시(3%)	유상할당 비율 확대(10%)

자료 : 환경부

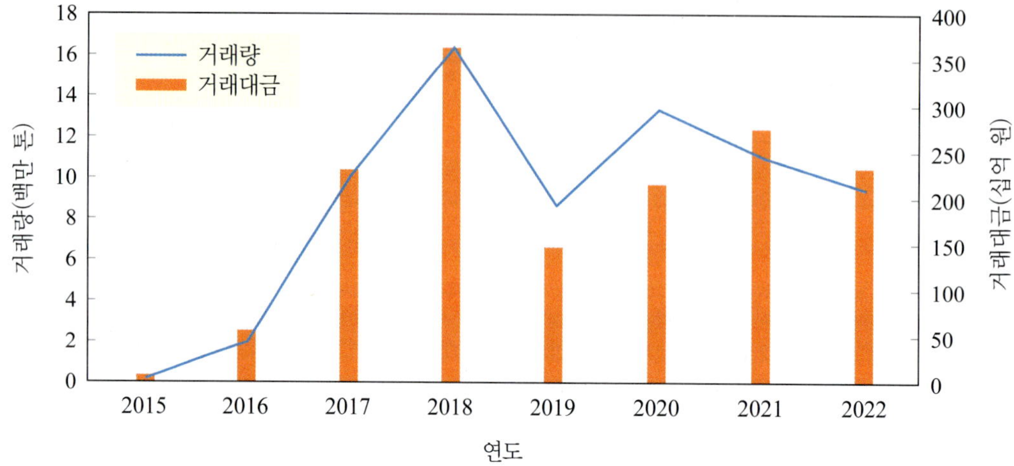

그림 8.4 우리나라 탄소배출권 연간 거래량 및 거래대금 추이.
자료 : KRX

8.1.3 ▸ 교토메커니즘(CDM, JI, ET 사업)과 탄소배출권

1992년 브라질 리우데자네이루에서 열린 지구환경정상회의에서 기후변화협약이 채택되고 1994년 3월 발효되어, 차별화된 공동부담 원칙에 따라 부속서/비부속서로 구분하고 각기 다른 온실가스 감축의무를 부담하기로 결정하였다. 1998년 제3차 당사국 총회에서 기후변화협약에 따른 감축활동을 보다 세분화하였다. 이는 차별화된 감축량, 의무감축 대상 국가, 감축 시점을 명시한 것이며, 이후 2005년 2월 교토의정서가 정식 발효되었다. 유연성 체제라 불리는 교토의정서는 그림 8.5에 나타낸 바와 같은 교토메커니즘을 포함하고 있다.

환경대책과 에너지 절감 대책을 추진하고 있는 선진국에서는 배출삭감을 위해 막대한 비용이 들지만, 그 경제적인 부담을 줄이기 위해 교토의정서에서는 청정개발체제(CDM : Clean Development Mechanism), 공동실시(JI : Joint Implementation), 그리고 배출권거래(ET : Emissions Trading)라는 3가지 조치가 도입되었으며, 그 가운데서 새롭게 배출권을 만들어내는 시스템은 CDM과 JI의 2가지로, 모두 자국 이외에서 배출량 감축 프로젝트를 실시해 그 감축분을 배출 크레딧으로서 양도하거나 자국의 배출 감축분으로 카운트할 수 있는 것이다.

결과적으로 온실가스 감축의무를 지니고 있는 국가가 감축의무 이행을 위해 선택할 수 있는 방법은 크게 두 가지가 있다. 하나는 각종 규제나 세금 등에 의한 방법으로서, 현재 독일에서 시행되고 있는 환경세 등을 예로 들 수 있다. 환경세 제도를 시행하면 에너지를 많이 사용하는 기업은 환경세에 의해 더 많은 부담을 갖게 되므로 에너지를 적게 사용하는 방식

공동이행(JI)	선진국간에 투자하여 발생된 온실가스 감축분의 일부를 투자국의 저감실적으로 인정하는 제도
청정개발체제(CDM)	선진국이 개도국에 투자하여 발생된 온실가스 감축분을 선진국의 감축실적에 반영할 수 있도록 허용한 제도
배출권거래(ET)	배출쿼터를 받은 온실가스 감축의무 국가간에 배출쿼터의 거래를 허용한 제도

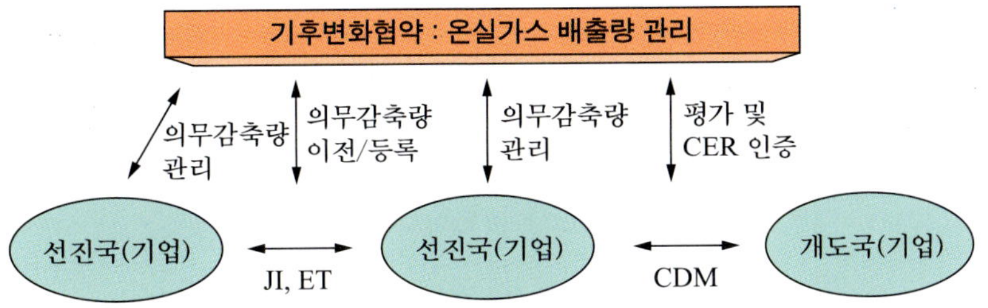

구분	JI	CDM	IET
내용	선진국(부속서 I 국가)간 다른 선진국에 투자하여 감축한 온실가스의 일정량을 자국의 실적으로 인정	선진국(부속서 I 국가)이 개발도상국(비부속서 I 국가)에 투자하여 감축한 온실가스의 일정량을 자국의 실적으로 인정	국가별로 부과된 배출쿼터의 매매를 허용함
배출권 명칭 및 거래단위	ERU=1 tCO_2e (Emissions Reductions Unit)	CER=1 tCO_2e (Certified Emission Reduction)	AAU=1 tCO_2e=EUA(유럽) (Assigned Amount Unit)
참여자 및 사업주체	기후협약 Annex I 국가	기후협약 가입국 전체 (Annex I 국가, Non-Annex I 국가)	교토의정서 Annex B 국가
시행시기	2008년	2000년 (2000~2007년 감축량 인정)	2008년

그림 8.5 **교토메커니즘의 구성도와 각 요소의 비교.**

을 개발하여 활용하게 되고, 이를 통해 에너지 사용량을 줄이게 된다. 다른 하나는 시장원리에 따른 교토메커니즘으로 시장(배출권거래시장)이라는 유연한 기구를 이용한 제도가 있다. 이러한 교토메커니즘에 의한 감축의 기본 개념은 그림 8.6에 나타낸 바와 같다.

1 CDM사업의 개요

청정개발체제(CDM)는 교토메커니즘의 주요 내용 중 하나로서, 이 중 의무감축국가가 비의무감축국가에서 온실가스 감축활동을 이행하는 것을 인정한 것이 청정개발체제의 출발이며, 감축량을 자국의 감축량으로 인정받거나 시장에서 거래할 수 있는 것이다.

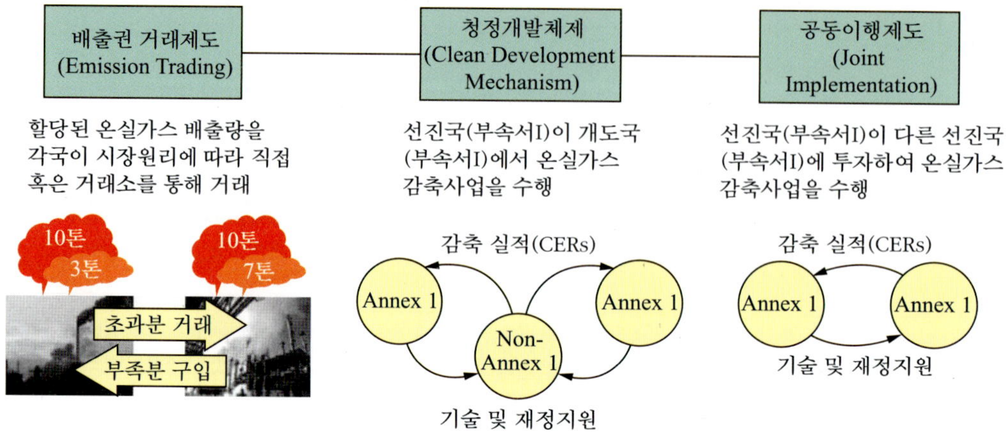

그림 8.6 **교토메커니즘에 의한 감축의무 수행과 배출권 거래 개념.**

현재 국제적으로 다양한 분야의 CDM 사업이 실시되고 있으며, 국내에서도 CDM 사업 등록을 위하여 사업 발굴에 큰 관심을 가지고 있으며(표 8.5 참조), 이 중 바이오매스발전 사업이 큰 각광을 받고 있다. 최초의 국내 CDM 사업영역은 온실가스 감축량을 다량 확보할 수 있는 HFCs 영역이나 N_2O 영역이 주류를 이루었다. 하지만 최근 사업 발굴 한계에 다다

표 8.5 **국내 CDM 사업분야와 추진 사업(예)**

구분	사업분야	사업 예시
1	에너지산업(재생에너지/일반)	재생에너지 발전(태양광, 풍력), 열병합, 폐열회수 발전
2	에너지 송배전	송배전, 지역난방배관 효율향상
3	에너지 수요관리	증기시스템 효율개선, 양수펌프 효율개선
4	제조업	연료전환, 폐열회수
5	화학산업	아디핀산 생산시설 N_2O 감축
6	건축	–
7	수송	온실가스 저배출 자동차 이용
8	채광, 광물생산	탄광 또는 석탄층에서의 메탄 포집
9	금속생산	알루미늄 공장에서 양극효과(anode effect) 때문에 발생되는 PFC를 줄이는 사업
10	연료 탈루성 배출	석유 시추정 가스 포집, 가스배관 누출 방지
11	HFCs, PFCs, SF_6 탈루성 배출	HFC23 소각
12	유기용제 사용	–
13	폐기물 관리 및 처리	매립지, 축분 메탄 포집
14	신규조림 및 재조림	황무지 재조림
15	농업	축분, 축산폐수 메탄 포집

르면서 바이오매스 CDM 또는 신재생에너지 CDM 사업영역으로 상당부분이 전환되어 사업이 추진되고 있다.

이러한 CDM 사업을 통해 얻어지는 선진국과 후진국 사이에 존재하는 편익은 다음과 같으며, 온실가스 감축에 기여하게 된다.

- 선진국의 편익
  - 저렴한 비용으로 온실가스 배출량의 감축이 가능함.
  - 개도국에 대한 시장 개척의 기회로 삼을 수 있음.
- 개도국의 편익
  - 선진국의 자본 및 경영기법 유치가 가능함.
  - 저탄소형 경제로의 시장진입에 기여
  - 민간과 공공부문의 협력 체제 강화
  - 환경친화적인 기술 이전의 촉진 효과
  - 지속가능한 발전을 위한 프로젝트의 우선 순위 강화
  - 소득 및 고용 창출
  - 지역 환경 개선

2 공동실시(JI) 제도의 개요

공동실시(JI)는 교토의정서 제6조에 정해진 것으로, 투자국이 되는 선진국과 호스트국이 되는 개발도상국이 공동으로 배출량 감축 사업을 실시하고, 그 감축분을 호스트국의 배출틀에서 투자국 측인 선진국으로 이전해 투자국의 삭감 목표 달성에 이용할 수 있는 제도이다. 원칙적으로 투자국과 호스트국이 상호 협의를 마친 조건으로 크레딧을 이전할 수 있는 트랙 1이라 불리는 프로세스와, 국가연합의 공동실시감독위원회(JISC)의 순서에 따라 실시하는 트랙 2라 불리는 프로세스가 존재한다.

JI 대상국은 중동유럽이나 러시아 등이 되고 있으며, 중동유럽 국가들은 EU에 가입하고 있기 때문에 EU 규제의 영향을 받게 되어 JI 프로젝트의 진전에 방해가 될 수도 있다. 교토 메커니즘의 정보 플랫폼에 따르면 일본정부가 승인한 프로젝트 수는 CDM 415건에 대해 JI는 19건으로 적은 부분을 차지하고 있다.

3 국제 배출권 거래(IET)

국제 배출권 거래제도는 온실가스 감축의무가 있는 선진국 간 배출권 거래를 허용하는 제도로, 각 국가는 최대한으로 배출량을 줄여 공개시장에서 배출권 판매수익을 거두거나,

온실가스 배출량을 줄이는 데 비용이 많이 소요되는 국가는 온실가스 감축비용보다 낮은 수준에서 상대적으로 저렴한 온실가스 배출권을 구입하여 감축비용을 줄일 수 있으므로, 전체적인 온실가스 감축비용의 최소화할 수 있는 방법 중의 하나이다. 교토의정서에 따라 국가별로 할당된 배출권을 AAU(Assigned Amount Unit)라고 하고, CO_2톤으로 표시하며, 배출권 거래에 있어서 교토의정서는 거래 참가자와 참가자격으로 부속서 B 국가 간에 한하는 것으로 제한하고 있다.

8.1.4 ▸ 기업과 개인의 탄소배출권 거래와 활용

1 탄소펀드

탄소펀드란 지구 온난화를 일으키는 이산화탄소와 다른 '온실가스'의 공적인 배출량 및 사적인 배출량을 줄일 프로젝트 기금을 모으기 위해 계획된 것으로 펀드 개수도 전 세계적으로 늘어나고 확산되고 있다. 탄소펀드의 최종 결과는 탄소배출권(Carbon Credit)으로 CER(Certified Emission Reduction)이라는 이름으로 알려져 있다. 이는 UN 기후변화협약(UNFCCC)의 교토의정서에 의거한 약정, 즉 청정개발체제(CDM)에 따라 감축된 이산화탄소의 1톤에 해당하는 배출권을 의미한다. 교토의정서는 특정 수준의 온실가스 감축 활동을 하는 "부록 1"에 속한 40개국(또는 선진국)이 온실가스 감축 비용이 더 많이 소요되는 자국과 달리 개발도상국에서 배출량 감축 프로젝트에 투자할 수 있도록 허용하고 있다. 사실, 소위 부록 1(부록 B라고도 함)에 소속된 국가들도 2008년에서 2012년까지 운용될 계획인 교토의정서 제1단계 기간 동안 1990년보다 낮은 수준인 최소 5.2%까지 온실가스 배출량을 감축하기로 동의했다. 이러한 상황에서 교토의정서가 정한 이산화탄소 배출 목표량을 맞추는 데 어려움이 있게 되자 전 세계적으로 탄소 자산에 대한 시장 수요가 크게 늘었으며, 탄소펀드의 설정규모와 개수도 확대되고 있다.

일반적인 탄소펀드의 운영체계는 그림 8.7과 같다. 탄소펀드는 투자자의 자금을 모아 탄소배출권(credit)을 창출할 수 있는 여러 프로젝트에 투자하여 배출권을 확보하거나 국제 배출권 시장에서 EUA나 CER, VER과 같이 이미 발행된 배출권의 매매나 중개, 컨설팅 등의 활동을 통하여 얻은 수익(현금) 또는 배출권(현물)을 투자자에게 배당하는 형태를 지닌다.

국내에서는 KCF(Korea Carbon Fund)의 설립을 주도한 산업통상자원부(구 산업자원부)에 의하면 KCF의 목적은 '경험 쌓기를 통한 기후변화 대응능력 제고'와 '선진 자본에 맞선 국내기업의 CDM 사업 기회 확대', 그리고 '금융시장 육성'으로 요약될 수 있으며, 재원은 민간투자를 통해 이루어지고 있다. 즉, 민간의 자금을 이용하여 공익적인 목적을 추구하고

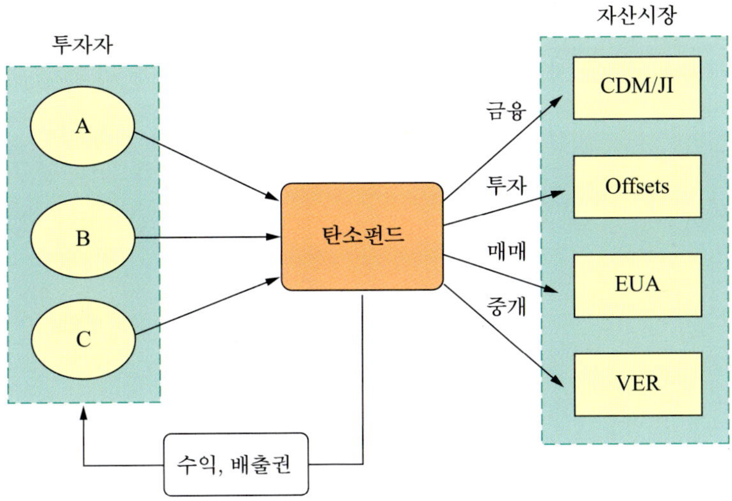

그림 8.7 **탄소펀드의 일반적인 운영체계.**

있으며, 다양한 주체들이 참여하는 컨소시엄 형태이다.

그러나 이러한 형태의 탄소펀드는 의사결정과정의 복잡성과 운영 방향의 혼선이라는 문제를 야기할 가능성이 적지 않다. 그림 8.8은 국내 1호 탄소펀드인 KCF의 운영체계를 보여주고 있는 것으로서, 일반적인 국제 탄소펀드의 형태와의 가장 커다란 차이점은 투자에 대한 배당에 있어 현금 배당을 주로 하는 한국사모 탄소펀드와 배출권을 위주로 하는 한국사모 탄소배출권펀드(Korea Credit Fund)의 복층 형식으로 되어 있다는 것이다. 이는 일본의 JCF(Japan Carbon Finance)와 유사한 형식이다.

2007년 8월에 한국의 새로운 투자 수단으로 '한국탄소펀드'라고 알려진 한국탄소펀드

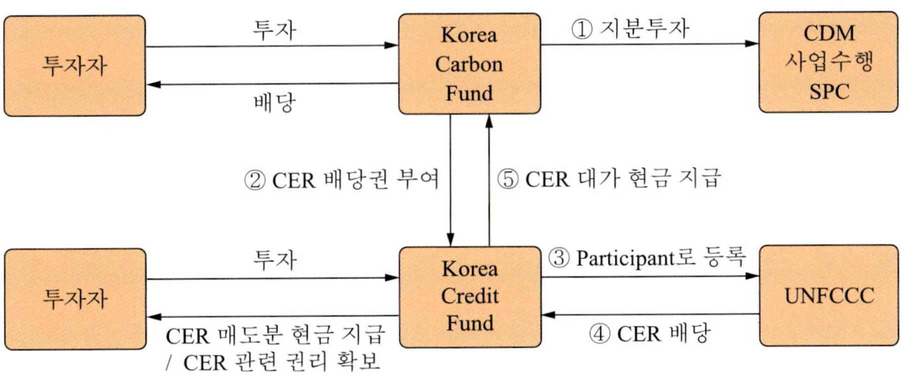

그림 8.8 **KCF(한국탄소펀드)의 운영체계.**
자료 : 한국사모 탄소펀드/탄소배출권 펀드 : Investor Relations, 2007.7

(Korea Carbon Fund) 및 한국탄소배출권 펀드(Korea Credit Fund)가 시장에 나왔다. 정부는 한국에서 처음 도입된 이 펀드로 시장의 수요를 규제 활동에 이용하고 있으며, 프로젝트 기반의 온실가스 배출량 감축 사업에 따라 추진된 프로젝트를 발족시켜 국내 탄소시장에 활기를 불어넣었다. 한국 정부는 두 펀드가 성공을 거둘 수 있도록 합동 연구를 통해 에너지 감사, 에너지 효율성 개선 및 재생 에너지 등의 분야뿐만 아니라 자문 및 정보 공유의 분야에서 한국에너지공단(KEA)과 긴밀하게 공조하고 있다.

2 탄소배출권 거래 동향 분석

국내의 탄소시장 현황은 8.1.2절에서 다루었기 때문에 본 절에서는 배출권거래제 분야에서 선도하고 있는 유럽연합(EU)과 한국을 상세하게 비교 분석하고자 한다. EU 탄소배출권 가격추이는 1기부터 4기까지 구분하여 그림 8.9에 나타내었다. 가격변화의 추이를 살펴보면 1기에는 배출권이 과다 할당되어 배출권 가격이 0으로 떨어지는 상황이 발생하기도 했으므로 2기에는 배출권 가격 폭락을 방지하기 위해 사용하지 않고 남은 배출권을 이월할 수 있는 제도를 도입했다.

EUA 가격은 2013년 4월 2.72유로까지 하락한 이후 상승 · 하락을 반복하며 2018년 2월까지 톤(tCO_2eq)당 10유로 미만을 기록했다. 배출권 공급 과잉으로 인한 배출권 가격 하락, 저탄소 기술에 대한 투자 심리 약화 등 개혁 필요성이 대두되면서 2018년 2월에는 EU 배출

그림 8.9 EU 탄소배출권 가격추이.
자료 : Bloomberg, 대신증권 Research Center

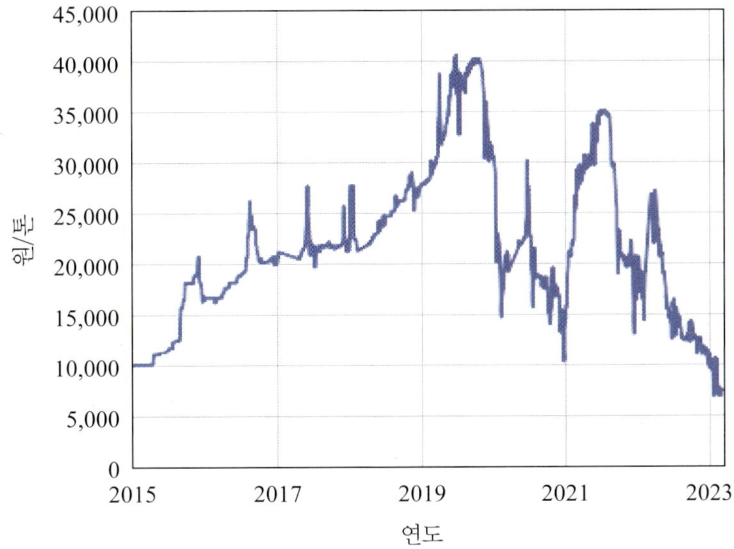

그림 8.10 **우리나라 탄소배출권 가격추이.**
자료 : KRX, 대신증권 Research Center

권거래제 개혁안이 EU 의회를 통과했다. 이후 배출권 가격이 상승세를 타며 2018년 7월에는 17유로를 돌파했고, 4기가 시작된 2021년에는 동계 한파로 인한 난방수요 증가, 러시아발 공급 감소 등의 영향으로 천연가스 가격이 지속 상승했으며, 4기 이후 지속 상승세를 보이던 EUA는 2023년 2월 101유로에 거래되어 사상 최고치를 기록했다. 톤당 100유로 이상은 기업들에게 친환경 투자에 영향을 주는 임계치로 인식된다.

한편 우리나라의 배출권거래제는 기업과 경제에 미치는 비용을 최소화하면서 국가 온실가스 감축목표를 달성할 목적으로 2015년에 도입되었다. 2015년부터의 탄소배출권 가격추이를 그림 8.10에 나타내었다. 가격변화의 추이를 살펴보면 2015년 1월 12일 톤당 8,640원으로 거래를 시작한 가운데 2019년 12월에는 톤당 40,900원을 돌파하면서 5년여 만에 373% 상승률을 보였다. 그러나 2023년 8월말 기준 배출권 가격은 고점 대비 81% 하락한 상태이다.

2020년과 2021년에 전 세계적으로 온실가스 감축목표가 상향되면서 주요 배출권 가격이 2~3배 이상 가파르게 상승한 것과 달리, 국내 배출권 가격은 반대로 하락하여 주요 배출권거래제 중 가장 낮은 수준을 보이고 있다. 그렇지만 유럽과 미국 등 선진국들의 지속적인 배출권 가격상승과 탄소중립 실현을 위한 온실가스 감축뿐만 아니라 국제적인 정세와 무역장벽의 해소 등을 감안할 때 앞으로의 배출거래권 가격은 상승될 수밖에 없다.

3 탄소포인트

환경부와 지방자치단체에서 추진하고 있는 탄소포인트제(그림 8.11 참조)는 국민 개개인이 온실가스 감축활동에 직접 참여하도록 유도하는 제도로 가정, 상업시설, 기업이 자발적으로 감축한 온실가스 감축분에 대한 인센티브를 지자체로부터 제공받는 범국민적 기후변화 대응 활동(Climate Change Action Program)이다.

탄소포인트제의 도입배경은 '우리 모두의 노력으로 기후변화의 주범인 온실가스를 줄일 수 있다'라는 취지에서 출발하였다. 기후 변화에 대한 정부간 협의체(IPCC : Intergovernmental Panel on Climate Change) 4차 평가 보고서(2007)에 의하면 건물, 가정과 상업 부문의 온실가스 감축 잠재량이 가장 큰 것으로 분석되었다. 이에 따라 정부(환경부)는 그간 산업부문에 치중해온 온실가스 감축정책을 가정 및 상업시설에까지 확대하여 실시하고자 탄소포인트제도를 도입하게 된 것이다. 또한 탄소포인트제는 지방자치단체가 가정, 상업 부분의 관리를 통해 국가 기후변화 온실가스 대응에 주체적인 역할을 할 수 있는 제도이기도 하다. 탄소포인트제를 통한 성공적인 기후변화 대응을 위해서는 지자체뿐만 아니라 국민 개개인의 적극적인 참여가 필요하다.

탄소포인트는 다음과 같은 과정을 통해 활용된다.

① 탄소포인트의 축적 : 전기나 수도 등의 절약에 의한 포인트를 축적한다(표 8.6 참조).

② 참여자에게 제공하는 인센티브는 지자체별로 인센티브의 종류, 규모, 지급횟수 및 지급시기 등의 구체적인 방법을 정한 다음, 탄소포인트의 활용방안으로 현금, 탄소캐시백, 교통카드, 상품권, 쓰레기 종량제 봉투, 공공시설 이용 바우처, 기념품 등 지자체가 정한 범위 내에서 선택할 수 있도록 한다.

③ 현재 추진 중인 활용 예로서, 탄소포인트를 탄소캐시백으로 전환하는 경우, 이마트나 뚜레쥬르, 11번가 등 5만여 OK캐쉬백 가맹점과 탄소캐시백 가맹점에서 현금처럼 사용한다.

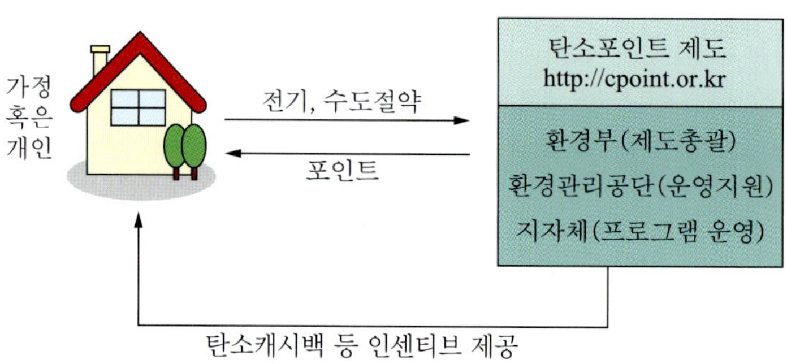

그림 8.11 **탄소포인트제 구조도.**

표 8.6 탄소포인트의 획득(예)

포인트 부여의 예
4인 가구 월평균 전력 사용량(350 kWh)의 10%(35 kWh)를 절감할 경우, 연간 총 172,104원이 절감된다. 이를 포인트와 인센티브로 환산하면, 최대 53,424원이 지급되며 전기료는 118,680원이 감소한다. (포인트당 지급액은 지자체별로 다를 수 있다)

• 인센티브
– 연간 전기사용량 절감 = 420 kWh (35 kWh/월×12개월)
– 연간 온실가스 절감량 = 178,080 gCO_2 (420 kWh/년×424 gCO_2/kWh*)
  * 424 gCO_2/kWh = 전력 배출계수
– 연간 포인트 = 17,808포인트 (178,080×1/10**)
  ** 1/10 = 10 gCO_2당 1포인트
– 연간 최대 인센티브 = 53,424원 (17,808×3원***)
  *** 3원 = 1포인트당 최대 3원

• 전력요금
– 월평균 절감 전력요금 = 9,890원 (56,350원* – 46,460원**)
  * 56,350원 = 월평균 전력사용량(350 kWh)에 대한 요금
  **46,468원 = 월평균 10% 절감 사용량(315 kWh = 350 kWh – 35 kWh)에 대한 요금
– 연간 절감 전력요금 = 118,680원 (9,890×12개월)

일본에서도 Carbon Offset이란 제도를 활용하여, 1차적으로 개인과 산업체를 대상으로 온실가스 배출량에 대한 인식을 제고시키고, 배출을 억제하거나 줄이는 활동을 하도록 장려하고 있다. 온실가스 감축방법으로는 자신들이 배출한 양만큼 Credits를 구매하고, 이 비용으로 신재생에너지 등에 투자하거나 온실가스 배출량 감축 활동을 하게 된다.

8.2 신재생에너지 공급인증서(REC)

8.2.1 신재생에너지 공급의무화제도(RPS)와 신재생에너지 공급인증서(REC)

2011년부터 정부는 기후변화에 대응하기 위한 온실가스 저감을 위해 신재생에너지의 효율적인 보급을 위한 중심적 정책수단으로 신재생에너지 공급의무화제도(RPS : Renewable Portfolio Standard)를 시행하고 있다. RPS제도는 전기에너지에 한정하여 전력을 생산하여 공급하는 사업자에게 자신이 공급하는 전력의 일정량을 신재생에너지로 공급하도록 의무화하는 것이다. 우리나라 이외에도 미국, 영국, 이탈리아, 스웨덴 등에서 시행 중에 있다.

법적인 제도 아래에서 정부는 매년 공급의무자를 선정하여 당해 의무공급량을 확정 공고하고, 공급의무자는 당해 의무공급량을 정부에 공급 증명하며, 의무를 다하지 못한 부족분에 대해서는 과징금을 납부토록 함으로써 제도의 실효성을 높이고 있다. 또한, 정부는 의무이행분에 대해 적정수준에서 이행하는데 소요된 비용을 보전해 줌으로써 공급의무자에게 과도한 경영부담을 주지 않으면서도 공급의무자들이 비용절감을 위해 노력할 수 있는 제도적/행정적 환경을 조성해주고 있다.

RPS에 해당하는 업체 중 설비규모(신재생에너지설비 제외) 500MW 이상의 발전사업자는 2024년 1월 기준 한국수력원자력, 한국남동발전, 한국중부발전, 한국서부발전, 한국남부발전, 한국동서발전, 한국지역난방공사, 한국수자원공사, SK E&S, GS EPS, GS 파워, 포스코인터내셔널, 씨지앤율촌전력, 평택에너지서비스, 대륜발전, 에스파워, 포천파워, 동두천드림파워, 파주에너지서비스, GS동해전력, 포천민자발전, 신평택발전, 나래에너지서비스, 고성그린파워, 강릉에코파워, 여주에너지서비스, 삼척블루파워 등의 27개 발전회사가 있다.

RPS제도에서 과거와 달리 크게 변화되는 부분 중에는 신재생에너지 공급인증서(RECs : Renewable Energy Certificates)의 개념이 2012년에 도입되었다는 점을 들 수 있다. REC는 신재생에너지 설비로부터 생산된 전력량임을 입증하는 문서로서 1MWh 당 1매의 REC가 발행된다. 발행된 REC는 정부가 개설한 REC 거래시장에서만 거래할 수 있으며(일부 REC는 정책적으로 거래 및 비용보전 을 할 수 없도록 규정하고 하고 있음), 공급의무자는 REC를 정부에 제출함으로써 의무이행여부를 증명하게 된다.

2001년부터 2011년 말까지 발전차액지원제도(FIT : Feed in Tariff)를 통해 신재생에너지 설비로부터 생산된 전력량에 대해 기준가격과 전력시장가격의 차액을 보전하는 제도를 시행해 왔으며, 이후 2012년부터 신재생에너지 의무할당제로 대체되었다. 여기서 FIT제도는 정부가 신재생에너지 기준가격을 설정하여 제시하고, 사업자는 정부의 기준가격에 기초하여 신재생에너지에 대한 투자의사를 결정을 함으로써 기준가격에 따라 신재생에너지 설비의 공급규모가 결정되는 구조이다. 이러한 가격을 결정하는 주체가 시장이 아닌 정부에 있다는 점에서 제도 시행에 어려운 점이 존재하고 있지만 2012년 개선된 REC가 연계된 RPS 제도에서는 우선적으로 가격의 결정방식이 정부에서 시장으로 전환되었다는 점과 신재생에너지 보급을 확대하기 위해 실효성을 높였다는 점에서 큰 변화가 존재하는 것이다.

8.2.2 ▶ RPS의 의무공급량

RPS제도에 의해 일정규모(500 MW) 이상 발전설비(신재생설비는 제외)를 보유한 사업자에게 공급의무자의 총발전량에 대한 연도별 의무공급량의 비율을 표 8.7에 나타내었다. 2021년 4월 신재생에너지법 개정을 통해 의무비율 상한을 기존 10%에서 25%로 확대하였다. 이행방법으로는 신재생에너지설비를 자체건설하여 신재생에너지 공급인증서(REC)를 조달하거나 외부구매, 즉 민간사업자와 계약하거나 현물시장에서 구매를 통해 신재생에너지 공급인증서(REC)를 조달하는 방법이 있다.

표 8.7 연도별 RPS 의무공급량의 비율

연도	2015	2016	2017	2018	2019	2020	2021	2022	2023	2024	2025	2026
비율(%)	3.0	3.5	4.0	5.0	6.0	7.0	9.0	12.5	13.0	13.5	14.0	15.0

자료 : 2024 KEA 에너지 편람

표 8.8에 2012년 RPS 도입 이후 주요 추진 실적 및 성과를 요약 정리하였다. 한국에너지공단 자료에 의하면 2012년부터 2023년 12월까지 약 144천 개소와 32 GW 신·재생에너지 보급에 기여한 것으로 나타났다.

표 8.8 RPS 도입(2012) 이후 주요 추진 실적 및 성과

구분	2012	2013	2014	2015	2016	2017	2018	2019	2020	2021	2022	2023	합계
의무량 (천REC)	6,420	10,897	12,905	13,839	16,970	18,975	23,692	28,821	35,590	47,447	78,623	86,092	
최종 이행률* (%)	64.7	67.2	78.1	90.2	90.6	93.1	98.3	100.0	99.9	100.0	98.1	96.4	
보급개소 (개)	1,738	1,939	5,559	6,990	4,086	5,419	9,415	18,288	23,964	25,434	20,807	20,653	144,292
보급용량 (MW)	1,777	912	1,650	1,355	1,514	1,807	2,947	3,398	4,798	4,551	4,275	3,178	32,162

*신재생에너지 생산인증서(REP) 활용 이행연기량 감경 반영
자료 : 2024 KEA 에너지 편람

8.2.3 ▶ REC인증 가중치와 신재생에너지 발전에너지원

RPS 제도는 모든 신재생에너지원을 RPS 대상으로 규정하지 않고, REC 가중치가 부여된 발전에너지원에만 제한적으로 대상 발전에너지원으로 규정하고 있다. 왜냐하면 RPS 제도는 신재생에너지의 기술개발이 목적이 아니고 신재생에너지의 보급에 그 목표를 두고 있는 제도이기 때문이다. 상용에 적합한 기술성을 갖추면서 기존 발전에너지원과 비교하여 일정 수준의 경제성을 확보할 수 있는 에너지원에 한해서 RPS 대상 에너지원을 선정하며, 최소한 실증플랜트 등을 통해 기술성 및 경제성(비용)이 검증된 상용화를 앞두고 있는 기술과 설비로 제한한다.

표 8.9는 REC(신재생에너지 공급인증서)를 부여받을 수 있는 대상 에너지원과 가중치를 나타낸 것으로 풍력(연계거리 5km 초과)과 연료전지, 조력(기존 방파제가 없는 경우)이 최고 2.0의 가중치를 부여받고 있다.

8.2.4 ▶ 신재생에너지 공급인증서(REC)의 거래(매매)

신재생에너지 공급인증서, 즉 REC는 신재생에너지 단위 전력량(1MWh)당 1매가 공급인증기관(한국에너지관리공단)을 통해서 발행되며, 발행된 REC는 REC 거래시장을 통해서만 거래할 수 있다. 그러나 거래불가로 발행된 REC는 공급의무자가 의무이행을 위해 정부에 제출할 수는 있으나 공개시장에서 거래할 수는 없다. 그림 8.12는 신재생에너지 공급인증서의 발급과 거래, 제출의 흐름도를 나타낸 것이다.

RPS 성공 여부는 REC 거래시장 활성화와 적정한 가격형성에 달려있다. 즉, RPS 의무할당량과 가중치 등이 적정하게 배분되어 REC 거래 가격이 일정 가격대를 유지해야 거래시장

표 8.9 REC(신재생에너지 공급인증서)를 부여받을 수 있는 대상 에너지원과 가중치

<table>
<tr><th rowspan="2">구분</th><th rowspan="2">공급인증서
가중치</th><th colspan="3">대상에너지 및 기준</th></tr>
<tr><th>설치유형</th><th>지목유형</th><th>용량기준</th></tr>
<tr><td rowspan="4">태양광 에너지</td><td>0.7</td><td rowspan="3">건축물 등 기존시설물을 이용하지 않는 경우</td><td colspan="2">5개 지목(전, 답, 과수원, 목장용지, 임야)</td></tr>
<tr><td>1.0</td><td rowspan="2">기타 23개 지목</td><td>30kW 초과</td></tr>
<tr><td>1.2</td><td>30kW 이하</td></tr>
<tr><td>1.5</td><td colspan="3">① 건축물 등 기존 시설물을 이용하는 경우
② 유지의 수면에 부유하여 설치하는 경우(이하 "수상태양광"이라 한다)</td></tr>
<tr><td rowspan="3">바이오 에너지</td><td>0.5</td><td colspan="3">매립지가스</td></tr>
<tr><td>1.0</td><td colspan="3">바이오에너지</td></tr>
<tr><td>1.5</td><td colspan="3">목질계 바이오매스 전소발전</td></tr>
<tr><td rowspan="3">풍력</td><td>1.0</td><td colspan="3">육상풍력</td></tr>
<tr><td>1.5</td><td colspan="3">해상풍력(연계거리 5km 이하)</td></tr>
<tr><td>2.0</td><td colspan="3">해상풍력(연계거리 5km 초과)</td></tr>
<tr><td>수력</td><td>1.0</td><td colspan="3">5,000kW를 초과하는 수력설비로부터 발급된 공급인증서는 거래될 수 없음(*공급의무자 자체 이행분으로 활용가능).</td></tr>
<tr><td>연료전지</td><td>2.0</td><td colspan="3">바이오가스 이용과 기타 연료 이용에 동일한 공급인증서 발급함.</td></tr>
<tr><td>IGCC</td><td>0.25</td><td colspan="3">공급의무자별 의무공급량의 10% 이내 발전량에 대해서만 공급인증서를 발급함.</td></tr>
<tr><td rowspan="2">조력</td><td>1.0</td><td colspan="3">기존 방조제가 있는 경우</td></tr>
<tr><td>2.0</td><td colspan="3">기존 방조제가 없는 경우</td></tr>
<tr><td rowspan="3">폐기물
에너지</td><td>0.25</td><td colspan="3">부생가스</td></tr>
<tr><td>0.5</td><td colspan="3">폐기물</td></tr>
<tr><td>1.0</td><td colspan="3">RDF 전소발전, 폐기물 가스화 발전</td></tr>
</table>

이 유지될 수 있다. 만약 RPS의 의무할당량 비율이 낮으면 공급인증서 거래가격이 폭락하는 경우도 발생할 수 있다.

또한 우리나라의 경우, REC의 불법적인 거래로 선의의 피해자가 발생하지 않도록 「신에너지 및 재생에너지 개발이용보급촉진법」에 의해 REC는 반드시 정부(공급인증기관 대행)에서 개설한 거래시장에서만 거래할 수 있도록 하고 있다. 현재 공급인증기관인 에너지관리공단 신재생에너지센터에서 거래시장(http : //rts.kemco.or.kr)을 운용하고 있다.

REC 거래를 위한 시장은 그림 8.13에 나타낸 바와 같이 계약시장과 현물시장으로 구분하고 있다. 계약시장은 일정시점에 일정조건으로 REC를 거래하기로 사전에 쌍방 또는 다자간 계약을 체결한 사실을 거래시장에 신고하는 시장으로 정의된다. 계약시장에서는 거래기간, 거래가격, 거래조건이 반드시 명기되어야 하며, 이를 증명할 수 있는 증빙자료를 제출하도록 규정하고 있다. REC를 매도하려는 자가 계약 사실을 신고하고 REC를 매수하려는 자

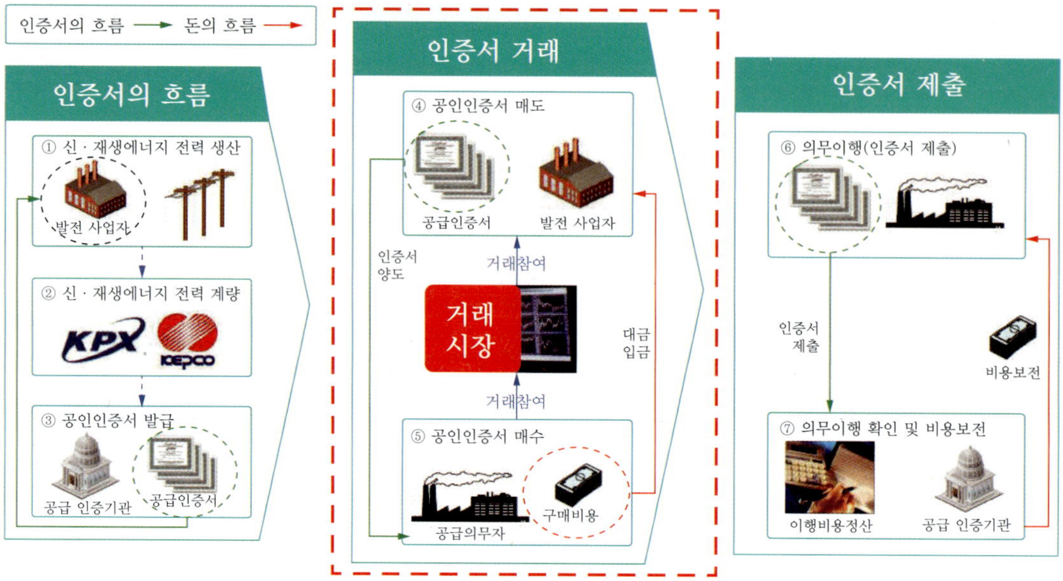

그림 8.12 신재생에너지 공급인증서의 발급과 거래, 제출의 흐름도.
자료 : 한국전기연구원

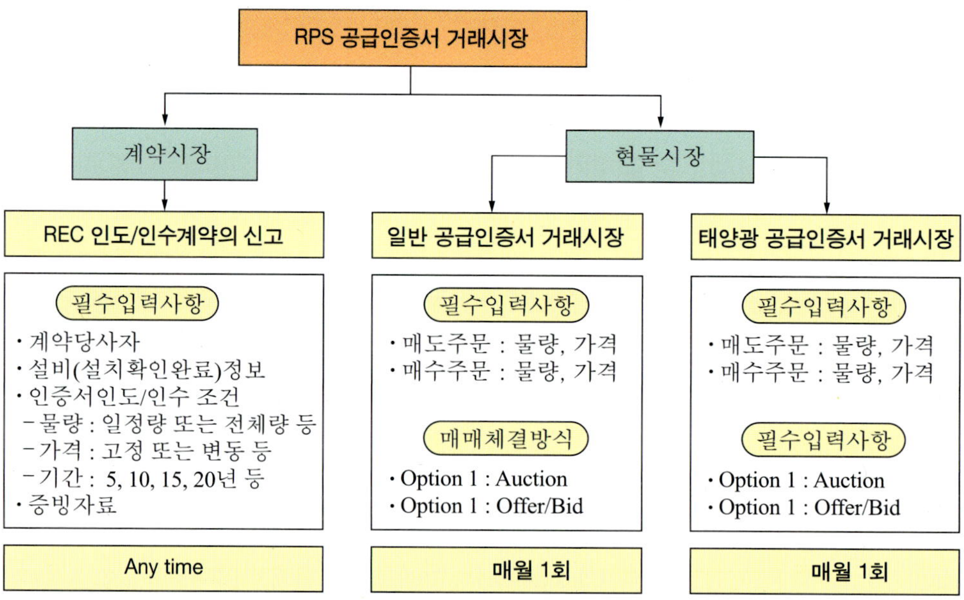

그림 8.13 신재생에너지 공급인증서의 거래시장.
자료 : 한국전기연구원

가 그 사실을 확인함으로써 신고가 완료된다. 현물시장은 REC의 매도자와 매수자가 매매체결 원칙에 따라 REC를 거래할 수 있는 시장을 말하며, REC 가중치에서도 언급한 바와 같이 태양광은 별도시장으로 운용된다.

계약시장에서 REC 매도자는 신재생에너지 설비를 보유한 사업자로서 REC 매수자는 공급의무자만이 참여할 수 있으며, 그 외의 참여자는 허용되지 않는다. 또한 현물시장에서 REC 매도자는 REC를 발급 받은 신재생에너지 사업자와 공급의무자 그리고 정부로 규정하며, REC 매수자는 공급의무자로 국한되어 있다.

8.3 신재생 연료혼합의무화(RFS)

RFS(Renewable Fuel Standard)란, 차량 등의 수송용 연료 공급사업자로 하여금 공급사업자 자신이 공급하는 연료의 일정비율을 재생연료로 혼합하여 공급하도록 의무화하는 제도를 말한다. 최근 유럽, 미국 등 선진국들에서는 기후변화에 대처하여 온실가스를 감축하고, 석유와 석탄 등 화석연료의 고갈에 대비하여 에너지원을 다변화하고 있다. RFS는 2015년 7월 31일부터 본격 시행되었다. 즉, 정부는 신재생에너지 보급의 목표달성을 위해서는 신규 시장 창출이 필요하다고 보고 있으며, 이에 기존 화석연료에 신재생에너지 연료를 일정비율 혼합하도록 하는 RFS를 시행키로 한 것이다.

RFS 의무 대상은 석유정제업자 및 석유수출입업자 중 수송용 연료를 생산 또는 수입하는 자는 바이오디젤을 의무적으로 혼합해야 한다. 연도별 의무공급량의 비율은 표 8.10에 나타내었다. 표 8.10에서 보듯이 2015년 2.56%에서 2030년까지 혼합의무비율 상한 5.0%까지 상향하였다.

표 8.10 연도별 RFS 혼합의무비율

사업연도	2015	2016	2017	2018	2019	2020	2021	2022	2023
혼합비율(%)	2.58	2.52	2.53	3.03	3.03	3.02	3.27	3.54	3.60

자료 : 2024 KEA 에너지 편람

우리나라는 유채꽃, 동식물 등에서 나오는 바이오 디젤을 중국 등 해외에서 대부분 수입하는 상태로서 바이오디젤 혼합비율이 확대됨에 따라 수송용 연료 수입량이 늘어날 수 밖에 없다는 것이다. 이에 의무이행 사업자는 2023년 현재 혼합비율 3.6%을 유지하되, 원료의 국산화 비중과 의무혼합비율이 연계된 바이오디젤 혼합목표를 설정해야 한다는 의견도 제시하고 있다. 한국에너지공단 자료에 의하면 2023년 현재까지 바이오디젤 혼합으로 754,509 toe 에너지절감과 2,155,898 tCO_2 온실가스 감축 효과가 있는 것으로 조사되었다.

해외 주요 국가들의 신재생에너지 연료 혼합의무화(RFS) 제도를 살펴보면 표 8.11에 나타낸 바와 같이 미국은 청정대기법(Clean Air Act)에 따라 수송용 화석연료 공급사업자를 대상으로 바이오에탄올, 바이오디젤을 혼합의무화 하고 있다. 2007년 RFS 1 제도를 도입하

표 8.11 주요 국가의 RFS 적용

구분	미국	영국	독일
제도명	• RFS(Renewable Fuel Standard)	• RTFO(Renewable Transport Fuel Obligation)	• Biofuel Quato Law
시행 시기	• RFS 1 : 2007.9.1~2010.11.30 • RFS 2 : 2010.12.1 시행 중	• 2008년 4월	• 2007년 1월
의무량	• 2022년까지 360억 갤런 신·재생연료 혼합의무	• 3.5%('10~'11), 4.0%('11~'12), 4.5%('12~'13), 4.7%('13~'14) *2011년 지속가능성 기준 반영	• 5.25%('09), 6.25%('10~'14) *2015년 지속가능성 기준 반영
관련 법체계	• 기존법에 포함(에너지정책법을 청정대기법으로 개정)(2005. 8월)	• 수송용 신·재생연료 혼합의 무법(별도입법)	• 신·재생연료 할당법(별도입법)
의무 대상자	• 수송용 화석연료 공급업자 • 정제사업자, 수입사업자, 혼합업자(blender)	• 수송용 화석연료 공급업자(연간 45만 리터 공급업자) • 정제사업자, 수입업자	• 수송용 화석연료 공급업자
대상 연료	• 바이오디젤, 바이오에탄올 등	• 바이오디젤, 바이오에탄올, 바이오가스	• 바이오디젤, 바이오에탄올, 식물성유, 바이오가스

였으며, 온실가스 감축효과 등 지속가능성 기준을 반영하여 RFS 2 제도를 2010년부터 시행하고 있다. 영국, 독일 등 EU 국가들도 신재생에너지 연료 혼합의무에 관한 별도의 법령을 마련하여 RFS 제도를 시행 중에 있고, 미국과 마찬가지로 바이오연료에 지속가능성 기준을 적용 중이거나 적용할 예정에 있다.

09 에너지 관리

학습목차

9.1 부분별 주요 에너지 관리

9.1.1 ▶ 산업에너지 관리제도

1 산업부문 온실가스 목표관리제

기후위기 대응을 위한 탄소중립 · 녹색성장 기본법(이하 탄소중립법)에 따라, 최근 3년 동안의 온실가스 평균 배출량이 50,000톤 CO_2eq 이상인 업체 혹은 15,000톤 CO_2eq 이상 사업장을 관리업체로 지정하여 감축 목표를 설정하고, 설정된 목표 범위 이내로 온실가스 배출량을 줄이도록 관리하는 제도를 말한다(표 9.1 참조).

이 제도는 탄소중립법 제8조(중장기 국가 온실가스 감축 목표 등) 및 제27조(관리업체의 온실가스 목표관리), 그리고 온실가스 목표관리 운영 등에 관한 지침을 토대로 2010년 4월 도입되어 2030년까지 2018년 대비 온실가스 배출량을 40% 감축하기 위해 시행 중이다. 해당 관리업체는 온실가스 감축 목표를 설정하고, 이행 여부에 대해 관리한다. 목표를 달성하지 못했을 경우 부문별 관장 기관은 관리업체를 대상으로 개선 명령 조치를 취할 수 있다.

2 에너지경영시스템(EnMS : Energy Management System)

최고경영자를 포함한 조직 구성원 전체의 체계적이고 지속적인 에너지절약 및 효율개선 활동을 규정하는 표준화된 에너지관리 기법이다(그림 9.1 참조).

주요내용은 에너지경영 및 효율관리 관련분야의 기반구축과 보급확대에 있다. 또한 국내 에너지경영시스템(ISO 50001) 인증사업을 통한 신뢰성 제고 및 실효성 제고이다.

아울러 에너지경영시스템 및 에너지성과 검인증에 기반한 사업 · 건물 에너지효율 국제상호인증(GSEP)에 대응한 국내 기반구축에 있다.

표 9.1 관리업체 및 사업장 지정기준

구분	업체	사업장
온실가스 배출량(tCO_2-eq)	50,000	15,000

주 : 최근 3개년 평균 온실가스 배출량이 일정 기준 이상인 업체 또는 사업장

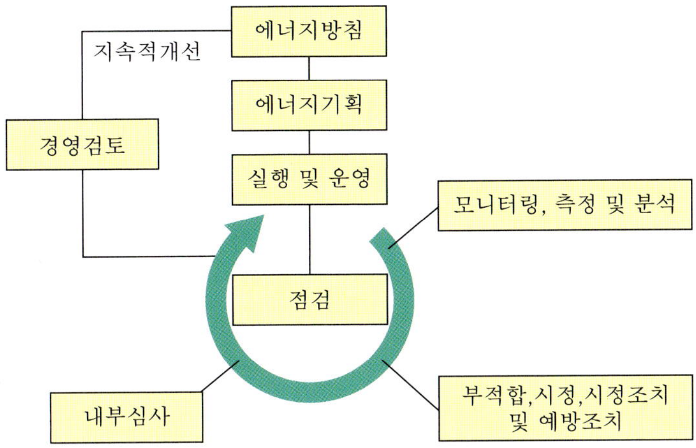

그림 9.1 EnMS 개념도.

3 에너지절약 전문기업(ESCO : Energy Service Company) 사업

에너지절약 전문기업이란 에너지이용합리화법 제25조 및 동법 시행령 제30조의 규정에 의거 장비, 자산 및 기술 인력을 갖추어 산업통상자원부(에너지공단 이사장)에게 등록한 업체를 의미한다.

ESCO의 주요역할은 기존 에너지사용 시설의 고효율 에너지사용 시설로의 개체 또는 보완을 위한 현장 조사, 기본 · 상세설계, 설치 · 시공, 시운전, 유지관리 및 사후관리 등 전 과정에 대한 설치 · 시공 · 용역을 제공하는 것이다.

ESCO 투자사업은 에너지사용자가 에너지절약을 위하여 기존의 노후화되었거나 저효율로 운전 중인 에너지사용시설을 고효율 에너지사용시설로 개체, 또는 보완하고자 하는 의사는 있지만 기술적 · 경제적 부담으로 인해 사업을 시행하지 못하고 있을 때, ESCO가 에너지사용자에게 에너지절약시설의 설치에 따른 투자비용을 조달하고(성과보증계약의 경우 에너지사용자가 자금조달), 에너지절약 효과를 보증하여 사업을 수행하게 된다. 에너지사용자는 추후에 발생하는 절감액으로 투자자금을 상환하므로, 기술적 · 경제적 부담 없이 에너지절약형시설로 개체할 수 있다.

4 에너지 진단 제도

에너지 진단 제도는 1973년 제1차 석유파동을 배경으로 열관리법이 제정되어 열관리협회가 설립되었으며, 이를 기반으로 에너지 진단 사업이 시작되었다. 장기간 지속되는 신고유가, 기후변화협약 등 급변하는 주변 환경에 적극 대처하기 위하여 에너지를 많이 사용하는 에너지 다소비사업장에 대하여 주기적으로 에너지 진단을 받도록 한 제도이다.

이 제도는 에너지관련 전문 기술장비 및 인력을 구비한 진단기관으로부터 에너지 발생설비, 에너지 사용설비 등 사업장 전반에 걸쳐 에너지이용 흐름을 파악하여 손실요인을 발굴하고, 에너지절감을 위한 대책과 경제성분석 등을 통하여 최적의 개선안을 제시하는 기술 컨설팅이다. 사업 대상은 연간 에너지사용량이 2천 toe 이상의 에너지 다소비 사업장이다.

5 에너지사용계획 협의제도

일정규모 이상의 사업시행 전에 에너지 수급 및 이용효율 향상 계획 등에 대한 협의를 통해 에너지 이용효율 향상 및 온실가스 배출 저감을 유도하기 위한 제도이다. 대규모 사업(국토개발, 에너지개발, 사회간접자본시설)의 실시 또는 시설(건축물, 공장 등)의 설치로 에너지수급에 미칠 영향과 온실가스의 배출에 미칠 영향을 분석하고, 에너지 공급계획 및 합리적 사용계획을 수립하여 협의한다.

에너지이용합리화법 제10조~제12조와 동법 시행령 제20조~제26조에 근거한 에너지사용계획 협의 대상사업 및 시설규모는 표 9.2와 같다. 대규모 사업 및 시설 등에 대한 에너지사용계획 협의를 통해 에너지 효율설비 및 신재생설비 설치 · 도입을 유도한다. 협의가 완료된 사업 및 시설은 이행 여부를 점검한다.

표 9.2 에너지사용계획 협의 대상사업 및 시설규모

구분	분야별 분야별	시설규모	
		공공사업주관자	민간사업주관자
사업 부문	도시개발	개발면적 30만m^2 이상	개발면적 60만m^2 이상 (물류단지는 40만m^2 이상)
	산업단지개발	개발면적 15만m^2 이상	개발면적 30만m^2 이상
	관광단지개발	관광시설 계획면적 30만m^2 이상	관광시설 계획면적 50만m^2 이상
	에너지개발	(광산) 채광면적 250만m^2 이상 (발전설비) 발전용량 2만kW 이상 (가스사업) 한국가스공사법 제16조의2에 따른 가스사업	
	항만 건설	하역능력 1백만ton/년 이상	
	철도 건설	선로길이 10km 이상	
	공항 건설	개발면적 40만m^2 이상	
시설 부문	건축물, 공장, 기타 시설	연료사용 2.5천 toe/년 또는 전력사용 1천만 kWh/년 이상	연료사용 5천 toe/년 또는 전력사용 2천만 kWh/년 이상

자료 : 한국에너지공단, 2024 KEA 에너지편람, 2024

6 에너지절약시설투자 자금지원 및 세제지원

에너지절약형 시설의 설치에 소요되는 투자비를 융자 지원하여 보급을 촉진하고 에너지 절감 및 탄소중립 실현에 기여하고자 투자비의 일부를 융자 지원하는 제도이다.

사업 대상은 ESCO 투자사업과 절약시설 설치사업이다.

- ESCO 투자사업은 기술과 자금조달 능력이 부족한 에너지사용자를 대신하여 에너지절약전문기업(ESCO)이 에너지사용시설을 신·증설 및 개체하고, 여기서 발생하는 에너지 절감이용으로 투자비용을 회수하는 사업이다.
- 절약시설 설치사업은 산업체 및 건물 등의 에너지사용자가 에너지절약형 시설의 신·증설 또는 개체를 할 때 소요되는 투자금을 지원하는 사업이다.

7 에너지신산업 금융지원 사업

에너지신산업 금융지원 사업은 신성장동력의 창출수단인 에너지신산업 분야의 초기시장 조성 및 민간투자 유도를 위하여 장기·저리의 금융을 지원하는 제도이다. 에너지신산업 분야는 ESS, 제로에너지빌딩, 발전소 온배수열 활용, 수요자원거래, 소규모 전력중개 사업, 에너지슈퍼스테이션, 전기차충전서비스, 에너지신기술 또는 ICT를 활용한 에너지신산업 등이다.

9.1.2 ▶ 건물에너지 관리제도

1 건축물 에너지효율등급인증제도

에너지 절약형으로 설계·시공한 건축물에 대해 등급별 인증을 부여하여 고효율 에너지 건축물 보급·확대하기 위한 제도이다. 건축물의 설계도서를 통하여 난방, 냉방, 급탕 등 건축물 운영을 위해 필요한 에너지소요량을 평가하고 성능에 따라 10개 등급(1+++~7등급)을 부여하여 인증한다.

본 제도는 건축물의 완공 전에 설계도서를 통하여 평가된 결과를 토대로 에너지효율등급을 인증하는 예비 인증과, 건축물의 준공승인 전에 최종설계도서를 통하여 평가된 결과를 토대로 에너지효율 등급을 인증하는 본 인증으로 구분한다.

2 건축물의 에너지절약 계획서

건축물의 효율적인 에너지 관리를 위하여 열손실 방지, 에너지절약형 설비사용 등을 비롯하여 에너지절약 설계에 대한 의무사항 및 권장사항 등 기준을 제시하고, 에너지 절약 성능에 따른 건축기준 완화 등의 사항을 규정하였다.

주요사항은 녹색건축물 조성 지원법 시행령 제10조(에너지 절약계획서 제출 대상 등)에 의거, 연면적의 합계가 500 m^2 이상 신축건물의 건축허가 신청 시 건축물 에너지절약 설계기준에 따라 에너지절약계획서를 제출해야 하며, 자체장은 에너지 절약계획서의 적정여부를 확인하여 건축허가를 결정한다.

3 친환경주택 성능평가

에너지 소비절감 및 탄소배출량 감소를 위해 에너지절약형 친환경 주택의 건설기준 및 성능을 토대로 친환경적인 주택을 건설하기 위한 제도적 기반 마련하는 데 있다.

주택건설기준 등에 관한 규정 제64조(에너지절약형 친환경 주택의 건설기준 등)에 의거 30세대 이상 공동주택 또는 50세대 이상 단지형 연립주택 등의 사업계획승인 신청 시 친환경주택 에너지절약계획서를 제출해야 한다.

4 제로에너지 건축물인증제도

제로에너지빌딩 활성화 및 신산업 시장의 조기 창출을 위하여 제로에너지빌딩 구현에 필요한 제도적 · 기술적 기반을 구축하는데 있다.

고단열 · 고기밀을 통해 건축물 에너지성능을 극대화하고, 신재생에너 지를 활용한 건축물을 대상으로 에너지 자립 수준에 따라 1~5등급을 부여한다(표 9.3 참조).

5 건축물 온실가스 목표관리제도

본 제도는 건축물에 해당되는 국가 온실가스 감축정책 일환으로, 배출권거래제 업체로 지정되지 않은 온실가스 다(多) 배출업체와 협의를 통해 감축목표 설정하고, 목표이행을 위

표 9.3 에너지등별 자립률

인증등급	1등급	2등급	3등급	4등급	5등급
자립률(%)	100 이상	80 이상 100 미만	60 이상 80 미만	40 이상 60 미만	20 이상

주 : (단위면적당 1차 에너지생산량 / 단위면적당 1차 에너지소비량) × 100
자료 : 한국에너지공단, 2024 KEA 에너지 편람, 2024

한 인센티브 제공 및 실적에 대한 측정 · 보고 · 검증을 통해 페널티를 부과한다.

대상은 3개년 평균 온실가스 배출량이 업체 기준 50,000 tCO_2eq 및 업체 내 사업장 기준 15,000 tCO_2eq 이상일 경우 목표관리업체로 지정한다.

9.1.3 ▶ 수송에너지 관리제도

1 자동차 에너지소비효율 · 등급제도

에너지이용합리화법에 의하여 차량 구매자가 효율이 높은 자동차를 구매할 수 있도록 자동차에 연비 및 등급 정보를 표시하는 제도로서, 차량 총 중량이 3.5톤 미만인 차량 중 승용자동차(일반형, 승용겸화물형, 다목적형, 기타형) 및 15인승 이하의 특수형을 제외한 승합자동차(밴형 화물자동차 포함)와 특수 용도형을 제외한 경형 및 소형 화물차가 대상이다(표 9.4 참조).

또한 에너지이용합리화법에 의하여 1988년부터 승용차를 대상으로 고효율 자동차의 개발 촉진, 구매 및 판매를 유도하기 위하여 자동차의 연비측정 시험방법 기준 설정, 등급 기준 설정, 제작사 및 수입사 관리, 양산차 사후관리, 소비자 정보제공 등을 하는 사업이다.

2 자동차 평균에너지소비효율제도

국내 자동차 제작사 · 수입사가 생산 · 판매하는 자동차의 연비 및 온실가스 배출량을 정부에서 정한 기준을 준수토록 하는 제도이다.

표 9.4 승용, 승합, 화물 자동차 분류

구분	승용자동차	승합자동차	화물자동차
규모	경형, 소형, 중형, 대형	승차정원 15인승 이하	총 중량 3.5톤 미만
유형	일반형, 승용겸화물형, 다목적형, 기타형	일반형 (특수형 제외)	일반형, 덤프형, 밴형 (특수형 제외)

주 : 자동차관리법 시행규칙 [별표1]

9.2 에너지 효율 관리

9.2.1 ▸ 에너지 효율 관리제도

일상생활에서 사용하는 가전기기, 사무기기, 조명기기, 열사용기기, 에어컨 등은 모두 에너지를 소비한다. 그러나 이들 제품의 에너지 효율을 높이기 위해서는 에너지 절약형 제품을 많이 보급 확대해 원천적인 에너지 절약을 기하도록 하는 유용한 방법이다. 현재 우리나라는 에너지 절약형 제품의 보급 확대 위해 에너지소비 효율등급 표시제도, 고효율에너지 기자재 인증제도, 대기전력저감 프로그램 등 3가지 에너지효율관리 제도를 운영하고 있다(그림 9.2 참조).

1 에너지소비 효율등급 표시제도

에너지소비 효율등급 표시제도는 에너지소비 효율등급 표시, 의무적 신고, 최저소비효

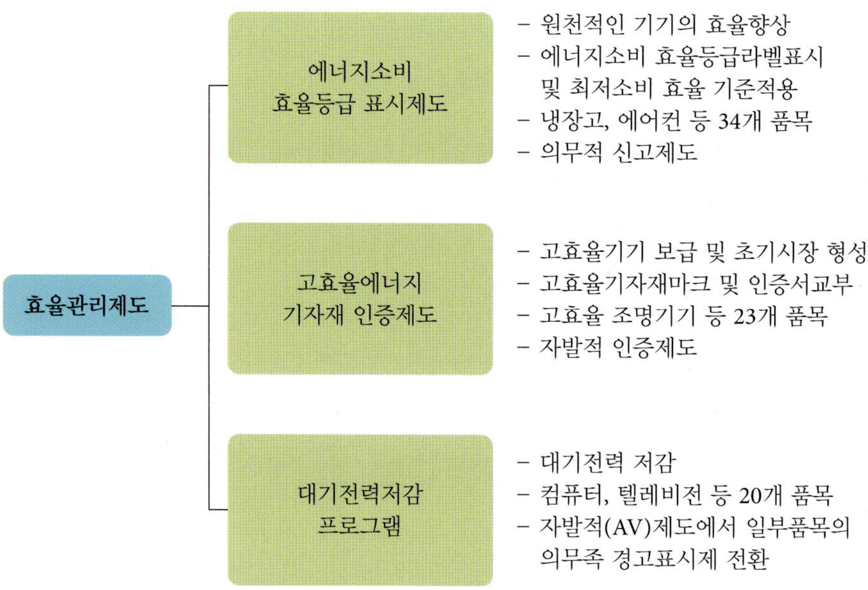

그림 9.2 에너지 효율관리제도.
자료 : 에너지공단 홈페이지(http://energy.or.kr)

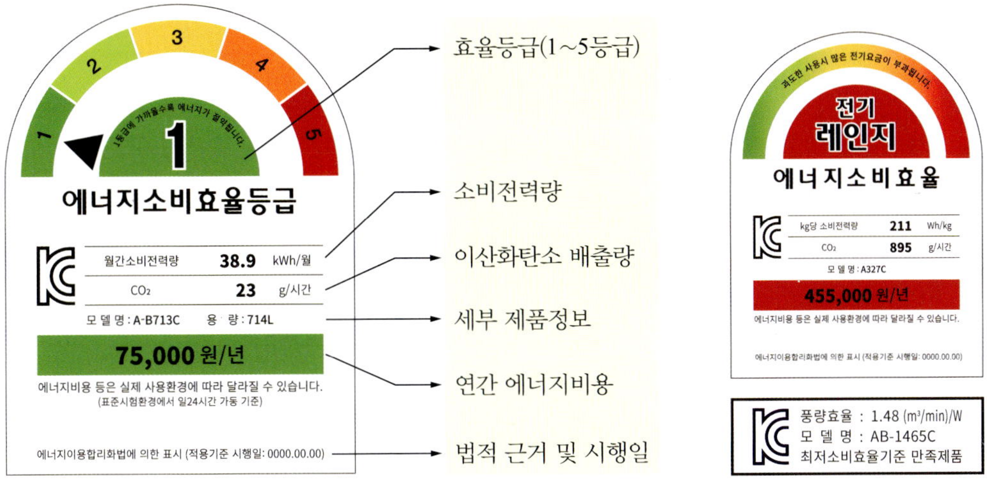

그림 9.3 에너지소비 효율등급마크.

율기준 등으로 구성되어 있다. 에너지소비 효율등급 표시제도는 제품의 에너지소비 효율 또는 에너지 사용량에 따라 1~5등급으로 구분하여 표시토록 함으로써 소비자들이 효율이 높은 에너지절약형 제품을 손쉽게 판단하여 구입할 수 있도록 하고, 제조(수입)업자들이 생산(수입)단계에서부터 원천적으로 에너지절약형을 위한 제도이다. 5등급 기준 미달제품에 대해서는 생산, 판매 금지토록 최저소비효율기준을 적용하고 있다(그림 9.3 참조).

전체 34개 품목(자동차 제외) 중 선풍기, 백열전구, 형광램프, 안정기내장형램프, 삼상유도전동기, 어댑터 · 충전기, 변압기, 전기온풍기, 전기스토브, 전기레인지, 셋톱박스, 모니터, 냉동기, 공기압축기, 사이니지 디스플레이(15개 품목)를 제외한 19개 품목에 이 라벨을 적용하고 있다. 에너지소비 효율등급라벨을 적용하지 않는 15개 품목에는 그림 9.3 우측과 같이 별도의 에너지소비 효율라벨이 적용된다. 최저소비효율기준은 저효율제품의 유통 방지와 업체의 기술개발 촉진을 위하여 정부가 제시하는 최소한의 에너지효율 기준이며, 이를 만족하지 못할 경우 국내 생산과 판매가 금지된다.

2 고효율에너지 기자재 인증제도

고효율에너지 기자재 인증제도는 고효율에너지 기자재 보급을 활성화하기 위하여 일정 기준 이상 제품에 대하여 인증하여 주는 효율보증제도이다. 인증제품에 고효율 기자재 마크 부착과 고효율에너지 기자재 인증서를 발급하며, LED조명기기, 펌프, 송풍기 등 23개 품목을 대상으로 실시하고 있다(그림 9.4 참조).

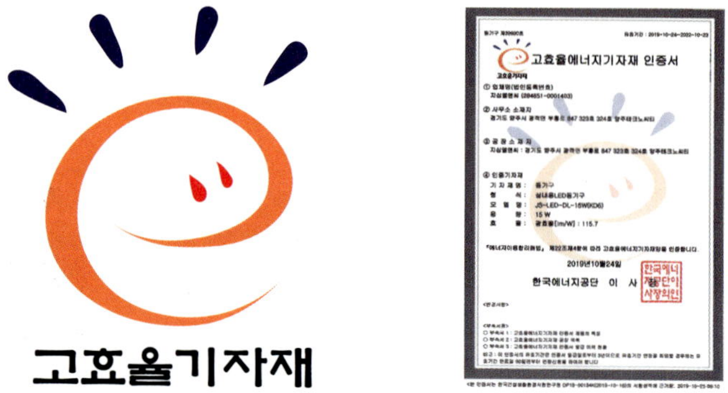

그림 9.4 고효율 기자재 인증마크 및 인증서.

3 대기전력저감 프로그램

사용하지 않는 대기시간에 절전모드 채택과 대기전력 최소화를 유도하고, 대기전력저감 기준 만족제품에 에너지절약마크를 임의표시하고, 미달제품은 경고표시를 의무표시하는 제도이다. 이 제도는 2010년까지 대기전력을 1W 이하로 줄이려는 대기전력 1W 정책의 중심 프로그램이다. 특히, 대기전력 경고표지 대상제품은 대기전력신고 의무화 및 대기전력저감 기준 미달제품에 대한 경고표지를 의무적으로 하여야 한다. TV, 컴퓨터 등 전자제품은 실제로 사용하지 않은 대기상태에서도 많은 전력을 소비한다. 대기전력은 전원 오프(Off) 시 소비전력 뿐만 아니라 무 부하모드(No load), 리모컨 오프 시 소비전력(Passive standby), 네트워크 통신 중 대기전력(Active standby), 동작 중 대기상태 소비전력(Sleep mode) 모두를 포함한다. 따라서 컴퓨터, 복사기, 프린터, TV 등 20개 제품에 대기전력 저감 대상제품에 해당된다(그림 9.5 참조).

대기전력저감기준 만족제품
※ 임의표시 ※

대기전력저감기준 미달제품
※ 의무표시 ※

그림 9.5 대기전력저감.

9.2.2 ▸ 각국의 에너지 효율 관리제도

원천적인 에너지절약과 지구환경 보호를 위해 세계 각국은 에너지절약제품 보급 확대를 위한 여러 제도를 시행하고 있다. 에너지절약제품을 보급하려는 각국의 제도는 크게 의무적 성격을 지닌 에너지소비 효율등급 표시제도와 자발적 프로그램으로 나눌 수 있다.

에너지공단 자료에 의하면, 에너지소비 효율등급 표시제도는 에너지사용량이 많거나 보급률이 높은 에너지사용 기자재에 대하여 소비자가 고효율제품을 쉽게 선별하여 구매할 수 있도록, 제품에 에너지소비효율이나 에너지비용을 나타내는 라벨링 표시와 저효율제품의 시장유통을 금지하는 최저효율기준 적용을 주내용으로 한다.

미국의 Energy Guide, 호주의 Energy Rating, 유럽의 Energy 효율등급 라벨표시와 각국에서 시행하는 최저효율기준이 이에 해당한다. 각국은 대기전력 감소를 위해 제조업체의 자발적 참가에 기초를 두고 인센티브 제공을 통한 에너지절약형 제품생산을 유도하는 자발적 프로그램이 활성화되고 있다. 예를 들면, 미국 환경보호청(EPA)의 Energy Star Program, 유럽 9개국이 공동으로 시행하는 GEEA, 스위스의 Energy 2000 등을 들 수 있다(표 9.5 참조).

표 9.5 관리업체 및 사업장 지정기준

국가명	라벨명	개요	대상품목
미국	Energy Guide 라벨 표시제도 	에너지비용, 에너지효율 등에 대한 Energy Guide 라벨표시 및 최저효율 기준운용	• 라벨표시 : 냉장고, 에어컨, 세탁기, 보일러 등(11품목) • 최저효율 : 냉장고, 에어컨, 보일러, 형광램프 등(33품목)
	Energy Star Program 	지구환경보호를 위해 제조업체의 자발적 참여를 기초로 에너지절약기기를 보급하는 프로그램	• 컴퓨터, 모니터, 프린터, 팩시밀리, 복사기, 스캐너, 복합기 텔레비전, 비디오, 오디오, 냉장고, 에어컨, 세탁기, 보일러, 조명기기, 변압기, 창호 등(40품목)
일본	에너지절약 라벨링제도 	가전기기가 절전기준을 달성하고 있는지 아닌지를 라벨에 표시, 통상제품은 황색 절전마크 사용하며, 전전기준 달성 제품은 녹색 마크 사용	• 에어컨, 형광램프, 냉장고, 텔레비전, 냉동고(5품목)

(계속)

표 9.5 관리업체 및 사업장 지정기준 *(계속)*

국가명	라벨명	개요	대상품목
일본	Top Runner Program	각 품목별로 기준년도의 최고효율수준을 최저효율기준으로 설정하고 이를 목표기간 내에 달성하도록 하는 방식. 목표기간 내에 목표효율을 달성하지 못한 제조업자에 조치 1단계 : 권고조치 → 2단계 : 업체명 공포 → 3단계 : 벌금 부과	• 에어컨, 형광램프, 복사기, 텔레비전, 컴퓨터, 비디오, 자기디스크장치, 승용차, 화물차, 냉장고, 냉동고 등(17품목)
	국제에너지스타 프로그램	미국 EPA와 일본 통산성과의 상호협약으로 대기전력을 감소시킬 수 있는 절전형 사무기기를 보급하는 프로그램. 미국과 동일기준 적용 및 Energy Star 로고 사용	• 컴퓨터, 모니터, 프린터, 복합기, 복사기, 스캐너, 팩시밀리, 복합기(7품목)
호주	Energy Rating 라벨 표시제도		• 라벨표시 : 냉장고, 에어컨, 세탁기, 의류건조기 등(7품목) • 최저효율 : 냉장고, 에어컨, 삼상유도전동기 등(18품목)
	호주 Energy Star Program	미국 EPA와 연계하여 Energy Star Program의 에너지절약 규정을 준수하는 에너지절약형 사무기기와 가전기기의 구입과 사용알 구너장. SEDA는 기업들로 하여금 자발적 협약(VA)을 체결하여 이 프로그램 동참을 권유	• 컴퓨터, 모니터, 프린터, 팩시밀리, 복사기, 비디오, 텔레비전(7품목)
	Energy Smart Program	가정 및 주택의 에너지소비를 절감하기 위해 에너지절약기기 보급 활성화를 위한 프로그램으로 Energy Smart Product Program과 Energy Smart Home Program 등으로 구성	• 냉장고, 냉동고, 세탁기, 의류건조기, 식기세척기, 안정기 내장형 램프, 온수기, 샤워헤드, 단열재, 주택 등(10품목)

(계속)

표 9.5 관리업체 및 사업장 지정기준 *(계속)*

국가명	라벨명	개요	대상품목
유럽연합 (EU)	에너지소비 효율등급 표시제도 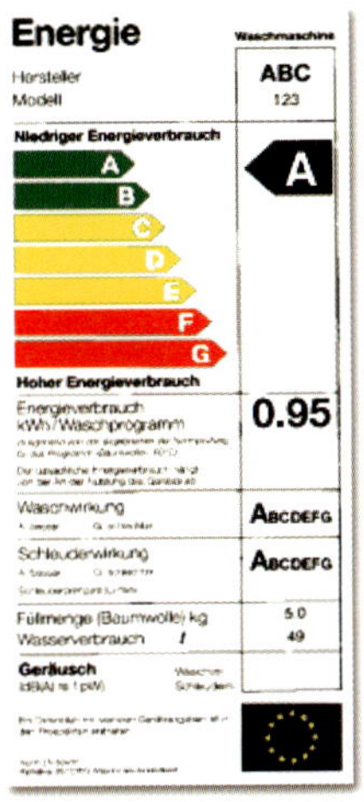	에너지소비 효율에 따라 A~G까지 Energy 효율등급 라벨표시 및 최저효율기준 적용 에너지 효율등급, 연간 에너지소비량 등 표시	• 라벨표시 : 냉장고, 냉동고, 세탁기, 식기세척기 등(10품목) • 최저효율 : 냉동냉장고, 냉동고, 보일러, 안정기 등(4품목)
	GEEA	스위스, 독일 등 유럽 9개국이 운영하는 대기전력 감소를 위한 에너지 절약제품 보급프로그램이며 Energy 라벨 사용	• 컴퓨터, 모니터, 프린터, 팩시밀리, 복사기, 스캐너, 복합기, 텔레비전, 비디오, 오디오, 배터리충전기 등(15품목)
	Energy 2000	대기전력 절감하는 제품을 보급하는 유럽의 대표적 프로그램. GEEA와 동일 기준 적용하며 같은 Eneygy라벨 사용	• 컴퓨터, 모니터, 프린터, 팩시밀리, 복사기, 스캐너, 복합기, 텔레비전, 비디오, 오디오, DVD플레이어 등(15품목)
	TCO	스웨덴에서 발표된 에너지절약 및 전자파 등 환경에 관한 국제규격으로 모니터에서 가장 영향력 있는 규격 TCO92, TCO95에서 TCO99로 발전	
중국	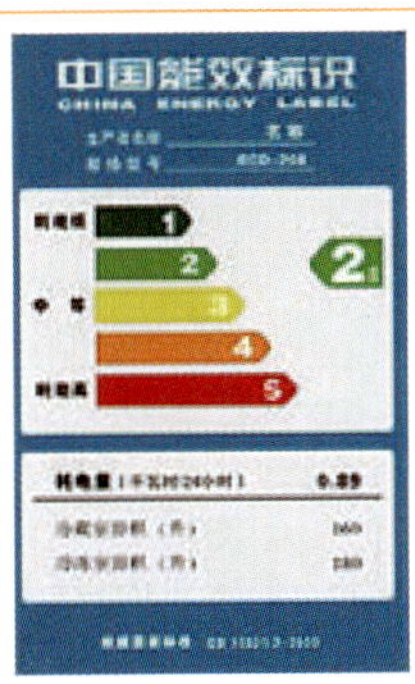	에너지효율기준(5등급표시) 와 에너지 라벨링제도 및 최저효율기기 퇴출을 목적으로 생산·판매 수입을 금지	• 라벨표시 : 냉장고, 에어컨, 전기밥솥, 형광램프 등(10품목) • 최저효율 : 냉장고, 에어컨, 형광램프, 삼상유도전동기 등(14품목)

자료 : 에너지공단, 에너지 라벨링 제도 이해

부록

학습목차

부록 1

용어해설

가스화(Gasification) : 가스화용 매체(공기, 산소, 증기 등)와 고체연료를 반응시켜 연료가스를 제조하는 공정이다.

가스화복합발전(IGCC : Integrated Gasfication Combined Cycle) : 석탄, 중질잔사유 등의 저급원료를 고온, 고압하에서 가스화 시켜 일산화탄소(CO)와 수소(H_2)가 주성분인 가스를 조제하여 정제한 후 가스터빈 및 증기터빈을 구동하는 발전기술이다.

가채년수 : 확인매장량(R : Reserve)을 그 해의 생산량(P : Production)으로 나눈 수치로, 통상 R/P로 나타낸다. 현상태로 향후 몇 년 생산이 가능한가를 나타낸다.

감축목표(QELROs : Quantified Emission Limitation and Reduction Objectives) : 기준년도의 온실가스 배출량과 대비, 양적으로 설정된 배출목표를 의미한다. 현행 교토의정서는 각국의 사정에 따라 1990년 배출량 대비 8% 감축에서부터 10% 증가까지 허용하고 있다.

고체연료(Solid Fuel) : 석탄, 코크스 등 고체형태의 연료를 말한다. 그 중 석탄은 가스화 또는 액화해서 유체로 사용하려는 연구개발이 활발하다. 코크스는 오늘날 제철용 등으로 중요한데, 강점결성의 원소탄 부족으로 석탄배합에 의한 성형 코크스의 제조가 중요하게 되었다.

고효율에너지기자재인증제도 : 고효율에너지기자재 보급을 활성화하기 위하여 일정기준 이상 제품에 대하여 인증하여 주는 효율보증제도이다.

공동이행(Joint Implementation) : 기후변화협약은 지구온실효과가스에 의한 기후변화를 방지하기 위하여 참가국들이 협조하여 공약사항(Commitment)을 공동으로 이행할 수 있도록 규정하고 있다. 기후변화 후속 협상시 각국의 온실가스 의무감축량이 결정되고, 공동이행이 인정될 경우 감축실적이전(한 국가가 다른 국가에 투자하여 온실가스 배출을 감소시키고 그 실적을 자국 감축분으로 인정해줌)을 인정하는 것이 된다. 따라서 감축비용이 높은 국가는 감축비용이 낮은 국가의 온실가스 배출감축사업에 투자하게 되어 온실가스를 일정 수준으로 감축시키는데 소요되는 비용을 줄이고자 한다. 공동이행은 배출권 거래제와 달리 전체 감축량의 한도(Ceiling)가 없다는 것이 특징이다. 기후변화협약 1차 당사국회의(1994년 베를린)에서는 2000년까지 시범기간을 설정하여 자발적 참여국가간에 시범사업을 실시한 후, 구체적 기준을 결정키로 합의하였으나 공동이행의 핵심요소인 감축실적이전(Crediting)은 시범기간 중 적용을 배제하기로 결정하였다.

교토메커니즘(Kyoto Mechanism) : 국제 배출권 거래제, 청정개발체제, 공동이행체제를 포함하는 교토의정서 하의 메커니즘을 말한다. 유연성체제(Flexible Mechanism)라고도 불리며 의정서 4조의 선진국 국가 내의 교역을 통한 의무분담(Bubble) 등을 수행하기 위한 핵심적인 시스템이다.

교토의정서(Kyoto Protocol) : 온실가스 배출을 줄이기 위한 구체적인 계획과 의무들이 명기한 기후변화협약의 의정서로 1997년 일본의 교토에서 채택된 의정서로 법적 구속력을 갖는 국제적 합의서로, 총 27조와 부속서로 구성되어 있다.

국가보고서(National Communication) : 기후변화협약상 모든 국가들은 온실가스 감축 노력을 객관적으로 평가받기 위해 온실가스 통계량, 온실가스 저감정책의 현황 및 향후 계획 등을 담은 국가보고서를 제출토록 되어 있다(기후변화협약 4.1조와 12조). 특히 부속서 I(Annex I)국가들은 협약 발효 후 6개월 이내에 제1차 국가보고서를 제출해야 하며 비부속서 I(Non-Annex I)국가들은 협약 발효 후 3년 이내에 또는 부속서 I(Annex I)국가들의 재정 · 기술지원이 충분히 이루어진 후에 제출하도록 되어 있다.

국제 탄소시장 메커니즘(International Market Mechanism) : 다른 나라를 대상으로 하는 온실가스 감축사업 추진 및 거래, 국제적 배출권 시장 거래 등 시장 원리에 의한 온실가스 감축 체계이다.

국제환경협약(International Environmental Agreement) : 환경을 보호하기 위해 체결되는 양자간 · 다자간 국제협약으로서 주로 지구적 차원의 환경을 보전하기 위한 국가별 의무 또는 노력을 규정하고 있다. 현재 170여개의 국제환경협약이 체결되어 있으며 주요한 협약으로는 기후변화협약, 멸종위기에 처한 동식물보호협약(CITES), 바젤협약, 몬트리올 의정서, 생물다양성협약 등이 있다.

궁극가채매장량 : 석유와 가스가 지하 저유암층에 존재하는 양을 매장량이라 하지만, 실제로 유전을 개발한 경우, 지표로 추출해 낼 수 있는 가채매장량은 실존하는 석유 총매장량의 일부에 지나지 않는다. 이 중에서 채취의 경제적 기술적 조건을 무시하고 물리적으로 추출이 가능한 매장량을 궁극가채매장량이라 부르고 있다.

기준 배출량(Baseline) : 당사국의 배출량 추이(Trends)를 의미한다. 기준 배출량은 경제 성장률, 에너지 사용 증가율, 그리고 에너지 효율개선 및 에너지 절약 등의 요인에 의해 증가, 감소 혹은 일정한 추세를 보인다. 특히 공동이행(JI), 청정개발체제(CDM) 프로젝트 수행 결과가 추가적인 점을 증명하기 위해 프로젝트 이행 이전의 기준 배출량이 결정되어야 한다.

기준년도(Base Year) : 감축목표 설정시 이용되는 특정연도를 지칭한다. 선진국의 경우 1990년을 기준년도로 사용한다. 단, 교토의정서가 제안하는 세 가지 산업가스-수소불화탄소(HFCs), 과불화탄소(PFCs), 육불화황(SF_6) ; 이 세 가지는 자연계에 존재하지 않고 인공적으로 만들어지고 있으므로 이에 대해서는 1995년을 기준년도로 선택할 수 있다.

기체연료(Gas Fuel) : 기체형태의 연료로서 천연가스, 프로판 가스, 석탄 및 석유의 가스화 연료가 있다. 기체연료의 발열량에 따라 고열가스(9,400 kcal/m^3, 천연가스 등), 중열가스(2,800~3,800 kcal/m^3, 수성가스 등) 및 저열가스(1,300 kcal/m^3, 발생로 가스, 용광로 가스 등)로 나누어진다. 고열가스는 최근 액화천연가스로서 대량 수입되어, 발전용 및 도시가스로서 중요하게 되었으며 석탄, 석유의 가스화에 의한 합성 천연가스(SNG)가 연구개발 중이다. 중열가스인 수성가스는 메탄올로 이는 합성석유의 원료로서 중요한데 수성가스의 변성, 증열에 의한 합성 천연가스의 원료로도 된다. 저열가스는 공업용 및 발전용으로 중요하다. 장래의 크린가스로서 수소연료가 큰 연구과제로 되어있다. 기체연료는 고체 및 액체연료에 의해 탈류, 탈화되기 때문에 연소성, 취급 등의 점에 있어서 우수하다.

기후변화(Climate Change) : 기후변화협약상 기후변화의 개념은 비교 가능한 기간 동안 관측된 자연적 기후가변성에 추가하여 직간접적인 인간활동으로 지구대기 구성이 변화되어 발생하는 기후변화를 의미한다.

기후변화에 관한 정부간 협의체(IPCC : Intergovernmental Panel on Climate Change) : 1988년 WMO(세계기상기구)와 UNEP(UN환경계획)에 의해 설립되었다. 기후변화에 관련된 과학적 · 기술적 사실에 대한 평가를 제공하고 있다.

기후변화협약(UNFCCC : United Nations Framework Convention on Climate Change) : CO_2, CH_4, N_2O 등 온실효과를 나타내는 가스에 의해 지구온난화현상이 심각한 지구환경문제로 대두되면서 체결된 국제협약으로 각국의 온실가스 배출을 규제하기 위한 기본협약이다. 각국은 기후변화를 방지하는 전략 및 계획을 수립하여 시행하도록 해야 하며, 선진국은 CO_2 등 온실가스의 배출량을 2000년까지 1990년 수준으로 억제토록 노력할 것을 규정하고 있다. 1991년 UNCED 회의시 채택되어 2015년 현재 195개국 가입하였으며, 우리나라는 1993년 12월 14일 가입하였다.

납사 분해시설(NCC : Naphtha Cracking Center) : 납사를 스팀과 혼합하여 800°C 정도의 고온에서 열분해함으로써 석유화학의 기초원료인 에틸렌(Ethylene, 폴리에틸렌의 원료), 프로필렌(Propylene, 폴리프로필렌의 원료), 부틸렌(Butylene, 합성고무의 원료)을 생산하는 시설로, 부산물로는 B.T.X.도 생산된다. Naphtha Cracker 또는 Steam Cracker라 불리기도 하며 규모를 말할 때 보통 에틸렌 생산 기준으로 말한다.

납사, 나프타(Naphtha) : 넓은 의미로는 휘발성 석유류를 총칭하며, 좁은 의미로는 원유에서 직접 생산되는 유분으로 증류 범위 30~210°C에 있는 유분으로써 이중 끓는점이 100°C 이하인 것을 경질납사라 한다. 경질납사는 주로 용제 및 석유화학의 원료로 사용되며(NCC의 원료), 중질납사는 개질시설(Reformer)을 통해 휘발유 제조나 B.T.X. 생산에 사용된다.

녹색가격제도(Green Pricing) : 소비자가 신재생에너지를 사용함으로써 인상되는 추가적인 에너지비용을 자발적으로 부담하는 제도를 의미한다.

녹색경영(Green Management) : 기업이 경영활동에서 자원과 에너지를 절약하고 효율적으로 이용하며 온실가스 배출 및 환경오염의 발생을 최소화하면서 사회적, 윤리적 책임을 다하는 경영을 말한다.

녹색기술(Green Technology) : 온실가스 감축기술, 에너지 이용 효율화 기술, 청정생산기술, 청정에너지기술, 자원순환 및 친환경기술(관련 융합기술을 포함) 등 사회 · 경제 활동의 전 과정에 걸쳐 에너지와 자원을 절약하고 효율적으로 사용하여 온실가스 및 오염물질의 배출을 최소화하는 기술을 말한다.

녹색산업(Green Industry) : 경제 · 금융 · 건설 · 교통물류 · 농림수산 · 관광 등 경제활동 전반에 걸쳐 에너지와 자원의 효율을 높이고 환경을 개선할 수 있는 재화의 생산 및 서비스의 제공 등을 통하여 저탄소 녹색성장을 이루기 위한 모든 산업을 말한다.

녹색생활(Green Life) : 기후변화의 심각성을 인식하고 일상생활에서 에너지를 절약하여 온실가스와 오염물질의 발생을 최소화하는 생활을 말한다.

녹색성장(Green Growth) : 에너지와 자원을 절약하고 효율적으로 사용하여 기후변화와 환경훼손을 줄이고 청정에너지와 녹색기술의 연구개발을 통하여 새로운 성장동력을 확보하며 새로운 일자리를 창출해 나가는 등 경제와 환경이 조화를 이루는 성장을 말한다.

녹색제품(Green Product) : 에너지 · 자원의 투입과 온실가스 및 오염물질의 발생을 최소화하는 제품을 말한다.

당사국총회(COP : Conference of the Parties) : 교토의정서를 발효시킨 국가들 간에 당사국회의를 의미하며 협약관련 최종 의사 결정 기구로서의 대체로 협약의 진행을 전반적으로 검토하기 위해 1년에 한 번 모임을 개최한다.

대기대순환모델(GCM : General Circulation Model) : 전 지구적의 기후를 3차원 컴퓨터 시뮬레이션을 통해 구현하는 시스템이며 이를 인간의 활동이 기후에 어떤 영향을 미치는 지 알아보는 데 활용하고 있다. GCMs은 수증기나 온실가스, 구름, 태양복사에너지, 해양온도, 빙권 등 기후에 영향을 주는 다양한 요소들을 반영하는 복잡한 시스템이다.

대류권(Troposphere) : 지상으로부터 중위도에서 고도 약 10km까지 대기의 가장 낮은 부분(평균적으로 고위도 상에서의 고도 9km부터 적도 상에서의 고도 16km까지 분포)으로서 구름과 '날씨' 현상이 일어나는 곳이다. 대류권에서는 일반적으로 고도에 따라 온도가 감소한다.

매립지가스(LFG : Land Fill Gas) : 쓰레기 매립지에 매립된 폐기물 중 유기물질이 혐기성 분해과정에 의해 분해되어 발생되는 가스를 말하며 그 성분은 주로 메탄(CH_4 : 40~60%)과 이산화탄소(CO_2 : 30~50%)로 구성되어 있다.

몬트리올 의정서(Montreal Protocol) : 오존층 파괴 물질에 관한 몬트리올 의정서는 1987년에 몬트리올에서 채택되었고, 이후로 런던(1990), 코펜하겐(1992), 비엔나(1995), 몬트리올(1997), 베이징(1999)에서 조정되고 수정되었다. 몬트리올 의정서는 성층권 오존을 파괴하는 염소계 화학물질과 브롬계 화학물질, 이를테면 CFC, 염화메틸, 4염화탄소 등의 소비와 생산을 통제한다.

바이오가스(Biogas) : 혐기성 소화작용으로 바이오매스에서 생성되는 메탄과 이산화탄소의 혼합 형태인 기체를 말한다. 이러한 혼합기체로부터 분리된 메탄을 바이오 메탄가스라고 한다. 그 외 바이오가스의 형태는 퇴비가스, 습지가스, 폐기물 등으로부터 자연적으로 생성되는 것과 제조된 가스도 있다.

바이오에너지(Bioenergy) : 동 · 식물 또는 파생자원(바이오매스)을 직접 또는 생 · 화학적, 물리적 변환과정을 통해 액체, 기체, 고체연료나 전기 · 열에너지 형태로 이용하는 것을 말한다. 연료용 알코올, 메탄가스, 매립지가스(LFG), 바이오디젤 등을 생산하여 에너지원으로 활용하는 기술로서 차량용, 난방용 연료 및 발전분야 등에 이용이 가능하다.

바이오디젤(Biodiesel) : 자연에 존재하는 각종 기름(fat, lipid) 성분을 물리적 화학적 처리과정(에스테르공정)을 거쳐 석유계 액체연료로 변환시킨 것을 말한다. 특히 BIODIESEL이란 용어는 오스트리아 "BIO-ENERGIE회사"에서 개발한 등록상표로서 일반적으로 각종 동식물류부터 전환된 디젤을 자칭하는 일반용어로 사용되고 있으나 상표명에 대한 법적권리는 등록회사에 귀속하고 있다.

바이오에탄올(Bioethanol) : 에탄올은 화학적 합성도 가능하지만 생물공정으로도 생산되고 있다. 술을 제조하는 공정에서와 마찬가지로 당을 생성하는 작물로부터 추출된 당을 효모나 박테리아로 발효를 통하여 생산되는 것이다. 옥수수와 같은 전분을 원료로 하는 경우에는 산이나 아밀라아제로 불리는 효소로 먼저 전분을 포도당으로 전환하여 발효하게 된다.

바이오매스(Biomass) : 원래 바이오매스의 뜻은 생물량 또는 생물 현존량을 나타내는 말이나, 생물체 및 그의 활동에 수반되어 생기는 유기물의 총체를 말한다. 그러나 최근에는 에너지, 화학공업 원료 등에 사용될 수 있는 것을 망라해서 동식물의 자원을 자칭하며 또한 이것으로 생기는 폐기물도 포함된다. 바이오에너지는 유가리, 아오산코 등의 연료용 식물의 재배 등을 행하면 대량의 에너지를 얻을 수가 있다. 농산물의 폐기물로는 설탕수수대와 부스러기 외 우돈 등의 가축분뇨도 포함된다.

발열량 : 단위량의 연료가 일정조건 하에서 완전 연소한 경우에 내는 열량을 말한다. 가열성 연료의 경우 발열량은 두 가지로 정의된다. 첫째는 총발열량으로서 완전연소시의 이론적 최대방출열량을 의미하고 (연소 중에 발생하는 수증기의 증발에 의한 잠열을 포함) 둘째로는 (회수할 수 없는 것으로 간주되는) 총발열량에서 연료의 연소시 생성된 물의 증발 잠열을 제외한 순발열량이다. 세계동력회의 권고안을 포함하여 IEA와 IPPC의 경우 에너지 밸런스에서는 순발열량이 통상적으로 사용된다.

배럴(Barrel) : 석유 용량의 단위이지만, 본래는 「중간부분이 부풀은 통」을 의미한다. 미국 펜실베이니아주의 E.L.도르크가 1859년 처음으로 석유의 기계 채유에 성공해 50갤론의 나무통에 채워 판매했다. 당시는 수송중의 취급이 어려웠기 때문에 도중에 석유가 새어 42갤론 정도가 되는 경우가 많아, 이것이 현재 1배럴=42갤론의 기원이 되었으며 환산율은 1배럴=42갤론=5.6146 ft^3=159 L이다.

배출 감소 단위(ERU : Emission Reduction Unit) : 공동이행(JI)계획에서 부속서 I의 투자 국가들은 각각의 프로젝트가 줄이는 온실가스 감축량에 비례해 ERUs를 받게 된다. 투자 국가들은 교토의정서하에서 할당된 양에 이 ERUs를 더할 수 있고, 반면에 투자를 유치하게 되는 나라는 이 ERUs만큼 할당량에서 빼게 된다.

배출권거래(ET : Emission Trading) : 교토의정서 제17조에 규정되어, 온실가스 의무가 있는 선진국간 배출 쿼터를 부여한 후, 동 국가간 배출쿼터의 거래를 허용하는 제도이다.

배출전망치(BAU : Business as usual) : 특별한 조치를 취하지 않을 경우 배출될 것으로 예상되는 미래 전망치를 말한다. 즉, 국민경제의 통상적 성장관행을 전제로 유가변동 · 인구변동 · 경제성장률 등에 따라 영향을 받을 미래의 온실가스 배출 추계치이다.

배출한도량(AA : Assigned Amount) : 의무이행 기간 동안 각국이 배출할 수 있는 온실가스 총량을 의미하고 있으며, 현행 교토의정서는 1990년 배출량×감축목표×의무이행 기간(5년)으로 각국의 배출 한도량을 계산하고 있다.

부생가스 : 석탄에 열을 가했을 때 부산물로 생성되는 가스로 주로 제철공장의 공정 등에서 많이 생성된다.

부속기구(SB : Subsidiary Body) : 당사국 총회를 보조하기 위한 위원회를 일컬으며 기후변화협약에 의해 규정된 2개의 영구적인 부속기구로 이행을 위한 부속기구(SBI)와 과학기술적 자문을 위한 부속기구(SBSTA)가 있다.

부속서 A (Annex A) : 교토의정서가 지정하는 여섯 가지 온실가스와 그 가스들을 배출하는 분야 및 배출원 목록을 말한다. CO_2(이산화탄소), CH_4(메탄), N_2O(아산화질소), HFCs(수소불화탄소), PFCs(과불화탄소), SF_6(육불화황).

부속서 B(Annex B) : 교토의정서가 제시하는 부속서 I 국가들의 첫 의무이행 기간 동안의 기준년도에 대한 배출한도 및 감축 목표 목록을 의미한다.

부속서 I 국가(Annex I) : 기후변화협약에서 구속력 있는 감축의무를 부담하는 국가를 의미하며, 기후변화협약 채택 당시에는 35개국이었으나, 1997년 제3차 당사국 총회시에는 크로아티아, 슬로바키아, 슬로비니아, 모나코, 리히텐스타인 등 5개국이 추가되어 현재는 40개국에 이르고 있다.

부속서 II 국가(Annex II) : 개발도상국의 재정적, 기술적 지원 의무를 가지고 있는 부유한 나라들의 명단이다. 24개 OECD국가와 유럽연합이 여기에 포함된다.

분해정제시설(Cracking Refinery) : Hydroskimming Refinery에 분해시설을 추가한 형태의 정유시설을 말하며, 분해시설은 주로 RFCC 나 FCC를 말한다. 분해시설을 통해 부가가치가 낮은 연료유를 고부가가치의 경질제품으로 전환시킬 수 있어 수익성이 증대하며, 동시에 원유에 대한 의존도도 낮아져 안정적인 운전이 가능하다.

비당사국(Non-Party) : 기후변화협약을 비준하지 아니한 국가로 업저버로 회의에 참가할 수는 있다.

비준(Ratification) : 협약 혹은 의정서의 채택사항을 확인하는 절차에 불과한 서명(Signature)과는 달리 협약 혹은 의정서에 따른 법적 의무를 부담하겠다는 선언을 의미한다.

비 · 티 · 유(BTU : British Thermal Unit) : 열량을 나타내는 단위의 하나로 1BTU=252cal이다.

비티엑스(BTX : Benzene Toluene Xylene) : 납사의 접촉개질 등을 통하여 생산된 방향족 화합물로 벤젠, 톨루엔, 자일렌을 말한다.

사막화(Desertification) : 건조, 반건조, 및 건조한 저습 지역에서 기후변동과 인간활동을 포함한 여러 인자로 인해 토지가 황폐화된 것을 말한다. UNCCD(United Nations Convention to Combat Desertification; 사막화 방지 UN 협약)가 정의한 토지 황폐화는 건조, 반건조 및 건조한 저습 지역에서 생물학적 혹은 경제적 생산성과 천수답 경작지, 관개수 경작지, 방목지, 목초지, 산림의 복잡성이 감소되거나 소실되는 것으로서, 토지 사용으로 인해 또는 인간활동 및 서식지 패턴에서 기인한 과정들을 비롯해 하나 또는 복합적 과정으로 인해 ① 바람이나 물에 의해 야기된 토양 침식, ② 토양의 물리적, 화학적, 생물학적 혹은 경제적 퇴화, ③ 자연 식생의 장기적 소실이 일어난 것을 말한다.

석유대체에너지(Substitute Energy for Petroleum) : 석유를 대신하는 에너지의 총칭으로 원자력, 석탄, LNG, 태양에너지, 지열에너지, 바이오매스 에너지, 수소에너지 등이 있다.

석유환산톤(TOE : Ton of Oil Equivalent) : 열량의 비교를 위한 것으로 타 연료의 열량을 원유기준으로 환산한 양으로 원유 1kg=10,000kcal로 환산하여 기준한 것이고 1toe는 10^7kcal이다. 동 단위는 무게가 환산기준이므로 통상 부피로 계량하는 석유제품, 도시가스 등은 부피를 무게로 환산하는 과정이 선행되어야 한다. 예 : 휘발유 1bbl의 석유환산톤으로의 전환과정 1bbl=158.988liter, 1liter=8,300kcal이므로 휘발유 1liter는 원유 0.83kg에 해당된다. 따라서 1bbl=0.83kg/liter, 158.988liter/bbl=132kg(석유환산), 즉 1bbl=0.132toe이다. 석유제품 중 프로판과 부탄은 무게와 부피의 관계가 다음과 같다. 프로판 1톤=12.38bbl, 부탄 1톤=10.88bbl이다.

석탄가스화복합발전(Integrated Gasification Combined) : 석탄을 가스화하여 정제한 후 가스터빈연료로 사용하여 발전하고 그 배열을 이용하여 증기를 발생시킴으로써 증기터빈을 구동하는 복합발전시스템이다.

성층권(Stratosphere) : 대류권 위의 층으로 오존층에 의해 고도에 따라 온도가 증가한다. 고도상으로 약 10km(평균적으로 고위도 상에서의 고도 9km부터 적도 상에서의 고도 16km까지 분포)부터 약 50km까지 뻗어 있다.

소수력발전 : 설비용량이 10,000kW 이하의 수력발전을 말한다. 여타 신재생에너지원에 비해 에너지밀도가 높고 경제성이 우수한 에너지원이며, 소수력발전 시스템은 수차, 발전기 및 전력변환장치 등으로 구성되어 있다.

수소화 분해공정(Hydrocracking) : 나프타에서 잔사유에 이르는 각종 탄화수소를 촉매를 첨가하여 고온, 고압하에 수소기류 속에서 분해하여 수소화하고, 보다 경질인 탄화수소로 전환시키는 것을 말한다. LPG, 휘발유, 등유, 제트연료, 경유 등의 제품을 얻을 수 있으며 그 품질도 좋아 후처리 등이 불필요하다.

습성가스(Wet Gas) : 응축된 탄화수소물을 포함하고 있는 미정제 천연가스를 말한다. 주 : 특성사양으로서, 가스정에서 75m^3의 가스당 1리터 이상의 응축액을 포함한 천연가스이다.

신재생에너지 : 우리나라에서 신재생에너지는 「신에너지 및 재생에너지개발 · 이용 · 보급 촉진법 제2조」에 의해 기존의 화석연료를 변환시켜 이용하거나(신에너지) 햇빛 · 물 · 지열 · 강수 · 생물유기체 등을 포함하는 재생가능한 에너지를 변환시켜 이용하는 에너지(재생에너지)로서, 태양, 바이오, 풍력, 수력, 연료전지, 석탄 액화 · 가스화 및 중질잔사유 가스화, 해양, 폐기물, 지열, 수소 등 11개 분야를 말한다.

신재생에너지 공급 협약(RPA : Renewable Portfolio Agreement) : 발전자회사별로 중장기 신재생에너지 개발 공급계획을 수립하여 정부와 협의 후, 자발적으로 협약 체결 · 시행하는 제도이다.

신재생에너지발전 의무 할당제(RPS : Renewable Portfolio Standards) : 발전사업자의 총발전량, 판매사업자의 총판매량의 일정비율을 신재생에너지원으로 공급 또는 판매하도록 의무화하는 제도(미국, 영국, 일본, 호주, 덴마크 등이 최근 도입 운영)이다.

알베도(Albedo) : 표면이나 물체에 반사된 태양복사(Solar Radiation) 분율이며, %로 표현한다. 눈에 덮인 표면은 알베도가 높고, 토양의 표면 알베도는 높은 것부터 낮은 것까지 다양하다. 식생으로 덮인 표면과 해양은 알베도가 낮다. 지구의 알베도는 다양한 운량, 눈, 얼음, 활엽지역, 토지피복에 일어난 변화에 따라 달라진다.

알베도피드백(AlbedoFeedback) : 지구의 알베도 변화가 관련있는 기후 피드백(Climate Feedback) 보통은 빙권(Cryoshpere)의 변화를 말한다. 빙권의 알베도는 지구 알베도 평균(~0.3)보다 훨씬 크다(~0.8). 온난화되는 기후에서는 빙권이 축소될 것으로 예상되므로, 지구의 전반적 알베도는 감소하고 태양복사는 더 많이 흡수되어 지구가 더욱 온난화될 것이다.

압축천연가스(CNG : Compressed Natural Gas) : 천연가스를 냉동, 압축하여 액화한 LNG(액화 천연가스)와는 달리 고압으로 압축하여 압력 용기에 저장한 형태를 말한다.

액화석유가스(LPG : Liquefied Petroleum Gas) : 석유생산, 석유정제 또는 석유화학공업의 과정에서 부생되는 탄화수소를 분리 추출해, 상온 상압에서 가스상태의 프로판, 부탄 등의 혼합기체를 가압 또는 냉각해 액화한 것을 말한다. 가정용, 공업용, 내연기관용 연료, 도시가스의 원료로서 사용되고 있다.

액화천연가스(LNG : Liquefied Natural Gas) : 지하 또는 해저의 가스전(석유광상)에서 뽑아내는 가스 중 상온에서 액화하지 않는 성분이 많은 건성가스(Dry Gas)를 수송 및 저장의 용이성을 위해 액화한 것으로 보통 “천연가스”라 불린다. 주성분은 메탄(CH_4)으로 −162°C로 액화하면 체적은 원래의 1/600로 되어, 그 상태로 전용탱크에 수송되어 반지하 또는 지상의 대형 단열탱크에 저장된다. 우리나라의 경우 해외 천연가스 산지의 LNG공장에서 액화하는 것을 LNG선으로 도입하여 이를 국내 LNG공장에서 기체화한 후 파이프를 통해 발전소나 수용가에 공급하고 있다.

양수발전 : 고지대에 저수지를 만들고 전력의 비수요기인 밤에 잉여전력을 이용하여 여기에 물을 모터펌프로 퍼 올려놓았다가 수요기에 저수지물을 낙하시켜 발전하는 방식을 말한다. 우리나라의 양수발전은 팔당 등 세 곳에 있다.

에너지원단위 : 단위량의 제품과 액수를 생산하는데 필요한 전력 · 열(연료) 등 에너지소비량의 총량, 일반적으로 에너지 생산성의 향상, 즉 에너지절약의 진척상황을 나타내는 지표로서 사용한다.

에너지소비효율등급표시제도 : 에너지를 많이 소비하고 보급률이 높은 제품을 대상으로 1~5등급으로 에너지소비효율등급라벨을 부착토록 하고 최저효율기준 미달제품에 대한 생산 · 판매를 금지하는 제도로서 모든 제조업체들이 지켜야 하는 의무적인 제도이다.

에너지탄성치(Energy Elasticity) : 에너지의 수요규모와 경제성장률은 일국의 경제규모, 산업구조, 국민생활 등과 밀접하게 연결되어 있다. 에너지탄성치는 경제성장률과 에너지소비증가율의 비이다. 따라서 일반적으로 에너지사용의 효율이 높을수록 이 수치는 작게 된다.

엘니뇨(El Nino) : 엘니뇨는 불규칙하게 나타나는 기후 현상으로서 대개 3~5년이 주기가 된다. 엘니뇨는 보통 그 징후가 크리스마스 기간에 페루 연안 바닷물 온도가 올라가는 것으로 나타나면서 이 지역 주민들이 “아기 예수”란 뜻의 El Nino로 불렀다. 이 현상은 열대 태평양의 무역풍이 주기적 변화에 따라 약해지면서 비정상적으로 동태평양 바닷물의 표면온도를 높이는 것을 말한다. 이러한 변화는 전 지구적인 기후 시스템에 영향을 미쳐 세계 곳곳에 이상기상현상으로 인한 피해를 증가시킨다.

엘 · 유 · 엘 · 유 · 씨 · 에프(LULUCF : Land Use-Land Use Change and Forestry) : 토지 이용, 토지 이용 변경 및 임업에 의한 인간이 직접적으로 발생하는 온실가스 배출 및 제거에 따라 변화되는 온실가스의 증감을 의미한다.

엠 · 티 · 비 · 이(MTBE : Methyl Tertialry Butyl Ether) : 아이소부틸렌(iso-Butylene) 형태의 올레핀과 메탄올을 반응시켜 생산되는 화합물로 분자에 산소원자를 함유하고 있어 질소산화물, 일산화탄소 등의 발생을 줄일 목적으로 휘발유 Blending에 사용된다. 옥탄가가 약 118로 매우 높아 휘발유의 옥탄가 향상에도 기여한다.

연료전지(Fuel Cell) : 연료(주로 수소)와 산화제(주로 산소)를 전기화학적으로 반응시켜 그 반응에너지를 전기로 직접 빼내는 직류발전장치이다. 연료의 연소에너지를 열로서가 아니고, 전기에너지로 이용하는 것으로서, 전기자동차용 연료전지나 연료전지발전소 등의 고성능이고 경제성이 뛰어난 연료전지의 개발이 추진되고 있다.

열병합발전(Co-Gen : Cogeneration) : 발전을 통하여 전력을 생산함과 동시에 고압 스팀 및 온수를 생산하는 시설을 말한다. 단순히 전력만을 생산하는 것과 비교해 보면 2배 가까운 열효율(약 60~70%)을 얻을 수 있다.

열분해(Pyrolysis) : 혐기상태와 고온 상태(200°C 이상)에서 바이오매스를 열로 분해하는 것을 말한다. 이 분해에 의한 생성물로는 일반적으로 산, 알코올, 알데하이드, 페놀 등의 복잡한 혼합액체가 얻어지는 데, 이 혼합액체는 적절한 공정에 의해 분리된다. 고체형태의 생성물질은 목탄 등을 얻을 수 있는데 이는 제철공정에서 코크스 대용으로 사용되기도 한다. 기체형태의 생성물질은 열량이 약 15MJ/m^3 정도의 CO, 수소, 메탄 그리고 그 외 기체의 혼합 상태로 얻어진다.

열분해공정(Thermal Cracking) : 고옥탄 가솔린 제조공정. 비등점 315~560°C의 가스오일을 원료로 사용하여 제올라이트 촉매상에서 반응시켜 가솔린을 얻는다. 최근에는 금속성분에 강인한 촉매들이 개발되어 잔사유를 원료로 사용하는 공정이 상업화 되었다. 이 공정에서 사용되는 반응기는 유동상(Fluidized Bed)반응기로서 고체촉매를 사용하는 기체반응에 사용되는 특수한 형태의 반응기이다. 따라서 접촉분해공정을 유동접촉분해(FCC : Fluidized Catalytic Cracking)라고 부른다.

오존(Ozone) : 3원자 형태의 산소(O_3). 가스상 대기 성분이다. 대류권에서 자연적으로도 생성되고 인간활동에서 생긴 가스의 광화학반응(스모그)에 의해서도 생성된다. 대류권 오존은 온실가스로서 작용한다. 성층권에서는 태양 자외복사와 산소분자(O_2)의 상호작용에 의해 생성된다. 성층권 오존은 성층권 복사균형에서 주도적인 역할을 한다.

오존층(Ozone layer) : 성층권에는 오존 농도가 가장 높은 층 소위 오존층이라 불리는 층이 있다. 오존층은 지표 위 12km부터 40km까지 이어진다. 오존 농도는 20~25km 높이에서 최대이다. 이 층이 인간에 의해 배출된 염소 및 브롬화합물에 의해 파괴되는 중이다. 해마다, 남반구의 봄철에 남극 지역에서는 인위적 염소화합물과 브롬화합물이 그 지역의 특정 기상조건과 결합하여 일으키는 매우 심한 오존층 고갈 현상이 발생한다. 이 현상을 오존구멍이라고 부른다.

온도차발전 : 해양 표면층의 온수(예 : 25~30°C)와 심해 500~1000m 정도의 냉수(예 : 5~7°C)의 온도차를 이용하여 열에너지를 기계적 에너지로 변환시켜 발전하는 기술이다.

온실효과(Greenhouse Effect) : 온실가스는 지표, 대기, 구름에 의해 배출된 열적외 복사를 효과적으로 흡수한다. 대기복사는 지표 방향을 포함해 사방으로 배출된다. 따라서 온실가스는 지표-대류권 시스템 안에 있는 열을 가두게 되는데 이것을 온실효과라고 부른다. 대류권의 열적외 복사는 그 열적외 복사가 배출된 고도의 대기 온도와 강하게 연관되어 있다. 대류권에서는 일반적으로 고도가 높아질수록 기온이 감소한다. 우주로 배출되는 적외 복사는 평균온도가 −19°C인 고도에서 기원하여 태양복사의 순입사량과 균형을 이루는 반면에, 지표는 그보다 훨씬 높은 온도, 평균적으로 +14°C의 온도를 유지한다. 온실가스 농도 증가는 대기의 적외선 불투명도를 증가시키게 되고 그리하여 온도가 더 낮은 더 높은 고도에서 유효복사가 우주로 배출되게 한다. 이것은 온실효과를 강화시키는, 소위 강화된 온실효과(Enhanced Green-house Effect)를 일으키는 복사강제력을 야기한다.

온실가스(GHG : Greenhouse Gas) : 온실가스는 지표, 대기, 구름에 의해 방출된 열적외 복사 스펙트럼 내 특정 파장의 복사를 흡수하고 배출하는 가스상 대기성분이며, 인위적으로도, 자연적으로도 발생한다, 열적외 복사를 흡수하고 방출하는 이 속성이 온실가스 효과를 야기한다. 대기의 주요 온실가스는 수증기(H_2O), 이산화탄소(CO_2), 아산화질소(N_2O), 메탄(CH_4), 오존(O_3)이다. 대기에는 할로카본, 염소 함유물질, 브롬 함유물질 등 전적으로 인위적으로 생성되는 온실가스도 있는데, 이것들은 몬트리올 의정서(MontrealProtocol)에 따라 통제된다. 교토의정서 온실가스는 CO_2, N_2O, CH_4 외에도 SF_6, HFCs(hydrofluoro carbons), PFCs(perfluoro carbons) 등이다.

UN기후변화협약(UNFCCC : United Nations Framework Convention on Climate Change) : 이 협약은 1992년 5월 9일에 뉴욕에서 채택되었고, 1992년 리오데자네이로 지구 정상회담에서 150개 이상의 국가와 EC가 승인하였다. 이 협약의 궁극적 목적은 '대기의 온실가스 농도가 기후계를 인위적으로 간섭하지 못할 수준으로 안정화시키는 것'이며, 모든 당사국이 헌신할 것을 포함하고 있다. 이 협약 아래, 별첨 I에 포함된 당사국들(모두 OECD 회원국이고 전환경제 국가들임)은 몬트리올 의정서에 포함되지 않은 온실가스의 배출량을 2000년까지는 1990년 수준으로 감축할 것을 목적으로 한다. 이 협약은 1994년 3월부터 발효되었다.

유연성체계(Flexible mechanisms) : 교토프로토콜은 유연성을 증대시키고, 온실가스 배출 감축 비용을 줄이기 위해 배출권거래제(ET), 공동이행제도(JI), 청정개발체제(CDM)와 같은 세 가지 메커니즘을 인정하고 있다.

의무구매제도(FIT : Feed-In Tariff) : 전력판매사가 정부가 정한 기준가격으로 신재생에너지 전력을 의무 구매하고, 이를 전기요금에 흡수하는 제도이다.

의무이행계획(CAP : Compliance Action Plan) : 교토의정서 하의 배출 목표량을 달성하지 못한 부속서 I 국가들에 부과되는 페널티 중의 하나를 말한다. 이 계획의 목표는 각 국내에서 이행하지 못한 배출량보다 더 많은 배출량을 차감시키려는 것이다. 이 계획은 교토의정서 하에서 세워진 실행위원회의 강제기구에 의해 승인되어야 한다.

의무이행기간(Commitment Period) : 감축목표를 달성하는 기간을 의미하며, 현행 교토의정서의 경우 5년 단위로 의무이행기간을 설정하였으며, 2008~2012년을 1차 의무이행기간으로 규정하고 있으며, 2차 의무이행기간과 3차 의무이행기간은 각각 2013~2017년, 2018~2022년이다.

의정서(Protocol) : 법률과 시행령의 관계와 마찬가지로 협약을 구체적으로 이행하기 위한 내용을 담은 문서로 이미 존재하는 협약 내에 포함된다. 협약에 의해 지켜져야 할 세부적인 조항들을 첨가하며 일반적으로 의정서에 각국이 비준하고 발효시키는 과정을 거치면서 협약의 힘을 강화시켜 나간다.

이산화탄소 환산(CDE : Carbon Dioxide Equivalent, CO_2-e) : 이산화탄소 등가를 뜻하는 단위로서, 다양한 온실가스 배출을 지구온난화지수(GWP)에 기준하여 비교 가능하도록 만든 측정수단으로 이산화탄소 배출량으로 환산하여 나타낸다.

이산화탄소 포집 · 저장 · 활용 기술(CCUS ; Carbon Capture Utilization and Storage) : 화석연료를 사용할 때 발생하는 이산화탄소(CO_2)를 포집하여 압축 · 수송 과정을 거쳐 땅 속에 저장하는 기술과, 포집한 탄소를 필요한 곳에 활용하는 기술을 모두 포함하는 개념이다.

일차에너지(Primary Energy) : 가공되지 않은 상태에서 공급되는 에너지, 즉 석유, 석탄, 원자력, 천연가스, 수력, 지열, 태양열 등을 말한다. 이에 반해 일차에너지를 전환 가공해 얻을 수 있는 전력, 도시가스, 석유제품 등을 이차에너지라 부른다.

일차에너지소비(Primary Energy Consumption) : 에너지 국내생산 및 순수입, 재고의 증감을 포함한 소비량으로 최종에너지소비와 전환손실을 합한 양과 같다.

자발적 이행(Voluntary commitments) : 교토 협상 과정에서 개도국들이 자발적으로 구속력 있는 배출 목표를 설정하도록 한 초안의 내용으로 협상의 마지막에 제외되었다. 이 문제는 COP4에서까지도 논의되었으며 여전히 중요한 과제로 남아 있다.

자발적 협약(VA : Voluntary Agreement) : 에너지를 생산, 공급, 소비하는 기업과 정부가 상호 신뢰를 바탕으로 에너지절약 및 온실가스 배출 감축목표를 달성하기 위한 협약으로서, 기업은 실정에 맞는 목표를 설정하여 이를 이행하고 정부는 기업의 목표 이행을 위하여 자금 · 세제지원 등 인센티브를 제공하여 기업의 노력을 적극 지원하는 비규제적 제도이다.

저탄소(Low Carbon) : 화석연료에 대한 의존도를 낮추고 청정에너지의 사용 및 보급을 확대하며 녹색기술 연구개발, 탄소흡수원 확충 등을 통하여 온실가스를 적정수준 이하로 줄이는 것을 말한다.

전과정평가(LCA : Life Cycle Assessment) : 물품의 생산에서 폐기에 이르기까지의 자원소비량, 환경오염량 등을 조사, 분석해 평가하는 방법이다.

접촉개질공정 : 상압증류공정으로부터 생산되는 나프타 중에는 주로 노말 파라핀이나 측쇄가 적은 파라핀과 나프텐 성분이 포함되어 있기 때문에 이들을 방향족이나 측쇄가 많은 탄화수소로 변환하면 옥탄가가 높은 휘발유를 얻는 것을 접촉개질공정이라 한다. 접촉개질공정에서는 촉매독의 원인이 되는 황분과 금속(특히 비소)을 제거하기 위해 연료유(나프타)를 나프타 수소화 탈황장치에 의해 전처리하여 반응기로 보낸다. 반응이 완결된 반응생성물은 냉각되어 가스분리조에서 액체와 가스로 분리되며 분리된 가스는 수소를 주성분으로 하는 가스로서 공정자체에 사용 후 잉여가스는 나프타 수소화 탈황장치 등 수소사용공정으로 공급하거나 연료로 사용하는 경우도 있다. 한편 분리조에서 분리된 액상반응생성물은 수소, 메탄, 에탄, 프로판, 부탄 등의 경질 탄화수소유분을 안정탑 상부로부터 분리하여 경질가스와 LPG연료를 부산물로 생산하고 안정탑 하부로부터는 증기압이 조정된 제품(개질휘발유)을 추출한다. 촉매재생방식에서는 촉매를 유동상태에서 사용하는데 사용 중인 촉매의 일부를 독립된 재생탑에서 연속재생시켜 반응기로 순환시킬 경우 촉매의 활성을 양호한 상태로 유지시킬 수 있기 때문에 옥탄가가 높은 개질 휘발유를 생산할 수 있다.

접촉개질시설(Reformer) : CDU에서 생산되는 납사(Naphtha)는 화학적 성질상 휘발유 유분에 속하나 옥탄가가 낮아(RON 60~70) 휘발유로 사용하지 못한다. 따라서 탄소수가 6개인 중질납사(HSRN : Heavy Straight Run Naphtha)를 귀금속 촉매를 사용하여 고온, 고압(약 450~530°C, 약 7~35기압)에서 개질시킴으로써(포화 탄화수소를 방향족 탄화수소 중심의 불포화 탄화수소로 개질) 옥탄가가 높은 (RON 94~104) Reformate를 생산하여 휘발유 Blending에 사용한다. Reformer에서 생산되는 제품을 Reformate라 하며 주요 성분이 방향족 탄화수소이므로 여기에서 방향족 화합물인 B.T.X.(Benzene, Toluene, Xylene)을 추출하기도 한다. 즉, Reformate는 휘발유 Blending 또는 B.T.X. 생산에 사용되며 Reformer에서는 부산물로 LPG와 수소가 다량 발생한다.

조력발전 : 조석을 동력원으로 하여 해수면의 상승하강 운동을 이용하여 전기를 생산하는 발전기술이다.

중수(Heavy Water) : D_2O 또는 수소의 동위원소인 중수소로 이루어진 물을 말한다. 보통 물에는 1/6000정도의 비율로 존재하며 어떤 원자로에서는 순수 중수를 감속재로 사용한다.

중질잔사유 : 원유를 정제하고 남은 최종 잔재물로서, 감압증류 과정에서 나오는 감압잔사유 및 아스팔트와 열분해공정에서 나오는 코크, 타르, 피치 등을 말한다.

지구온난화지수(GWP : Global Warming Potential) : 지구온난화지수는 각각의 기체들을 기준이 되는 기체들과 비교했을 때 대기하층에서 성층권까지의 상대적 가열정도의 척도로서 나타내어진 것이다. 이산화탄소 1kg과 비교하였을 때 어떤 온실기체가 대기로 방출된 후 특정기간 동안 그 기체 1kg의 가열효과가 어느 정도인가를 평가하는 척도이다. 1995년 발간한 IPCC 2차 보고서에 의하면 100년을 기준으로 CO_2를 1로 볼 때 CH_4가 21, N_2O가 310, HFCs가 1,300, PFCs가 7,000, SF_6가 23,900이다.

지열에너지 : 지열은 지하의 물체가 갖는 열을 말한다. 지열은 지구가 생성될 때있던 열로 아직 방열되지 않은 상태이거나 우라늄이나 토륨 같은 방사선원소의 붕괴에 의하여 생기는 것이라고 생각할 수가 있다. 일본과 같이 화산이 많은 고온지열지대는 지하에 용융암석의 활동에 의한 것으로 여기에 물을 주입하여 증기를 생산하고 이것으로 증기터빈을 돌려서 발전에 이용할 수가 있고 이런 시스템을 지열발전소라고 한다. 보통 화산이 없는 지대에서는 약 3,000m 지하로 들어가면 약 섭씨 100°C가 된다. 지역에 따라서는 이보다 온도가 높을 수도 있다. 파리 같은 곳에서는 약 1,500m 정도에서 약 70°C 전후의 열을 퍼 올려 지역난방에 이용한다.

청정개발체제(CDM : Clean Development Mechanism) : 교토의정서 제12조에 규정되어, 선진국인 A국이 개도국인 B국에 온실가스 배출을 저감할 수 있도록 재정적이고, 기술적인 투자를 하고 이로 발생된 온실가스 배출량 감축분(CERs)을 자국의 감축 실적에 반영할 수 있는 제도이다.

청정기술(Clean Technology) : 저오염 및 저공해 공정기술(Low Pollution Technology)로 통칭되며, 사후처리기술의 상대적 개념으로 사용되고 있다.

탄소중립(Carbon Neutral) : 인간의 활동에 의한 온실가스 배출을 최대한 줄이고, 남은 온실가스는 흡수량 증대(산림 등) 및 CO_2포집 · 저장 · 활용 기술(CCUS ; Carbon Capture Utilization and Storage)로 제거해서 실질적인 순배출량이 제로(0)가 되게하는 넷-제로(Net-Zero)를 탄소중립이라 한다.

탄소 포집 및 저장(CCS) : 탄소 포집 및 저장(CCS)은 화석연료 발전 공장과 같은 대규모 배출원으로부터 이산화탄소를 포집하고 대기로부터 격리하여 영구적으로 저장하는 방식으로 지구온난화를 완화하는 접근방식이다.

탄소환산(CE : Carbon Equivalent) : 다양한 온실가스 배출을 지구온난화지수(GWP)에 기준하여 비교 가능하도록 이산화탄소 배출량을 기준으로 할 때 이를 탄소의 무게만으로 다시 환산하여 비교하도록 만든 측정수단으로써 탄소환산톤(TC : Ton of Carbon Equivalent)라고도 한다. 이산화탄소는 탄소원자 1개와 산소원자 2개가 결합하여 생기므로 이 중 탄소만의 무게를 구하기 위해 이산화탄소 환산치에 44/12를 곱하면 된다. (온실가스 배출량×지구온난화지수(GWP)×44/12)

탄소환산톤(TC : Ton of Carbon Equivalent) : 다양한 온실가스 배출을 지구온난화지수(GWP)에 기준하여 비교 가능하도록 이산화탄소 배출량을 기준으로 할 때 이를 탄소의 무게만으로 다시 환산하여 비교하도록 만든 측정수단으로써 이산화탄소는 탄소원자 1개와 산소원자 2개가 결합하여 생기므로 이 중 탄소만의 무게를 구하기 위해 이산화탄소 환산치에 12/44를 곱하면 된다. (온실가스 배출량×지구온난화지수(GWP)×12/44)

탄화(건류)[Carbonization(drying)] : 공기가 없는 상태에서 유기원료를 가열하여 코우크스와 조 석탄가스 및 조 타르를 얻는 것이다.

태양복사(Solar Radiation) : 태양에 의해 방출되는 복사로서, 단파복사라고도 부른다. 태양복사는 태양의 온도에 의해 결정되는 특징적인 범위의 파장(스펙트럼)을 가지고 있다. 지구상에 들어오는 태양복사 에너지는 식물의 광합성작용을 통해 지구상 모든 생물들의 삶의 원천을 만들고 기상현상 등의 각종 지구상의 운동들을 유발함으로써 수력, 풍력 등의 에너지의 근원이 되기도 하며 우리가 많이 쓰고 있는 화석연료들도 이 태양에너지의 집적물이라고 할 수 있다.

태양전지(Solar Photovoltaic Cell) : 광전효과(Photovoltaic Effect)를 응용함으로써 태양에너지를 직접 전기에너지로 변환할 수 있는 소자를 의미하며, 여기서 광전효과란 일반적으로 물질이 빛을 흡수하여 자유로이 움직일 수 있는 전자, 즉 광전자를 방출하는 현상이다.

태양광모듈(Photovoltaic Modules) : 태양전지를 실제 사용시에는 모듈의 형태로 제조하는데, 태양전지를 직병렬로 연결하여 장기간 자연환경 및 외부 충격에 견딜 수 있는 구조로 만들어진 형태이다. 전면에는 투과율이 좋은 강화유리, 뒷면에는 Tedlar를 사용하고, 태양전지와 앞뒷면의 유리, 테들러는 EVA를 사용하여 접합시키는데 이를 Lamination공정이라 한다.

태양광발전(Solar Power) : 태양광을 흡수하여 기전력을 발생시키는 광전효과(Photovoltaic Effect)를 이용하여 태양광에너지를 직접 전기에너지로 변환시키는 발전방식을 의미한다.

태양열발전소(Solar Thermal Power Station) : 태양열을 열매체에 전달하여 수집된 열에너지를 전기에너지로 바꾸도록 설계된 발전시설을 말한다. 즉, 태양열 탑 발전소(Solar Tower Power Station)란 태양열을 집열하기 위한 탑을 세우고 다수의 거울로 태양광을 탑에 반사시켜 집열된 고온의 열에너지를 전기에너지로 바꾸는 태양열 발전소의 일종이다.

태양열에너지(Solar Energy) : 태양으로부터 방사되는 복사에너지를 흡수, 저장 및 열변환 등을 통해 얻어지는 무공해, 무한정의 청정에너지원을 말하며 태양열 이용시스템은 집열부, 축열부 및 이용부로 구성되어 있다.

태양열집열기(Solar collector) : 태양으로부터 오는 에너지를 흡수하여 열에너지로 전환하여 열전달매체에 전달될 수 있도록 고안된 장치이다.

파력발전(Wave Power) : 입사하는 파랑에너지를 터빈 같은 원동기의 구동력으로 변환하여 발전하는 기술이다.

폐기물고형연료(RDF : Refuse Derived Fuel) : 종이, 나무, 플라스틱 등의 가연성 폐기물을 파쇄, 건조, 성형 등의 공정을 거쳐 제조한 연료이다.

폐기물에너지(Refuse Energy) : 사업장, 가정에서 발생되는 가연성 폐기물 중 에너지 함량이 높은 폐기물을 열분해, 고형화, 연소 등의 가공처리를 통해 고체연료, 액체연료, 가스연료, 폐열 등으로 생산하여 생산활동에 재이용 할 수 있는 재생에너지이다.

폐플라스틱고형연료(RPF : Refused Plastic Fuel) : 가연성 폐기물(지정폐기물 및 감염성 폐기물을 제외)을 선별 · 파쇄 · 건조 · 성형을 거쳐 일정량 이하의 수분을 함유한 고체상태의 연료로 제조한 것으로서 중량기준으로 폐플라스틱의 함량이 60% 이상 함유된 것을 말한다.

풍력발전(Wind Power) : 바람의 힘을 회전력으로 전환시켜 발생되는 전력을 전력 계통이나 수요자에 직접 전력을 공급하는 기술로서, 시스템은 풍차, 동력전달장치, 발전기, 축전지 및 전력변환장치로 구성되고 있다.

확인매장량 : 그 소재가 명확하고 또한 현재의 기술로 채굴 가능하며 채굴이 경제적으로 타산이 맞는 매장량이다. 물, 가스의 주입 등 2차적인 수단에 의한 회수가능분도 포함하는 것이 보통이다.

해양에너지(Sea Energy) : 조석, 조류, 파랑, 해수 수온 밀도차 등 여러 가지 형태로 해양에 부존하는 에너지원이다.

핵연료 사이클(Nuclear Fuel Cycle) : 천연우라늄의 채광에서 제련, 농축, 성형가공, 원자로 내의 연소, 전환, 사용된 연료의 재처리(감손우라늄이나 플루토늄 등을 떼어내서 다시 핵연료로서 재이용함)까지의 일련의 순환을 말한다. 핵연료 사이클의 확립은 핵연료의 안전공급과 효율적 이용면으로 보아 극히 중요한 일이다.

핵연료(Nuclear Fuel) : 우라늄이나 플루토늄 등 중성자에 의한 핵분열을 일으켜 에너지를 발생하는 물질을 함유하는 것을 말한다. 이들을 원자로 안에 넣어서 핵분열 연쇄반응에 의하여 에너지를 발생시킨다.

핵융합(Nuclear Fusion) : 수소, 중수소, 삼중수소 등 질량이 가벼운 원자핵 2개가 융합해 무거운 원자핵이 생기는 반응을 말하며, 이때 방출되는 에너지를 이용해 발전 등을 하는 것을 핵융합로라고 한다. 핵분열과 달리 방사선 폐기물이 발생하지 않는 특징이 있지만, 종래의 열핵융합형의 노에서는 고온고밀도의 플라즈마(원자핵과 전자가 혼재되어 있는 상태)를 만드는 것이 기술적으로 어려워 실현은 21세기 후반에 이루어질 전망이다.

흡수원(Sink) : 대기 중 온실가스를 흡수하여 지구온난화 현상을 줄이는 행동으로 교토의정서에서는 신규조림, 수종 갱신 등으로 흡수원을 규정하고 있다.

히트펌프(Heat Pump) : 냉동기의 응축기로부터 방열되는 열을 난방용으로 사용하도록 한 장치를 히트펌프라고 한다. 히트펌프는 증발기 측에서 프레온이 증발하면서 저온으로부터 열을 빨아들이고 증발된 증기가 압축기에 의하여 압축되면서 고온부인 응축기에서 응축한다. 이때 발생되는 열을 이용하며 열을 빨아들이는 저온부로는 자연에너지인 대기가 될 수도 있고 폐열원, 태양에너지가 될 수도 있다. 저온부를 땅에 묻으면 지열을 이용할 수도 있다.

부록 2

참고문헌

강석호, 21세기의 에너지와 산업사회, 영남대학교 출판부, 1998.

강일호, 신재생에너지의 보급정책과 전망, 대구한의대학교 환경시스템개발연구소 전문가 초청세미나집, 1-23, 2007.

경북그린스타트네트워크, 기후변화 대응을 위한 그린리더 교육자료집, 경북의제21추진협의회, 2009.

경북지역기후변화협약관련 주민의식조사 및 대응전략 심포지엄자료집, 경상북도지방의제21추진협의회, 2009.

경상북도, 대구경북연구원, 경상북도 산업분야 기후변화포럼자료집, 2009.

관계부처합동, 탄소중립 녹색성장 국가전략 및 제1차 국가 기본계획, 2023.

국가과학기술자문위원회, 기후변화의 현황과 전망, 1-36, 2007.

국가에너지위원회, 기후변화 대응 신국가전략 -에너지 · 산업부문 중심-, 1-47, 2007.

국립기상과학원, 2022 지구대기감시 보고서, 2023.

국립기상과학원, 한반도 100년의 기후변화보고서, 2018.

국무총리실, 국가에너지기본계획(2008~2030), 2008.

기상연구소, 대기혼탁에 의한 도시 일사량 감쇄도 연구, 80pp, 1981.

기상청, 2006년 지구대기감시보고서, 117, 2007.

기상청 홈페이지, https://www.weather.go.kr

김경렬, 민동하, 박미경, 김은희, 최상화, 조하만, 남재철, 관악산 대기 중의 CFC-1 및 CFC-11 모니터링에 관한 연구. 한국대기보전학회지, 10(1), 41-48, 1994.

김광렬외, 인간과 환경, 도서출판 동화기술.

김기준, 신재생에너지 기술개발 추진현황 및 전망, 환경기술, 4-140, 2007.

김병완, 정규호, 오수길, 유문종, 지속가능한 지역발전을 위한 지방의제21의 새로운 전략과 재작성 지침 개발, 대통령자문 지속가능발전위원회, 2006.

김석완, 도시쓰레기 소각로에서 발생되는 소각재의 용융기술개발((주)대우건설기술연구소 지원 3년 연구보고서), 1998, 1999, 2000.

김석완, 로타리킬른 소각설비 진단 및 개선설계(코오롱건설(주) 기술연구소지원 연구보고서), 2000.

김석완, 박현서, "도시쓰레기의 차세대 소각시스템 개발 동향", 제8회 환경보전심포지움 논문집 「폐기물처리 소각로를 중심으로」, 서울대 환경안전연구소, pp.45-61, 1996.

김석완, 열경제학적인 분석(Thermoeconomic analysis)에 의한 중형소각시스템의 고도설계기술, 중소기업청(산학연컨소시엄과제 연구보고서), 2005.

김석완, 폐기물의 액상 연료화 공정 및 장치개발, 중소기업청(산학컨소시엄과제 연구보고서), 2001.

김지영, 박미경, 오성남, 조하만, 김경렬, 한반도 대기 중 CFC-11과 CFC-12의 배경 농도 분포 특성, 한국기상학회지, 37(1), 65-74, 2001.

김현진, 급부상하는 탄소시장과 비즈니스모델, 가스안전, No.1, 2008.

대한민국정부, 2050탄소중립전략, 2020.

대한민국정부, 바이오 가스 생산 · 이용 활성화 전략, 2024. 6.

대한석탄공사 홈페이지, https://www.kocoal.or.kr

대한환경공학회, 최신환경과학, 도서출판 동화기술, 1996.

문영수외 공역, 알기 쉬운 환경과학, 시그마프레스, 1999.

미국 국립해양대기청(NOAA), 2022.

미국항공우주국(NASA), 2023.

박종웅, 경상북도의 지속가능한 환경친화마을조성방안에 대한 사례 연구, 경상북도 지방의제21추진협의회, 1-59, 2007.

박종웅, 김석완, 최신에너지학개론, 도서출판 동화기술, 2015.

박종웅, 오성남, 문영수, 강일호, 기후변화에 따른 지방적 대응을 위한 실천성 확보방안, 경상북도의제21추진협의회, 2007.

박종웅, 지속가능발전기본법 시행과 경북의제21의 추진전략, 경상북도 지방의제21추진협의회, 9-23, 2007.

박종웅, 지역사회의 지속가능발전을 위한 지방의제21 추진전략, 그린경주21협의의, 2008.

박종웅, 환경보전과 지역개발, 경상북도의회연수자료집, 55-95, 1996.

산업통상자원부, 2014년 신재생에너지 백서, 2014년 12월

산업통상자원부, 제2차 에너지기본계획, 2014.

산업통상자원부, 제3차 에너지기본계획, 2019.

산업통상자원부, 제5차 신 · 재생에너지 기술개발 및 이용,보급기본계획, 2020.

서광석, 박종웅, 최신환경위생학, 도서출판 대학서림, 2007.

서명석, 박경윤, 이호근, 장광미, 강창희, 허철구, 김영준, 청정지역과 도시지역의 오존농도 특성 연구. 한국대기보전학회지, 11(3), 253-262, 1995.

세계원자력협회(WNA), 원자력발전소 운전현황, 2012.

송재준 외 7인, 환경과 자원, 도서출판 동화기술, 2002.

시민환경클럽, 21세기를 위한 한국환경보고서, 도서출판 동화기술, 1995.

신현국, 환경학개론, 신광문화사, 2003.

양승룡, 해외 탄소펀드 현황과 국내 탄소펀드 설립 방향, 2007.8.

양성렬, 문덕현, 김예진, 박혜숙, 이종은, 차왕석, 최세웅, 인간과 환경(번역본), 도서출판 동화기술, 2021.

에너지경제연구원, 에너지통계월보, 2024. 3.

에너지경제연구원, 중기에너지수요전망(2012~2017), 2013.

에너지공단 홈페이지(http://energy.or.kr)

에너지 관계 법령, 에너지관리공단 자료실, 2012.

에너지관리공단, 2013년 신재생에너지 보급통계, 2014년 11월

에너지관리공단, 2015년 에너지통계 핸드북, 2015년 5월
에너지관리공단, 국제탄소시장 동향세미나, 발표 자료집, 서울코엑스, 2008.2.20.
에너지관리공단, 기업온실가스배출량산정지침서, 2006.11.
에너지관리공단, 에너지 · 기후변화편람, 2012.
에너지관리공단, 에너지절약 통계핸드북, 2012.
에너지관리공단, 탄소배출권세미나, 발표 자료집, 2009.2.19.
에너지관리공단 신재생에너지센터, 신재생에너지 RD&D 전략 2030 보고서(수소연료전지, 바이오(목질계), 석탄이용, 소수력, 비이오(수송용), 바이오(유기성폐자원), 태양광, 풍력, 지열, 폐기물, 태양열, 해양), 2007.
에너지관리공단 신재생에너지센터, 신재생에너지가이드, 2012.
에너지관리공단 신재생에너지센터, 신재생에너지의 이해, 2006.
에너지관리공단 홈페이지, http://www.kemco.or.kr
연경흠, 글로벌 탄소중립 로드맵, Deloitte Insights, No.19, 2021.
오성남, 생물자원 친환경관리를 위한 기후변화대책, 경북 북부 생물산업혁신역량강화사업 전문가 초청세미나 집, 1-129, 2007.
오성남, 조희구, 서울의 대기혼탁도의 경년변화와 계절변화, 한국기상학회지, 11(1), 31-40, 1975.
오수길, 참여정부 지역발전 거버넌스의 한계, 「지속가능한 지역발전정책 수립을 위한 지방의제21 토론회」, 지방의제21전국협의회, 2005.
옥치상, 환경 · 보건 · 안전 · 위생학, 펴냄홍, 2001.
온실가스종합정보센터, 2021 국가 온실가스 인벤토리 보고서, 2021.
온실가스종합정보센터, 2022 국가 온실가스 인벤토리 보고서, 2022.
온실가스종합정보센터, 2023 국가 온실가스 인벤토리 보고서, 2023.
원자력안전위원회, 한국원자력안전기술원, 한국원자력통제기술원, 원자력안전관리, 2012.
유동헌, 국가 인벤토리 작성 현황 및 향후 계획, 기후변화협약 대책 Week 행사, 2009.2.20.
윤순진, 한국의 2050 탄소중립시나리오 : 내용과 과제, 2021.
윤여창, 배출권거래재의 시장기능 개선방안, KDI FOCUS, 2023.
이경연, 글로벌 탄소배출권 거래 시장, 대신증권 Research Center, 2023. 10.
이상돈, 기후변화 정부간 협의체(IPCC)의 네 번째 보고서, 환경기술, 2-4, 2007.
이상엽, 기후변화협약 동향 및 대응방향, 환경기술, 5-11, 2007.
이영완, '불타는 얼음'이 미래의 석유될까, 조선일보(제27081호), 2008년 1월 19~20일.
재생에너지 클라우드 플랫폼.
저탄소 녹색성장과 자원재활용, 2009년도 학술세미나 자료집, 대구한의대학교 환경시스템개발연구소, 경북지역환경기술개발센터, 2009.
제5차 국가기후평가(The Fifth National Climate Assessment, NCA5), 2022.
조하만, 임영권, 김정우, 김주공, 김지영, 전 지구적 대기 중 CO_2 농도의 분포 특성. 한국기상학회지, 36(2), 167-178, 2000.
지식경제부, 에너지관리공단, 기기·설비 시장전환과 에너지 라벨링제도 이해, 2009.

지식경제부, 에너지 기본법 시행규칙, 2006.9.4
탄소중립위원회, 2050 탄소중립 시나리오 2021.
탄소포인트제 홈페이지, http://www.cpoint.or.kr
하상안, 성낙창, 오태선, 신재생에너지공학, 도서출판 동화기술, 2014.
한국경재연구원, World Nuclear Power Market Insight, 2022, 4.
한국수력원자력(KHNP) 홈페이지, https://npp.khnp.co.kr
한국수출입은행, 신재생에너지 산업동향(2014년 1분기)
한국에너지경제연구원, IGCC 기술동향과 국내보급 여건 및 정책적 검토, 2018.
한국에너지공단, 2022 신 · 재생에너지보급통계, 2023.
한국에너지공단, 2024 KEA 에너지 편람, 2024.
한국에너지기술연구원(https://www.kier.re.kr)
한국풍력산업협회(http://www.kweia.or.kr)
한국환경공사 홈페이지, http://www.keco.or.kr
한화진, 기후변화 적응관련 연구. 제5차 기후변화전문가 워크숍, 2007.
환경부, 2013년 주요업무 추진계획, 2013.
환경부, 기후변화 감시, 예측 및 영향평가 기술 : 지구온난화물질 감시 기술 개발 최종보고서, 2002.
환경부, 저탄소 녹색성장 기본법, 2009.
환경부, 지구대기 조성 변화 감시 : 지구 규모 대기 환경 기초 및 기반 기술 연차보고서. 176-177, 1998.
환경부, 탄소성적표시 인증업무 등에 관한 규정(환경부고시 제2009-86호), 2009.
환경부, 탄소포인트제 안내서, 2009.
Allaby, M., Basics of environmental science, Routledge, 1996.
an International Carbon Price Floor,2021.
Atchia, M., and Tropp, S., Environmental management, John Wiley & Sons, 1995.
Bethea, R. M., Air pollution control technology, Van Nostrand Reinhold Co., 1978.
BF, Statistical Review of World Energy, 2023.
Bowers, J., Sustainability and environmental economics, Addison Wesley Lougman, 1997.
Carbon Pricing Leadership Coalition Homepage, 2024.
Charles Duerden, 탄소펀드와 탄소배출권의 부상, Invest Korea Journal, 2008. 7-8.
Cunningham, W. P., and Cunningham, M. A., Principles of Environmental Science, 9th Ed., McGrawHill, 2020.
Deloitte Insights, 글로벌 탄소가격제도 현황, No.19, 2021.
Dlugokencky, E. J., Harris, J. M., Chung, Y.S., Tans, P. P., and Fung, I., The relationship between the methane seasonal cycle and regional sources and sinks at Tae-ahn Penninsula, Korea. Atmos. Environ., 27A(14), 2,115-120, 1993.
Elliott, D., Energy, society and environment, Routledge, 1997.
Enerdata, Country Energy Report Japan, 2021.12.

Enerdata, Country Energy Report Ukraine, 2021.08.

Enerdata, Country Report Canada, 2022.11.

Enerdata, 세계에너지 소비 통계, 2024.

Enerdata. Country Energy Report China. 2021.09.

Enerdata. Country Energy Report France. 2021.05.

Enerdata. Country Energy Report India. 2021.12.

Enerdata. Country Energy Report Russia. 2022.01.

Enerdata. Country Energy Report UK. 2021.05.

Enerdata Country Energy Report-United States, 2021. 10.

Global Carbon Atlas 2024 carbon-emissions

HIE, UNDP, KEL, International symposium on sustainable city development, 66−86, 1999.

Horan, N., Environmental waste management, John Wiley & Sons, 1996.

http://www.bp.com

http://www.cdrs.re.kr

http://www.Climate.go.kr

http://www.climate.go.kr/home/09_monitoring/ghg/gas_density

http://www.iaea.org

http://www.ipcc.ch

http://www.keaj.kr/news/articleView.html?idxno=5206

http://www.keei.re.kr

http://www.kei.re.kr

http://www.kemco.or.kr

http://www.khnp.co.kr

http://www.khoa.go.kr

http://www.kinac.re.kr

http://www.kita.net

http://www.kma.go.kr

http://www.knef.or.kr

http://www.naanews.noaa.gov/stories2005/s2512htm

http://www.npp.hu

http://www.nppinfo.co.kr

http://www.nsic.kins.re.kr

http://www.nucleartourist.com

http://www.opis.kins.re.kr

http://www.weather.gov

https://about.bnef.com/new-energy-outlook

https://epsis.kpx.or.kr/epsisnew/selectEkmaUpsBftChart.do?menuId=040701

https://namu.wiki/w/SMR

https://nmsc.kma.go.kr/homepage/html/base/cmm/selectPage.do?page=static.satllite.greenHouseGasTab

https://recloud.energy.or.kr/main/main.do

https://www.esg.or.kr

https://www.gaw.kishou.go.jp

https://www.globalcarbonatlas.org/emissions/carbon-emissions

https://www.keei.re.kr/keei/download/focus/ef1809/ef1809_50.pdf

https://www.kfpa.or.kr/webzine/201909/sub/disasters1.html

https://www.korea.kr/special/policyCurationView.do?newsId=148881562

https://www.koreaexim.go.kr/index

https://www.kosis.kr/index/index.do

https://www.mofa.go.kr/www/wpge/m_20150/contents.do

https://www.mss.go.kr/site/smba/ex/bbs/View.do?cbIdx=86&bcIdx=1048301&parentSeq=1048301

https://www.Statista.com

https://www.there100.org

ICAP(https://icapcarbonaction.com/ets-price)

IEA,CO_2 Emission from fuel Combustion, 2023.

IEA, World Energy Balances 2023.

IEA, World Energy Outlook, 2023.

IEA 홈페이지, https://www.iaea.org

Intergovermental Panel on Climate Change (IPCC), World meteorological office, United Nations Environmental Programme, Radiative forcing of climate change, The 1994 Report of the Scientific Assessment Working Group of IPCC. Summary for policymakers, 1995.

Investor Relations, 「한국사모 탄소펀드/탄소배출권 펀드」, 2007.7.

IPCC(Intergovernment Panel for Climate Change), IPCC Guideline, 1995, 1996, 2006.

IPCC, AR6 Climate Change, 2021.

IPCC, Climate change 2001 : the scientific basis, Houghton, J. T., Ding, Y., Griggs, D. J., Noguer, M., Van der Linden, P. J., Dai, X., Maskell, K., and Johnson, C. A., Cambridge University Press, 881, 2001.

IPCC, Clmate Change 2007 : The Physical Science Basis, Contribution of Working Group I to the Fourth Assessment Report of the Intergovernmental Panel Climate Change [Solomon, S., D. Qin, M. Manning, Z. Chen, M. Marquis, K.B. Averyt, M.Tignor and H.L. Miler(eds.)]. Cambridge Univerity Press, Cambridge, United Kingdom and New York, NY, USA.

IPCC 제2차 평가보고서(AR2), 1995.

IPCC 제6차 평가보고서(AR6), 2021.

KFPA, 화재보험협회, 웹진(88호), 2019.

KIEP, 중국의 2060 탄소중립 선언의 주요 내용과 전망, 2021.

KIF, 최근 탄소배출권거래시장 동향 및 향후전망 주간금융브리핑, 18권18호, 2009.5.1–8.

Kim, J., Oh, S. N., Cho, H. M., Park, M. K., and Kim, K. R., Elkins, J. R., Background monitoring and long-range transport of atmospheric CFC-11 and CFC-12 at Kosan, Korea. Environmental Monitoring and Assessment, 70(1/2), 47–56, 2001.

Kim, J., Oh, S. N., Park, M. K., and Kim, K. R., Background monitoring and long-range transport of atmospheric CFC-11 and CFC-12 at Kosan, Korea. Proceedings on The Third International Symposium on Advanced Environmental Monitoring, October 31–November 2, 2000, Cheju Island, Korea, 69–72, 2001.

Kneese, A. V., and Schultze, C.L., Pollution, prices, and public policy, The Brookings institution, 1975.

KOSIS 국가통계포털,통계청, 2024.

Miller, G. T., Environmental science, 11th ed., Thomson, 2006.

Moore, P. D., Chaloner, B., and Stott, P., Global environmental change, Blackwell Science Ltd., 1996.

Nebel, B. J., Environmental science, Prentice-Hall Inc., 1987.

Seinfeld, J. H., and Pandis, S. N., Atmospheric chemistry and physics from air pollution to climate change, John Wiley & Sons Inc., 1326, 1998.

Seok-Wan Kim, "Study on Oil Production from Pyrolysis of Mixed Plastic Waste Using Multidimensional Chromatography/Mass Spectrometry", J. of Environmental Sciences, Vol.11, No.4, pp.375–392, 2002.

Singer, S. F., Energy, W. H. Freeman & Co., 1979.

Smil, V., Energy at the Crossroads : Global Perspectives and Uncertainies, Massachusetts Institute of Technology, 2003.

Turk, J., Turk, A., and Arms, K., Environmental science, 3rd ed., Saunders college Pub., 1984.

U.S. Department of State, The Long-Term Strategy of the United States, 2021.

UNEP, UN Framework convention on climate change, 유넵한국위원회, 2002.

United Nations Environmental Programme(UNEP), Montreal protocol on substances that deplete the ozone layer, September 16, Montreal, 1987.

UN 홈페이지, https://www.un.org/en/climatechange

World Bank, "Carbon Pricing Dashboard," accessed June 7, 2021.

World Economic Forum, Increasing Climate Ambition: Analysis of

World Energy Market Insight. Vol. 24, No. 13, pp.1–7, 2024.

WRI/WBCSD, Green House Gas(GHG) Protocal – 기업산정 및 보고기준 개정판(원본, 번역본), 2004.

全球能源互联网发展合作组织, 中国2030年能源电力发展规划研究及2060年展望, 2021c.

能源基金会, 中国碳中和综合报告2020：中国现代化的新征程"十四五"到碳中和的新增长故事, 2020.

찾아보기

영문 찾아보기

C

E

I

L

P

R

한글 찾아보기

ㄱ

ㄷ

박종웅

- 서울시립대학교 환경공학과(공학사)
- 서울시립대학교 대학원 환경공학과(공학석사, 공학박사)
- 캐나다 토론토대학교 토목환경공학과 박사후 과정(Post Doc.)
- 국회환경포럼 정책자문위원
- 경상북도환경포럼 이사장
- 현) 대구한의대학교 명예교수

김석완

- 인하대학교 환경공학과(공학사)
- 한국과학기술원 토목공학과(공학석사, 환경공학전공)
- 한국과학기술원 토목공학과(공학박사, 환경공학전공=Waste-to-Energy)
- 삼성중공업(주) 중앙연구소 에너지환경센터(신기술 및 신제품 개발)
- Univ. of Southern California, Dept. of Civil & Environmental Engineering (교환교수)
- 현) 대구한의대학교 소방안전환경학과 교수

쉽게 배우는 **에너지학** 정가 20,000원

발 행 2024년 9월 10일 초판 1쇄
저 자 박종웅 · 김석완
발행인 정우용
발행처 도서출판 동화기술
경기도 파주시 광인사길 201(문발동, 파주출판도시)
Tel (031)955-4211~6 donghwapub@nate.com
Fax (031)955-4217 www.donghwapub.co.kr
(등록) 1977년 12월 19일/9-16호

ISBN 978-89-425-9637-9